中国建材工业“十二五”规划重点图书
21世纪普通高等院校新材料专业特色教材

建筑功能材料

主编　张松榆　金晓鸥

中国建材工业出版社

图书在版编目（CIP）数据

建筑功能材料/张松榆，金晓鸥主编．—北京：中国建材工业出版社，2012.7（2025.1 重印）

ISBN 978-7-5160-0150-9

Ⅰ.①建… Ⅱ.①张… ②金… Ⅲ.①建筑材料－功能材料 Ⅳ.①TU5

中国版本图书馆 CIP 数据核字(2012)第 075455 号

内 容 简 介

本书主要介绍各种类型建筑功能材料的功能原理（机理）、基本要求、基本组成、特性、规范及应用。与目前已经面市的同类书比较，本书突出了对每种建筑功能材料功能原理（机理）的阐述，有一定的理论深度。本书引用了目前国内外最先进的建筑功能材料理论，介绍了最新的建筑功能材料及工艺，阐述了建筑功能材料的研究及发展方向。

本书理论联系实际，紧密结合土木工程材料学科的最新研究成果、生产及其在建筑工程设计、施工、管理等方面的应用，适用面广。可作为土木工程材料类、材料科学与工程类专业以及建筑学专业、建筑工程管理等专业的大学本科及研究生的教材；也可作为建筑、建材等部门有关设计、科研、施工、管理和生产人员的参考用书。

建筑功能材料

主编　张松榆　金晓鸥

出版发行：中国建材工业出版社

地　　址：北京市西城区白纸坊东街 2 号院 6 号楼

邮　　编：100054

经　　销：全国各地新华书店

印　　刷：北京雁林吉兆印刷有限公司

开　　本：787mm × 1092mm　1/16

印　　张：17.25

字　　数：424 千字

版　　次：2012 年 7 月第 1 版

印　　次：2025 年 1 月第 4 次

定　　价：56.00 元

本社网址：www.jskjcbs.com

本书如有印装质量问题，由我社事业发展中心负责调换，联系电话：（010）63567692

前　言

土木工程材料是指在土木工程中所使用的各种材料及其制品的总称。它是建筑工程的物质基础，是组成建筑结构物的最基本构成元素。土木工程材料种类繁多，性质各异，用途不同。根据在建筑物中的部位或使用性能，土木工程材料分为建筑结构材料和建筑功能材料两大类。结构材料主要以其力学性质为应用基础，通常被用于承受力为主的部位，如梁、柱、基础等；而功能材料主要是利用其物理、化学或生物的功能性质，用于非承受力的部位，如屋面和地面防水、墙体和屋面保温、建筑采光、隔声、吸声、地面耐磨、建筑装饰等，用来满足建筑物、构筑物的某些特定功能。

由于土木工程不仅仅是为了满足人们的居住和交通等要求，同时也是其他工业生产的载体，土木工程中包括的建筑工程、公路与城市道路工程、铁路工程、桥梁工程、隧道工程、水利工程、港口工程、给水排水工程、环境工程及海洋工程等，除了结构材料必须满足要求外，大量的功能材料也具有举足轻重的作用。其保温、隔热、隔声等物理性能，耐酸、耐腐蚀、防风化、防尘等化学性能，抗震、耐火及防火能力，人民防空的抗辐射、抗核污染、抗爆炸波等能力，能否达到特定的要求，都是土木工程的重要标志。这些目标都需要使用高质量、高性能的建筑功能材料来实现。

建筑功能材料可以单独作为一门学科——建筑功能材料学研究，只是尚在形成过程之中。提出“建筑功能材料学”，除了基于建筑功能材料的快速发展和日益受到重视外，还基于这一领域是多学科、多种新技术和新工艺交叉融合的产物。例如，建筑节能和保温材料需要工程热力学的知识；防水材料、密封材料和防腐蚀耐腐蚀材料需要大量的化学知识；防火材料需要燃烧学及阻燃方面的知识；耐磨材料、建筑声学和光学材料需要物理方面的知识；在多种功能材料中还需要一定的纳米技术、生物技术、信息技术、神经网络学和仿生学等方面的知识；同时，每种功能材料都需要数学、力学和材料学等方面的知识。由此可见，建筑功能材料是一门综合性的学科，集基础理论、实践经验及现代科技为一体，不断与其他学科结合，产生新的知识增长点，推动着学科的发展和工程实践的进步。因此，将建筑功能材料学列为未来有发展前景的一门学科是很有必要的。

本书与近年来出版的有关建筑功能材料的图书相比较，最突出特点是从理论深度阐述建筑功能材料的功能特性原理（或机理），而不是简单地讲述材料性能和使用。同时，考虑了不同读者群的需要，也介绍了常用的典型功能材料的应用。本书可以作为大专院校研究生、本科生的教材使用，可以为建筑功能材料方面的研究人员提供一定帮助，同时也可以作为建筑、建材等部门有关设计、施工、管理和生产人员在选用建筑功能材料时的参考用书。

全书共分九章，包括建筑功能材料的基本参数、建筑纳米功能材料、建筑智能材料、建筑嵌缝密封材料、建筑防火材料、建筑防腐蚀材料、建筑耐磨材料、建筑光学材料、建筑声学材料等。每种功能材料均包括功能原理、主要性能参数、典型品种、应用和展望等几部分内容。参加编写的有哈尔滨工业大学张松榆（绪论、第1、2、3、6、7章），黑龙江大学金晓鸥（第5章），哈尔滨工业大学郑秀华（第4章），大连交通大学吴会军（第8、9章）。全书由张松榆统稿。

由于是第一次将建筑功能材料从建筑功能材料学的角度编著，难免存在缺点和错误，敬请读者指正。

著　者

2012年5月于哈尔滨

目　录

绪　　论

0.1　建筑工程与建筑功能材料

0.1.1　建筑工程的概念与内容

0.1.1.1　建筑工程的概念

建筑工程是建造各类工程设施的科学技术的统称。一般是指通过对各类房屋建筑及其附属设施的建造和与其配套的线路、管道、设备的安装活动所形成的工程实体。

0.1.1.2　建筑工程的内容

1）工程中应用的材料、设备和所进行的勘测、设计、施工、保养维修等技术活动。

2）工程建设的对象：即建造在地上或地下、陆上或水中，以及直接或间接为人类生活、生产、军事和科学服务的各种工程设施，例如房屋、道路、铁路、运输管道、隧道、桥梁、运河、堤坝、港口、给水排水及防护工程等。

建筑工程的英语名称为 civil engineering，意为“民用工程”。原意是与“军事工程”（military engineering）相对应的工程，随着工程技术的发展，机械、电气、化工逐渐形成独立的学科，civil engineering 就成为建筑工程专用名词。

0.1.1.3　建筑工程的性质

建筑工程为国民经济的发展和人民生活的改善提供了必要的物质技术基础，在国民经济中占有举足轻重的地位。建筑工程的发展水平能够充分体现国民经济的综合实力，反映一个国家的现代化水平，而人们的生活也离不开建筑工程。为改善人们的居住条件，国家每年在建造住宅方面的投资是十分巨大的。1978 年，全国城镇居民人均建筑面积是 6.7m^2，到 1998 年人均居住建筑面积提高到 18.7m^2，2002 年底 22.8m^2，到 2007 年底达到 28m^2，2010 年达到 31.6m^2。根据原建设部的规划目标，到 2020 年，城镇人均居住面积将达到 35m^2。城镇最低收入家庭人均住房面积大于 20m^2。同时，铁路、公路、航空运输等行业也离不开建筑工程。事实表明，建筑工程在将来还会不断地高速发展下去。

0.1.1.4　建筑工程的特点

1）综合性　建造一项工程要经过勘察、设计和施工三个阶段，需要运用地质勘察、力学、材料学、施工组织和施工技术等多门学科，因而，建筑工程是一门综合性学科。

2）社会性　建筑工程是伴随着人类社会的进步发展起来的，它反映了人类各个历史时期的社会、经济、文化和科学技术发展水平。

3）实践性和长周期　建筑工程是一门实践性很强的学科，其产品是建筑物和构筑物。这些都是实践的产物。产品的实体庞大、个体性强、消耗资源和社会劳动量大，由此带来了长周期的特点。

4）工程的系统性　建筑工程的任何产品，不仅要满足使用者的预期要求，同时还要考虑工程技术要求、艺术和审美要求、环境保护及其生态平衡，因而这些制约因素充分体现了建筑工程的系统性。

0.1.2 建筑材料与建筑功能材料

0.1.2.1 建筑材料

建筑工程中用到的所有材料称为建筑材料，它包括构成建筑物本身的地基基础、梁、板、柱、墙体、屋面等所用到各种材料，还包括建筑施工过程中所用到的一切辅助材料。任何建筑工程都是由材料构成，可以说，建筑材料是建筑业的物质基础。每一项建设的开始，首先都是建筑材料的基本准备。

建筑材料的性能、品种、质量及经济性直接影响或决定着建筑结构的形式、建筑物的造型以及建筑物的功能、适用性、艺术性、坚固性、耐久性及经济性等，并在一定程度上影响着建筑材料的运输、存放及使用方式，也影响着建筑施工方法。建筑工程中许多技术的突破，往往依赖于建筑材料性能的改进与提高，而新材料的出现又促进了建筑设计、结构设计和施工技术的发展，也使建筑物的功能、适用性、艺术性、坚固性和耐久性等得到进一步的改善。如钢材和钢筋混凝土的出现产生了钢结构和钢筋混凝土结构，使得高层建筑和大跨度建筑成为可能；轻质材料和保温材料的出现对减轻建筑物的自重，提高建筑物的抗震能力，改善工作与居住环境条件等起到了十分有益的作用，并推动了节能建筑的发展；新型装饰材料的出现使得建筑物的造型及建筑物的内外装饰焕然一新，生气勃勃。建筑材料的用量很大。

0.1.2.2 建筑功能材料

建筑物的功能包括基本的物质功能和精神功能。从以人为本的角度出发，建筑首先要满足一般的基本功能需求，即防御和提供生产、生活的空间；其次，要使建筑满足最基本的生理需求，如建筑的朝向、保温、隔热、隔声、通风、采光、防水、防火等方面的要求。它们都是满足人们生活和生产的必需条件。

随着社会的发展和人类生活水平的提高，建筑作为人类物质文明的象征和社会、文化进步的标志，其种类与样式越来越丰富，功能也越来越多样化。除了满足最基本的防御和提供生产、生活空间功能外，现代人对建筑的功能要求还包括舒适性、健康性、便利性、耐久性、私密性及美观性等诸多方面。因此，现代建筑对其主体构成——建筑材料提出了更高的要求。

建筑功能材料在建筑物中主要担负某一方面的功能，一般情况下是非承重的材料。它们赋予建筑物防水、防火、保温、采光、隔声、装饰等功能，决定着建筑物的使用功能与建筑品质。

社会的进步和人们生活水平的不断提高，给人们带来了更多的闲暇时间，人们的生活观念也将发生变化，像大型体育场馆、娱乐厅、综合性商场大厦、高级宾馆、饭店等大型公共建筑的需求量将增多。所以，未来的建筑物将向更高、更大跨度发展。与此同时，人类正面临着土地资源、自然资源及能源的日益减少，地球环境日趋恶化的严峻形势。为了更加有效地利用有限的地球资源，扩大人类工作和生存的空间，未来建筑将向地下、海洋、沙漠、太空等空间发展，人类将在上述地方建造地下城市、海底隧道、人工岛、月球太空城等新型建筑。这些处于苛刻环境条件下使用的建筑，对其所用的建筑材料，尤其是建筑功能材料提出了更新、更高的要求。

因此，可以看出，现代建筑的发展，促进了建筑功能材料的发展；而建筑功能材料的广泛应用，又明显改善了建筑物的使用功能与建筑品质，满足了现代社会对建筑的多功能化要求，优化了人们的生活和工作环境。两者相互制约，相互依赖，相互推动，有着不可分割的密切联系。

0.2 建筑功能材料的种类

建筑材料的种类极其繁多，可以从不同角度对其进行分类。根据建筑材料在建筑物中的部位及使用性能，大体分为三大类：建筑结构材料、墙体材料与建筑功能材料。建筑结构材料主要指构成建筑物受力构件和结构所用的材料，如梁、板、柱、基础、框架和其他受力构件所用材料，对这类材料的主要技术性能要求是力学性能和耐久性；用于建筑物内、外及分隔墙体所用的墙体材料分为承重墙材和非承重墙材两类，前者有力学性能要求，后者则起围护作用并满足部分建筑功能要求。

按材料在建筑物或构筑物中的作用功能，除结构材料外，其他材料都属于建筑功能材料，具体种类有：

- 建筑功能材料
  - 建筑保温隔热材料
    - 无机保温隔热材料
    - 有机保温隔热材料
  - 建筑防水材料
    - 防水卷材
    - 防水涂料
    - 刚性防水材料
  - 建筑防火材料
    - 防火板材
    - 防火涂料
    - 阻燃材料
  - 建筑声学材料
    - 吸声材料
      - 多孔吸声材料
      - 共振式吸声结构材料
      - 特殊吸声结构材料
    - 隔声材料
      - 密实板
      - 多孔板
      - 减振板
  - 建筑光学材料——玻璃
    - 平板玻璃
    - 饰面玻璃
    - 安全玻璃
    - 功能玻璃
    - 玻璃砖
    - 有机玻璃
  - 防腐蚀材料
    - 防腐蚀涂料
    - 防腐蚀混凝土
    - 防腐蚀金属材料
    - 铸石陶瓷
  - 耐磨材料
    - 耐磨铸铁
    - 耐磨混凝土
    - 耐磨塑料
    - 耐磨陶瓷
    - 耐磨石材
  - 防辐射材料
  - 建筑智能材料
  - 建筑纳米材料
  - 建筑装饰材料

0.3 建筑功能材料的作用

0.3.1 建筑保温隔热材料

现代人对居住环境的要求越来越高，为了能常年保持适宜的温度（20～24℃），人们一方面在室内设置采暖设备和空调设备，这就需要消耗大量能源；另一方面要求提高房屋围护结构的保温能力，以降低使用能耗。在建筑中合理地采用保温隔热材料，一方面能提高建筑物的保温隔热效能，更好地满足人们对建筑物的舒适性与健康性要求，保证正常的生产和生活；另一方面，在采暖建筑、空调建筑以及冷藏库、热工设备等处，采用必要的保温隔热材料能减少外墙厚度，减轻屋面体系的自重，减少基本建筑材料用量，从而达到节能降耗、降低建筑造价及使用成本的目的。

建筑保温隔热材料主要用于建筑物的屋面、墙体、地面及热工设备、管道的隔热与保温。

0.3.2 建筑防水密封材料

防水是建筑的一项基本功能。防水材料是保证建筑物及构筑物免受雨水、地下水及其他水分的侵蚀、渗透的重要功能材料，其质量的优劣直接影响到人们的居住环境、卫生条件以及建筑物的使用寿命。建筑物中需要进行防水处理的部位主要有屋面、墙面、地面（特别是浴室、卫生间地面）和地下室等处。防水材料品种多、发展快，由传统的、单一的沥青基防水材料逐渐向高聚物改性沥青系列和合成高分子系列（橡胶基、树脂基）等复合型多功能防水材料发展；防水层的构造由多层向单层防水发展；施工方法由传统的热熔法向冷粘贴乃至自粘贴法发展。

防水材料通常指的是由防水卷材、防水涂料和密封材料等构成的柔性防水材料以及刚性防水材料。

0.3.3 建筑防火材料

建筑防火与人民的生命和财产安全息息相关，涉及建筑物的安全性问题。随着我国国民经济的发展和城市化进程的加快，现代建筑物趋向高层化、大型化，居住形式趋于密集化，加上城市生活能源设施逐步燃气化、电气化，以及建筑物室内各种可燃的内装饰材料的大量引入，使火灾发生的概率增大。高层建筑由于高度高、层数多、人员集中、功能复杂、设备繁多、装修量大、所承受的风力和雷击次数多等诸多因素，与一般低层、多层建筑相比，更加重了防火的难度，火灾发生时的危害程度也更加严重。原世界第四高楼，417m 高的美国纽约“世界贸易中心”双塔高楼在 2001 年的“9·11 事件”中，因飞机撞击起火而迅速倒塌，造成巨大的人员伤亡和经济损失，给高层建筑的防火安全敲响了警钟。因此，现代建筑，特别是高层建筑，应特别重视防火问题。除了应提高结构材料的防火能力之外，在建筑物的主体构件或基材表面、墙体、天花板吊顶等部位施加或使用防火材料是必不可少的重要措施。我们应加大力度，不断完善建筑防火规范，努力开发能防止火灾蔓延、燃烧时不产生毒气的新型建筑防火材料。

0.3.4 建筑声学材料

建筑声学材料是一种能在较大程度上吸收由空气传递的声波能量或阻隔声波传播的功能材料，一般分为吸声材料和隔声材料。随着环境声学问题在现代居住环境方面的逐渐被重视，建筑声学材料在现代建筑中已经得到广泛应用。在音乐厅、影剧院、歌舞厅、体育馆、大会堂、播音室、学校教室、图书馆等室内的墙面、顶棚、地面等部位，适当安装声学材料，能改善声波在室内传播的质量，控制和降低噪声干扰，可以起到改善厅堂音质、消除回声和颤动回声等目的，从而保持良好的音效果，并且有利于人们的身心健康。

0.3.5 建筑光学材料

采光是人们对建筑的基本要求，而在各种无机建筑材料中唯一具有透光性的材料便是玻璃。玻璃是一种既古老又新兴的建筑光学材料，最大的特点就是透明性，因此过去在建筑上主要用作采光和装饰材料。随着现代建筑技术的不断发展，玻璃制品正在向多品种、多功能的方向发展，已从单纯的窗用采光材料发展成为控制光线、调节热量、节约能源、降低噪声及减轻结构自重、美化建筑环境、提高建筑艺术功能的多功能建筑光学材料。

近年来，兼具光学、装饰等多功能的玻璃新品种不断问世，为建筑设计者提供了更加广阔的设计空间，现代建筑的发展趋势之一就是越来越多地采用大面积的玻璃门窗、玻璃幕墙和玻璃构件。玻璃已成为现代建筑中重要的、不可缺少的多功能建筑光学材料。

0.3.6 建筑防腐蚀材料

建筑物在使用过程中，经常会遇到多种腐蚀介质，如化工厂排出的许多废水都含有酸、碱、盐等腐蚀介质，这些介质会与建筑材料发生化学作用或电化学作用，因而使建筑物受到破坏。材料腐蚀问题遍及国民经济的各个领域。从日常生活到交通运输、机械、化工、冶金，从尖端科学技术到国防工业，凡是使用材料的地方，都不同程度地存在着腐蚀问题。腐蚀给社会带来巨大的经济损失，造成了灾难性事故，耗竭了宝贵的资源与能源，污染了环境，阻碍了高科技的正常发展。

因此，合理地使用防腐蚀与耐腐蚀材料，可更好地提高建筑物的使用寿命和促进科学技术的飞速发展。

0.3.7 建筑耐磨材料

磨损是由摩擦引起的、在日常生活和国民经济的各个领域中普通存在的现象，像冶金矿山、建材工业、电力工业、机械工业、农业机械、国防工业以及航空、航天等等，处处存在摩擦，处处都有磨损。公路路面、广场地面、车间地面、楼房的楼梯踏步和室内地面等经常会受到来自车轮、机械设备、人力等滑动、滚动、冲击磨损作用，使得这些部位会受到磨损破坏。

耐磨材料是新材料领域的核心，对高新技术的发展起着重要的推动和支撑作用，在全球新材料研究领域中，耐磨材料约占85%。随着信息社会的到来，特种耐磨材料对高新技术的发展起着重要的推动和支撑作用，是21世纪信息、生物、能源、环保、空间等高技术领域的关键材料，成为世界各国新材料领域研究发展的重点，也是世界各国高技术发展中战略竞争的热点。各国都非常强调耐磨材料对发展本国国民经济、保卫国家安全、增进人民健康和提高人民生活质量等方面的突出作用。

0.3.8 智能材料

智能材料是继天然材料、合成高分子材料、人工设计材料之后的第四代材料，是现代高技术新材料发展的重要方向之一，将支撑未来高技术的发展，使传统意义上的耐磨材料和结构材料之间的界限逐渐消失，实现结构功能化、功能多样化。科学家预言，智能材料的研制和大规模应用将导致材料科学发展的重大革命。国外在智能材料的研发方面取得很多技术突破，如英国宇航公司的导线传感器，用于测试飞机蒙皮上的应变与温度情况；英国开发出一种快速反应形状记忆合金，寿命期具有百万次循环，且输出功率高，以它作制动器时，反应速度非常快；压电材料、磁致伸缩材料、导电高分子材料、电流变液和磁流变液等智能材料驱动组件材料在航空上的应用取得大量创新成果。

0.3.9 纳米材料

纳米材料展现了异常的力学、电学、磁学、光学特性、敏感特性和催化以及光活性，为新材料的发展开辟了一个崭新的研究和应用领域，纳米材料向国民经济和高技术各个领域的渗透以及对人类社会进步的影响是难以估计的。

综上所述，建筑功能材料在现代建筑中发挥着十分重要的作用，它们改善了建筑物的使用功能，满足了现代人对居住环境的多方面要求，为人类营造了安全、舒适、健康、美观的生活与工作环境，同时也延长了建筑物的使用寿命。随着建筑空间和建筑用途的不断扩展以及人类生活水平的不断提高，更多、更新、更好的建筑功能材料将会层出不穷地出现在未来的建筑中。

在上述诸多建筑功能材料中，保温材料和防水材料历史悠久，用量庞大，生产和应用技术都比较成熟。而纳米材料、智能材料、建筑密封材料、建筑防火材料、建筑防腐材料、建筑耐磨材料、建筑声学和光学材料等在近期发展很快，有许多值得研究和学习的内容，因此本书重点阐述这些功能材料。

0.4 建筑功能材料的技术标准

国内外绝大多数建筑材料都有相应的技术标准，它包括产品规格、分类、技术要求、验收规则、代号与标志、运输与贮存、抽样与所用检验方法等。

建筑材料生产企业必须按照标准生产产品，并控制其质量。建筑材料使用部门则按照标准选用、设计、施工，并按标准验收产品。

建筑功能材料的技术标准根据发布单位与适用范围分为国际标准、国家标准、部委行业标准、地方标准与企业标准。按要求执行的程度分为强制性标准和推荐性标准等。

0.4.1 国际标准

国际标准是在世界上许多个国家通用的标准。目前应用比较广泛的国际标准是由世界上最大的国际标准化组织 ISO（ISO 是国际标准化组织的英语简称，其全称是 International Organization for Standardization）制定出来的一系列国际标准。

ISO 成立于 1947 年 2 月 23 日，它的前身是 1928 年成立的“国际标准化协会国际联合会”（简称 ISO）。ISO 宣称它的宗旨是在世界上促进标准化及其相关活动的发展，以便于商品和服务的国际交换，在智力、科学、技术和经济领域开展合作。ISO 现有 117 个成员，包括 117 个国家和地区。ISO 技术活动的成果（产品）是“国际标准”。现已制定出国际标准共 10300 多项，主要涉及各行各业各种产品（包括服务产品、知识产品等）的技术规范。

ISO 制定出来的国际标准除了有规范的名称之外，还有编号。编号的格式是：ISO + 标准号 + 冒号 + 发布年号，例如：ISO 8402：1987、ISO 9000—1：1994 等，分别是某一个标准的编号。

但是，“ISO 9000”不是指一项标准，而是一族标准的统称。根据 ISO 9000—1：1994 的定义：“ISO 9000 族”是由 ISO/TC 176 制定的所有国际标准。TC 176 即 ISO 中第 176 个技术委员会，全称是“品质保证技术委员会”，1987 年又更名为“品质管理和品质保证技术委员会”。TC 176 专门负责制定品质管理和品质保证技术的标准。1987 年 3 月，ISO 正式发布了 ISO 9000：1987、ISO 9001：1987、ISO 9002：1987、ISO 9003：1987、ISO 9004：1987 共五个国际标准，与 ISO 8402：1986 一起统称为“ISO 9000 系列标准”。1994 年对前述“ISO 9000 系列标准”统一作了修改，分别改为 ISO 8402：1994、ISO 9000-1：1994、ISO 9001：1994、ISO 9002：1994、ISO 9003：1994、ISO 9004—1：1994，并把 TC 176 制定的标准定义为“ISO 9000 族”。1995 年，TC176 又发布了一个标准，编号是 ISO 10013：1995。至今，ISO 9000 族一共有十七个标准。

对于上述标准，生产企业和质量监督检测部门以及大型的实验室必须选用如下三个标准之一：

1）ISO 9001：1994《品质体系　设计、开发、生产、安装和服务的品质保证模式》；

2）ISO 9002：1994《品质体系　生产、安装和服务的品质保证模式》；

3）ISO 9003：1994《品质体系　最终检验和试验的品质保证模式》。

我国采用国际标准的程度分为等同采用、等效采用和参照采用。三种采用程度在我国国家标准封面和首页上的表示方法举例如下：

等同采用：GB　xxxx—xxxx（idt ISO xxxx—xxxx）；

等效采用：GB　xxxx—xxxx（equ ISO xxxx—xxxx）；

参照采用：GB　xxxx—xxxx（ref ISO xxxx—xxxx）；

0.4.2　国家标准

国家标准是由国务院授权履行行政管理职能的国家标准化管理委员会 SAC（Standardization Administration of the People's Republic of China）统一管理和制定的国家级标准。由国家质量监督检验检疫总局发布，是国家指令性文件，各级生产、设计、施工等部门均必须严格遵照执行。其表示方式为：GB xxxx—xxxx《xxxx》。GB 表示国家标准，第一组 xxxx 表示标准号，第二组 xxxx 表示标准颁布实施年份，第三组表示标准名称。如 GB 50016—2011《建设设计防火规范》标准号为 50016，颁布实施年份为 2011 年，标准名称为建设设计防火规范。GB 50108—2008《地下工程防水技术规范》也属于国家标准；GB/T 23451—2009《建筑用轻质隔墙条板》，其中 T 表示国家推荐性标准。

0.4.3 行业标准

国务院有关行政主管部门和有关行业协会也设有标准化管理机构，分工管理本部门本行业的标准化工作。

与建筑材料有关的标准及其代号主要有：建筑工程国家标准 GBJ；建设部行业标准 JGJ 或 JG；建材行业标准 JC；中国石油化学工业行业标准 SH 和 HG；冶金部标准 YB；林业部标准 LY；中国工程建设标准化协会标准 CECS。

这些标准的表示方法由部门代号、标准编号、批准年份和标准名称四部分组成，如 JC 933—2003《快硬硫铝酸盐水泥》，JC/T 1077—2008《胶粉改性沥青玻纤毡与聚乙烯膜增强防水卷材》、JG 149—2003《膨胀聚苯板薄抹灰外墙保温系统》、JG/T 122—2000《建筑木门、木窗》等。这些行业标准对本行业的发展起到了很大的促进作用。

0.4.4 地方标准及企业标准

各省、自治区、直辖市和市、县政府部门也设有标准化管理机构。为提高产品的水平，适应日益提高的建筑要求，并与国际标准接轨，同时满足区域经济的发展，各地方都制定了适合本地区的地方标准，标准号为 DB。由于新产品不断出现，有些产品出现后，没有相应的国家标准或行业标准，很多企业制定了相应的企业标准，报请本省、本市有关主管机构审批执行。标准号为 Q。如 Q/SDR. J 02. 01—2001 表示沈阳某公司的一个产品的企业标准。企业标准一般都属暂时的，一旦条件成熟，就应争取改进提高成为国家标准。

工程中使用的建筑材料除必须满足产品标准的要求外，有时还必须满足有关的设计规范、施工及验收规范（或规程）等的规定。这些规范对建筑材料的选用、使用、质量要求及验收等还有专门的规定（其中有些规范或规程的规定与建筑材料产品标准的要求相同）。如防水密封材料除满足其产品质量要求外，当用于屋面工程时还须满足 GB 50207—2002《屋面工程技术规范》的规定。

工程中有时还会涉及美国标准 ASTM、英国标准 BS、日本标准 JIS、德国标准 DIN 等，从事质量检测的有关技术人员都应该有一定的了解。

第 1 章　建筑功能材料的基本参数

1.1　建筑功能材料的状态参数

1.1.1　密度

1.1.1.1　密度

密度是指材料在绝对密实状态下（不含内部任何孔隙），质量除以体积。用式（1-1）计算。

$$\rho = \frac{m}{V} \tag{1-1}$$

式中　ρ——材料的密度，g/cm^3；

m——材料的绝干质量，g；

V——材料在绝对密实状态下的体积（不含内部任何孔隙的体积），cm^3。

材料的密度 ρ 大小取决于材料的组成与材料的微观结构。当材料的组成与微观结构一定时，材料的密度 ρ 为常数。

密度有时又称为真密度。

1.1.1.2　体积密度

体积密度是指材料在自然状态下，质量除以体积。体积密度有时又称为容重。用式（1-2）计算。

$$\rho_0 = \frac{m'_w}{V_0} = \frac{m'_w}{V + V_p} = \frac{m'_w}{V + V_b + V_k} \tag{1-2}$$

式中　ρ_0——材料的体积密度，kg/m^3 或 g/cm^3；

m'_w——任意含水情况下材料的质量，kg 或 g；

V_0——材料在自然状态下的体积（包括材料内部所有孔隙的体积），m^3 或 cm^3；

V_p——材料所有孔隙体积，m^3 或 cm^3；

V——材料在绝对密实状态下的体积（不含内部任何孔隙的体积），m^3 或 cm^3；

V_k——材料开口孔隙的体积，m^3 或 cm^3；

V_b——材料内封闭口孔隙的体积，m^3 或 cm^3。

测定材料的体积密度时，材料的质量可以是任意含水状态下的，但必须说明含水情况。材料的自然状态体积 V_0，对于规则形状的材料直接测定外观尺寸即可；对于不规则形状的材料则需在材料表面涂蜡后（封闭开口孔隙），用排水法测定。

通常所指的体积密度是材料在气干状态下的，称为气干体积密度，简称体积密度。材料在绝干状态时，则称为绝干体积密度，以 ρ_{0d} 表示 $\left(\rho_{0d}=\frac{m}{V_0}\right)$。

1.1.1.3 视密度

视密度是指散粒密实材料在自然状态下不含开口孔隙时，质量除以体积。视密度有时又称为表观密度。用式（1-3）计算。

$$\rho' = \frac{m}{V'} = \frac{m}{V + V_b} \tag{1-3}$$

式中 ρ'——材料的视密度，g/cm^3；

V'——材料在自然状态下不含开口孔隙时的体积，cm^3。

1.1.1.4 堆积密度

堆积密度是指散粒材料或粉末状材料在自然堆积状态下，质量除以体积。用式（1-4）计算。

$$\rho_0' = \frac{m_w'}{V_0'} \tag{1-4}$$

式中 ρ_0'——材料的堆积密度，kg/m^3；

V_0'——材料在堆积状态下的体积（包括材料本身的体积和颗粒间空隙的体积），m^3。

测定材料的堆积密度时，材料的质量可以是任意含水状态下的，但必须说明材料的含水率。通常所指的堆积密度是在气干状态下的，称为气干堆积密度，简称堆积密度。材料在绝干状态时，称为绝干堆积密度，以 ρ_{0d}' 来表示 $\left(\rho_{0d}'=\frac{m}{V_0'}\right)$。

材料的堆积密度与材料的体积密度、含水率、堆积的紧密程度等有关。

1.1.2 密实度与孔隙率

1.1.2.1 密实度

密实度是指材料体积（自然状态）内固体物质的充实程度。用式（1-5）计算。

$$D = \frac{V}{V_0} \times 100\% = \frac{\rho_{0d}}{\rho} \times 100\% \tag{1-5}$$

密实度 D 反映材料的密实程度，D 越大，材料越密实。

1.1.2.2 孔隙率

孔隙率是指材料内部孔隙体积占材料在自然状态下体积的分数。

（1）总孔隙率

总孔隙率是指材料内部所有孔隙的体积占材料在自然状态下体积的分数。用式（1-6）计算。一般所说的孔隙率均指总孔隙率。

$$P = \frac{V_p}{V_0} = \frac{V_0 - V}{V_0} = 1 - \frac{V}{V_0} = \left(1 - \frac{\rho_{0d}}{\rho}\right) \times 100\% \tag{1-6}$$

式中 P——材料的总孔隙率，%；

V_P——材料的总孔隙体积，cm^3。

（2）开口孔隙率

开口孔隙率是指材料内部开放口孔隙的体积占材料在自然状态下体积的分数。用式（1-7）计算。

$$P_k = \frac{V_k}{V_0} = \frac{V_{sw}}{V_0} = \frac{m_{sw}}{V_0} \cdot \frac{1}{\rho_w} \times 100\% \quad (1-7)$$

式中 P_k——材料的开放口孔隙率,%；

V_k——材料的开放口孔隙的体积，m^3 或 cm^3；

V_{sw}——材料吸水饱和时水的体积，m^3 或 cm^3；

m_{sw}——材料在吸水饱和时水的质量，kg 或 g；

ρ_w——水的密度，kg/m^3 或 g/cm^3。

（3）封闭口孔隙率

封闭口孔隙率是指材料内部封闭口孔隙的体积占材料在自然状态下体积的分数。用式（1-8）计算。

$$P_b = \frac{V_b}{V_0} = \frac{V_p - V_k}{V_0} = P - P_k \quad (1-8)$$

式中 P_b——材料的封闭口孔隙率,%。

1.1.3 空隙率与填充率

1.1.3.1 空隙率

空隙率是指散粒或粉状材料在自然堆积状态下，颗粒间空隙的体积占堆积状态总体积的分数。用式（1-9）计算。

$$P' = \frac{V_v}{V_0'} = \frac{V_0' - V_0}{V_0'} = \left(1 - \frac{\rho_{0d}'}{\rho_{0d}}\right) \times 100\% \quad (1-9)$$

式中 P'——材料的空隙率,%；

V_v——材料的空隙体积，m^3 或 cm^3；

ρ_{0d}'——材料的绝干堆积密度，kg/m^3 或 g/cm^3。

1.1.3.2 填充率

填充率是指散粒或粉状材料在自然堆积状态下，颗粒的体积占堆积状态总体积的分数。用式（1-10）计算。

$$D' = \frac{V_0}{V_0'} = \frac{\rho_{0d}'}{\rho_{0d}} \times 100\% = 1 - P' \quad (1-10)$$

式中 D'——材料的填充率,%。

材料的密度、体积密度、堆积密度、孔隙率等是建筑功能材料的重要参数。这些参数对材料的保温性能、防水性能、耐磨和耐腐蚀性等都有很大的影响，有些材料的性能还与这些参数有一定的相关性。

1.2 建筑功能材料的力学性质

1.2.1 强度

材料在外力或应力作用下，抵抗破坏的能力称为材料的强度，并以材料在破坏时的最大应力值来表示。材料的实际强度，常采用破坏性试验来测定，根据受力形式分为抗压强度、抗拉强度、抗折强度、抗剪强度等，受力状态如图1-1所示。

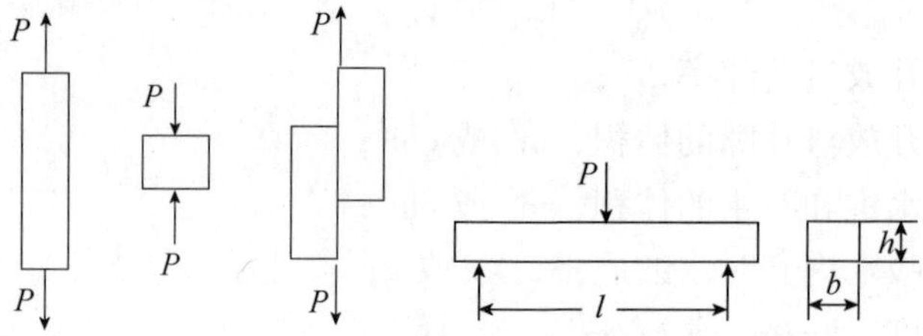

图1-1　材料的受力状态图

材料的抗压强度、抗拉强度、抗剪强度用式（1-11）计算。

$$f = \frac{P}{A} \tag{1-11}$$

式中　f——材料的强度，MPa；

P——破坏时的最大荷载，N；

A——受力截面的面积，mm^2。

在两端支承，中间作用一集中荷载的情况下，材料的抗折强度用式（1-12）计算：

$$f = \frac{3Pl}{2bh^2} \tag{1-12}$$

式中　l——两支点间的距离，mm；

b——试件断面的宽度，mm；

h——试件断面的高度，mm。

材料的强度除与材料内部的因素（组成、结构）有关外，还与外部因素有关，即与材料的测试条件也有很大的关系。

在建筑功能材料中，耐磨材料要求具有较高的强度。其他材料为了满足在生产、运输、施工和使用过程中的要求，也都应该具有相应的强度。

1.2.2　弹性与塑性

（1）弹性

材料在外力作用下产生变形，当外力取消后，变形能完全消失的性质称为弹性。这种能够完全消失的变形称为弹性变形。

（2）塑性

材料在外力作用下产生变形，当外力取消后仍能保持变形后的状态和尺寸，并且不产生裂缝的性质称为塑性。这种不能恢复的变形称为塑性变形。

在建筑功能材料中，对防水和密封材料均有弹性和塑性的要求。

1.3　建筑功能材料与水有关的性质

1.3.1　亲水性与憎水性

当水滴落在材料表面上时，将出现两种不同的现象，如图1-2所示。

（a）（b）

图 1-2 材料的润湿边角

（a）亲水性材料；（b）憎水性材料

这是由于水与固体材料表面之间的作用情况不同。若材料遇水后其表面能降低，则水在材料表面易于扩展。这种材料表面能被水润湿的性质称为材料的亲水性。表面能被水润湿的材料称为亲水性材料。水滴至亲水性材料表面时呈图 1-2（a）的状态，其润湿边角 θ（在固、气、液三相交点处，作沿水滴表面的切线与水和固体接触面所成的夹角）$\leqslant 90°$。与此相反，材料表面不能被水润湿的性质称为材料的憎水性。表面不能被水润湿的材料称为憎水性材料。水滴在憎水性材料表面时呈图 1-2（b）的状态，润湿边角 $\theta > 90°$。

在建筑功能材料中，多数防水材料如沥青、塑料、装饰材料中的油漆等为憎水性材料，这是因为极性分子的水与这些非极性分子组成的材料相互排斥的缘故。水处于憎水性材料表面时将形成水滴，不能扩展。因此，憎水性材料常用作防潮、防水、密封及防腐材料，也可以用于对亲水性材料进行表面处理，用以降低材料的吸水性。

1.3.2 吸湿性与吸水性

（1）吸湿性

材料在环境中，能自发地吸收空气中水分的性质称为吸湿性，材料吸湿性用含水率表示。材料在空气中吸水，实际上是空气中的水分子在材料表面上冷凝及被吸附的结果。因此，当亲水性材料暴露在空气中的表面积愈大（包括开口孔隙），其吸湿性愈强，同时吸湿量还与环境条件（温度与湿度）有关。当材料中所含水分与环境条件达到平衡状态时，材料的含水率称为平衡含水率，此时的含水状态即气干状态。

材料的含水率是材料在平衡状态下的含水量与干燥状态下材料的质量之比，用式（1-13）计算。

$$W_h = \frac{m_w}{m} \times 100\% \tag{1-13}$$

式中 W_h——材料在环境条件下的含水率，%；

m_w——材料中所含水分的质量，g；

m——材料在干燥状态时的质量，g。

（2）吸水性

吸水性是材料在水中吸收水分的性质，用质量吸水率 W_m 或体积吸水率 W_v 来表示。两者分别是指材料在吸水饱和状态下，所吸水的质量占材料绝干质量的分数，或所吸水的体积占材料自然状态体积的分数，分别用式（1-14）和式（1-15）计算：

$$W_m = \frac{m_{sw}}{m} \times 100\% = \frac{m'_{sw} - m}{m} \times 100\% \tag{1-14}$$

$$W_v = \frac{V_{sw}}{V_0} \times 100\% = \frac{m'_{sw} - m}{V_0} \cdot \frac{1}{\rho_w} \times 100\% \tag{1-15}$$

式中 m_{sw}——材料吸水饱和时所吸水的质量，kg 或 g；

m——材料在干燥状态的质量，kg 或 g。

m'_{sw}——材料吸水饱和时材料的质量，kg 或 g；

m——材料干燥时材料的质量，kg 或 g；

V_0——材料在自然状态下的体积，m^3 或 cm^3；

V_{sw}——材料吸水饱和时所吸水的体积，m^3 或 cm^3；

ρ_w——水的密度，kg/m^3 或 g/cm^3。

质量吸水率 W_m 与体积吸水率 W_v 的关系为：

$$W_v = \frac{\rho_{0d}}{\rho_w} \cdot W_m \tag{1-16}$$

材料吸水率的大小，不仅取决于材料对水的亲憎性，还取决于材料的孔隙率及孔隙特征。密实的材料具有极细小孔或封闭孔的材料在自然环境中是不吸水的；具有较粗大孔或空腔的材料由于水不易在其中内部留存，在空气中，水分只能润湿孔隙的内壁，因而其吸入水的体积小于其开口孔隙的体积；而那些孔隙率较大，且具有细小开口连通孔的亲水材料往往具有较大的吸水能力。

材料在水中吸水饱和后，吸入水的体积与孔隙体积之比称为饱和系数。

$$K_B = \frac{V_w}{V_0 - V} \times 100\% \tag{1-17}$$

式中 K_B——材料吸水饱和系数,%。

V_w——材料吸水饱和时吸入水的体积，m^3 或 cm^3；

V_0——材料在自然状态下的体积，m^3 或 cm^3；

V——材料在绝对密实状态下的体积，m^3 或 cm^3

由于吸水饱和后，$W_v = P_k$，上式可变换为：

$$K_B = \frac{W_v}{P} = \frac{P_k}{P} \tag{1-18}$$

式中 W_v——材料的体积吸水率,%；

P_k——材料的开放口孔隙率,%；

P——材料的总孔隙率,%。

饱和系数说明了材料的吸水程度，也反映了材料的孔隙特征，若 $K_B = 0$，说明材料内无孔或全部为闭口孔；若 $K_B = 1$，则说明材料内所有的孔均为开口孔。材料的饱和系数的大小，常用来判断材料的其他性能，如饱和系数 $K_B > 0.85$ 的材料其抗冻性往往很差。

材料吸水后，不但可使材料的质量增加，而且会使强度降低，保温性能下降，抗冻性能变差，有时还会发生明显的体积膨胀。在潮湿的条件下，金属材料（如钢材）易发生锈蚀，木材易遭腐朽等。可见，材料中含水对材料的性能往往是不利的。因此，在建筑物上总是要采用各种措施来保持材料处于干燥状态。

1.3.3 耐水性

材料长期在饱和水作用下，保持其原有性质的能力称为耐水性。

一般说，材料含水后，水将以不同方式减弱材料内部结合力，使强度产生不同程度的降低，即材料被水所软化。材料的耐水性用软化系数表示，见式（1-19）。

$$K_R = \frac{f_1}{f_0} \tag{1-19}$$

式中 K_R——材料的软化系数；

f_1——材料在吸水饱和状态下的抗压强度，MPa；

f_0——材料在干燥状态下的抗压强度，MPa。

各种不同的材料的耐水性差别较大，软化系数波动在0～1之间，软化系数越小，说明材料吸水后强度降低得越多，耐水性越差。处于水中或潮湿环境中的重要结构物所选用的材料其软化系数不得小于0.85～0.90。因此软化系数大于0.85的材料，可认为是耐水的。对于干燥环境中使用的材料可不考虑耐水性。

1.3.4 抗冻性

材料在饱和水状态下，经受多次冻融循环作用抵抗破坏的能力称为抗冻性。

材料经多次冻融循环后，表面将出现裂纹、剥落等现象，造成质量损失、强度降低。这是由于材料内部孔隙中的水分结冰时体积增大（约9%），对孔壁产生很大的压力（可达100MPa左右），冰融化时压力又骤然消失所致。无论是冻结还是融化过程都会使材料冻融交界面产生明显的压力差，并作用于孔壁使之破损。

材料的抗冻性大小与材料的构造特征、强度、变形特点、含水程度等因素有关。一般而言，密实的以及具有闭口孔的材料具有较好的抗冻性。具有一定强度以及受力变形较大的材料对冰冻有一定的抵抗能力；材料含水率越高，冰冻破坏作用越大。此外，经受冻融循环的次数愈多，材料破坏愈严重。

材料的抗冻性试验是材料吸水饱和后，在一定的冻融制度下冻结和融化，经过规定次数的冻融循环后，测定其强度损失、质量损失或动弹性模量降低的情况来衡量材料的抗冻性。

对于冬季室外温度低于－10℃的寒冷地区，建筑物的外墙及露天工程中使用的材料必须进行抗冻性检验。

第2章　建筑纳米功能材料

2.1　纳米材料的定义及分类

2.1.1　纳米材料的定义

任何至少有一个维的尺寸小于100nm或由小于100nm的基本单位组成的材料都可以称为纳米材料。多数学者认为纳米材料基本单元的典型尺寸小于50nm，还有的研究认为纳米材料基本单元的典型尺寸应在1～10nm之间。纳米材料可由晶体、准晶、非晶组成。纳米材料的基本单元或组成单元可由原子团簇、纳米微粒、纳米线或纳米膜组成。它既可包括金属材料，也可包括无机非金属材料。

纳米材料还可定义为具有纳米结构的材料。纳米结构是一种显微组织结构，其尺寸介于原子、分子与小于0.1μm的显微组织结构之间。纳米结构也是某种形式的材料或物质，本身就是一种纳米材料。原子团簇、纳米微粒、纳米孔洞、纳米线、纳米薄膜均可组成纳米结构。在自然界中存在着大量的纳米结构。如沸石矿中板条围成的空洞就是一种天然的纳米结构。应用纳米结构可将它们组装成各种包覆层和分散层、高比表面材料、固体材料和功能纳米器件（如图2-1所示）。当纳米结构由有限数量的原子组成时，可适用于原子尺度的精细工程，是纳米技术的基础。

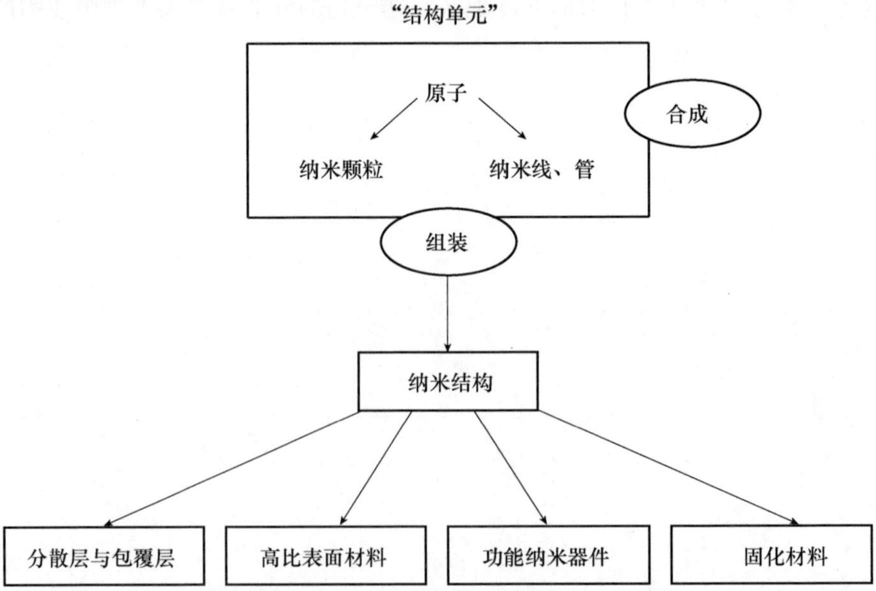

图2-1　基本单元组装成纳米结构、纳米材料及器件的示意图

纳米结构的基本特性，特别是电、磁、光等特性是由量子效应所决定的，使纳米材料的性能具有尺寸效应，从而纳米结构具有许多大于0.1μm的显微组织所不具备的奇异特性。

2.1.2 纳米材料的分类

纳米材料通常按照维度进行分类：

原子团簇、纳米微粒等为0维纳米材料。0维纳米材料通常又称为量子点，电子在三个方向上受到约束，不能运动；

纳米线为1维纳米材料。1维纳米材料通常又称为量子线，电子在两个维度上受约束，仅能在一个方向上自由运动；

纳米薄膜为2维纳米材料。2维纳米材料通常又称为量子面，电子在一个维度上受约束，能在其余两个方向上自由运动；

纳米块为3维纳米材料。

0维、1维和2维纳米材料又称为低维材料。2维和3维纳米材料可构成复合纳米材料。例如将某种纳米陶瓷粒子弥散到金属或高分子材料中，可显著提高金属及高分子材料的室温及高温强度；将某种纳米粒子复合到陶瓷中，可显著改善陶瓷的塑性和韧性。因此，这类复合纳米材料在结构材料中获得了广泛的应用，已成为复合纳米材料研究热点之一。

2.1.3 纳米材料的发展历史

纳米材料和纳米结构无论在自然界还是在工程界都不是新生事物。在自然界存在大量的天然纳米结构，只不过在透射电镜应用以前人们没有发现而已。例如在许多动物中就发现存在由大约30nm的磁性粒子组成的用于导航的天然线状或管状纳米结构，在花棘石鳖类、座头鲸、候鸟等动物体内都发现了这种纳米磁性粒子。此外，还发现珍珠、贝壳是由无机$CaCO_3$与有机纳米薄膜交替叠加形成的更为复杂的天然纳米结构，因而具有和釉瓷相似的强度，同时具有比釉瓷高得多的韧性。

在工程界，人类制备和应用纳米材料的历史至少可以追溯到1000多年以前：例如中国古代利用燃烧蜡烛的烟雾制成（纳米）炭黑，用于制墨和染料。中国古铜镜表面的防锈层经分析被证实为纳米SnO_2薄膜。最近发现，古玛雅的绿色颜料也是具有纳米结构的混合材料，抗酸和生物侵蚀。时效能在金属材料内沉淀析出小于1nm的粒子早成为提高金属材料特别是提高有色金属材料强度的重要技术，至今已在材料工程中得到广泛的应用。然而，这些都是人们非自觉地研究和应用纳米材料的过程，属于纳米材料发展的初始阶段。

20世纪80至90年代是纳米材料和科技迅猛发展的时代，其标志有三点：一是纳米块体材料的出现；二是扫描隧道显微镜（STM）、原子力显微镜（AFM）的出现和应用；三是纳米材料学科成为相对独立的学科。STM、AFM的出现和应用，为纳米材料的发现、发展和应用提供了强有力的工具，使人们能观察、移动和重新排列原子。如图2-2所示为在Si基底上Ge原子组装堆积成的10nm见方、高2.5nm的金字塔的STM图像。用STM针尖搬动48个Fe原子组成半径为7.3nm的圆形“量子栅栏”（quantum corral）和使用Co原子在Cu(111)面上组成的人工点阵，分别如图2-3和2-4所示。用C_{60}可在Cu表面构成中国古老的、世界上最小的计算工具——布基球算盘，如图2-5所示。

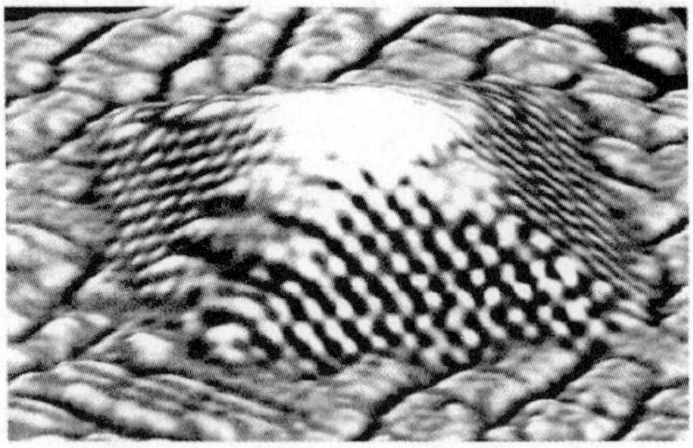

图 2-2　Ge 原子在硅基底上自组装形成的金字塔 STM 图像（图中每个圆点是单个 Ge 原子）

图 2-3　量子栅栏的 STM 图像

图 2-4　Co 原子在 Cu(111) 面上组成的人工点阵

图 2-5　由 C_{60} 组成的世界上最小的算盘（每个 C_{60} 珠子可由 STM 针尖移动，代表 1～10）

1990 年以后纳米材料的发展，可分为以下四个阶段：

1）1990～2001 年为第一发展阶段，其标志是在镀层、纳米粒子和块体纳米结构材料中存在着被动的纳米结构。

2）2001～2005 年是第二发展阶段，其标志是主动的纳米结构，如晶体管、传动操作机构和自适应结构等。

3）2005～2010 年是第三发展阶段，即三维纳米系统阶段。这种三维纳米系统具有非均质的纳米构件，可用多种技术进行人工组装。

4）2010 年以后是第四发展阶段，为分子纳米阶段。

2.1.4　纳米材料的发展趋势

纳米材料展现了异常的力学、电学、磁学、光学特性、敏感特性和催化以及光活性，为新材料的发展开辟了一个崭新的研究和应用领域，纳米材料向国民经济和高技术各个领域的渗透以及对人类社会进步的影响是难以估计的。以后的发展趋势主要有以下三个方面：

1）探索和发现纳米材料的新现象、新性质。这是纳米材料研究的长期任务和方向，也是纳米材料研究领域的生命力所在。

2）根据需要设计纳米材料，研究新的合成和制备方法以及可行的工业化生产技术。根据指定的性能设计所需的材料，不仅是纳米材料的发展趋势，也是所有材料设计的目标。纳米材料的性能取决于其组成单元的尺寸，是由尺寸决定的性能，具有尺寸效应。因此纳米材料的许多性能都具有临界尺寸。当组成单元的尺寸小于或相当于这一临界尺寸时，决定材料性能的物理基础发生变化，从而引起材料性能的改变或突变。因此，根据指定的性能设计纳米材料的关键之一是确定对应于该性能的临界尺寸。

纳米材料的合成与制备是保证材料高性能的基础。因此，纳米材料的发展与进步在很大程度上取决于合成与制备方法的发展与进步，其中工业化的生产方法和技术的发展和进步尤为重要。可以认为，纳米材料、结构和器件只有实现了工业化生产，才能真正造福于人类。

3）深入研究有关纳米材料的基本理论。目前，人们还不能很好地理解许多在纳米材料中出现的新现象。例如人们不能很好地理解或解释纳米材料的宏观变形与断裂机制。因此，需要大量的理论工作以指导关键性的实验和优化材料的性能。此外还需要计算机模拟，随着计算机科学的进步，人们能通过计算机模拟，利用分子动力学模拟指导进行纳米结构的合成与研究。可以认为，只有在有关纳米材料的基本理论取得长足的进步后，纳米材料的研究和开发才能迈上新的台阶和实现新的突破。

2.2 纳米材料的基本性能

纳米材料具有强烈的尺寸效应，其性能是由尺寸所决定的。纳米材料具有尺寸效应的基础是量子效应和表面（或界面）效应。

2.2.1 尺寸效应

所谓尺寸效应，就是当纳米材料的组成相的尺寸如晶粒的尺寸、第二相粒子的尺寸减小时，纳米材料的性能会发生变化，当组成相的尺寸小到与某一临界尺寸相当时，材料的性能将发生明显的变化或突变。如 Ni_3Al 纳米复合材料的流变应力随 Ni_3Al 粒子的减小而发生变化。当 Ni_3Al 粒子的尺寸小于 10nm 的临界尺寸时，流变应力随 Ni_3Al 尺寸的减小而急剧降低。纳米 ZnO 可以光致发光，随着 ZnO 尺寸的减小，光致发光强度随激发光的波长减小而增加。

库仑阻塞效应是纳米材料具有尺寸效应的又一实例。将一个电子注入一个纳米粒子或纳米线等称作库仑岛的小体系时，该库仑岛的静电能将发生变化，变化量与一个电子的库仑能大体相当，即 $E_c = e^2/(2C)$，其中 e 为电子的电量，C 为库仑岛的电容。当 C 足够小时（如为 10^{-18}数量级），只要注入一个电子，它给库仑岛附加了充电能 E_c，从而阻止第二个电子进入该岛，这就是库仑阻塞效应，E_c 称作库仑阻塞能。库仑阻塞效应造成电子的单个传输，是单电子晶体管、共振隧穿二极管和晶体管的基础。

纳米材料的尺寸效应还涉及纳米结构的稳定性。对纳米晶体材料和与其相应的非晶态的自由能进行的计算机模拟计算结果表明，当纳米结构的尺寸小于某一临界尺寸时就要发生纳米晶向非晶态转变的相变。如图 2-6 所示，在不同温度范围内 Cu 的纳米晶自由能随 Cu 晶粒尺寸的变化，图中虚线和实线分别代表完整晶体和非晶态的自由能变化。由图可知，随着 Cu 晶粒尺寸的减小，Cu 的自由能增大，当尺寸 D 小于 1.4nm 时，纳米晶的自由能大于非晶态 Cu 的自由能而不能维持晶态。类似的还有用硅烷分解形成的纳米 Si 晶体材料。光谱分析表明，当 Si 晶体小于某一临界尺寸（约几 nm）时，多晶 Si 就会相变成非晶 Si。

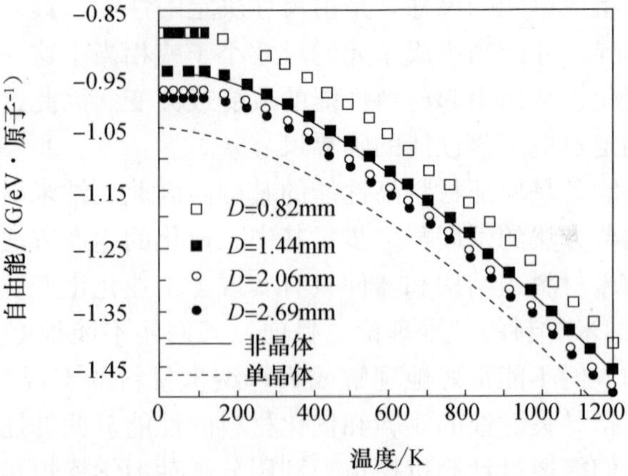

图 2-6　纳米晶 Cu 的自由能随晶粒尺寸 D 和温度的变化

2.2.2　量子效应

小尺寸（nm）系统的量子效应，是指电子的能量被量子化，形成分立的电子态能级，电子在该系统中的运动受到约束，类似的提法还有量子限域效应、量子尺寸效应或量子尺寸限制等。

2.2.3　界面效应

界面效应是纳米材料的另一基本效应。由于纳米晶体材料中含有大量的晶界，因而晶界上的原子数占有相当高的比率。例如对于尺寸为 5nm 的晶粒，大约有 50% 的原子处于晶粒最表面的一层平面（原子平面）和第二层平面；对于晶粒为 10nm、晶界宽为 2.0nm 的材料，大约有 25% 的原子位于晶界。由存在于晶界和局部的大量原子形成的原子结构，不同于大块晶体材料，必将使纳米材料的自由能增加，使纳米材料处于不稳定的状态，如晶粒容易长大，同时使材料的宏观性能如机械变形发生变化。

界面效应使纳米材料具有很高的扩散速率。通过多种方法，已观察到 Al、Cu、Bi 在纳米晶 Pd 中具有很高的扩散系数。对于多晶物质，扩散可沿自由表面、晶界和晶格三种形式进行，其中沿表面的扩散系数最大，沿晶格的扩散系数最小。一般金属的界面体积分数值很小，所以晶界扩散不易表现出来。而在纳米晶体中，由于晶界所占的比率很大，晶界扩散可能占绝对优势。有人测量出纳米晶沿晶界扩散的激活能与沿自由表面的相当。

界面效应能使异质原子在晶界的偏析大幅度提高。例如室温下 Bi 在 Cu 中的溶解度小于 10^{-4}，而在 8nm Cu 多晶中溶解度为 4%，其中部分或大部分 Bi 原子位于晶界。此外，有意识地选择和控制某些原子在晶界的偏析，可有效地阻止纳米晶的长大，这在技术上是非常重要的。例如，少量 Cu 的加入，可有效地阻止 Fe-Si-B 非晶晶化时纳米相的长大，在 Fe-Cu 合金中 Cu 偏析到晶界能抑制纳米相的长大等。

纳米材料的晶界是空位、空位团、微孔洞等缺陷的集中地点，因此造成了纳米材料密度的降低。这种负面影响在纳米块体材料的前期研究中更为突出．造成了纳米块体材料的许多性能，如弹性模量、比热容等严重失真。随着材料合成技术的进步，晶界所包含的各类缺陷已大大减少。例如，现在已能很容易地合成出达到理论密度98%以上甚至全致密的纳米块体材料，使所测性能的失真度大为减小，也纠正了早期研究的许多试验结果。

2.2.3.1 纳米材料晶界结构及特点

纳米材料中晶界占有很大的体积分数，这是评定纳米材料的一个重要参数。纳米材料中晶界的体积分数 $\varphi_{界}$ 可用下式来估计：

$$\varphi_{界} = \frac{3\Delta}{d + \Delta} \tag{2-1}$$

式中，Δ 为晶界的厚度，通常包括2、3个原子间距；d 为晶粒的直径。假设晶粒的平均直径为5nm，晶界的厚度为1nm，则由式（2-1）可计算出晶界所占的体积分数为50%；当晶粒小于10nm时，晶界所占的体积分数大于18%。因此，对纳米材料来说，晶界不仅仅是一种缺陷，更重要的是构成纳米材料的一个组元，即晶界组元。晶界组元的体积分数不仅与晶粒的直径相关，而且与晶界的厚度相关。

此外，在晶界还存在有空位团、微孔等缺陷，它们与旋错、晶粒内的位错、孪晶、层错以及晶面等共同形成纳米材料的缺陷。

2.2.3.2 异质原子在晶界的偏析和晶界的迁移

由于纳米材料中晶界具有很大的体积分数，同时晶界有大量的未被占据的空间，异质原子在晶界的偏析程度要比粗晶材料大1000倍以上。偏析于晶界的原子可以占据晶界的空位，也可以形成原子团从而改变晶界的结构，降低晶界的自由能，使晶界处于较稳定的状态。这可以从热力学和动力学两方面来理解异质原子对晶界的稳定作用。从热力学角度分析，异质原子在晶界的偏析引起晶界混合熵和结构熵的增加，从而降低晶界的自由能。当然，在5000K较低的温度下，晶界熵增加的作用很小，不足以影响晶界的自由能。然而，当溶质原子与基体原子的半径比相差很大时，由原子的错配所产生的结构熵是不可忽视的。例如，当原子的半径差大于12%，结构熵的增加可使晶界的自由能接近于晶粒的自由能。从动力学角度分析，扩散系数低的原子能稳定晶界。同时，异质原子在晶界形成的原子团、沉淀粒子对晶界运动产生钉扎、拖曳等作用，从而稳定了晶界。

晶界的迁移与晶界和溶质原子团的相对运动和速率有关，有以下三种方式：

1）当晶界迁移较慢时，它托着溶质原子一起迁移，因而降低了晶界运动速率和晶粒长大速率；

2）当晶界迁移很快时，它将摆脱溶质原子的作用而自由运动；

3）当晶界迁移速率适中时，部分晶界将摆脱溶质原子的作用而突出出来，形成无溶质原子的部分晶界。然而，晶界面积的增加又使无溶质原子的凸出晶面运动速率降低，并重新形成溶质原子团。因此，晶界的这种迁移是不平稳的。

2.2.3.3 纳米材料的晶粒组元

（1）纳米晶粒的热稳定性

纳米材料在热力学上是不稳定的，其不稳定性随着晶粒的减小而增加：一种极端的情况是当晶粒小于某一临界尺寸时，自由能大于相应的非晶态的自由能，则纳米晶转为非晶态。

（2）纳米晶粒的缺陷

纳米晶粒内存在有以下三种缺陷：

1）点缺陷　如空位、溶质原子和杂质原子等，属于0维缺陷。

2）线缺陷　如位错，是1维缺陷。位错的线长度和平均自由程均小于晶粒尺寸。

3）面缺陷　如孪晶、层错等，是一种2维缺陷。高分辨率电镜观察已经证实在纳米晶粒内存在有层错缺陷。

（3）纳米晶粒的固溶度

纳米晶粒对异质原子具有很高的固溶度。一些在固态甚至在液态下完全不互溶的元素的原子在纳米晶条件下具有很高的互溶性。在多晶情况下互不相溶的Fe-Ag、Fe-Cu系在纳米状态下可以形成固溶体。溶质原子可以随意、均匀地分布在纳米晶粒中，形成置换式固溶体，Cu原子在纳米Fe晶粒内的固溶就属于这种模式。

2.2.4　纳米材料力学性能

（1）纳米材料的力学性能与常规晶粒材料的不同之处

1）纳米材料的弹性模量较常规晶粒材料的弹性模量低30%～50%。

2）纳米纯金属的硬度或强度是大晶粒金属硬度或强度的2～7倍，但塑性降低。

纳米材料的硬度和强度高于同成分的粗晶材料的硬度和强度已成为共识。纳米Pd、Cu等块体试样的硬度试验表明，纳米材料的硬度一般为同成分的粗晶材料强度的2～7倍。纳米Pd、Cu、Au等的拉伸试验表明，其屈服强度和断裂强度均高于同成分的粗晶金属。碳的质量分数为2.8%的纳米Fe的断裂强度为6000MPa，远高于微米晶的500MPa。用超细粉末冷压合成制备的25～50nm Cu的屈服强度高达350MPa，而冷轧态的粗晶Cu的强度为20MPa，退火态的粗晶Cu仅为70MPa。

粗晶金属的塑性随着晶粒的减小而增强，是由于晶粒的细化使晶界增多，而晶界的增多能有效地阻止裂纹的扩展所致，而纳米晶的晶界似乎不能阻止裂纹的扩展。导致纳米晶金属在拉应力下塑性很低的主要原因有：①纳米晶金属屈服强度的大幅度提高使拉伸时的断裂应力小于屈服应力，因而在拉伸过程中试样来不及充分变形就产生断裂；②纳米晶金属的密度低，内部含有较多的孔隙等缺陷，而纳米晶金属由于屈服强度高，因而在拉应力状态下对这些内部缺陷以及金属的表面状态特别敏感；③纳米晶金属中的杂质元素含量较高，从而损伤了纳米金属的塑性；④纳米晶金属在拉伸时缺乏可移动的位错，不能释放裂纹尖端的应力。

（2）纳米材料的超塑性

材料的超塑性是指材料在拉伸状态下产生颈缩或断裂前的伸长率至少大于100%。材料在压应力下产生的大变形称为超延展性。

2.3　纳米功能材料

由于纳米晶体的已探知和展现出的特殊性能够被开发并投入应用，因此推动了对纳米材料的基础研究。对这些特性的应用主要分为两大方面：提高的性能和独特的性能。提高的性能，或者说增进的性能，指的是那些已知的性能，在采用纳米晶体后，由于其粒度和表面积可使这些性能得以改善。这些应用中很多已经取得了非常迅速的商业成功，并且开启了一扇通向更大范围应用的大门。“独特”性能的应用规模相对小一些，但却具有最大的潜力。这类性能是由于纳米结构本身而产生的，如电子和光学量子限制效应、超顺磁性和陶瓷的超塑性等。迄今为止，这些性能已经产生了一定的商业前景，但人们对其接受程度和兴趣仍在不断增长。

2.3.1 结构和力学材料

最初对纳米结构的研究始于对由全部或部分纳米粒子组成的块体材料的性能的提升。最早的工作着眼于当金属形成纳米结构时会从普通的、柔软的延展性材料转变成一种坚硬的、脆性物质。后来又发现了一种相反的效果：坚硬的陶瓷材料纳米结构化后，在其熔点一半的温度下会变得柔韧。最早的一些纳米材料的商业开发致力于获得这些独特的性质。例如，通过对碳化钨这种材料的纳米结构化可以改善刀具材料的性能，其利用原理是钨颗粒在基体中能以纳米尺度分散而增强了硬度和韧性。这一技术的商业结果是提高了工具的寿命和性能。

通常人们期望特种陶瓷具有特殊的力学和化学性能。其形状或成分的构建基本上是先通过传统的“白陶瓷制品”工艺制备陶瓷制品，然后进行充分的加工和抛光。在一些情况下，加工和抛光不仅成本很高而且还会产生缺陷和瑕疵，从而降低了材料所预期的强度。而通过纳米结构可以提高其延展性。纳米结构陶瓷成分构建的方式正在改变，这是由于陶瓷的塑性流动速率（拉伸速率）与其颗粒尺寸的立方成反比。金属的塑性成型适用于几种应用于航空领域的铝金属合金，这些金属通过超塑性成型，在一个封闭的拉模系统中以每分钟5%～6%的拉伸率使组分形成网状结构，可以充分复制成压模的几何形状。迄今为止，利用拉伸率与颗粒尺寸成反比的关系，通过应用纳米结构已经获得的几种纳米陶瓷材料的拉伸率已达到或接近这些拉伸速率。在不到半个小时里即可从纳米结构陶瓷的预制品制得要求高尺寸公差的零件。

在保持金属室温下的韧性时，为了发挥陶瓷的优点（耐磨，坚硬，抗腐蚀），开发了几种在陶瓷外包覆金属的技术。在这些技术中，为了提高最终产品的性能，纳米结构或纳米晶体起了主要的作用。例如，纳米晶体氧化物以热等离子的形式被喷涂到金属表面，形成比常规微米粒子更致密坚硬的涂层。据观察，纳米晶体等离子喷涂涂层的耐磨性提高了将近4倍。其他纳米晶体涂层被设计用于各种场合，包括耐磨层压地板，其中氧化铝薄层结合于合成材料表面上。

2.3.2 染料和颜料

由于人们对光辐射降解效应认识的不断增长，紫外线对颜料的脱色作用引起了更多的重视。对合成材料和天然的保护成了一系列工业应用的核心，范围涉及从色彩织物到人类的皮肤。无机粒子一直在工业产品中被用做遮光剂和“漂白剂”。例如每年合成数万吨的TiO_2产品提供增白性能，从颜料涂层、化妆品到低脂奶粉都有应用。当这种材料的尺寸减小到纳米尺度时，散射效率转向了较高频率的紫外线上，同时还会减少可见光的通过。因此，用这种纳米尺度的颜料制成的涂层能形成可以减弱有害的紫外光辐射的光学透明薄膜。

喷墨打印机用的颜料中，平均粒径在10～20nm的颜料颗粒产生多种颜色，可提高色调饱和度和光固性。

2.3.3 纳米特殊功能材料

具有某种特殊物理、化学或生物等性能的材料均可称为功能材料。纳米材料由于量子效应和表面效应常具有某种特殊的力学、电、磁、光、热、催化等性能，因此低维纳米材料可看作功能材料，利用它们可制造新型的纳米功能器件。主要产品有光催化材料、电致变色材料、气敏材料以及微孔沸石分子筛和介孔分子筛材料等。

2.3.3.1 纳米 TiO_2 光催化材料

具有将光能转化为化学能，促进化合物的降解或合成功能的材料统称为光催化材料。大多数宽禁带的 n 型化合物半导体，如 TiO_2、SnO_2、ZnO 等都属于光催化材料，其中 TiO_2 的光催化活性最高，且化学性质稳定，对生物无毒性，资源丰富，因此，纳米 TiO_2 的光催化性能及技术已成为当今科学技术研究的热点，并在废水废气处理、降解有机物、空气净化、太阳能利用、抗菌、防雾及自清洁功能等方面得到十分广泛的应用。

（1）光催化原理

光催化的原理是利用光来激发 TiO_2 等化合物半导体，利用它们产生的电子和空穴参加氧化-还原反应。当能量大于或等于能级差的光照射到半导体纳米粒子上时，其价带（VB）中的电子将被激发跃迁到导带（CB），在价带上留下相对稳定的空穴，从而形成电子-空穴对。

由于纳米材料中存在大量的缺陷和悬键，这些缺陷和悬键能俘获电子或空穴并阻止电子和空穴的重新复合。这些被俘获的电子和空穴分别扩散到微粒的表面，从而产生强烈的氧化还原电势。例如，电子能将微粒表面的氧化性物质还原，而空穴能将表面的还原性物质氧化。如图 2-2 所示，表示了一个半导体纳米粒子在光照射下形成电子-空穴对，以及电子、空穴被俘获并扩散到粒子表面与表面物质产生氧化、还原反应的过程。价带的空穴是良好的氧化剂，导带的电子是良好的还原剂。在光催化半导体中，空穴具有更大的反应活性。半导体能带的位置与被吸附物质的还原电势决定了光催化的反应能力。

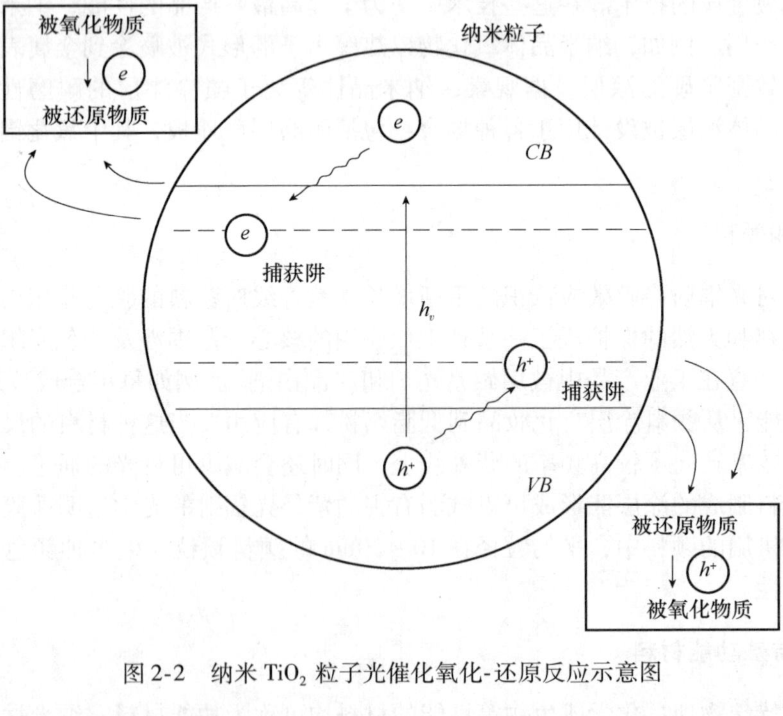

图 2-2 纳米 TiO_2 粒子光催化氧化-还原反应示意图

SnO_2 的能带恢复到原始状态。因此，检测出表层载流子浓度或电导的变化，即可检测出环境中还原性气体的浓度。

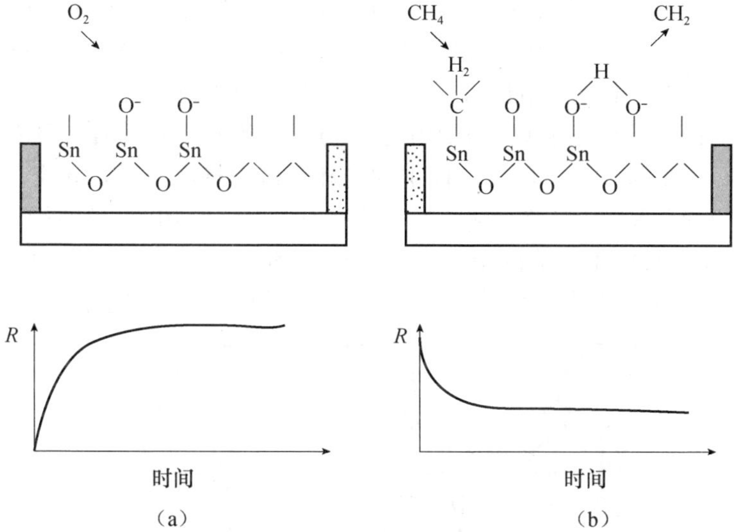

图 2-4　气敏机理示意图

（a）吸附 O_2；（b）吸附 CH_4

（2）纳米晶 SnO_2 薄膜气敏材料

研究表明，随着晶粒或粒径的减小，材料的气敏特性上升，纳米晶气敏材料比微米晶气敏材料具有更高的灵敏度。例如，随着晶粒尺寸的降低，SnO_2 对 H_2、CO 等气体的检测灵敏度上升。试验表明，当 SnO_2 的粒径由 50nm 降至 25nm 时，灵敏度略有上升，而当晶粒小于 25nm 时，灵敏度大幅度上升。此外，在纳米 SnO_2 中掺杂其他元素能进一步提高气敏特性。例如在粒径 20nm 的 SnO_2 中掺杂 CuO 能显著提高对 NO 和 CO 的检测灵敏度，在粒径 12～80nm 的 SnO_2 中掺 MoO_3 能进一步提高对 CO 和 H_2 的检测灵敏度和选择性。

纳米晶气敏材料比微米晶气敏材料具有更高灵敏度的原因在于纳米晶具有大的比表面积和在化学吸附后具有不同的电子结构。由于气敏反应主要在表面进行，因此，比表面积的增大能使材料对气体的吸附能力增强和加速气敏反应，这是获得高灵敏度的前提。电子结构的变化是纳米材料具有高灵敏度的内在因素。

2.3.3.4　*沸石分子筛*

沸石材料是一种具有多孔笼状结构的硅酸铝晶体，其孔径在 0.2～2.5nm 之间变化。由于沸石能使动态直径小于孔径的小分子通过，阻止动态直径大于孔径的大分子通过并使之与小分子分离，故沸石又称为沸石分子筛。沸石具有大的比表面积、高的阳离子交换能力、高的催化活性及选择性。同时笼状结构呈现刚性，热稳定性好，被广泛地应用于催化反应、气体和液体的吸附、分离及作为载体与纳米粉体组成新的体系，仅在催化领域，全世界沸石的年产值就超过 30 亿美元。

沸石的基本结构单元为硅氧四面体（SiO_4^-）和铝氧四面体（AlO_4^-），氧原子位于四面体顶角，Si 或 Al 原子位于四面体中心。Si、Al 四面体通过氧桥连接形成具有规则结构的笼（大孔）和通道体系的阴离子骨架，通道交汇处便是笼。在三维空间笼为规则的多面体，如立方笼、六角柱笼、八角柱笼及 α、β、γ 笼等。在平面上则显示为 4 元环以及 5、6、8、10、12 元环等。由于铝氧四面体带一个负电荷，因而在分子筛的笼或通道中定位着用于平衡负电荷的阳离子和可流动的水分子。沸石通式为 $O \cdot Al_2O_3 \cdot nSiO_2 \cdot mH_2O$，$n$ 为 Si 与 Al 之比，m 为吸附水的质量。其中 n 必须大于 1，故沸石分子筛骨架中不存在不稳定的 Al—O—Al 键。沸石的基本分子结构特征表现为三部分：一是硅酸铝盐骨架；二是骨架中的笼、通道和阳离子；三是存在于沸石中的中性水分子。沸石中水的存在具有重要的意义，当沸石受热时，沸石水脱附逃脱，而使晶体中的笼和通道空产生分子筛效应，而对沸石的晶格几乎没有影响。如图 2-5 所示，图（a）为一种沸石的网络结构图，氧原子位于网络的顶点，这种沸石只有由 10 个氧原子围成的 10 元环“窗”；图（b）、（c）分别为三维锯齿形通道和互相交叉的二维通道。图（a）中窗的尺寸取决于氧环上氧原子的数目。

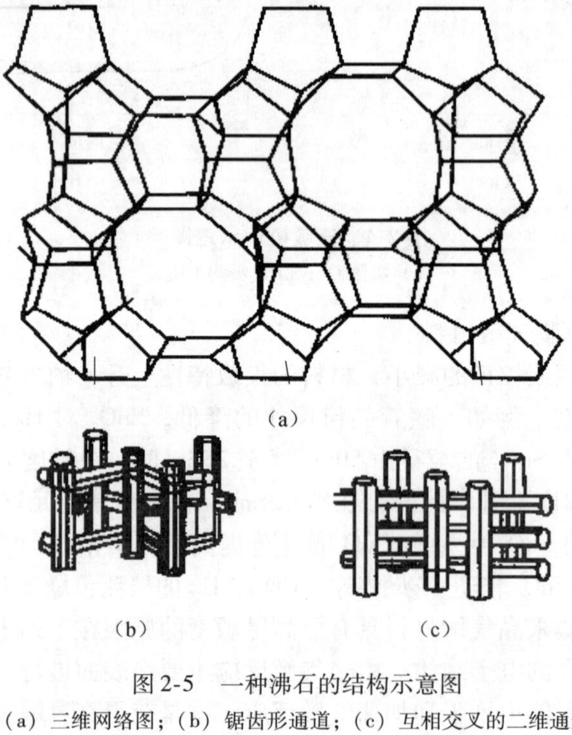

（a）

（b）　　（c）

图 2-5　一种沸石的结构示意图

（a）三维网络图；（b）锯齿形通道；（c）互相交叉的二维通道

2.3.4　纳米建筑功能材料

2.3.4.1　纳米陶瓷材料

陶瓷有许多优良的性能而获得广泛的应用，然而它又有性脆、烧结温度高等缺点，所以其应用受到一些限制。而纳米陶瓷材料则不同，现已证实，纳米陶瓷 CaF_2 和 TiO_2 在常温下具有很好的韧性和延展性能。它们在 80 ~ 180℃ 范围内可产生约 100% 的塑性形变，而且烧结温度低，能在比大晶粒样品烧成温度低 600℃ 的温度下烧出类似于普通陶瓷硬度的产品。这些特性提供了对纳米陶瓷材料在常温或次高温下进行冷加工的可能性。如果再次高温下将纳米陶瓷颗粒加工成形，然后作表面退火处理，就可以使纳米陶瓷材料成为一种表面保持常规陶瓷材料的硬度和化学性，而内部仍具有纳米材料的延展性的高性能陶瓷。

若在陶瓷制品中添加适量的纳米 SiO_2，其脆性可大大降低，而韧性可提高几倍至几十倍，光洁度也明显提高。纳米粒子的小尺寸效应和表面效应可使陶瓷在较低温度下烧制。纳米材料的低温烧制特性还被广泛用于涂漆陶瓷与陶瓷薄膜之间的焊接材料、陶瓷表面绘画、金属-陶瓷的低接合等方面。

以人工合成的高纯度纳米粉末为原料可制备精细陶瓷材料。有些纳米陶瓷材料还具有能量转换、信息传递的功能。

日本新技术事业团首创水热法生产纳米陶瓷材料。该方法是在高温高压有水的环境下使过氧氯化锆和氯化钇进行合成，并在沉淀中加入尿素。此法制得的粉末纯度达 99.9%，平均直径在 30nm 以内。用这种微粒烧结的材料具有高强度、高韧性和离子导电性好的特性，可用来制造各种切削工具、模具和高级研磨材料等。

2.3.4.2 粘合剂和密封胶

粘合剂和密封胶是建筑功能材料中的重要产品，使用范围很广。国外已将纳米材料 SiO_2 作为添加剂加入到粘合剂和密封胶中，使粘合剂的粘结效果和密封胶的密封性都大大提高。其作用机理是在纳米 SiO_2 的表面包覆一层有机材料，使之具有亲水性，将它添加到密封胶中很快形成一种硅石结构，即由纳米 SiO_2 小颗粒形成网络结构，抑制胶体流动，使固化速度加快，提高粘结效果。因其颗粒尺寸小，更增加了胶的密封性。

2.3.4.3 涂料

在各类涂料中添加纳米 SiO_2 可使其抗老化性能、光洁度及强度成倍地提高，涂料的质量和档次都得到升级。因纳米 SiO_2 是一种抗紫外线辐射材料（即抗老化），又因其颗粒极微小，因而比表面积大，能在涂料干燥时很快形成网络结构，同时增强涂料的强度和光洁度。

在水性超薄膨胀型钢结构防火涂料中，添加纳米 SiO_2 和 TiO_2 可以提高防火涂料膨胀后炭质层的强度，延长钢结构的耐火极限，当添加 1.5%（质量分数）的纳米 SiO_2 时，可以达到 88min 的耐火极限。

2.3.4.4 新型塑料

将纳米粒子添加到塑料中不仅起到补强作用，而且使其具有许多新的特性。纳米 SiO_2 因其透光，粒度小，可使塑料变得致密，从而使塑料薄膜的透明度、强度和韧性、防水性都大大提高，因此，可作为特殊用途的高级塑料薄膜。

2.3.4.5 有机玻璃

在有机玻璃生产时加入经表面修饰的纳米 SiO_2，可使有机玻璃抗紫外线辐射能力增强并达到抗老化的目的。纳米 Al_2O_3 弥散到透明的玻璃中既不影响透明度，又提高了高温冲击韧性。

2.3.4.6 功能纤维与新型橡胶

以纳米 SiO_2 和纳米 TiO_2 经适当配比制成的复合粉体作为纤维和橡胶的添加剂，可制得满足国防工业要求的抗紫外线辐射的功能纤维和新型橡胶。

2.3.4.7 纳米复合材料

在原子尺度的合金中，不同的化学组分被严格限制在与固态或熔融状态能互溶的化学成分之间，而大多数合金的化学组分有很大的限制。但对于纳米固体，二元甚至多元的复合材料，可以把不同化学组分的超微颗粒压制成多晶固体，而不必考虑组成部分是否互溶。当然，这样获得的复合纳米相，不是原子尺度而是纳米尺度上的复合材料。但如果把颗粒做得更小，直至仅几个原子大小时，就可以将金属和陶瓷混合，把半导体材料和导电材料混合，制成性能独特的各种复合材料。例如，纳米复合多层膜在 7 ~ 17GHz 频率范围内吸收电磁波的峰值高达 14dB，在 10dB 水平的吸收频率宽为 2GHz。纳米合金颗粒的光反射率一般低于 1%，粒度越小，吸收越强。利用这种特性，可以制造红外线检测元件、红外线吸收材料、隐形飞机上的雷达吸收材料等。

第 3 章　建筑智能材料

3.1　智能材料的概念

智能材料又称灵巧或机敏材料，是指能感知外部刺激（传感功能）、能判断并适当处理（处理功能）且本身可执行（执行功能）的一类材料。它的结构特征如图 3-1 所示。

当环境因素刺激到材料时，材料内的传感部分会立即接收到信息，并能做出判断和处理，然后储存到材料内部，或传递给相应的部门。

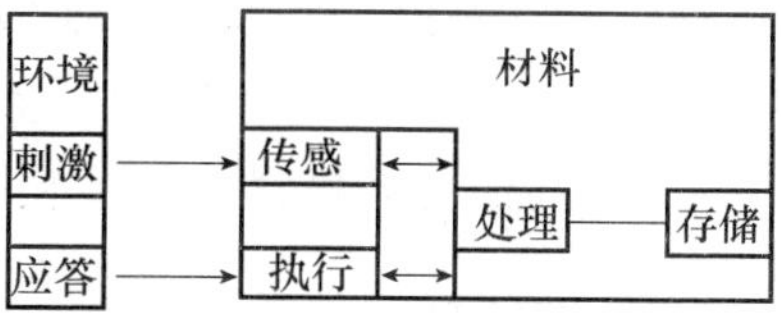

图 3-1　智能材料结构特征示意图

智能材料是继天然材料、合成高分子材料、人工设计材料之后的第四代材料，是现代高技术新材料发展的重要方向之一，将支撑未来高技术的发展，使传统意义上的功能材料和结构材料之间的界限逐渐消失，实现结构功能化、功能多样化。科学家预言，智能材料的研制和大规模应用将导致材料科学发展的重大革命。

3.1.1　智能材料功能

一般说来，智能材料有七大功能，即传感功能、反馈功能、信息识别与积累功能、响应功能、自诊断能力、自修复能力和自适应能力。

1）传感功能（sensor）　能够感知外界或自身所处的环境条件，如负载、应力、应变、振动、热、光、电、磁、化学、核辐射等的强度及其变化。

2）反馈功能（seedback）　可通过传感网络，将系统输入与输出信息进行对比，并将其结果提供给控制系统。

3）信息识别与积累功能　能够识别传感网络得到的各类信息并将其积累起来。

4）响应功能　能够根据外界环境和内部条件的变化，适时动态地作出相应的反应，并采取必要行动。

5）自诊断能力（self-diagnosis）　能通过分析比较系统目前的状况与过去的情况，对诸如系统故障与判断失误等问题进行自诊断并予以校正。

6）自修复能力（self-recovery）　能通过自繁殖、自生长、原位复合等再生机制，修补某些局部损伤或破坏。

7）自调节能力（self-adjusting）　对不断变化的外部环境和条件，能及时地自动调整自身结构和功能，并相应地改变自己的状态和行为，从而使材料系统始终以一种优化方式对外界变化作出恰如其分的响应。

3.1.2 智能材料构成

多数智能材料都由基体材料、敏感材料、驱动材料和信息处理器四部分构成。

1）基体材料　基体材料担负着承载的作用，一般宜选用轻质材料。一般基体材料首选高分子材料，因为其质量轻、耐腐蚀，尤其具有黏弹性的非线性特征。其次也可选用金属材料，以轻质有色合金为主。

2）敏感材料　敏感材料担负着传感的任务，其主要作用是感知环境变化（包括压力、应力、温度、电磁场、pH 值等）。常用敏感材料如形状记忆材料、压电材料、光纤材料、磁致伸缩材料、电致变色材料、电流变体、磁流变体和液晶材料等。

3）驱动材料　因为在一定条件下驱动材料可产生较大的应变和应力，所以它担负着响应和控制的任务。常用的有效驱动材料如形状记忆材料、压电材料、电流变体和磁致伸缩材料等。可以看出，这些材料既是驱动材料又是敏感材料，显然起到了身兼二职的作用，这也是智能材料设计时可采用的一种思路。

4）其他功能材料　包括导电材料、磁性材料、光纤和半导体材料等。

3.1.3 智能材料种类

智能材料包括压电材料、电致伸缩、磁致伸缩、形态记忆合金、智能胶凝材料和智能混凝土等。它们都可以在外场作用下响应刺激产生形状变化，它们响应刺激产生的形状变化使其可作为执行元件。高分子凝胶则为由大分子构成的三维网络，其结构中含有能对外界环境（温度、电场及化学物质）响应的部分，利用其大分子链或链段的构造与结构或基团的重排可使凝胶体积发生突变，由此可调控其刺激响应性。

3.1.4 功能材料智能化

美国麻省理工学院的田中丰一教授 1975 年提出了“灵巧凝胶”（智能凝胶），至今已过去 20 余年。现在能响应刺激溶胶的聚合物网络已开发成一项软、湿有机技术。各先进国家的政府、企业、大学及科研单位对此高度刺激响应材料的研究与开发甚为关注，他们试图将生物体组织所具有的智能型刺激响应功能引入工业材料。目前智能高分子材料的发展日新月异，有人预计 21 世纪可望向模糊高分子材料发展。所谓模糊材料，其特征刺激响应性不限于一一对应，材料的本身能判断并依次发挥其调节功能，像动物大脑那样能记忆和判断。研究模糊高分子材料的最终目标是发展有机分子计算机。

为将生物体具有的刺激响应功能引入到工业材料并开发成智能材料，发达国家正加大投入，组织共同研究实体，开展国际合作。例如日本的研究与开发集中于运动功能材料、分离功能材料和释放功能材料。以运动功能材料为例，早在 20 世纪 50 年代，Katchalsky 等就在不同浓度的盐水溶液中浸渍胶原纤维，借助胶原的结晶-熔融产生的伸缩，制备了机械化学发动机模型机，即利用凝胶将化学能直接转变成机械能，犹如肌肉那样做功，被称为“机械化学系统”或“化学机械系统”，此类高分子驱动元件可望在人工肌肉、微机械（分子机械）等独特领域应用。

一些共轭链导电高分子经氧化过程可使其导电量增大数个数量级，同时产生伸缩变形。如电解聚合的聚苯胺酸性水溶液处于大约 0.4V 的电位时，响应状态的电导率最大达数十个

S/cm。

3.1.5 结构材料智能化

陶瓷及其复合材料经常被用作结构材料。但由于可靠性低而使其应用受到局限，陶瓷承受应力时会因裂缝的扩展而引起其前端应力集中导致破坏。陶瓷的力学性质难以确保，而寿命预测又比较困难。

陶瓷材料的可靠性取决于：①确立能测定微细结构的非破坏性检验方法；②建立以断裂行为解析为基础的可靠性试验法；③分散增强、纤维增强和层压等复合增韧。此类方法虽然近年来进展显著，但不能充分确保其可靠性，因而出现了可对材料自身损伤进行诊断和寿命预告的智能材料。此类材料能检测和诊断其损伤程度，即具有“自行诊断功能”，且有认知损伤程度的“损伤显示功能”，更能使创伤自修复，即具有“自修复”和“自愈合功能”及使用环境下形成材料结构的“自组装功能”。再者从降低环境负荷和再循环角度出发，还要求材料具有“自分解性”和“自转变性”。因而，结构材料的智能化与功能材料相比要困难得多，它要求材料能检出（诊断）缺陷、热历史和力学历史伴生的微小裂纹以及残余应力等引起的材料内部微小损伤，以预测其危险性。

结构材料智能化的相关传感功能的实施可利用入射激光损耗（光纤复合化）、导电率的变化（碳纤维复合化）、表面弹性波、声发射和磁变形效应等原理。执行功能常采用压电元件使基材变形即微裂缝闭合；或形状记忆合金通电加热产生相转变，使龟裂闭合。

结构材料的智能化不能损及力学性能。金属间化合物不仅耐热，且力学性能良好，还具有形状记忆功能、高磁导率、疲劳诱发相转变现象和贮氧功能等特点。

日本学者利用 Ni、Al 金属间化合物的高强度和高熔点，用 Al_2O_3 制备 10%（体积）$NiAl/Al_2O_3$ 分散型复合烧结体，经 1300～1450℃氧化处理，材料表面自发形成 $NiAl_2O_4$ 致密氧化膜和 Ni、Al 密度差，诱发数百兆帕的表面压缩应力。即此氧化膜形成的“自组装”可使材料强韧化。Ni、Al 在陶瓷基材料（Al_2O_3）表面层合金化，经氧化处理，材料表面的氧化程度与饱和磁化强度线性相关，因而利用磁场信号不仅可检测出此层压型复合材料中存在的缺陷，且氧化生成物在磁场中的体积膨胀使龟裂尖端应力集中钝化。

3.2 智能无机非金属材料

3.2.1 自诊断效应及自愈合陶瓷材料

材料在使用过程中常因内部缺陷的累积而出现性能的劣化，对于大型构件如飞机、航天器和桥梁来说，因内部裂纹或缺陷的累积而发生突然坠毁和倒塌等事故时有发生，造成生命财产的重大损失。如何预防材料在使用过程中的突发事故已成为材料研究的重要组成部分。

如果能使冷冰冰、硬邦邦的材料具有自我诊断和自我愈合的智能性，材料一旦出现微小的损伤，它自己可感知并自动修复，我们便可防患于未然。经过多年的努力，科学家们利用各种手段已赋予结构材料自诊断和自愈合性。当然材料的智能性还没有像神话故事那样离奇。从物理化学角度来说，自诊断也就是内部诊断，主要是指依靠材料内部的组分或结构的变化所产生的信号而进行诊断的方法，诊断的内容包括应力状态、应变量、相变、缺陷或裂纹发展过程等。

陶瓷材料一般是通过煅烧得到氧化物、碳化物、高强度的材料。这类材料的特点是性能多样，缺点是应变较小，使用可靠性低。由于多数陶瓷材料为电的绝缘体，并在高温下烧制，所以，能用作陶瓷材料导电性检测的高温纤维的种类有限，常用的是耐高温的半导性碳化硅晶须。而对于水泥结构的诊断，需要成本较低的导电纤维。高强度碳纤维是常用的导电添加剂之一。

理想的自诊断方法应是所复合的纤维不仅具有增韧机制，并且具备损伤传感功能。其中常用的增韧机制有长纤维的复合、桥接、分散相的复合、增韧相的拔出、相变增韧、晶体结构的微细化等。断裂感知功能则来自导电相（连续长纤维、分散增韧相）、晶界相、多层结构、介电体、压电体等的应用。

从宏观到微观，陶瓷材料的强韧化技术具有多个层次。陶瓷材料缺陷的位置和裂纹发生的时间也不一样。因此，只有同时具备多种强韧化机制及多种缺陷诊断和裂纹预警方式，方可获得安全可靠的陶瓷材料。

大家都知道树木在受到损伤后其内部会分泌一种黏液填充到损伤缺口，黏液固化后在表面形成坚硬的物质，达到自愈合目的。从仿生角度，可在人造材料中加入一些容易扩散的元素或物质，当材料表面出现裂纹时，内部组分向表面迁移，在裂纹处聚集并结合成更硬的新物质，阻止裂纹向纵深发展。树木的智能件为设计诊断和自愈合材料提供了新的思路。

3.2.2 高温下陶瓷涂层的自动成膜机制

在高温真空器件使用的不锈钢中加入少量的 B 和 N 元素，B 元素会在温度和压力作用下向表层迁移扩散，从而在表层聚集并结合成一层致密的氮化硼（BN）高温陶瓷保护层。由于这种保护层是从母体材料中“自生”出来的，成分和结构与基体材料呈现递变过渡状态，有很好的亲和性和相容性，结合牢固，解决了金属表面陶瓷涂层容易剥落的技术问题，如图 3-2 所示。

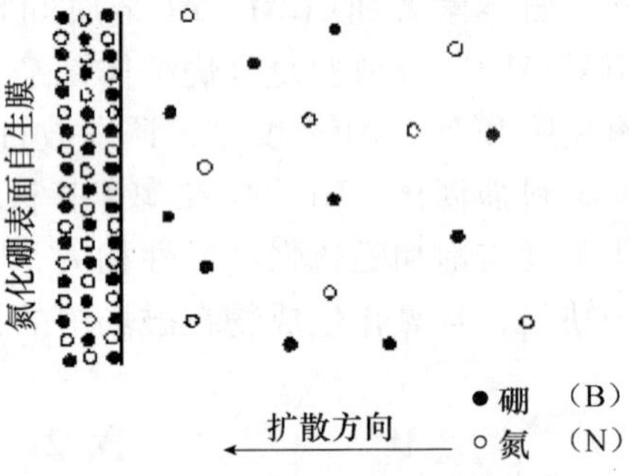

图 3-2 真空金属容器内壁在高温下自动形成 BN 陶瓷热膜原理

3.2.3 高温陶瓷的高温氧化自适应性

氮化硅等高温陶瓷材料是未来发动机的新型候选材料。现在人们的目标是继续提高其强度和韧性，并研制在高温下破损时的自我诊断和修复功能。研究表明，陶瓷材料在高温状态下的破坏过程是内部组分高温氧化和表面裂纹纵深发展的相互促进过程。表面组分在高温下的氧化，容易形成表面微细裂纹，而表面的微细裂纹的产生，会使高温氧化向材料内部移动而导致内部组分的进一步氧化。如果有一种物质能够在高温下自动“流入”裂纹并屏蔽内部组织与氧气的接触，一定能有效阻止陶瓷材料在高温下的破坏过程。在氮化硅陶瓷中加入少量 Nb 的化合物，就能够有效地阻止氮化硅陶瓷在 1000℃ 高温下的氧化。这是因为在高温下，一般的氮化硅陶瓷表面氧化而形成氧化硅层，此氧化硅层极容易进一步结晶化并伴随体积收缩，从而在表面形成微细裂纹。而当添加一定量铌化合物后，铌在氮化硅表面形成 $NbC—Nb_2O_3—Nb_2O_5$ 的过渡氧化物层，这些氧化物为玻璃态，呈致密状覆盖在表面，隔断了氧气向内部的侵入。

3.2.4 氧化锆自增韧陶瓷

氧化锆 ZrO_2 自增韧陶瓷（ZTC）是一类很有前途的新型结构陶瓷材料。这类陶瓷中氧化锆有相变特性，可增加材料的断裂韧性和抗弯强度，这类材料还具有优良的力学性能、低的热导率和良好的耐急冷急热性。最可贵的是它能响应外界环境的变化，吸收环境冲击能，防止结构整体被破坏，具有自诊断和自修复的功能。

氧化锆晶体一般有三种晶型：

$$\text{单斜相 } ZrO_2(m) \underset{90℃}{\overset{1150℃}{\rightleftharpoons}} \text{四方相 } ZrO_2(t) \overset{2370℃}{\rightleftharpoons} \text{立方相 } ZrO_2(c)$$

其中 t-ZrO_2 转化为 m-ZrO_2 相变具有马氏体相变的特征，并且相变伴随有 3% ~5% 的体积膨胀，加稳定剂的 ZrO_2 陶瓷在烧结温度冷却的过程中，会由于发生相变而严重开裂。解决的办法是添加离子半径比 Zr 小的 Ca、Mg、Y 等金属的氧化物。氧化锆相变可分为烧成冷却过程中相变和使用过程中相变，造成相变的原因，前者是温度诱导，后者是应力诱导。两类相变的结果都可使陶瓷增韧，按照增韧机理分别称为微裂纹增韧和应力诱导下的相变增韧。

研究表明，当 ZrO_2 晶粒尺寸比较大而稳定剂含量比较小时，陶瓷中的 t-ZrO_2 晶粒在烧成后冷却至室温的过程中发生相变，相变所伴随的体积膨胀在陶瓷内部产生压应力，并在一些区域形成微裂纹。当主裂纹在这样的材料中扩展时，一方面受到上述压应力的作用，裂纹扩展受到阻碍；同时由于原有微裂纹的延伸使主裂纹受阻改向，也吸收了裂纹扩展的能量，提高了材料的强度和韧性。这就是微裂纹增韧。

由于 ZrO_2 相变温度很高，借助温度变化来设计智能材料是不可行的，需要研究应力诱导下的相变增韧。应力诱导下的相变增韧在 ZrO_2 增韧陶瓷中是最主要的增韧机制。如图 3-3 所示为 ZrO_2 在应力诱导下发生相转变的强化机理模型。

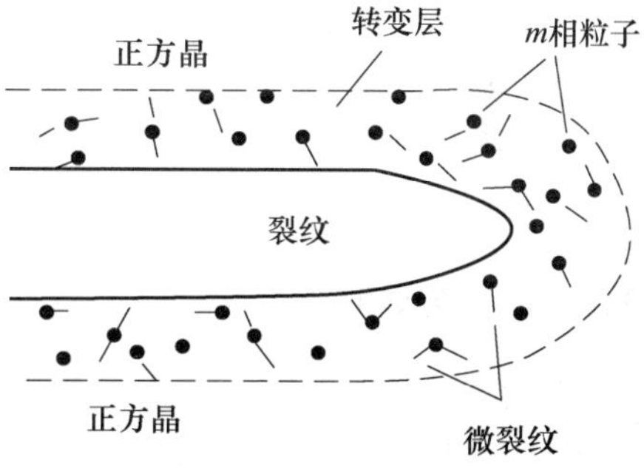

图 3-3 应力诱导 ZrO_2 相变强化机理模型

材料中的 t-ZrO_2 晶粒在烧成后冷却至室温的过程中仍保持四方相形态，当材料受到外应力的作用时，受应力诱导发生相变，由 t 相转变为 m 相。由于 ZrO_2 晶粒相变吸收能量而阻碍裂纹的继续扩展，从而提高了材料的强度和韧性。相转变发生之处的材料组成一般不均匀，因结晶结构的变化，导热和导电率等性能也随之而变，这种变化就是材料受到外应力的信号，从而实现了材料的自诊断。

3.3 智能混凝土

3.3.1 自调节智能混凝土

自调节智能混凝土具有电力效应和电热效应等性能。混凝土结构除了正常负荷外，人们还希望它在受台风、地震等自然灾害期间，能够调整承载能力和减缓结构振动。但因混凝土本身是惰性材料，要达到自调节的目的，必须复合具有驱动功能的组件材料，如：形状记忆合金（SMA）和电流变体（ER）等。形状记忆合金具有形状记忆效应（SME），若在室温下给以超过弹性范围的拉伸塑性变形，当加热至少许超过相变温度，即可使原先出现的残余变形消失，并恢复到原来的尺寸。在混凝土中埋入形状记忆合金，利用形状记忆合金对温度的敏感性和不同温度下恢复相应形状的功能，在混凝土结构受到异常荷载干扰时，通过记忆合金形状的变化，使混凝土结构内部应力重新分布并产生一定的预应力，从而提高混凝土结构的承载力。

电流变体（ER）是一种可通过外界电场作用来控制其黏性、弹性等流变性能双向变化的悬胶液。在外界电场的作用下，电流变体可于0.1ms级时间内组合成链状或网状结构的固凝胶，其黏度随电场增强而变稠到完全固化，当外界电场撤除时，仍可恢复其流变状态。在混凝土中复合电流变体，利用电流变体的这种流变作用，当混凝土结构受到台风、地震袭击时调整其内部的流变特性，改变结构的自振频率、阻尼特性以达到减缓结构振动的目的。

有些建筑物对其室内的湿度有严格的要求，如各类展览馆、博物馆及美术馆等，为实现稳定的湿度控制，往往需要许多湿度传感器、控制系统及复杂的布线等，其成本和使用维持的费用都较高。日本学者研制的自动调节环境湿度的混凝土材料自身即可完成对室内环境湿度的探测，并根据需要对其进行调控。赋予这种混凝土材料自动调节环境湿度功能的关键组分是沸石粉。其机理为：沸石中的硅酸钙含有（3~9）$\times 10^{-10}$m的孔隙。这些孔隙可以对水分、NO_x和SO_x气体产生选择性的吸附。通过对沸石种类进行选择，可以制备符合实际应用需要的自动调节环境湿度的混凝土复合材料。

目前建筑物抗地震能力的提高通常是通过构筑整体框架、增大结构尺寸、在建筑物底部加装缓冲装置等方式实现的，而这些做法都是在结构上对建筑物进行改进。通常建筑物在使用过程中会产生大量裂纹，尤其是当受到动态荷载的作用后。这些裂纹的产生对建筑物的抗震极为不利。智能混凝土的出现就有可能克服这种缺点，使建筑物的抗震能力和使用寿命得到极大提高。

3.3.2 自愈合混凝土

自愈合混凝土是在混凝土中预先埋入某种粘结剂，当建筑物出现裂纹时，粘结剂会自动释放出来，把裂纹修补好。同时还可以提高开裂部分的强度和抗弯韧性。

埋入混凝土的低模量粘结剂可以改善建筑物结构的阻尼特性；较硬的粘结剂可以使受损的建筑结构重新获得横向强度；不同凝固时间的粘结剂可以用于对结构的弯曲进行控制。如果将这些粘结剂填入中空玻璃纤维，以使粘结剂在混凝土中长期保持性能，直到结构开裂导致玻璃纤维断裂时被释放出来。为防止玻璃纤维断裂，将填充了粘结剂的玻璃纤维用水溶性胶粘结成束，然后平直地（无卷绕）加入混凝土中。

福州大学罗素荣、刘承超等在试验室研究了内置空心玻璃纤维的裂缝自修复混凝土，是模仿生物伤口“破裂—流血—凝结—愈合”的过程，把生物材料的这种自愈合能力应用在混凝土中，即在混凝土构件受拉区分层布置一些注有高分子胶粘剂的空心玻璃管，当混凝土构件受拉开裂时，这些玻璃管也随之破裂，其中的修复胶粘剂迅速流到裂缝处并随着时间的延长而固化、硬化并产生一定的强度，从而实现混凝土裂缝的自修复。玻璃管内的胶粘剂是氰基丙烯酸酯胶粘剂、氯丁橡胶胶粘剂以及聚氨酯胶粘剂等。试验结果表明，采用聚氨酯胶粘剂作为自修复混凝土构件的胶结材料，其修复后的承载力随着修复管道的增多而增大，承载力恢复率最高可达100%以上，说明使用合适的胶粘剂和保证有足够多的胶粘剂的量，就能得到很好的修复效果。

同济大学混凝土材料研究国家重点实验室的科研人员研究的仿生自诊断和自修复智能混凝土是模仿生物对创伤的感知和生物组织对创伤部位愈合的机能，在混凝土传统组分中复合特殊组分即所谓的第六组分，如仿生传感器、含胶粘剂的液芯纤维等，使混凝土内部形成智能型仿生自诊断、自愈合网络系统。当混凝土材料内部出现损伤时，仿生传感器可以及时诊断预警，当内部出现微裂纹时，部分液芯纤维破裂，胶粘剂流出渗入裂缝，使混凝土裂缝重新愈合，恢复并提高混凝土材料的性能。

哈尔滨工业大学的欧进萍等，对内置胶囊混凝土的裂缝自愈合行为进行了分析和试验，建立了描述修复胶囊在混凝土中的分布和取向函数，根据混凝土的破坏机理，确定了修复胶囊的破坏应力；通过实验分析了修复胶囊的几何参数和体积率对混凝土性能的影响，得到了几何参数和体积率的最佳取值范围；利用 ANSYS 对修复胶囊进行了有限元分析，确定了其合理的壁厚，为修复胶囊材料的选择提供了一种有效的研究方法；通过进行内置胶囊混凝土试验，取得了较好的自愈合效果。

自愈合混凝土是一种被动智能材料，即在材料中没有埋入传感器监测裂痕，也没有在材料中埋入电子芯片来“指导”粘结裂开的裂痕。比较新的智能混凝土是主动型的，能使混凝土出现问题时自动加固。

3.3.3 智能混凝土

3.3.3.1 碳纤维智能混凝土

碳纤维是一种高强度、高弹性且导电性能良好的材料。在水泥基材料中掺入适量碳纤维不仅可以显著提高强度和韧性，而且其物理性能，尤其是电学性能也有明显的改善，可以作为传感器并以电信号输出的形式反映自身受力状况和内部的损伤程度。将一定形状、尺寸和掺量的短切碳纤维掺入到混凝土材料中，可以使混凝土具有自感知内部应力、应变和操作程度的功能。通过观测，发现水泥基复合材料的电阻变化与其内部结构的变化是相对应的。碳纤维水泥基材料在结构构件受力的弹性阶段，其电阻变化率随内部应力线性增加；当接近构件的极限荷载时，电阻逐渐增大，预示构件即将破坏。与此相反，不加碳纤维的基准水泥基材料的导电性几乎无变化，直到临近破坏时，电阻率才突然增大，反映了混凝土内部的应力-应变关系。根据纤维混凝土的这一特性，通过测试碳纤维混凝土所处的工作状态，可以实现对结构工作状态的在线监测。在加入碳纤维的损伤自诊断混凝土中，碳纤维混凝土本身就是传感器，可对混凝土内部在拉、压、弯静荷载和动荷载等外因作用下的弹性变形和塑性变形以及损伤开裂进行监测。

碳纤维混凝土除具有压敏性外，还具有温敏性，即温度变化引起电阻变化（温阻性），碳纤维混凝土内部的温度差会产生电位差的热电性（Seebeck 效应）。试验表明，在最高温度为70℃，最大温差为15℃的范围内，温差电动势（E）与温差（t）之间具有良好稳定的线性关系。当碳纤维掺量达到某一临界值时，其温差电动势有极大值，且敏感性较高，因此可以利用这种材料实现对建筑物内部和周围环境变化的实时监控；也可以实现对大体积混凝土的温度自监控以及用于热敏元件和火警报警器等，可望用于有温控和火灾预警要求的智能混凝土结构中。

碳纤维混凝土除自感应功能外，还可应用于工业防静电构造，公路路面、机场跑道等处的化雪除冰，钢筋混凝土结构中的钢筋阴极保护，住宅及养殖场的电热结构等。

3.3.3.2　光纤传感智能混凝土

光纤传感智能混凝土是在混凝土结构的关键部位埋入纤维传感器或其阵列，探测混凝土在碳化以及受载过程中内部应力、应变的变化，并对由于外力、疲劳等产生的变形、裂纹及扩展等损伤进行实时监测。光在光纤的传输过程中易受到外界环境因素的影响，如温度、压力、电场、磁场等的变化而引起光波量如光强度、相位、频率、偏振态的变化。因此，如果能测量出光波量的变化，就可以知道导致光波量变化的温度、压力、磁场等物理量的大小。于是，出现了光纤传感技术。近年来，国内外进行了将光纤传感器用于钢筋混凝土结构和建筑检测这一领域的研究，开展了混凝土结构应力、应变及裂缝发生与发展等内部状态的光纤传感器技术的研究，包括在混凝土的硬化过程中进行监测和结构的长期监测。光纤在传感器中的应用，提供了对混凝土内部状态进行实时及在线无损检测手段，有利于结构的安全监测和整体评价和维护。到目前为止，光纤传感器已用于许多工程，典型的工程有加拿大Caleary建设的一座名为 Beddington Tail 的一座双跨公路桥内部应变状态监测；美国 Winooski 的一座水电大坝的振动监测；国内工程有重庆渝长高速公路上的红槽房大桥监测和芜湖长江大桥长期监测与安全评估系统等。

这种智能混凝土的智能方式是：如果桥梁的某些局部出现问题，即使是极微小的危险信号，混凝土内部的传感器会发出出现问题的信号，计算机就会发出指令，使事先埋入桥梁材料中的微小液滴变成固体而自动加固，或采取其他方式对桥梁进行维修维护。

3.4　压电材料及其应用

压电材料是指受到压力作用时会在两端面间出现电压的晶体材料。把重物放在石英晶体上，晶体的某些表面会产生电荷，电荷量与压力成比例，这一现象被称为压电效应。具有压电效应的晶体对称性较低，当受到外力作用发生形变时，晶胞中正负离子的相对位移使正负电荷中心不再重合，导致晶体发生宏观极化。另一方面，在外电场作用下压电体会产生形变，这种现象称为逆压电效应。这种逆压电效应的产生是因为压电材料在电场中发生极化时，会因电荷中心的位移导致材料变形。

利用压电材料的这些特性可实现机械振动（声波）和交流电的互相转换，因而压电材料广泛用于传感器元件中。

压电材料可以因机械变形产生电场，也可以因电场作用产生机械变形，这种固有的机-电耦合效应使得压电材料在工程中得到了广泛的应用。例如，压电材料已被用来制作智能结构，此类结构除具有自承载能力外，还具有自诊断性、自适应性和自修复性等功能，在用作地震传感器，力、速度和加速度的测量元件，电声传感器以及飞行器设计中占有重要的地位。

Pachinko 游戏机在日本广为流行，它是由若干多层锆钛酸铅（PZT）压电陶瓷块构成（如图 3-4 所示），压电块既作为传感器又作为执行器。当金属球落到陶瓷压电块上时，球的冲击力产生了压电电压，电压脉冲通过反馈系统加以放大和调整，然后返回施加到压电块的执行器部分，使陶瓷块突然膨胀变形，把金属球抛出压电块所在的孔，使球沿着螺旋轨道爬升，落进另一孔内，再盘旋上升，如此周而复始。

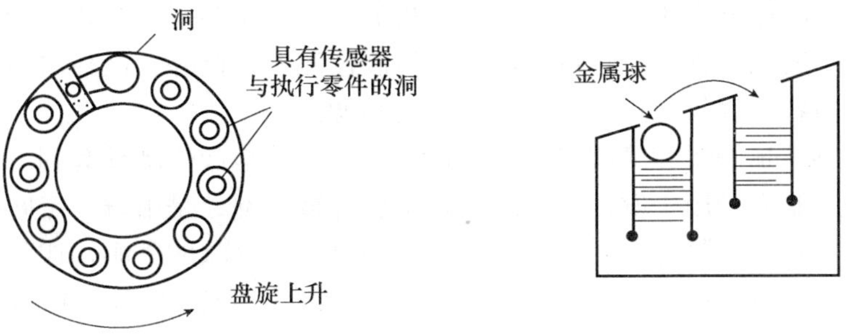

图 3-4　压电陶瓷游戏机

3.4.1　智能蒙皮

目前大多数灵巧材料还处在可行性论证阶段，尚未获得实际应用。但是这种材料对科学技术发展的潜力影响是很大的，它们有着广阔的发展前景。例如一种称为灵巧蒙（smart skin）的灵巧陶瓷可以降低飞行器和潜水器高速运动时的噪声，防止发生紊流，以提高运行速度，减少红外辐射和声辐射，达到隐形的目的。

智能蒙皮表面是一层压电陶瓷传感器，传感器把感受到的表面压力变化通过电子反馈放大系统施加到驱动器上，此驱动器是由多层压电陶瓷或电致伸缩陶瓷构成的。当因紊流而产生压力波动（如压力增大）时，反馈系统使得驱动器的形状发生改变（例如沿着压力增大的方向收缩），从而防止紊流的产生。若在飞行器或潜水器最容易产生紊流的部位用这种蒙皮铺设，相当于在表面安置了非常柔顺的材料。然而这种柔顺性只对压力的波动进行响应。外力恒定时材料仍然是刚性的。试验结果表明，对于压力的波动，可获得高于橡胶 6 倍的柔顺性，这是任何固体材料难以达到的。如果改变灵巧蒙皮中反馈系统的极性，同一材料既可以变得很软，又可变得很硬。若把这种材料排成阵列，并对每一单元的反馈系统分别进行控制，则能形成非常复杂的表面特性。

3.4.2　仿生陶瓷

仿生就是模仿自然界生物所具有的特异性能构思仿生物。研究鲸鱼和海豚的尾鳍以及飞鸟的鸟翼，就是为了能研究出像尾鳍和鸟翼那样柔软、能折叠又很结实的材料。

（1）珊瑚结构复合材料传感器

珊瑚骨架的特点是孔径分布很窄，而且孔体积与实体积几乎相等，孔与孔之间完全沟通，孔隙与沟道的直径因珊瑚种类而异，其中有些孔隙与沟道呈各向异性。这些特点成为复合材料传感器的模式。

制备传感器的具体做法是：将一块珊瑚用蜡进行真空浸渍，冷却硬化后再用盐酸将珊瑚基质——碳酸钙骨架溶出，制得的结构称为负性蜡版。再用真空浸渍的方法将压电陶瓷锆钛酸铅（PZT）浆料填充于多孔负性蜡版中，然后赋形，于 300℃ 下煅烧，得到 PZT 骨架的“珊瑚”。因为它具有增强的 PZT 骨架，与一般煅烧结构相比收缩率很小（约 13%），再用高柔性的弹性体材料（如硅橡胶）填充到 PZT 骨架的结构中，就可制得高韧性低介电常数的传感器。

（2）用压电陶瓷做仿生水声器

水声器是由可响应静水压波的压电材料制得的水中听觉装置，主要用于潜水艇、海上石油平台、地球物理勘探设备以及鱼群探测器和地震监测器。此外，灵巧水声器能接收和传递鱼汛，监测水下植物的生长，以开辟新的高效食物源。

鱼的主要传感器是侧线和侧线与泳泡相连的内耳。泳泡起伏脉动起到声音的作用，有些鱼的泳泡上还盖有肌肉，用于发声。侧线由鱼头延伸至尾部，是由按一定间隔排列的传感器官——针脚组成。每个针脚含有几个神经元，它们是由疙瘩状的胶帽构成。每个帽内有许多发丝纤维。鱼在游动时，这些纤维作为浮动噪声传感器而感受声音。内耳是由敏感室组成，每个室内有一耳石。声音，特别是低频声音，在水中要比在空气中传播得快而远。液体微动或振动能形成“近场”声，这种声音能被鱼的内耳或侧线觉察。泳泡与内耳直接或间接相连的鱼，对高频的响应能力达500Hz，而未连接的鱼可感知低频（低于500Hz）的声音。柔性泳泡可使鱼改变体积，以响应静水压波。制备水中听觉装置需要可响应静水压波的压电材料。

3.5 灵巧窗户

3.5.1 光致变色玻璃

烈日炎炎下，时常看到人们带着变色镜，这种变色镜其实就是一种能在光的激发下发生变色反应的玻璃。其原理是在玻璃中添加了很细的 AgCl 微晶。当紫外线辐照时，Ag^+ 离子还原成 Ag，此时银原子团簇影响光的入射，产生深色效应；在没有紫外线照射时，Ag 原子转变为 Ag^+，原子团簇解体，镜片褪色。

目前已知有大量的光致变色材料，包括许多有机化合物以及 Zn、Cd、Hg、Cu 和 Ag 的一些无机化合物在内。这些材料的原子或分子有两种状态，两种状态的分子或电子组态不同，对可见光范围的吸收系数不同，因而在不同光辐射条件下呈现出不同的颜色。在正常状态，分子有某种颜色（或者无色）；当暴露在光或其他适当波长范围的辐照之下时，它们转入第二种状态，显示第二种颜色；而在光线移开时，它们又回复到原来的状态，即原来的颜色。

光致变色玻璃的光色特性起因于很小的、分散的卤化银晶体。它们是在玻璃最初冷却时或者随后的热处理中形成的。热处理的温度在基质玻璃的应变点和软化点之间。这些卤化银颗粒中可能含有浓度相当高的杂质（例如存在于玻璃中的碱金属离子），而光致变色行为显著地受到玻璃的组成和热过程的影响。

普通玻璃通常是碱金属硼硅酸盐。商业上重要的透明玻璃含银浓度为 0.2% ~0.7%（质量），而不透明玻璃为 0.8% ~1.5%。卤素可以是 Cl、Br 和 I 或它们的结合，并且通常加入的浓度为质量的千分之几。配料中应加入约 0.01%（质量）的低浓度敏化剂，其中最引人注意的是 CuO，它能显著地提高敏感性并增强光致变色的变暗能力。Cu 离子作为空穴陷阱而防止曝光中产生的电子与空穴重新结合。在典型的情况下，卤化银粒子的平均直径在 10nm 以下，而颗粒之间的平均间距约为 50 ~80nm，这相当于在 $1cm^3$ 的玻璃中，含有10^{15} ~ 10^{16}个卤化银粒子。

在未受到紫光和紫外光照射时，呈化合态的 Ag^+ 不吸收可见光，因而玻璃呈透明状。当受到紫光和紫外光照射时，卤化银会发生分解反应：

$$AgCl \longrightarrow Ag + \frac{1}{2}Cl_2$$

此时，Ag^+ 得到电子成为原子 Ag，然后这些银原子集聚成小的金属颗粒。由于金属银原子中电子易于激发，对可见光强烈吸收，使玻璃呈现出黑色。实际上，集聚在一起的银原子簇对光还有一定程度的散射，但对光的吸收是主要的。除了暴露在敏化射线时发生变暗的过程外，也发生光的和热的褪色过程。在给定的温度和光强下所得到的稳定态着色程度由变暗与褪色过程之间的竞争而定。当敏化射线消失时，Ag 原子又将失去电子而成为 Ag^+，Ag 原子簇消失，玻璃变得透明。添加 Br 或 I，一般可使敏感性移向较长的波长。这是由于溴化银和碘化银分子中的电子较 AgCl 中的电子易于激发而吸收较长波长的光。

3.5.2 电致变色玻璃

近年来研究人员应用薄膜材料的电致变色特性，制作了“电开关”的自动控制灵巧窗（smart window），此窗用于房屋的自动采光控制，其结构如图 3-5 所示。

图 3-5 中 GS 表示玻璃基片，TC 为氧化铟锡（LTO）膜制成的透明电极，CE 为离子注入膜（或对电极 EC′），FIC 为快离子导体隔膜，EC 为电致变色膜。为了减弱对器件光学性能的影响，应尽量提高 TC 的可见光透光率。两透明电极 TC 之间为三层结构：离子注入膜（CE）、快离子导体膜（FIC）、电致变色膜（EC）。其中 FIC 的功能是加快 EC 与 CE 之间 Li^+ 的传输，这里不存在电子导电过程。FIC 在工作频率范围内（0.35 ~ 1.5μm），具有高的离子电导率（$>10^{-5}$S/m）和电子电阻率（$>10^{-12}\Omega \cdot cm$）。TC 的功能是向 EC 提供并接受电子。CE 层在工作频率范围内也呈透明态。

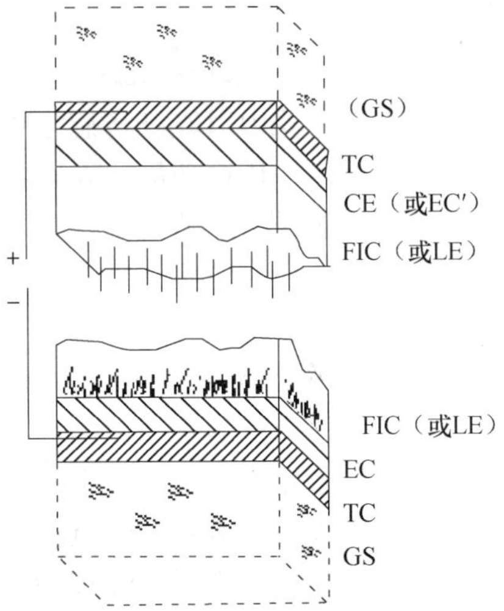

图 3-5 电致变色玻璃原理

电致变色膜（EC）材料可以是 WO_3 或 NiO 薄膜。前者有蓝色变色特性，人的视觉难以适应；后者呈灰色变色特性，应用性能良好。这类膜材可以用物理气相沉积或溶胶-凝胶方法制备。溶胶-凝胶法就是将化学离子接枝于氧化物（WO_3）薄膜上，使其变为“涂着电池”，制成电致变色器件。

3.6 智能纤维

3.6.1 智能纤维的概念及地位

（1）智能纤维的概念

智能纤维（smart fiber）是指能够感知环境的变化或刺激，如机械、热、化学、光、湿度、电和磁等，并做出反应的纤维。智能纤维包含有传感器（sensor）、执行器（actuator）

和可能含有的中央处理器（central processor）或具有传感、执行、调节适应的功能。传感器是探测环境的变化或刺激产生信号的神经系统。执行器对来自传感器或中央处理器的信号做出反应。中央处理器类似于大脑，具有认知、推理和判断能力，如单片机或便携式计算机等。

（2）智能纤维的地位

一般认为，1979 年问世的形状记忆丝绸是最早的智能纤维，Vigo 等人则认为于 1929 年由 Marsh 及其合作者研制的抗皱棉织物是最早的“智能纺织品”。

近年来，智能纤维正以异乎寻常的速度发展，光纤传感器、导电纤维、形状记忆纤维、变色纤维、压电陶瓷纤维、蓄热调温纤维、调温和调湿纤维及选择性抑菌纤维等都已实现了产业化。美国军方的一位分析研究家 Leich 指出：我们正处于一个智能纺织品时代。国际技术纺织品杂志的编辑在参观了 2000 年 11 月于德国法兰克福举办的“首届国际高技术服用纺织品和时装工程论坛”后说：欧洲的有关企业正在寻求通过使用未来技术和可能的多功能性来赢得美好的发展前景，智能服装是其未来。事实上，受益于智能纤维快速发展的行业，并不局限于纺织业本身，信息业、宇航业和医疗业等也同样受益匪浅。

3.6.2 纤维传感器

3.6.2.1 光学纤维传感器

纤维传感器中以光纤传感器的应用最为普遍。光纤（石英、蓝宝石或塑料）技术同时具有信号探测和传输功能，在智能高速公路的水泥混凝土结构、桥梁和飞机蒙皮等方面有广泛的应用。光纤传感器可以探测应变、温度、位移、化学物质浓度、加速度、压强、电流、磁场以及其他一些信号，是迄今为止发展最为成熟的纤维传感器。

根据测试原型，光纤传感器可分为测光强、光干涉及光栅传感器。以光强为测量的传感器有断裂、微弯等。光纤传感器的工作原理如图 3-6 所示。一般的光纤传感器只会对整个系统，而不是一个点的扰动做出反应。而 Fabry-Perot 型传感器能够对一个点上的变化做出反应，但它不能探测整个系统中的分布情况。布拉格光纤光栅（optic fiber bragg grating）及其衍生光栅被认为是最好的多点和分布情况探测传感器。目前布拉格光纤光栅在水泥和复合材料等刚性体系中的应用已经较为成熟。如将布拉格光纤光栅预先埋设在桥梁当中，可以根据传输信号的变化，探测桥梁中的应力、温度和振动情况；将光纤用于飞机机翼复合材料，可以及时探测机翼损坏情况，及时进行修复，甚至利用光纤传感器探知损坏情况，在损坏部位放出预先置入的粘合剂，实现自动修复。美国海军研究人员也在研究将光纤探测技术用于船甲板的信号探测。用于反潜战的光纤水听器在美国、英国和中国均得到研究和开发。

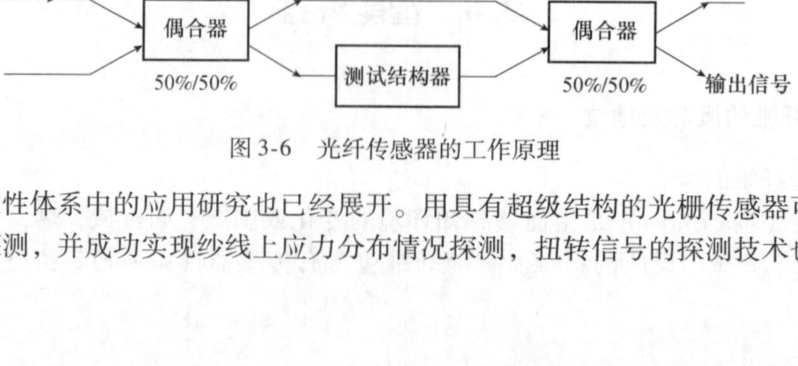

图 3-6 光纤传感器的工作原理

光纤在柔性体系中的应用研究也已经展开。用具有超级结构的光栅传感器可实现温度和应力的同步探测，并成功实现纱线上应力分布情况探测，扭转信号的探测技术也在研究中。

将光纤传感器植入降落伞中，即时探测降落伞飞行过程中的动态应力变化情况。将采用导电聚合物为包敷层的光纤传感器植入织物，可以用于战场上化学或生物物质的探测。将塑料光纤传感器植入衬衣，利用 Fabry-Perot 型传感器可以探测某个部位信号的特点，用于探测心率的变化；还可根据光纤断裂后光传输信号的变化，用于判断战场上士兵受伤部位和受伤程度。将该衬衣用于儿童和病人的日常健康监护也有很好的前景。

压力敏感织物是为宇航员设计的，可用于软键盘，实现远距离操控。在声音控制和处理方面比原有技术更完美。另外在电子游戏机方面也会有广阔的前景。

3.6.2.2 导电纤维传感器

电信号的探测和传输是探测技术中很重要的一个方面，与光纤传感器不同，导电纤维传感器在柔性材料方面的应用非常成功和普遍。根据导电聚合物的反应方式，可以有光学传感器（输出信号是光）、电流传感器（输出信号是电流）和电导传感器（输出信号是电导率），另外也有以质量和电阻为反应方式的传感器。

除导电聚合物纤维外，古老的刺绣工艺中使用的金银线，不锈钢、金、银、铜纤维以及金属镀层的芳纶纤维也被用做导电材料。美国麻省理工学院的研究人员用不锈钢纤维在织物上刺绣出不同的电路，可以制成织物软键盘。通过将导电和绝缘纤维纱线的交替编织，制成了可以探测压力的织物。这种织物由三层组成，上下两层是电阻率为 10Ω/cm 的金银线与普通纱线的交替织物，中间是结构较为稀疏的尼龙网起隔离上下两层织物的作用，当在织物上施加压力时，上下两层织物通过尼龙网的空隙实现接触，发生短路，引起电信号的变化。

利用两层导电纤维织物作为探测层，中间以网状绝缘层阻隔，并且其中一层织物连接电容，利用两层织物在压力作用下的导通作用，可以准确地检测出受压力的部位。织物卷成 5mm 的筒而不会影响其 x 和 y 方向的探测灵敏度，并可使用 100 万次以上。

将织物键盘用于新型服装的开发，制造出了能够像萤火虫一样不断闪烁的连衣裙，在走动过程中，织物之间的挤压和摩擦，使两层织物中的导电纤维之间随机导通，有微弱的电流通道，这样连接在两层织物上的发光二极管便发出光亮。

利用导电纤维在织物上刺绣的技术，可以开发音乐夹克、音乐键盘和运动夹克等系列产品，并通过将移动电话与服装相连接，实现服装的电子化和数字化。其中运动夹克中利用织物受拉伸以后导电纤维导电性能的变化，可探测手臂的起落运动情况。

纤维执行器的驱动方式有多种，光、电、磁、机械、热和化学物质等均可作为驱动开关使用。

3.6.3 电驱动纤维执行器

近年来，导电聚合物纤维的执行器功能得到了较为广泛的研究。利用氧化-还原过程中导电聚合物的轴向伸缩作用可制成不含溶液的干法纤维执行器，如图 3-7 所示。具体是在直径 100nm 的高氯酸掺杂聚苯胺纤维表面涂层含有高氯酸铜和聚合物电解质的聚丙烯腈，再以直径 10μm 的铜纤维螺旋状缠绕在电解质的外面。该执行器在 −0.5 ~ +0.8V 的电压驱动下，可以产生 3MPa 的轴向应力和 0.3% 的应变。而人的最强壮的肌肉所产生的最大应力仅为 0.5MPa。

利用电场作用下掺杂和脱掺杂过程中聚吡咯纤维的不均匀收缩，可制成可弯曲的“弯曲机”，如图 3-8 所示。具体是将电化学沉积法制成的聚吡咯纤维夹持在电极之间，纤维的下端浸入溶液中，当电压由 -0.2V 逐渐变化到 +0.85V 时，纤维由开始的掺杂态呈伸直状态变化到去掺杂的弯曲状态，伸入溶液中的长度为 10mm 的纤维的最大水平位移达到了 8mm，这种伸直和弯曲是可逆的。

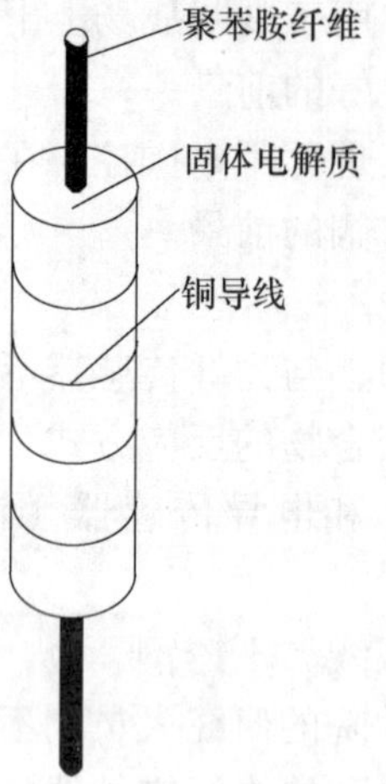

图 3-7　聚苯胺纤维执行器

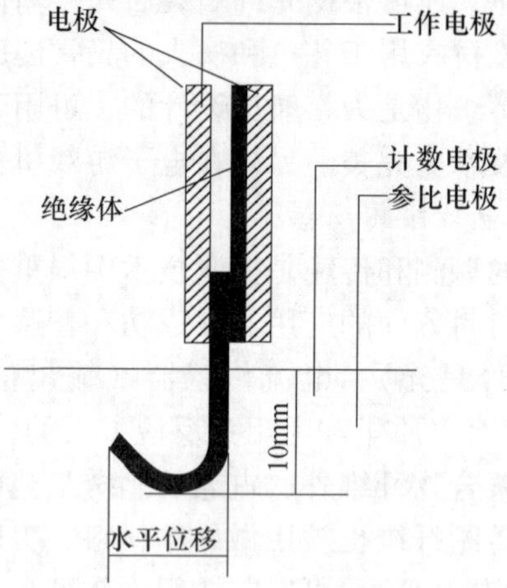

图 3-8　“弯曲机”装置示意图

除了电驱动以外，水蒸气也可以驱动执行器。

3.6.4　化学驱动纤维执行器

将聚丙烯腈纤维束经过浓碱溶液处理后，即具有了化学执行行为。将直径 10μm 的约 2000 根聚丙烯腈纤维丝束，在 220℃ 预氧化处理 2h，然后在沸腾的 1mol/L 氢氧化钠溶液中处理 30min，得到具有交联网状结构的弹性丝束。该丝束在遇酸以后可以在 20ms 之内收缩，并在 0.5s 之内收缩到原来长度的 80%。这个速度与人的肌肉相当。根据酸的浓度，丝束可以收缩到原来长度的 50% 到 10%。再次遇碱溶液后，丝束重新伸长。丝束伸长时的长度相当于收缩时的 4 倍。每平方厘米的丝束可以承受 40N 的拉力，而人的肌肉最大只能承受 20N 的拉力。

碱处理后的聚丙烯腈丝束的伸缩作用是由于在不同 pH 值下分子链上的极性基团的离子化和去离子化。在低 pH 值时，聚丙烯腈分子链去离子化，水从网状分子链中排出进入溶液，分子链网收缩；在高 pH 值时，聚丙烯腈分子链离子化，水从溶液中进入网状高分子链，分子链网伸长。

值得注意的是，低压电场也可以引起这种离子化的高分子纤维发生伸缩变化。

目前，离子化的聚合物纤维（人造肌肉）已用于制成机械手臂、自动除尘刷等。美国国防部高级研究计划（DARPA）准备利用纤维的这些特点研究开发肌肉军服，以减轻未来战争中由于军人携带的装备越来越重所造成的肌肉疲劳，提高战斗力。

3.6.5　形状记忆纤维

形状记忆纤维是指热成型时（一次成型）能记忆外界赋予的形状（初始形状），冷却时可任意形变，并在更低的温度下将此形变固定下来（二次成型），再次加热时能可逆地恢复原始形状的纤维。根据外部环境的变化，促使形状记忆纤维完成上述循环的因素可以有光能、电能和声能等物理因素以及酸碱度、整合反应和相转变反应等。磁场诱发形状记忆合金（Ni_2MnGa）的形变可以达到6%，并且具有很高的能量密度。

形状记忆纤维在智能结构中发挥着重要作用。将1%的镍钛合金纤维铺设于环氧树脂基体中制成复合材料，在外力作用下，复合材料发生裂纹，借助形状记忆合金的电阻应力波的变化可自诊断材料的损伤，同时由于复合材料中预埋的电热系统直接加热产生形状记忆收缩力，应力集中减小，使裂纹收缩，使复合材料自愈合，刚性也增强。

在防烫伤服装中，镍钛合金纤维首先被加工成宝塔式螺旋弹簧，再进一步加工成平面状，然后固定在服装的面料内，当服装表面接触高温时，形状记忆合金纤维的形变被触发，纤维迅速由平面状变化为宝塔状，在两层织物之间形成很大的空腔，使高温远离人体皮肤，防止烫伤发生。

形状记忆丝绸是应用最早的形状记忆高分子纤维之一。形状记忆丝绸的制造工艺是将丝绸浸入水解后的纤维性的角朊和骨胶原中，然后干燥、卷曲、再次浸水，110℃高压（203～304kPa）热定型10min后制成。当成品加热到60℃湿热处理时，纤维变得卷曲和皱褶。由于丝的捻被记忆固定下来，即使丝被退捻呈现非卷曲状态，再通过熨烫仍然可以使之恢复卷曲。形状记忆丝绸目前被广泛用于外套、衬衣和舞蹈紧身衣。

3.6.6 变色纤维

变色纤维是一种具有特殊组成或结构的，在受到光、水分或辐射等外界刺激后可逆、自动改变颜色的纤维。

3.6.6.1 光敏变色纤维

光敏变色（photochromic）又称光致变色，是指某些物质在一定波长的光的照射下会发生变色，而在另一种波长的光或热的作用下又会发生可逆变化到原来颜色的现象。光敏变色机理大致上可归纳为：①分子异构化；②分子自由基离解；③分子离子裂解；④氧化还原反应。此外，也有因能态变化引起的光致变色现象。具有光敏变色特性的物质通常是一些具有异构体的有机物，如螺吡喃、萘吡喃等。

这些化学物质因光的作用发生与两种化合物相对应的键合方式或电子状态的变化，可逆地出现吸收光谱不同的两种状态即可逆地显色、褪色或变色。

3.6.6.2 热敏变色纤维

热敏变色纤维是将热敏染料密封在直径3～4μm的胶囊内，这种玻璃基材的微胶囊内包含了三种主要成分：①热敏变色性色素；②与色素结合能显现另一种颜色的显色剂；③在某一温度下能使相结合的色素和显色剂分离并能溶解色素或显色剂的醇类消色剂。调整三者的组成和比例就可以得到颜色随温度变化的微胶囊，而且这种变化是可逆的。

3.6.7 蓄热调温纤维

蓄热调温纤维（heat-storage and thermoregulated fiber）是一种能够根据外界环境温度的变化，伴随纤维中所包含的室温相变物质发生液-固可逆相变，或从环境中吸收热量储存于纤维内部，或放出纤维中储存的热量，在纤维周围形成温度相对恒定的微气候，从而在一定时间内实现温度调节功能。

蓄热调温纤维是将二氧化碳溶入液体，然后密封在中空纤维内部，利用纤维的绝热性能的变化来实现温度调节。由于蓄热调温纤维中含有一定量的相变物质，所以这种纤维在10~40℃温度范围具有一定的吸热和放热能力。用蓄热调温纤维加工成的纺织品（服装）除具有传统纺织品（服装）的保温功能外，还具有温度调节功能。具体表现在：当环境温度由低温逐渐升高到高于纤维中的相变物质的相变温度时，纤维中的相变物质发生吸热的固-液转变，传输到纤维上的热量被相变物质吸收，使织物的内部温度低于传统织物的内部温度，直至相变物质完全由固态转变为液态。温差大小和持续时间与织物的厚度、织版、结构、环境温度和升温速度等因素有关；反之，当环境温度由高温逐渐降低到低于纤维中的相变物质的相变温度时，纤维中的相变物质发生放热的液-固转变，放出的热量传输到纤维表面，使织物的内部温度高于传统织物的内部温度，直至相变物质完全由液态转变为固态。

由蓄热调温纤维加工成的纺织品除具有常规纺织品的静态保温作用外，还具有由于相变物质的吸放热引起的动态保温作用，可用于包括服装、绷带、滑雪衫、靴、手套、袜和帽等产品，蓄热调温纺织品被用于汽车内装饰织物，尤其在航空航天工程中有着更广泛的应用前景。

3.6.8 调温调湿纤维

空气中的水蒸气凝结成水，使分子运动速度变慢；进一步降低温度至低于零摄氏度，水结冰，伴随着一系列过程的发生，会有热量释放出来。干燥的羊毛、棉花、丝、麻或化学纤维吸收空气中的水蒸气后，水分子由气态转变为附着在纤维表面的液态，水分子的运动变缓，能量降低，伴随这一过程将放出一定的热量。干质量为1g的纤维从某一回潮率开始吸湿到完全湿润时所放出的热量称为吸湿积分热，羊毛的吸湿积分热最大为112.62J/g；棉花为46.05J/g，属中等；聚酯纤维的吸湿积分热最小，仅为5.44J/g。反之，当温度升高或环境湿度下降，水分子由吸附态变为气态时，将从纤维或环境中吸收一定的热量，从而会导致纤维的温度下降。

用调温、调湿纤维制成的各种织物，可用于多种衣物和有高温高湿度要求的实验室。

在智能纤维中还有压电纤维、抗菌纤维等。

第 4 章　建筑嵌缝密封材料

建筑密封材料（sealing material）又称嵌缝密封材料，用于建筑物中各种缝隙的嵌缝或密封的材料。从狭义的概念上说，嵌缝材料是用于填充建筑结构和施工时不可避免的各种接缝或裂缝；密封材料则用来填充在设计时有意安排的接缝，如变形缝、沉降缝（settlement joint，避免因不同层高建筑物不均匀沉陷产生裂缝而设计的接缝）、伸缩缝（expansion joint，避免因建筑物受温度影响产生裂缝而设计的竖向接缝）、抗震缝和施工缝（construction joint，装配式墙板与四周相邻墙板之间的接缝或现浇混凝土施工中因间断作业而预留的接缝）等，是具有一定强度、能连接构件的填充材料。嵌缝材料和密封材料的共同功能是满足建筑物防水防尘和气密性的需要，因此嵌缝和密封材料可以统称为建筑密封材料。

4.1　建筑嵌缝密封材料的基本知识

4.1.1　建筑嵌缝密封材料的功能和基本要求

建筑密封材料的主要功能是防止水分、空气、灰尘、热量、声波等透过建筑物。因此要求它具有良好的粘结性、抗下垂性，不渗水透气，易于施工；还要求具有良好的弹塑性，能长期经受被粘构件的伸缩和振动，在接缝发生变化时不断裂、剥落；并要有良好的耐老化性能，不受热和紫外线的影响，长期保持密封所需的粘结性和内聚力。

4.1.2　建筑嵌缝密封材料的老化

4.1.2.1　热老化

1）聚硫密封胶的热老化　制备聚硫密封胶主要是采用适当相对分子质量和黏度的，以巯基封端、以含有二硫链段的双（亚乙基氧）甲烷为重复单元，并带有一定比例侧基链的非线型相对分子质量小的聚硫液态橡胶。其硫化反应是通过巯基与硫化剂进行氧化或非氧化反应实现交联，在端巯基上使聚合物分子链线型增长，同时使其分子主链上有一定数量的带有巯基的侧基。因此，在硫化时不仅仅使主链线型增长，也在侧基的巯基上发生横向交联。反应之后，硫醇键变成单硫键，交联程度有所增加，相应提高了分子链的刚性，其拉伸模量和拉伸强度将有明显增长。但同时使密封胶粘结活性

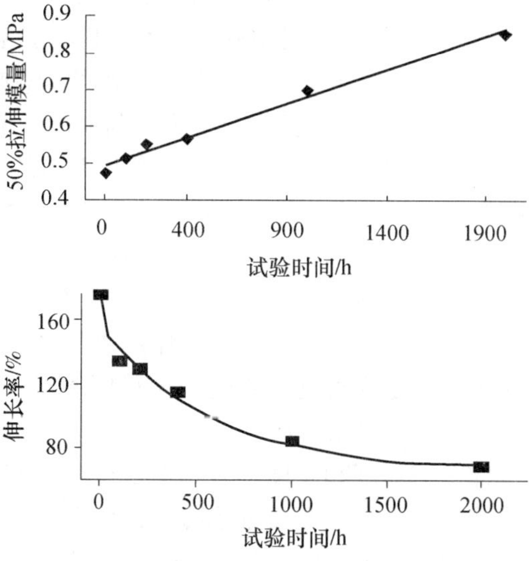

图 4-1　聚硫胶热老化后性能的变化趋势

受到较大影响，伸长率会大幅下降。其性能降低趋势如图 4-1 所示（聚硫胶试样热老化 2000h，试验温度：60℃，热老化试验箱）。

2）聚氨酯密封胶的热老化　聚氨酯密封胶的合成是采用线型聚醚与二异氰酸酯反应，制成相对分子质量小的端基为—NCO 的预聚体，经扩链反应生成相对分子质量大的聚合物弹性体。

聚氨酯密封胶在实际使用过程中，前期应是以缓慢交联反应为主，表现为拉伸模量、拉伸粘结强度上升的趋势。当经过一定的老化时间、足够的能量积聚之后，才会出现分子间、分子或内部键的断裂现象，拉伸粘结强度、伸长率趋于下降，但其变化较为平缓。从图 4-2 所示的硬度的变化曲线上可明显看出，不论其组成体系如何，硬度的变化趋势是一致的，变化非常缓慢，说明聚氨酯密封胶具有良好的耐久性能。

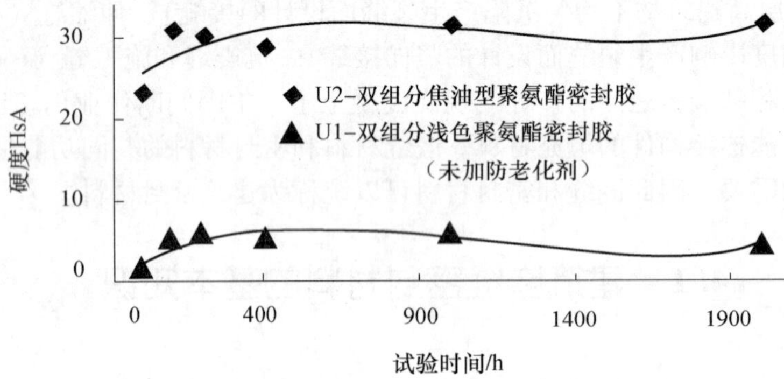

图 4-2　聚氨酯密封胶试块硬度随老化时间的变化规律

3）硅酮密封胶的热老化　单组分硅酮密封胶采用端基为羟基的聚二甲基硅氧烷为基胶，在接触空气后，借助于空气中的水分而进行交联反应，并按脱出小分子的种类分为脱醇型、脱醋酸型、脱酮肟型、脱胺型、脱丙酮型等。以脱醇型硅酮胶为例，交联的结果，使硅酮胶分子链逐渐加长，分子间内聚力增加，因而使其力学性能改变，拉伸定伸模量、拉伸强度和硬度随之增加，伸长率略有影响。然而，当硅橡胶在密闭体系中加热时，会由于硅氧键水解而断链，相对分子质量的下降使密封胶本体变软、变黏，其性能开始下降直至失去使用价值。对于硅酮胶不同试件而言，热老化对片型试件的影响非常明显，如 M50 指标，到试验进行至 2000h 时，数值极小，但伸长率相当大，已超过 1100%。试块由于外表面较小，且其变化由表面逐渐向内，故所受影响较片型试件轻，与初始数值相比仍有较高的性能保持率，如图 4-3 所示。

4）丙烯酸酯密封胶　建筑上所用的丙烯酸酯密封胶是以丙烯酸酯共聚物乳液为基料，配合表面活性剂、增塑剂、改性剂以及填充料、颜料而成的密封胶，通常称作乳液型丙烯酸酯密封胶。它不属于硫化型密封胶。通过水分挥发，即粒子间水分蒸发，在毛细管力作用下相互接近，并在粒子间毛细管力作用下形成乳粒的相互接触、融合，从而使密封胶凝聚固化。在其热老化过程中，热作用因素加速了其中水分的蒸发，使其体积收缩越来越明显，表现为密封胶变得越来越硬；且长期的热作用也将会导致其主链上 C-C 键的无规龟裂及酯基随后发生的降解。图 4-4 给出了丙烯酸酯密封胶热老化的试验结果。从图 4-4 可以看出，其拉伸粘结强度和硬度具有相似的变化趋势，即在试验初期水分的挥发使其仅有单纯的硬化，造成强度上升和伸长率下降；但随着时间的增加，分子链出现断裂，而导致密封胶力学性能的劣化。片型试件受热老化的影响程度同样比试块大。

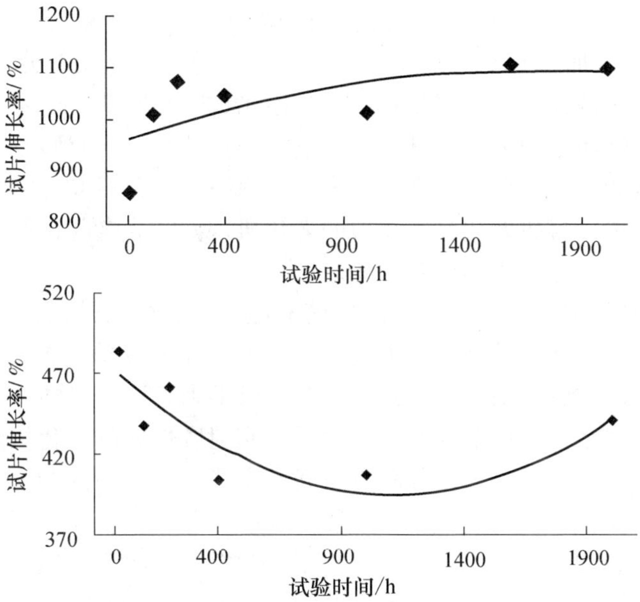

图 4-3　硅酮胶的伸长率与老化时间的关系

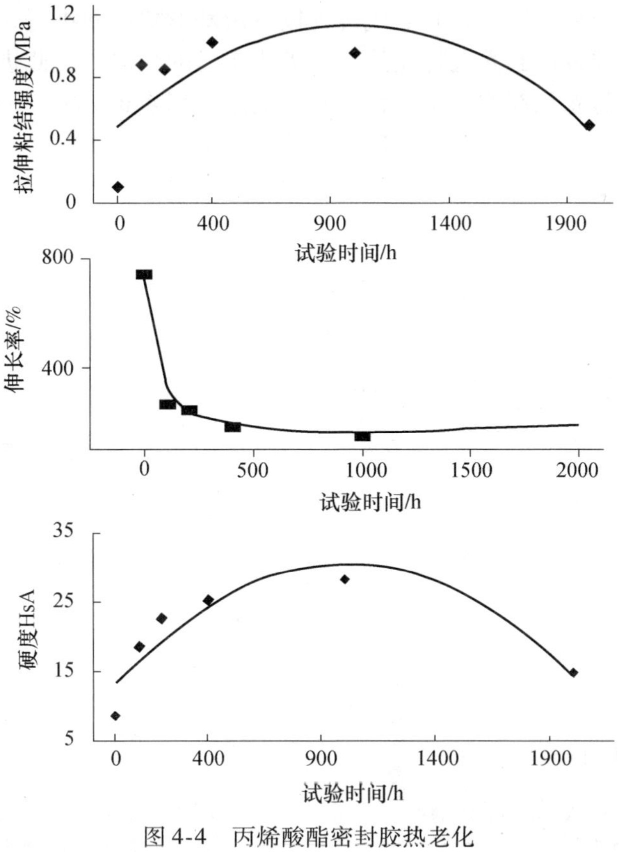

图 4-4　丙烯酸酯密封胶热老化

4.1.2.2　光老化

试验所选用的光老化形式为氙灯老化，试验条件为：黑板温度（63 ±3)℃，试件表面温度45～50℃，相对湿度（65±5）%，降雨周期为连续光照下每120min降雨18min。光源为6kW水冷式氙灯，未加滤光罩。该试验条件下可见光、红外线部分较多（与太阳光的谱线在波长较长的范围相差较大），在试件表面转化的热能也较多；而其中的紫外光部分波长较短，对聚合物链的破坏作用最强，从而光老化更易促使高分子材料分子结构的变化及主链断裂的发生，这是其老化加速性比热老化大的主要原因。由此可知，密封材料的氙灯老化大部分仍以热氧老化为主，与热老化具有相似的老化机理。在光老化试验中，另外一个较明显的现象就是出现了与热老化不同的外观缺陷。

1）聚硫密封胶的光老化　分子链端上的硫醇键活性较强，热因素使硫醇键断裂为单硫键。一旦变为单硫键后，粘结活性逐渐消失，在外力存在下极易造成粘结破坏。两种老化形式相比，光老化对其影响更为明显，这从图4-5可以得到验证。对同一种材料而言，光老化曲线总处在热老化曲线之下，说明经光老化之后，密封胶性能的劣化较热老化迅速。在热因素使硫醇键断裂为单硫键的同时，还伴随有空间的交联。分子空间的变化使得其中添加的填料失去原来的存在空间，逐渐向外析出，并使试样的颜色变浅。而分子主链的断裂在密封胶表面形成可见的细微裂纹。配方中所加填料越多，起粉及裂纹现象越严重。

2）聚氨酯密封胶的光老化　聚氨酯密封胶对氙灯中的紫外线较为敏感，尤其是波长为300～340nm的紫外线，主链上的碳氧双键吸收此波段的紫外光后，发生光化学反应，产生自由基，进而引发其光氧化反应。光氧化过程按自由基形式不断进行，能引起聚氨酯密封胶主链逐渐被切断，同样表现出光老化比热老化劣化明显的趋势。由此进一步验证了老化性能与材料体系中是否有防老化剂或稳定结构有密切关系。图4-6给出了聚氨酯密封胶光老化与热老化试验结果的对比。可见经光老化后，其拉伸粘结强度开始时呈下降趋势，可能是由于聚合物表面的脆化及部分产生断链；随着时间的延长，聚合物的芳族结构将逐渐减少。不饱和结构的减少使力学性能略有回升。

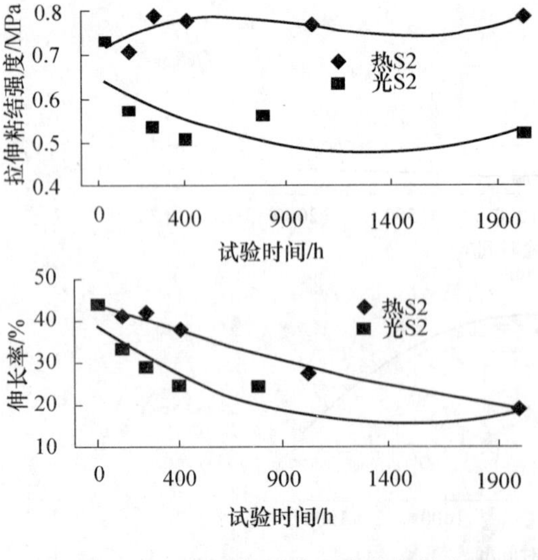

图4-5　不同老化形式下聚硫密封胶的老化趋势

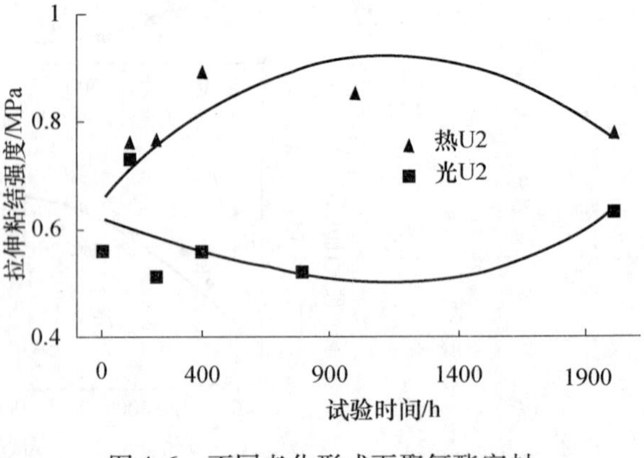

图4-6　不同老化形式下聚氨酯密封胶的老化趋势

从试验结果还可以看出，光化学反应首先是在材料或试件表面进行，引起表层高聚物的老化，并随着老化时间的推移而逐步向内层发展。氙灯老化试验后外观的变化很好地说明了这一点。当组成中未加入防紫外线剂，光照射1000h时，表面开始产生裂纹，并随着时间的延伸裂纹深度不断加深。

3）硅酮密封胶的光老化　硅酮密封胶交联固化后形成聚硅氧烷网状结构，其中的硅氧键具有高的离解能。可能发生的是硅碳键在紫外光的照射下，甲基氧化断键，产生硅烷醇结构。但硅碳键具有较高的离解能，因而硅酮密封胶具有较其他密封材料更为突出的耐光老化性能。由于氙灯老化试验中有喷淋水存在，在湿汽作用下其中的硅氧键会发生水解而造成降解。图4-7为硅酮密封胶氙灯老化试验结果。在氙灯老化曝露初期，密封胶的性能有一个上升趋势，这是因为初期的潮湿，水分起一定的固化促进作用，使密封材料的交联密度有所增加；但随着时间的增加，水解反应逐渐发生，水分起到了降解作用，交联密度下降，表现为密封胶的力学性能下降，材料逐渐变软变黏，伸长率增大。经过一定时间后，降解反应又会停止，交联密度保持一定值，现象为试件本身软而黏，失去弹性。氙灯老化试验结束后，无论何种试件形式，其硬度的试验结果均为0。

4）丙烯酸酯密封胶的光老化　在氙灯老化试验过程中，密封胶将同时受热、光及水分的作用，且每种因素对其性能都有明显的影响。长期的热、光作用破坏了原有的大分子链结构，从而导致了密封胶的弹性下降、力学性能劣化，直观上可看出在密封胶表面逐渐开始出现裂纹，且越来越深。片型试件受老化的影响程度同样比试块大。水分对密封胶的影响分为两方面：一方面水分可渗入已固化变硬的密封胶中，水分挥发后在密封胶内部形成气泡；另一方面，水分进入因收缩而形成的粘结裂缝中，使粘结密封作用失效。同时水分的长期存在，未降解的部分大分子或一些小分子将会出现返溶现象，体积膨胀，使得密封胶出现起泡、分层、与粘结基层剥离的现象。另一方面，延缓了密封胶的硬化速度。丙烯酸酯密封胶光老化与热老化的结果对比如图4-8所示。由图可知，在氙灯老化初期，与热老化具有相似的历程，但曝露时间长后，其变化趋势大为不同。多方面因素的作用使其性能变化较热老化平缓。

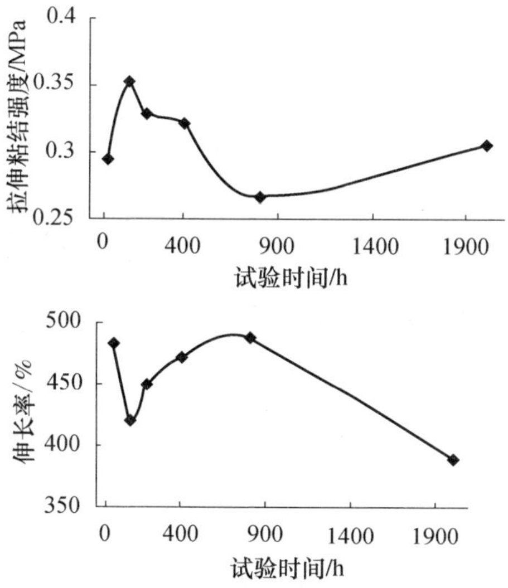

图4-7　硅酮密封胶的光老化趋势

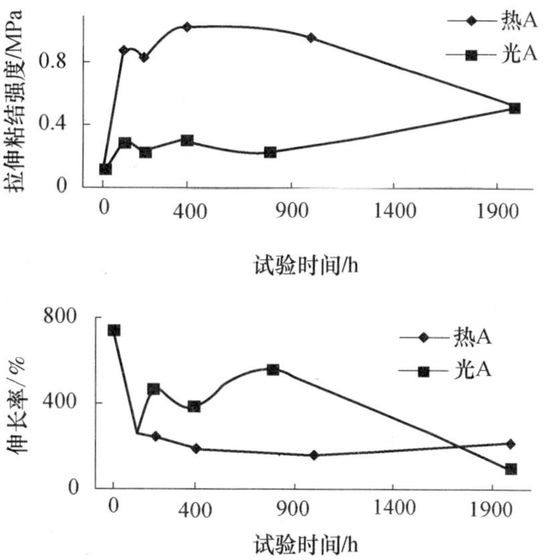

图4-8　不同老化形式下丙烯酸酯密封胶的老化趋势

总之，无论是在热还是在光的作用下各类密封材料都会出现明显的老化现象。光老化造成的降解程度比热老化严重。因此，在选择和使用密封材料时，必须充分注意密封材料的老化对其使用寿命的影响。

4.1.3 建筑嵌缝密封材料的种类

1）按状态分类 建筑密封材料按形态的不同一般可分为不定型密封材料和定型密封材料两大类，见表4-1。

表4-1 建筑密封材料的分类

不定型密封材料	非弹性密封材料	单组分	油性树脂	油灰	硬化型	
					非硬化型	
				油性嵌缝材料	皮膜性	
					无皮膜性	
			聚硫橡胶密封材料			
		双组分无溶剂硬化型		液体环氧树脂		
				液体不饱和聚酯树脂		
				丙烯酸树脂		
				液态酚醛树脂		
		不定型密封材料	非弹性密封材料	单组分自硫化型	无溶剂型	聚硫橡胶
						硅橡胶
						聚氨酯
					溶剂型	丙烯酸酯
						丁基橡胶
						氯磺化聚乙烯
						氯丁橡胶
						氯化聚乙烯
						丁苯橡胶
					乳液型	丙烯酸酯
						丁基橡胶
				双组分硫化型	无溶剂型	聚硫橡胶
						聚氨酯
						硅橡胶
					乳液型	环氧树脂
定型密封材料	非弹性密封材料	条状	聚丁烯			
			丁苯橡胶			
			橡胶沥青			
	弹性密封材料	条状	丁基橡胶			
			沥青 PVC 聚氨酯			
		压缝条	金属			
			PVC			
		密封垫	PVC	丁基橡胶	氯化聚乙烯	
			丁苯橡胶	硅橡胶	氯磺化聚乙烯	

不定型密封材料常温下呈膏体状态，又称建筑密封膏或密封胶，主要用于屋面、墙体、门窗、幕墙、地下防水工程等的各种建筑接缝中，包括溶剂型、乳液型、化学反应型等密封材料，不定型密封材料按性能又可分为非弹性密封材料和弹性密封材料两大类，弹性密封材料因变形大，按我国现行标准统一称为密封胶。

非弹性密封材料主要包括以石油沥青和煤焦油沥青为基料的沥青系嵌缝密封材料，以PVC树脂或塑料为基料的热塑性嵌缝密封材料以及油性嵌缝密封材料。油性嵌缝密封材料通常是指一些用动、植物油类（如蓖麻油、桐油、鱼油等）和矿物质填料（如石棉、碳酸钙等）制成的一类不含沥青和油灰的嵌缝材料，在我国使用最早。如马牌油膏，是采用不干性油——蓖麻油经高温热聚后，再加入滑石粉、石棉纤维搅拌均匀制成的一种常温用嵌缝材料。该类材料的耐热、粘结及抗老化性能等均较好，但受原材料的限制，目前已不能大量生产。非弹性密封材料在我国开发较早，应用时间较长，但总体上看档次较低，品种少，产品的抗裂性和耐久性较差，温度的敏感性变化较大。

弹性密封材料是以人工合成高分子聚合物为主要原料所生产的新型建筑密封材料。该类材料的弹性及其他性能优良，同时具有较好的抗裂性能和耐久性，温度敏感性变化小，能够适应新型建筑结构及建筑施工的现代化、高层化对密封材料的高性能要求，因此是富有发展前景的一类建筑密封材料。

定型密封材料是具有一定形状和尺寸的密封材料，是将密封材料按密封工程特殊部位的不同要求制成带、条、方、圆、垫片等特定形状的密封衬垫材料，按密封机理的不同可分为遇水非膨胀型定型密封材料和遇水膨胀型定型密封材料两类，主要用于地下工程、隧道、涵洞、堤坝、水池、管道接头等工程的各种接缝、沉降缝、伸缩缝等。主要产品有止水带、建筑密封胶垫、遇水自膨胀橡胶等。不定型密封材料即密封胶（又称密封膏）、密封剂。

在低、中、高三个档次的建筑密封材料中，低档产品主要是以沥青为主的石油沥青、煤焦油沥青和油性嵌缝油膏；中档产品以氯丁橡胶、丁基橡胶、丙烯酸树脂、氯磺化聚乙烯为主要原料的密封材料；高档产品是以高弹性的聚氨酯、硅酮类产品、聚硫、环氧树脂等为主要原料的密封材料。

2）按性能分类　可分为弹性密封材料和塑性密封材料；

3）按使用时的组分分类　分为单组分密封材料和多组分密封材料；

4）按组成材料分类　分为沥青基密封材料、树脂基密封材料和橡胶基密封材料。

在施工应用方面，屋面板接缝防水，由于量大面广，故大部分采用改性沥青和改性煤焦油沥青类嵌缝膏；大型预制混凝土墙板接缝防水，一般使用中高档产品，如丙烯酸密封胶、聚氨酯密封胶；金属板接缝防水、地下构筑物防水密封一般采用聚硫、聚氨酯密封胶；大型玻璃幕墙、中空玻璃、铝合金门窗，一般采用硅酮、聚硫密封胶。

4.2　沥青基建筑嵌缝密封材料

沥青基嵌缝密封材料是以石油沥青和煤焦油为主要原料，经一定工艺制得的密封材料。该密封材料的特点有：

1）冷施工，操作简便、安全；

2）一定的气候适应性，夏季70℃不流淌，冬季 -10℃不脆裂；

3）优良的粘结性和防水性；

4）塑性为主，延伸性好，回弹性差；

5）较好的耐久性；

6）价格较低廉；

7）适用于接缝伸缩值在 ±5% 以内，使用年限 10 年以下的工程，属于低档密封材料。

4.2.1 橡胶改性沥青嵌缝油膏

橡胶改性沥青嵌缝油膏是以石油沥青为基料，用废橡胶粉（或浆）改性，加入稀释剂及填料等制成的一种弹塑性冷施工嵌缝材料。

4.2.1.1 橡胶改性沥青嵌缝油膏的原料及配制过程

生产橡胶改性沥青嵌缝油膏的原料主要有沥青、废胶粉、硫磺粉、松节油、机油、松焦油、石棉绒、滑石粉等。

配制油膏的沥青要求含蜡量要低，树脂含量要高。在材质上，要求低温延度相对要大一点，脆点低，软化点不能太低，一般选用 10 号或 60 号石油沥青；废橡胶粉颗粒越细，在沥青中的溶胀性能就越好，也就能更有效地改进油膏的性能；硫磺粉的作用是充当硫化剂。沥青中的胶粉在高温下发生团粒的裂解，变成小立构体，加入硫磺粉可使裂解的胶体结构再硫化成大立构体，从而提高材料的柔韧性和弹性。

机油（多使用废机油）可改善油膏的施工度并作为胶粉的软化剂。松节油是成膜助剂，可以使油膜表面很快成膜，以防止油膏中油分挥发、老化，调节油膏的施工度及提高低温性能；松焦油系深黑色黏稠液状或半固态物质，常用作橡胶的软化剂。在油膏中加入松焦油，起到增塑的作用；石棉绒在油膏中起增强作用，提高耐热度，并可防止油膏的龟裂与老化。常用的其他填料还有滑石粉，其作用与石棉绒相似，并可降低油膏的成本。

各组成材料的配合比例为（用量为质量份）：60 号沥青 30，废橡胶粉 4.5，硫磺（占胶粉质量的%）5，松焦油 6.5，松节油 10，30 号机油 7，滑石粉 28，石棉绒 14。

油膏的配制是先将沥青加热至 200℃左右脱水，至表面清亮无水沫。然后将温度降至 160℃左右，边搅拌边加入胶粉，全部加入后继续搅拌至胶粉颗粒分散溶解为止（充分分散溶解的特征是用搅拌棒挑起物料，冷却后能拉成细丝），加入硫磺粉，在 160℃温度下恒温 40min，再加入机油和松焦油，待温度降至 120℃后加入松节油，继续降温至 100℃左右（主要是为了防止松节油的挥发）时加入填料（滑石粉和石棉绒），搅拌均匀即可出料制得油膏。

4.2.1.2 橡胶改性沥青嵌缝油膏的性能及应用

橡胶改性沥青嵌缝油膏的性能符合建筑防水沥青嵌缝油膏技术指标（JC/T 207—1996）的规定，见表 4-2。

表 4-2 建筑防水沥青嵌缝油膏技术指标（JC/T 207—1996）

项目		技术指标	
		702	801
施工度/mm	≥	22.0	20.0
耐热性	温度/℃	70	80
	下垂值/mm ≤	4.0	
低温柔性	温度/℃	-20	-10
	粘结状况	无裂纹和剥离现象	

续表

项目			技术指标	
			702	801
拉伸粘结性/%		≥	125	
浸水后拉伸粘结性/%		≥	125	
渗油性	渗出幅度/mm	≤	5	
	渗出张数/张	≤	4	
挥发性/%		≤	2.8	

施工时，首先要清理基层表面并涂刷冷底子油或乳化沥青，待干透后，先将少量的油膏在沟槽两边反复刮涂，再将油膏分两次嵌入，并且使其略高于板面3～5mm，呈弧形并盖过板缝。

该种嵌缝油膏具有粘结力强、耐高低温性能好、老化缓慢、弹塑性好、施工方便等特性，主要用于各种混凝土屋面板、大板、轻板、墙板的接缝嵌缝及地下工程防水、防渗、防漏等，是一种较好的嵌缝密封材料。

4.2.2 桐油橡胶沥青防水油膏

桐油橡胶沥青防水油膏是以桐油、60号沥青、松节油等多种油类经高温熬炼后，掺入橡胶粉、滑石粉、石棉绒等填充料配制而成，是一种黑色黏稠状的防水嵌缝材料。

该类油膏耐高、低温性能好，柔软且富有弹性，粘结力强。与混凝土、金属、木材、陶瓷等粘结牢固，耐老化性能好，价格低廉，常温下冷施工，操作维修方便，故广泛用于预制屋面板嵌缝、伸缩缝、墙缝、桥梁、山洞嵌缝及地下工程的防水、防潮、防渗漏等。

该类油膏系易燃物品，在贮存、运输及使用过程中应注意防火。施工过程中，若油膏粘着工具不方便操作时，可在工具上抹少许汽油，但忌用滑石粉，以免降低粘结强度。

4.2.3 沥青鱼油油膏

沥青鱼油油膏是以石油沥青为基料，同时加入硫化鱼油、重松节油、松焦油以及石棉纤维、滑石粉制成的一种冷用黑色胶状嵌缝材料。

将10号石油沥青及60号石油沥青分别加热熔化脱水（两种沥青的比例以混合后软化点为60℃左右为宜），在160～200℃时加入松焦油，搅拌30～60min，同时保持温度至170℃左右备用。同时将鱼油加热至100～110℃脱水，脱水后升温至140～150℃，加入硫磺搅拌20～30min，用重松节油稀释得硫化鱼油。最后将配制好的沥青和硫化鱼油盛于70～90℃的搅拌箱内，按比例加入石棉纤维和滑石粉，搅拌20～30min即成沥青鱼油油膏。

这类油膏的特点是粘结力强，防水性好，耐热性高，耐寒性也好，较好的低温柔性，加工配制方便，适用于建筑物接缝的填嵌，可用作预制屋面板和地下防水工程的接缝。

4.2.4 SBS改性沥青弹性密封膏

SBS改性沥青弹性密封膏是以石油沥青为基料，加入SBS热塑性弹性体及软化剂、防老化剂配制而成。按软化点、低温柔性和弹性恢复率的不同分为Ⅰ型和Ⅱ型。SBS改性沥青具有更高的回弹性、耐热性、低温柔韧性，不仅是一种很好的防水材料，更是一种各项性能比较理想的密封膏。其主要技术指标见表4-3。

表4-3　SBS改性沥青弹性密封膏的技术指标（GB/T 26528—2011）

项目			技术指标	
			Ⅰ型	Ⅱ型
软化点/℃		≥	105	115
低温柔韧性（无裂纹）/℃			-20 通过	-25 通过
弹性恢复/%		≥	85	90
渗出性	渗油张数/张	≤	2	
离析	软化点变化率/%	≤	20	
可溶物含量/%		≥	97	
闪点/℃		≥	230	

SBS改性沥青弹性密封膏主要用于各种工业及民用建筑的屋面、墙板接缝，各类地下工程、水利工程及混凝土公路路面的接缝伸缩值在±5%～±12%的接缝防水密封，也适用于建筑物裂缝的修补及做屋面防水层，使用年限10年以上的工程，属于中档密封材料。

4.3　树脂基建筑嵌缝密封材料

树脂基建筑嵌缝密封材料是以合成树脂为主要原料，加入多种助剂，经一定工艺制得的一类弹塑性密封材料。

4.3.1　水乳型丙烯酸酯密封胶

水乳型丙烯酸酯密封胶通常是以丙烯酸酯乳液为基料，加入乳化剂、增塑剂、防冻剂、稳定剂和颜料、填料等经搅拌研磨等制成的单组分密封材料，属于弹塑性密封材料。丙烯酸酯密封胶按位移能力分为12.5级和7.5级（见表4-4），按弹性恢复率分为弹性类（E）和塑性类（P）。

表4-4　建筑密封胶变形级别

级别	12.5	7.5
试验拉伸幅度/%	±12.5	±7.5
位移能力/%	12.5	7.5

4.3.1.1　水乳型丙烯酸酯密封胶的原料及配制过程

配制水乳型丙烯酸类密封胶所用的主要原材料有丙烯酸酯乳胶聚合物、乳化剂、增塑剂、分散剂、塑流剂、冻融稳定剂和填料等。常用的参考配比为（质量份）：

丙烯酸酯乳胶（55%）	40～42
增塑剂	7～8
分散剂乙二醇	1～2
乳化剂	1～1.2
磨细碳酸钙	46～50
其他填料	1～3

丙烯酸酯乳胶聚合物通常由丙烯酸酯软单体与烃类硬单体在引发剂作用与加热条件下，在水中通过乳液聚合，形成稳定的水分散乳液。乳液聚合通常需要加入少量的乳化剂、引发剂和缓冲剂。乳液的固体含量对密封膏的物性有重大影响，为了提高密封膏的性能，常采用改性剂对乳胶进行改性。

为了提高密封胶的综合性能，在配制密封膏时往往需要加入助剂，其作用分别为：增塑剂对乳胶密封胶的延伸率、强度、硬度、耐老化性都有较大影响；塑流剂主要用来改善密封胶的夏季施工性能，防止其表面过早结膜影响刮平；分散剂的作用是改善填料在乳胶体系中的分散性能，保证乳胶密封胶的稳定性；抗冻剂主要是为了解决乳胶密封胶的冬季贮运、施工问题；增粘剂用以提高密封胶对玻璃、陶瓷等表面光滑材料的粘结性，并可改善对基层的湿粘结性；填料的作用主要是提高密封膏的固体含量，减少收缩，其不但影响产品的机械强度、抗下垂性、流变特性，而且影响产品的拉伸强度、耐候性和成膜特性。填料的品种、细度对密封膏的收缩性、粘结性和成膜性都有较大影响，采用数种矿物填料搭配使用，往往能使密封胶取得较优良的性能。主填料的细度应在300目以上。

乳胶密封胶的配制主要包括捏合分散和研磨两道工序，可分别在捏合机和双辊研磨机上进行。该两道工序的共同目的是使填料、颜料、助剂、改性剂均匀分散于乳胶中，形成均匀细腻的混合膏体。其分散速度、时间与研磨次数对密封胶的物性有显著影响，速度过快、时间过长，都有可能产生乳胶破乳。

4.3.1.2 水乳型丙烯酸酯密封胶的性能及应用

（1）固化前的性能特点　以水为稀释剂，黏度低，呈膏状，无溶剂污染，无毒，不燃，安全可靠，基料为白色膏状，可配制成各种颜色；水乳型密封胶的表干时间比溶剂型密封胶的表干时间长，一般在30min后结膜，表干前，应防止雨水的冲刷，要密切关注施工的气候和养护条件；易于施工，可以配制成非下垂型的密封胶，适用于垂直缝施工；并具有完全恢复性，抗冻融性良好，但仍要防止在保管与施工中受凉，在5～26℃环境下可贮存12个月。

（2）固化后的性能特点　长期耐热性好，使用温度为70～80℃，经养护后，固化的密封胶在－35℃下，30°坡度曲面弯曲，不脆不裂；固化初期延伸率可达200%～400%；水分完全挥发后的丙烯酸酯建筑密封胶呈橡胶状弹性体，回弹率达到90%；不但与水泥砂浆、石膏板、铁板、铝板能良好地粘结，而且与玻璃、陶瓷、塑料均有较好的粘结性；耐候性和耐老化性优异，经热老化试验后其延伸率仍可达100%～350%，无开裂、无裂缝、无气泡、不变色，粘结性和弹性均良好。其技术指标满足表4-5的要求。

表 4-5　丙烯酸酯建筑密封胶的主要技术指标（JC/T 484—2006）

项目		技术指标		
		12.5E	12.5P	7.5P
密度	g/cm^3	规定值 ±0.1		
下垂度	mm	≤3		
表干时间	h	≤1		
挤出性	ml/min	≥100		
弹性恢复率	%	≥40	见表注	
定伸粘结性		无破坏	—	
浸水后定伸粘结性		无破坏	—	
冷拉—热压后粘结性		无破坏	—	
断裂伸长率	%	—	≥100	
浸水后断裂伸长率	%	—	≥100	
同一温度下拉伸—压缩循环后粘结性		—	无破坏	
低温柔性	℃	-20	-5	
体积变化率	%	≤20		

注：报告实测值。

（3）特点及应用该密封胶使用方便，对大多数建筑接缝表面粘着好，不渗出、不污染、干燥快，而且具有极好的耐紫外光照射和耐褪色性能。价格便宜、施工方便，弹性和延伸性能较聚氨酯、聚硫和硅酮等高档密封材料稍差，其使用温度范围很大。该密封材料中含有15%的水，尤其适用于吸水性较强的材料，如混凝土、加气混凝土、石料、石板、木材等多孔材料所构成的接缝施工，主要用于外墙伸缩缝、屋面板缝、各种门窗缝、石膏板缝及其他人造板材的接缝处、女儿墙与屋面接缝、管道与楼屋面接缝等处的密封。但其耐水性稍差，故不宜用于长期浸泡在水中的工程，如水池、堤坝等。此外，其抗疲劳性较差，不宜用于频繁受震动的工程，如广场、桥梁、公路与机场跑道等。

水乳型丙烯酸酯密封材料一般应避免在5℃以下使用和贮存。若开封后料未用完必须注意密封，表干前应防止雨淋和水冲，并避免在长期浸水的条件下使用。

除水乳型外，丙烯酸酯密封材料也可做成溶剂型，常使用二甲苯等作溶剂，总固含量约为80%～90%，目前该类密封膏使用较少。

4.3.2　聚氨酯密封胶

聚氨酯弹性密封胶（PUR）是由多异氰酸酯与聚醚通过加成反应制成预聚体后，加入固化剂、助剂等在常温下交联固化而成的一类高弹性建筑密封胶，分为单组分和双组分两种，以双组分的应用较广，其性能比其他溶剂型和乳液型密封膏优良，可用于中等要求和偏高要求的工程。

4.3.2.1　聚氨酯密封胶的制备

单组分是制成氨基甲酸酯预聚体，通过端异氰酸酯基和大气中水分反应而固化：

$$\sim\sim R{-}NCO + H_2O \xrightarrow{-CO_2} \sim\sim R{-}NH_3 \xrightarrow{OCN-R\sim\sim} \sim\sim R{-}NH{-}\overset{\overset{\displaystyle O}{\|}}{C}{-}NH{-}R$$

（预聚体）

单组分的主要组成材料有 PUR 预聚体、DBP（邻苯二甲酸二丁酯）、滑石粉、TiO_2、炭黑等。其参考配比（质量比）为：

聚氨酯预聚体	100
二月桂酸二丁基镍	0.06
二丁基亚氨酸镍	0.5
邻苯二甲酸二丁酯	10
TiO_2	5
炭黑	0.05
滑石粉	40

双组分是由异氰酸酯组分和含活泼氢化物两个组分构成的。异氰酸酯组分是以—NCO/—OH 大于 1 的条件下制成的预聚体；活泼氢是由含—OH、$—NH_2$、—COOH 等的聚酯、醚和环氧树脂等聚合物提供。其配制过程一般分两步进行，先制备预聚体（A 组分），然后用交联剂（B 组分）固化得弹性体。A 组分主要是聚氨酯预聚体、煤焦油作增塑剂、填料等。B 组分包括交联剂、催化剂、抗下垂剂、防老化剂等。其参考配比为：

A 组分　聚氨酯预聚体	100
B 组分　丙三醇	5.0
邻苯二甲酸二丁酯	2.5
有机锡	0.03
蓖麻油	8.5
煤焦油	84

交联剂一般采用多元醇（丙三醇），易形成氨基甲酸酯交联，反应较平缓。通常多选用甘油（丙三醇）、蓖麻油等多羟基化合物作交联剂。

抗下垂剂的作用是提高密封材料的触变性，它可使密封膏容易从挤枪中挤出，挤出后几乎立即复原，如留在垂直缝中就好像本来是固体一样，不会下垂。一般采用煅烧氧化硅，也可采用石棉、玻璃纤维、滑石等。

由于预聚体对醇类等试剂呈现很高的活性，特别是对水十分敏感，当与水混合时会产生大量CO_2，导致固化后的弹性体内部充满许多气泡，因此要使用消泡剂，以使密封材料完全密实。

颜料是为了着色和提高抗紫外线性能，绝大多数采用钛白粉，有时也加入其他矿物颜料。填料可降低成本，又可起着色作用，但使用时必须完全干燥。除钛白粉外，常用的其他填料还有石棉、炭黑、白垩、黏土等。

为了改善聚氨酯胶粘剂的使用性能，使之易于操作，可加入溶剂稀释。这样既可降低其黏度又可延长使用时间，但使用溶剂的量一般不能超过胶粘剂的 15%。由于预聚体会与水发生剧烈反应而固化，故所使用的溶剂必须是不含或者不会生成水、醇、活性氢的化合物。比较常用的溶剂有二氯乙烷、甲乙酮、四氯化碳、三氯乙烯和丙酮等。

按变形能力将聚氨酯密封胶分为 25 级和 20 级，按拉伸模量分为高模量（HM）和低模量（LM），按流变性分为下垂型（N）和自流平型（L）。

4.3.2.2 聚氨酯密封胶的性能及应用

聚氨酯弹性密封胶具有低模量、高弹性、伸长率大和良好的耐老化性，对金属、混凝土、玻璃、木材等有良好的粘结性能，且固化速度快，耐低温、耐水、耐油、耐酸碱、抗疲劳，使用年限长（25~30年）等优点，与聚硫、有机硅等反应型建筑密封胶相比，其价格较低，广泛应用于屋面板、外墙板、混凝土建筑物沉降缝、伸缩缝的密封，阳台、窗框、卫生间等部位的防水密封，以及给排水管道、蓄水池、游泳池、道路桥梁、机场跑道停机坪、玻璃幕墙等工程的水平缝与垂直缝的密封与渗漏修补，也可用于玻璃、金属材料等的嵌缝。

聚氨酯密封胶与聚硫密封胶应分别符合建材行业标准 JC/T 482—2003《聚氨酯建筑密封胶》和 JC/T 483—2006《聚硫建筑密封胶》的技术指标，详见表4-6。

表4-6 聚氨酯建筑密封胶（JC/T 482—2003）与聚硫建筑密封胶（JC/T 483—2006）的技术指标

试验项目		聚氯酯建筑密封胶技术指标			聚硫建筑密封胶技术指标		
		20HM	25LM	20LM	20HM	25LM	20LM
流动性	下垂度（N型）/mm	≤3			≤3		
	流平性（L型）	光滑平整			光滑平整		
表干时间/h		≤24			≤24		
挤出性[1)]/(mL/min)		≥80			—		
适用期[2)]/h		≥1			≥2		
弹性恢复率/%		≥70			≥70		
拉伸模量/MPa	23℃ -20℃	>0.4 或 >0.6	≤0.4 或 ≤0.6		>0.4 或 >0.6	≤0.4 或 ≤0.6	
定伸粘结性		无破坏			无破坏		
浸水后定伸粘结性		无破坏			无破坏		
冷拉-热压后定伸粘结性		无破坏			无破坏		
质量损失/%		≤7			≤5		

注：1）此项仅适用于单组分产品。

2）此项仅适用于多组分产品，允许采用供需双方商定的其他指标值。

双组分聚氨酯密封胶的施工是将A、B两组分在现场严格按配比混合后使用。拌合方法有人工和机械拌合两种，以机械拌合为佳，拌合时间一般不少于2min，拌合过程中要严防异物落入料中。

在施工中使用聚氨酯密封材料的接缝表面一般需要打底。施工前要清理接缝，金属或玻璃表面要用丙酮除去油污。嵌缝深度以不超过2cm为宜。在清理后的接缝内涂刷一道聚氨酯清漆（俗称685清漆）。根据要嵌缝密封接缝的性质，按生产厂家规定的A、B组分的配比配料，如用于垂直缝，则须在上述配料中加入适量的抗下垂剂。水平缝的嵌缝可将混合均匀的A、B两组分灌注入接缝中即可，垂直缝可使用压注枪压注或使用油灰刀批嵌。嵌入缝内的密封胶应密实，不得有断头或空洞。嵌缝后应及时修整密封膏表面，使其光滑。对已做好装饰的路面、板面，嵌缝前应在缝的两边先贴隔离纸，以防污染。

分装的密封胶包装桶应在阴凉干燥处存放，一经开封应尽快用完，以免吸潮胶凝。固化后的聚氨酯无毒，但A组分有一定毒性，未固化前其对皮肤有刺激作用。

除用多元醇作交联剂配制双组分聚氨酯密封胶外，还可以使聚氨酯预聚体与其他原辅材料通过吸收空气中的水分反应交联而制成单组分型聚氨酯密封胶。单组分型与双组分型聚氨酯密封胶在使用时的差异是固化速度和施工性能。它们在交联胶凝后的物理性能也不完全相同。目前单组分型聚氨酯密封胶已较少使用。

4.4 橡胶基建筑嵌缝密封材料

橡胶基建筑嵌缝密封材料是以各种合成橡胶为主要成分，加入多种助剂，经硫化后制得的一类高弹性密封材料。

4.4.1 聚硫密封胶

聚硫密封胶（PS）是由液态聚硫橡胶（多硫聚合物）为主剂，以金属过氧化物为固化剂，加入增塑剂、增韧剂、填充剂及着色剂等配制而成，是目前世界上应用最广、使用最成熟、效果最好的一类弹性密封材料。它具有弹性高，优异的耐候性，极佳的气密性和水密性，良好的耐油、耐溶剂、耐氧化、耐湿热、耐水和耐低温性能，使用温度范围广，工艺性能好，材料黏度低，对混凝土、陶瓷、木材、玻璃、铝合金等均有良好的粘结性能。随着高层建筑及大型墙板建筑的发展，该类材料越来越显示出其独特的性能。

聚硫密封胶分为双组分和单组分两类，是高档弹性密封材料。双组分聚硫密封胶是以液体聚硫橡胶和填料等组成主剂（A 组分），与金属过氧化物等硫化剂（B 组分）反应，在常温下形成的一种高弹性密封材料，属于弹性体。按变形能力分为 25 级 20 级，按弹性模量分为高模量低伸长率（A 类）和低模量高伸长率（B 类），按流变性分为下垂型（N）和自流平型（L）。目前使用较多的为双组分。

4.4.1.1 聚硫密封胶的合成

聚硫密封胶是以甲醛或二氯化物和硫化钠为基本原料，通过缩聚反应而制得：

$$n\left(\mathrm{C1—R—C1}\right) + n\mathrm{NaS} \longrightarrow \left[\mathrm{R—S}\right]_n + 2n\mathrm{NaC1}$$

二氯化物一般可用二氯乙烷、二氯丙烷等，若有少量苯氯丙烷存在，则可生成少量的支链和交联结构。典型的分子结构式可表示如下：

$$\mathrm{HS}\left[\mathrm{C_2H_4—O—C_2H_2—O—C_2H_4—S—S}\right]_n\mathrm{C_2H_4—C_2H_2—O—C_2H_4—S—SH}$$

由上式可以看出，主链上含有硫原子，构成—S—C—，—S—S—的饱和键，因而具有良好的耐油性、耐溶剂性、耐老化、耐冲击、低的透气性及良好的低温屈挠性、粘结性等，分子中含有大量的活性端基（—SH、—X、—OH），提供了分子间的化学作用条件。

聚硫密封胶的硫化是使其达到规定性能的重要过程。常用的硫化剂有无机氧化物（ZnO、PbO、MgO、CaO 等）、无机过氧化物（H_2O_2、CaO_2、Na_2O_2）、无机氧化剂（K_2CrO_4、$KClO_3$）、有机过氧化物（过氧苯甲酰）以及某些活性树脂和单体［（PE）苯酚甲醛树脂、（EP）环氧树脂、（TDI）甲苯二异氰酸脂等］。

硫化作用主要在—SH 上进行，利用它容易被氧化（形成—S—S—键），能生成盐，再使分子产生分子交联。

$$2 \sim\sim R—SH + 2nO \xrightarrow{\text{成盐}} \sim\sim R—S—Zn—S—R \sim\sim + H_2O$$

（聚硫橡胶）

$$2 \sim\sim R—SH + PbO_2 \xrightarrow{\text{氧化}} \sim\sim R—S—S—R \sim\sim$$

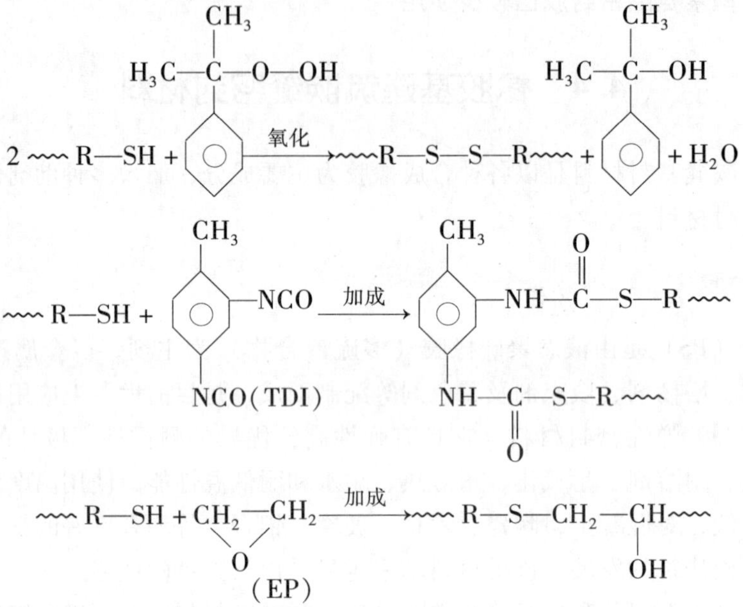

聚硫密封胶的组成材料一般可分为三组分、双组分和单组分三种形式。配制双组分聚硫密封胶常用的主要原材料包括液态聚硫橡胶、硫化剂、增塑剂、增韧剂、补强剂、填充剂、着色剂、增粘改性剂等。目前大部分聚硫橡胶都由有机二氯化物和多硫化钠经缩聚反应制取。单组分型的聚硫密封胶在使用时不需要加硫化剂，可通过空气中的水分来硫化。与双组分密封胶相比，其固化时间较长。

常用的聚硫橡胶硫化剂有二氧化铅、二氧化锰和氧化锌等无机氧化物和过氧化物以及异丙苯过氧化氢等有机过氧化物。其中二氧化铅的硫化效果最好，但往往会使密封材料具有一定毒性。使用时硫化剂往往制成糊状，即在二氧化铅中加入塑化剂（通常为硬脂酸、甲苯等）使之均匀分散。使用高分散度的活性二氧化锰代替二氧化铅也有很好的效果，虽然其硫化速度较慢，但无毒性。双组分聚硫密封胶通常使用二氧化铅作硫化剂。使用增塑剂可使密封膏具有一定的柔软性，常用的增塑剂有氯化石蜡、苯二甲酸酯类（二丁酯、二辛酯）、酯醚类（丙二醇二苯甲酸酯）及邻硝基联苯等。一般掺入 5% ~20% 的增塑剂可提高聚硫密封胶的低温柔韧性和和易性。

为提高材料的物理机械性能，降低成本，往往需要在密封胶中加入增韧剂、补强剂和颜填料。常用的增韧剂为 DMP（邻苯二甲酸二甲酯），补强剂有炭黑和超细二氧化硅等。无机颜料包括钛白粉、立德粉（锌钡白）、氧化铁等。其他常用的填充剂还有碳酸钙、沉积硅酸钙、铝粉以及黏土等。但必须注意，填料的 pH 值对聚硫密封胶的性能影响十分重要。碱性填料可促进硫化，酸性填料（如某些黏土）可使聚合物本身解聚，故选用时必须有所选择，否则会破坏密封胶的性能。

聚硫橡胶通常对固体表面无明显的粘附力，为了增加粘附力，密封胶内常加入少量热塑性酚醛、环氧树脂等，但用量不宜过多，否则其热老化性能会明显下降。各组成形式的参考配比为（质量份）：

1）三组分：	甲组分：	液体聚硫橡胶	100
		TiO_2	30
		SiO_2	20
		ZnO	5
		硫磺	0.3
	乙组分：	活性 MnO_2	6
		DBP（邻苯二甲酸二丁酯）	4
		E51（双酚A型环氧树脂）	8
	丙组分：	二苯胍（促进剂）	0.3
	配比：	甲∶乙∶丙 =100∶11.6∶0.3	
2）二组分：	甲组分：	液体聚硫橡胶	100
		DBP	35
		$CaCO_3$	20
		无水硅酸铝	30
		TiO_2	30
		SiO_2	2
		PF	5
		硫磺	0.1
		硬脂酸	1
	乙组分：	PbO_2	7.5
		DBP	7
		硬脂酸	0.75
	配比：	甲∶乙 =10∶75	
3）单组分：		液体聚硫橡胶	100
		TiO_2	10
		SiO_2	3
		$CaCO_3$	30
		ZnO	10
		氯化联苯	13
		硫磺	1
		硬脂酸	3

此组成是以空气中水分为硫化剂，进行交联硫化。

双组分密封胶的配制方法是先配成 A、B 两组分，使用前按一定配比混合均匀，即可使用（须在 2 ~6h 内用完）。

4.4.1.2 聚硫密封胶的性能及应用

聚硫密封胶的技术性能执行建材行业标准 JC/T 482—2003，见表 4-6。

该类密封胶对金属、混凝土、玻璃、木材等有良好的粘结力，具有优异的耐候性，极佳的气密性和水密性，良好的耐油、耐溶剂、耐氧化、耐湿热、耐水和耐低温性能，使用温度范围广（−40℃ ~90℃），抗撕裂性强，工艺性能好，材料黏度低，无溶剂、无毒，使用安全可靠，使用寿命30年以上，两种组分容易混合均匀，施工方便。适用于建筑物的混凝土墙板、天然石材、石膏板、瓷质材料之间的嵌缝密封，也适用于卫生间上下水管道与楼板缝隙的防水。特别适用于中空玻璃、钢窗、铝合金门窗结构中的防水、防尘密封（其气密性优于一般橡胶密封条），长期浸泡于水中的工程、严寒地区的工程、受疲劳荷载作用的工程（道路桥梁、机场跑道）以及汽车、冷库和冷藏车的密封。

聚硫橡胶性能优异，其价格虽较硅橡胶便宜，但仍然太贵。有时将聚氨酯和聚硫橡胶并用配制成双组分密封胶。其中一种组分是在聚氨酯中含有金属氧化物（聚硫橡胶的硫化剂），另一组分是在聚硫橡胶中含有芳香族二胺（作为聚氨酯的硫化剂）。使用时将这两种组分充分混合，即成为一种固化时间为12～18h的粘合修补材料。该嵌缝密封材料施工方便，耐油性能较好，在性能上综合了聚硫橡胶和聚氨酯两者的优点，修补渗漏效果良好，尤其对修补飞机、车辆油箱及贮油罐体的渗漏非常有效。

根据组成的不同，聚硫橡胶密封胶还有窗户、中空玻璃、混凝土接缝、石材、彩色涂层钢板等专用密封胶，其性能应分别符合《建筑窗用密封胶》（JC/T 485—2001）、《中空玻璃用密封胶》（JC/T 486—2001）、《混凝土建筑接缝用密封胶》（JC/T 881—2001）、《石材用密封胶》（JC/T883—2001）、《彩色涂层钢板用密封胶》（JC/T884—2001）的规定。

聚硫密封胶施工前一般需对接缝表面打底，多使用配套打底料，特别是对多孔的或暴露的接缝表面，要打底后方可嵌缝。

4.4.2 硅橡胶密封材料

硅橡胶密封胶（SR）是以有机硅橡胶为基料配制成的一类高弹性高档密封胶，分为双组分和单组分两类，单组分使用较多。硅橡胶具有许多卓越的性能，如耐高温性好（可达300℃），低温柔性好（可达负60℃），耐水、耐候、耐老化、耐化学介质等性能优良。配制建筑密封材料使用的是室温硫化硅橡胶，简称14W硅橡胶，已成为有机硅聚合物现今发展最快的一类产品。

4.4.2.1 *硅橡胶*

（1）硅橡胶的合成

有机硅聚合物是高分子化学的一个重要分支，其中以硅氧链所构成的高分子化合物应用最多。其分子链的两端带有一个或两个官能团，在一定条件下这些官能团可发生反应变成弹性体。它所用的单体通式为R_nSiX_4，其中X为—Cl或—OR′，R为烷基或芳香基。工业上主要是用烷基、苯基氯硅烷（$RSiCl_3$、R_2SiCl_2、R_3SiCl）及取代的正硅酸酯［$RSi(OR')_3$、$R_2Si(OR')_2$、R_3SiOR'］做原料，经水解、缩聚反应形成键能高、稳定性好的硅氧键缩聚物，其主要反应如下：

单体水解：

$$R_3SiCl + H_2O \longrightarrow R_3SiOH + HCl$$
$$R_2SiCl_2 + 2H_2O \longrightarrow R_2Si(OH)_2 + 2HCl$$
$$RSiCl_3 + 3H_2O \longrightarrow RSi(OH)_3 + 3HCl$$
$$R_3SiOR' + H_2O \longrightarrow R_3SiOH + R'OH$$
$$R_2Si(OR')_2 + 2H_2O \longrightarrow R_2Si(OH)_2 + 2R'OH$$
$$RSi(OR')_2 + 3H_2O \longrightarrow RSi(OH)_3 + 3R'OH$$

上述单体的水解极易进行，而且生成的硅醇又不稳定，容易进行分子间的缩聚反应，一元硅醇缩合成二聚体。

$$R_3SiOH + HOSiR_3 \longrightarrow R_3Si—O—SiR_3 + H_2O$$

二元硅醇可进行缩聚反应，得到线型的聚硅氧烷，即硅橡胶或称硅酮：

$$nR_2Si(OH)_2 \longrightarrow HO\text{-}[\underset{R}{\overset{R}{|}}Si—O]_n\text{-}H + (n-1)H_2O$$

三元硅醇或三元与二元硅醇的混合物反应，则可得到网状的体型缩聚物，称硅树脂：

$$nR_2Si(OH)_2 + mRSi(OH)_3 \longrightarrow$$

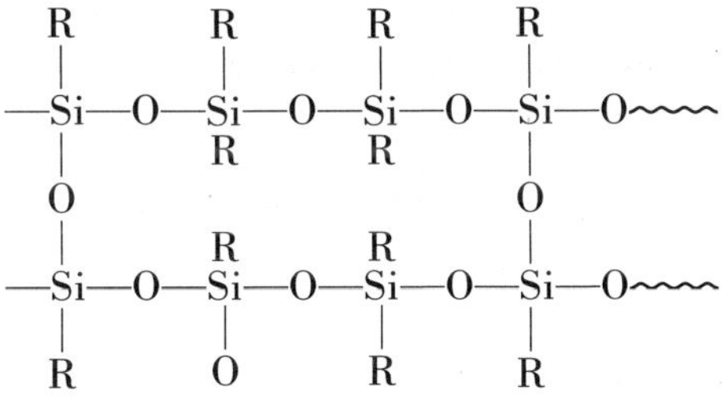

用做密封材料的主要是硅橡胶。

1）单组分室温硫化硅橡胶的合成　单组分型硅橡胶是将有机聚硅氧烷和交联剂、填充材料及其他添加剂混合，经初步反应后作为单包装产品，放入完全无水的密封容器中，以防止自发固化。施工时，硅橡胶分子链端部的官能团在接触空气中水分时，即发生缩合反应达到硫化，并生成低分子副产物。根据所用交联剂的不同，可分为脱酸型、脱醇型和脱氨型等数种。脱醋酸型硅橡胶透明，粘合性好，但有刺激性气味，且对某些金属有腐蚀作用；脱醇型无刺激性气味和腐蚀性，但物理性能较差；脱氨型无腐蚀性，但有氨味。组成材料有端羟基硅橡胶、硫化剂、填料及其他添加剂等，主要反应为：

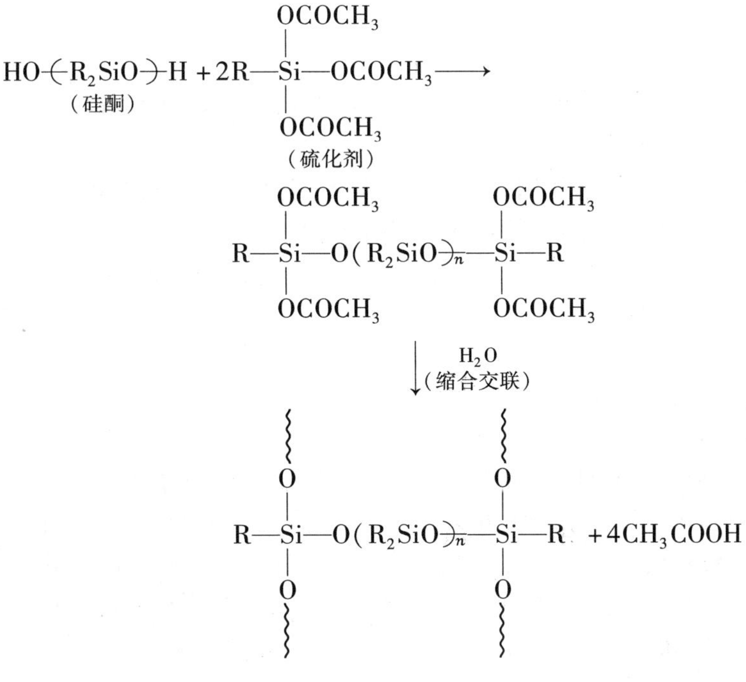

单组分室温硫化硅橡胶是吸收空气中的水分产生水解交联，同时放出相应的醋酸，这种材料只要装在不透水的容器中可长期保存，用时挤出来涂布，使用方便。

2）双组分室温硫化硅橡胶的合成　双组分型是由主剂粘料和填料为一组分，以硫化剂、促进剂和引发剂为另一组分，两者一经均匀拌合，即可固化。其主剂是由末端带有官能团的二有机聚硅氧烷、多官能团交联剂、填料等原料均匀拌制而成；常用的硫化剂是正硅酸乙酯（用量1~10份），催化剂用二月桂酸二丁基锡、辛酸亚锡和三乙醇胺（用量0.5~5份）。有时也将交联剂与固化催化剂混合在一起包装。与单组分型相比，使用时其固化的时间较长。其反应为：

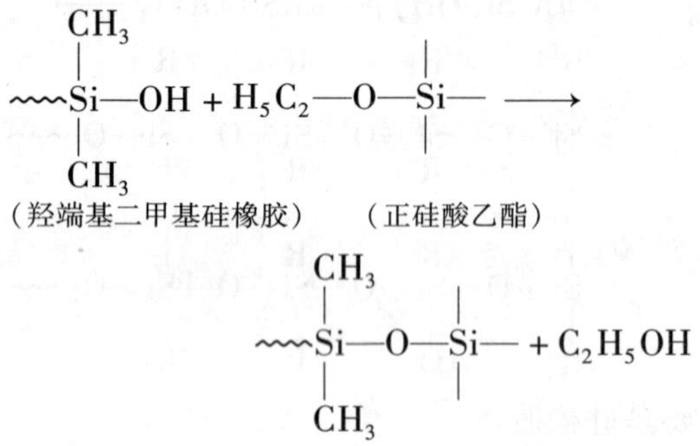

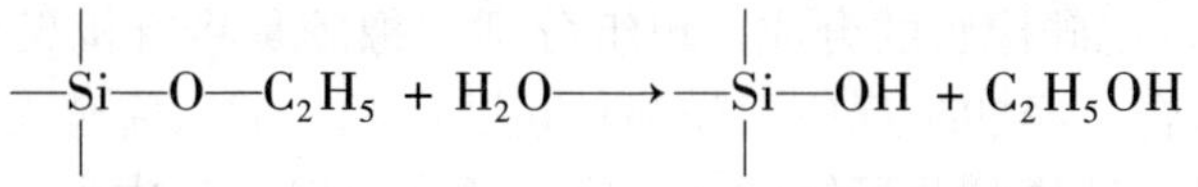

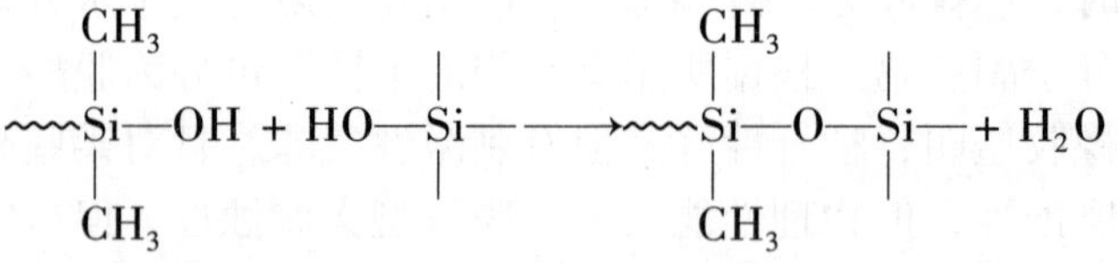

双组分室温硫化硅橡胶贮存时间长、硫化快、硫化完全，具有良好的胶结强度和尺寸稳定性。缺点是工艺较复杂。

（2）硅橡胶的特点和应用

硅橡胶因分子中有大量的重复硅氧键，具有良好的耐候性、耐久性、耐热性和耐寒性，而且操作方便，毒性小。

单组分硅橡胶的特点是使用方便，使用时不用称量、混合等操作，适宜野外和现场施工使用。它除具有双组分硅橡胶所固有的一些特性外，对金属、玻璃、陶瓷和塑料等的粘合性远优于双组分类型，可在0~80℃范围内硫化，硫化时要依靠周围空气中的水分，故硫化是从表层开始逐渐向深处进行。胶层越厚，硫化越慢，一次灌封不可超过10mm，对层厚大于10mm的灌封，最好采用分层灌封或添加氧化镁。单组分硅橡胶主要用作耐高、低温，防潮、绝缘、防震密封和胶结材料，在建筑行业，主要用作预制构件的嵌缝密封材料、防水堵漏材料和金属窗框上镶嵌玻璃的密封材料。

双组分室温硫化橡胶具有一系列优点，如耐高、低温性能优异，可在－65~250℃范围内长期使用。在200℃下受热2000h物理电气性能几乎无变化，短时间内可耐300℃高温，能抗－55~150℃冷热的反复作用。能在室温或稍高于室温下硫化，硫化过程中不放热。硫化后收缩性小，无内应力，电气性能好，耐水性好，弹性强，吸震和抗冲击性能好，耐老化性能优异，经长时间臭氧及紫外线作用也不会变硬开裂，耐燃性、耐介质性好，对低浓度酸、碱、盐的耐蚀能力强，对润滑油、高级烷烃、乙醇、丙酮及食用油脂的稳定性好，一般只能引起很小的膨胀，机械性能基本不降低，黏度低，不加颜料、填料时硫化前后均匀透明，使用寿命30年以上。但不耐浓酸、浓碱和四氯化碳、甲苯等非极性溶剂。由于上述优点，故其是一类优良的耐热、绝缘、防潮和防震用封装材料，目前主要用于电子工业的电气设备和电子仪器元件的封装、密封。

4.4.2.2 有机硅密封胶

在硅橡胶中加入适量的颜料、填料和其他助剂，如增塑剂、粘附剂和热稳定剂等，即可配制成有机硅密封胶。该类材料也分单组分和双组分两种。单组分密封胶，是用有机聚硅氧烷、交联剂、促凝剂、增强填充材料、颜料等原材料均匀搅拌而制成的，装入筒管等密封容器中。它的硫化反应与单组分室温硫化橡胶相同，有些性能，如耐候性、耐水性、粘合性、耐热性等也大体相同，不同处仅在于单组分室温硫化橡胶弹性模量低、伸长率大。其品种同样包括脱醋酸、脱醇和脱氨等，一般说来，脱醋酸型要比其他类型固化速度快，对各种建筑材料有良好的粘结性能，但在交联时会放出醋酸，有时会腐蚀钢、铜、锌等金属。另外，以钙为主要成分的被粘结体，如砂浆、大理石等，由于醋酸与钙反应生成醋酸钙，有时会出现粘结不良的现象，故必须选涂适当的基层涂料，以保护好被粘体。

单组分型密封胶具有优异的粘结性能，主要用来悬挂玻璃、铺贴瓷砖、联结金属窗框与玻璃等。双组分具有较低的弹性模量和粘结性能，在错动较大的板材的接缝以及预制混凝土、砂浆、大理石等过去认为较难施工部位进行施工时，可发挥其最大效果。

4.4.2.3 硅酮建筑密封胶

硅酮建筑密封胶即室温硫化硅橡胶（RTV），是20世纪60年代问世的一种新型的有机硅弹性体，这种橡胶的最显著特点是在室温下无须加热、加压即可就地固化，使用极其方便。因此，一问世就迅速成为整个有机硅产品的一个重要组成部分。现在室温硫化硅橡胶已广泛用作粘合剂、密封剂、防护涂料、灌封和制模材料，在各行各业中都有它的用途。室温硫化硅橡胶由于相对分子质量较低，因此素有液体硅橡胶之称，其物理形态通常为可流动的流体或黏稠的膏状物，其黏度在1~10000Pa·s之间。

将硅橡胶用白炭黑补强，使硫化胶具有1~6MPa的扯断强度。添加不同的添加剂可使胶料具有不同的密度、硬度、强度、流动性和触变性，以及使硫化胶具有阻燃、导电、导热、耐烧蚀等各种特殊性能。常用的填充料有细硅粉、氧化锌、碳酸钙、硅藻土，也可使用玻璃微珠或塑料微珠，以有效降低密封胶的密度。硅酮密封胶的颜色比其他材料更为鲜艳而易于着色，但其标准色一般是洁白、黑、灰、银白等色，根据被粘结体加以灵活运用。

室温硫化硅橡胶按其包装方式可分为单组分和双组分室温硫化硅橡胶，按硫化机理又可分为缩合型和加成型。因此，室温硫化硅橡胶按成分、硫化机理和使用工艺不同可分为三大类型，即单组分室温硫化硅橡胶、双组分缩合型室温硫化硅橡胶和双组分加成型室温硫化硅橡胶。单组分和双组分缩合型室温硫化硅橡胶的生胶都是α，ω-二羟基聚硅氧烷；加成型室温硫化硅橡胶则是含烯基和氢侧基（或端基）的聚硅氧烷，因为在熟化时，往往在稍高于室温的情况下（50~150℃）能取得好的熟化效果，所以又称低温硫化硅橡胶（LTV）。这三种系列的室温硫化硅橡胶各有其优缺点：单组分室温硫化硅橡胶的优点是使用方便，但深部固化速度较困难；双组分室温硫化硅橡胶的优点是固化时不放热，收缩率很小，不膨胀，无内应力，固化可在内部和表面同时进行，可以深部硫化；加成型室温硫化硅橡胶的硫化时间主要取决于温度，因此，利用温度的调节可以控制其硫化速度。

单组分型硅酮密封胶属通用型密封胶，密封胶施工后，吸收空气中的水分而产生交联成为弹性体。硅酮建筑密封胶按位移能力分为25、20两个级别，按固化机理分为脱酸型（A型）、脱醇型（B），按用途分为建筑接缝用（F）和镶装玻璃用（G）两类，按拉伸模量分为高模量（HM）和低模量（LM）。硅酮建筑密封胶技术指标见表4-7。

表4-7　硅酮建筑密封胶的技术指标（GB/T 14683—2003）

<table>
<tr><th colspan="2" rowspan="2">项目</th><th colspan="4">技术指标</th></tr>
<tr><th>20HM</th><th>20HM</th><th>25LM</th><th>20LM</th></tr>
<tr><td rowspan="2">下垂度/mm</td><td>垂直</td><td colspan="4">≤3</td></tr>
<tr><td>水平</td><td colspan="4">无变形</td></tr>
<tr><td colspan="2">表干时间/h</td><td colspan="4">≤3[1)]</td></tr>
<tr><td colspan="2">挤出性/(mL/min)</td><td colspan="4">≥80</td></tr>
<tr><td colspan="2">弹性恢复率/%</td><td colspan="4">≥80</td></tr>
<tr><td rowspan="2">拉伸模量/MPa</td><td>23℃</td><td colspan="2" rowspan="2">>0.4
或
>0.6</td><td colspan="2" rowspan="2">≤0.4
和
≤0.6</td></tr>
<tr><td>-20℃</td></tr>
<tr><td colspan="2">定伸粘结性</td><td colspan="4">无破坏</td></tr>
<tr><td colspan="2">此外线辐照后粘结性[2)]</td><td colspan="4">无破坏</td></tr>
<tr><td colspan="2">冷拉—热压后粘结性</td><td colspan="4">无破坏</td></tr>
<tr><td colspan="2">浸水后定伸粘结性</td><td colspan="4">无破坏</td></tr>
<tr><td colspan="2">质量损失率/%</td><td colspan="4">≤10</td></tr>
</table>

注：1）允许采用供需双方商定的其他指标值。

2）此项仅适用于G类产品。

硅酮建筑密封胶除对玻璃、陶瓷等少数材料具有较高的粘结性外，对大多数材料的粘结性较差，使用时需先用特定的涂底材料对材料的表面进行处理。

高模量的硅酮建筑密封胶主要用于建筑物的结构型防水密封部位，如玻璃幕墙、门窗的密封等；低模量的硅酮建筑密封胶（为酰胺型）主要用于建筑物的非结构型防水密封部位，特别适合于伸缩较大的部位，如混凝土墙板、大理石板、花岗岩板、公路与机场跑道等。脱酸型硅酮建筑密封胶不宜用于金属、水泥混凝土、硅酸盐混凝土等碱性材料的密封。

根据用途不同，硅酮密封胶除有通用型硅酮建筑密封胶（GB/T 14683—2003）外，还有窗户、中空玻璃、混凝土接缝、幕墙玻璃接缝、彩色涂层钢板、建筑防霉等专用密封胶，其性能应分别符合《建筑窗用弹性密封胶》（JC/T 485—2007）、《中空玻璃用弹性密封胶》（JC/T 486—2001）、《混凝土建筑接缝用密封胶》（JC/T 881—2001）、《幕墙玻璃接缝用密封胶》（JC/T 882—2001）、《彩色涂层钢板用密封胶》（JC/T 884—2001）、《建筑用防霉密封胶》（JC/T 885—2001）等。

专门用于混凝土的建筑接缝用密封胶按位移能力分为25、20、12.5、7.5四个级别，25级和20级又分为高模量（HM）和低模量（LM）两个次级别，12.5级按弹性恢复率是否大于40%又分为弹性密封胶（E）和塑性密封胶（P）两个次级别。25级、20级和12.5E级属于弹性密封胶，12.5P级和7.5P级属于塑性密封胶。混凝土建筑接缝用密封胶的技术要求见表 4-8。

表 4-8　混凝土建筑接缝用密封胶的技术指标（JC/T 881—2001）

<table>
<tr><td colspan="3" rowspan="2">项目</td><td colspan="7">技术指标</td></tr>
<tr><td>25LM</td><td>25HM</td><td>20LM</td><td>20HM</td><td>12.5E</td><td>12.5P</td><td>7.5P</td></tr>
<tr><td rowspan="3">流动性</td><td rowspan="2">下垂度（N 度）mm</td><td>垂直</td><td colspan="7">≤3</td></tr>
<tr><td>水平</td><td colspan="7">≤3</td></tr>
<tr><td colspan="2">流动性（S 型）</td><td colspan="7">光滑平整</td></tr>
<tr><td colspan="3">挤出性 mL/min</td><td colspan="7">≥80</td></tr>
<tr><td colspan="3">弹性恢复率 %</td><td colspan="2">≥80</td><td colspan="2">≥60</td><td>≥40</td><td><40</td><td><40</td></tr>
<tr><td rowspan="3">拉伸粘结性</td><td rowspan="2">拉伸模量 MPa</td><td>23℃</td><td rowspan="2">≤0.4 和 ≤0.6</td><td rowspan="2">>0.4 或 >0.6</td><td rowspan="2">≤0.4 和 ≤0.6</td><td rowspan="2">>0.4 或 >0.6</td><td colspan="3">—</td></tr>
<tr><td>−20℃</td><td colspan="3">—</td></tr>
<tr><td colspan="2">断裂伸长率 %</td><td colspan="5">—</td><td>≥100</td><td>≥20</td></tr>
<tr><td colspan="3">定性粘结性</td><td colspan="5">无破坏</td><td colspan="2">—</td></tr>
<tr><td colspan="3">浸水后定伸粘结性</td><td colspan="5">无破坏</td><td colspan="2">—</td></tr>
<tr><td colspan="3">热压·冷拉后粘结性</td><td colspan="5">无破坏</td><td colspan="2">—</td></tr>
<tr><td colspan="3">拉伸—压缩后粘结性</td><td colspan="5">—</td><td colspan="2">无破坏</td></tr>
<tr><td colspan="3">浸水后断裂伸长率 %</td><td colspan="5">—</td><td>≥100</td><td>≥20</td></tr>
<tr><td colspan="3">质量损失率1) %</td><td colspan="4">≤10</td><td colspan="3">—</td></tr>
<tr><td colspan="3">体积收缩率 %</td><td colspan="4">≤25 2)</td><td colspan="3">≤25</td></tr>
</table>

注：1）乳胶型和溶剂型产品不测质量损失率。
2）仅适用于乳胶型和溶剂型产品。

混凝土建筑接缝用密封胶可用于各类混凝土建筑的接缝密封。25 级、20 级和 12.5E 级弹性密封胶适合于大变形接缝部位。

不同类型硅橡胶密封材料的应用范围见表 4-9。

表 4-9　不同类型硅橡胶密封材料的应用范围

<table>
<tr><td colspan="2">品种类型</td><td>特点</td><td>应用范围</td></tr>
<tr><td rowspan="4">脱醋酸型</td><td>通用级</td><td rowspan="4">高模量、透明、固化快、有臭味，对铁、铜有腐蚀性</td><td>玻璃接缝、框架接缝、玻璃悬挂、玻璃水槽内缝密封</td></tr>
<tr><td>高透明级</td><td>安装玻璃橱窗、陈列柜，有透明要求的接缝密封</td></tr>
<tr><td>防霉级</td><td>浴室、台面、洗手间、卫生洁具的密封</td></tr>
<tr><td>结构密封级</td><td>玻璃帘栅施工</td></tr>
<tr><td rowspan="2">脱酮肟型</td><td>通用级</td><td rowspan="2">高模量、中速固化，对钢有腐蚀</td><td>玻璃接缝、框架接缝、金属接缝，装配住宅、瓦、砖、石材的接缝</td></tr>
<tr><td>防霉级</td><td>浴室、台面、洗手间、卫生洁具的密封</td></tr>
<tr><td rowspan="2">脱醇型</td><td>通用级</td><td rowspan="2">无腐蚀性</td><td>聚碳酸酯、有机玻璃板等透明塑料、玻璃、钢材等易受腐蚀材料的密封</td></tr>
<tr><td>阻燃级</td><td>防火区缝隙的密封</td></tr>
</table>

续表

品种类型		特点	应用范围
脱酰胺型	通用级	低模量、不透明、固化快、稍有气味、无腐蚀性	玻璃接缝、框架接缝、栏杆等接缝的密封、公路桥梁、机场混凝土路面伸缩缝的填充密封
	结构密封级		玻璃帘栅施工
脱羟胺型	通用级	同上	公路桥梁、机场混凝土路面伸缩缝的填充密封，大型水槽密封

4.4.3 丁基橡胶密封胶

丁基防水密封胶是以丁基橡胶为主要成分密封材料，聚丁烯等为增粘剂，碳酸钙等为填充剂的单组分型非定形密封材料。

4.4.3.1 丁基橡胶的结构特征

丁基橡胶是异戊二烯（又名甲基丁二烯）与异丁烯的共聚物。其中异戊二烯占少量（1%～3%），异丁烯为绝大部分（97%～99%）。其结构式为：

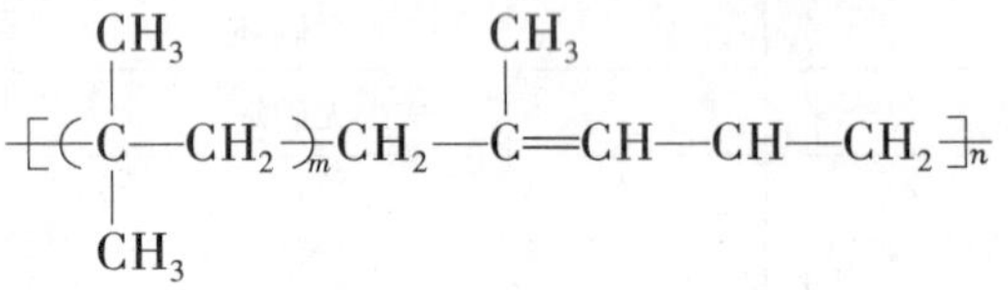

卤化丁基橡胶是丁基橡胶经卤化制得的改性丁基橡胶品种，统称为异丁烯类聚合物。该类聚合物具有十分优良的耐老化性、耐介质性、黏性和低透气性，因此广泛用作密封胶的基体材料，它们具有以下特性。

（1）高饱和度与耐环境腐蚀性

异丁烯类聚合物分子结构的饱和度高，聚异丁烯几乎是完全饱和的，而丁基橡胶类聚合物的双键含量也仅在0.5%～2%的范围。这种高饱和度的分子结构赋予异丁烯类聚合物十分优良的耐气候、耐热和耐臭氧老化性，以及良好的耐植物油和化学药品性。尤其是聚异丁烯，在通常温度下能长期耐化学药品的作用，除了聚四氟乙烯外，还没有其他聚合物材料可与它相比。

（2）长卷曲分子链与低透气性、高吸振性及低温柔软性

异丁烯类聚合物的主链既长又直，呈线性结构，一般的丁基橡胶分子主链中含有47000～60000个链节。在分子主链上又连接着许多甲基基团的侧基，这些甲基基团的体积不大，并呈有规则侧向空间排列。因此它们并不干扰橡胶分子的定向，这样就产生了一个能紧密卷曲且易转动的分子链结构。异丁烯类聚合物的这种分子结构赋予聚合物作为密封胶所具有的独特性能：

1）吸振性　与分子主链相连接的甲基基团体积小，排列规则、空间位阻小，因此易旋转，可产生高阻尼效应，使聚合物具有良好的吸振性。

2）低透气性　长线性紧密卷曲的易转动的分子链结构，有效地降低了湿气、空气以及其他气体的渗透性，因此异丁烯类聚合物具有无以类比的气密性。

3）高的生胶内聚力和弹性　异丁烯类聚合物带有侧基团的长而卷曲的分子结构几乎没有结晶倾向。聚异丁烯在－33℃放置一年，也只有少量的结晶，含有0.5%异戊二烯的丁基

橡胶在同样的温度下也不会产生结晶，在拉伸条件下丁基橡胶几乎不结晶。从分子角度和交联角度看，该类聚合物的内聚强度可以达到与结晶的氯丁橡胶内聚强度相类似的水平。同时完全无定形特性赋予这类聚合物具有高弹性、永久黏性和抗振动所必需的动态性能。

4）良好的低温柔软性　异丁烯类聚合物的玻璃化温度约 -60℃，在相当低的环境温度下仍能保持柔软。

（3）非极性、低吸水性及高电绝缘性

异丁烯类化合物是非极性聚合物材料，吸水性很差，虽然粘着性很好，但对许多基材表面的化学吸引力很弱，常常需要借助于树脂等增粘剂来提高聚合物极性。

非极性和低不饱和性使异丁烯类聚合物具有良好的电绝缘性，而低的吸水率和低的水渗透率使其电绝缘性更佳，电阻率可达 $10^{16}\Omega \cdot cm$ 以上，比一般橡胶高 10 ~ 100 倍；介电常数（1kHz）为 2 ~ 3，功率因数（100Hz）为 0.0026。

4.4.3.2　丁基橡胶密封材料的组成材料

（1）聚合物材料

异丁烯类聚合物品种系列很多，可根据所需密封胶的最终性能及制备工艺选用适当的聚合物材料。通常最重要的参数是聚合物相对分子质量。聚合物相对分子质量越低，其内聚力越小，黏性越强；聚合物相对分子质量越高，其内聚力越大，黏性则越弱。丁基橡胶在非硫化型密封胶中使用最多，很少用于硫化型密封胶。不饱和度并不影响未硫化和部分硫化胶料的大多数性能，但在非硫化型密封胶中应尽量选择不饱和度低的丁基橡胶级别。

通过合理的选用同加工设备相适应的最大相对分子质量的聚异丁烯、丁基橡胶与聚异丁烯并用、丁基橡胶部分交联、氯化丁基橡胶同其他聚合物并用等方法，可以在保持黏性等其他性能不变的情况下，提高密封胶的内聚力。选用解聚丁基橡胶并配入相容性好的增粘剂，可使密封胶具有良好的粘结性。

（2）硫化体系

单组分丁基密封胶绝大多数是未硫化型的，不需要硫化；双组分硫化型密封胶通常需要室温硫化。在制备密封胶时，即使是不硫化型密封胶，为提高其内聚力，也常需要对异丁烯类聚合物进行动态部分支联处理。常用的硫化体系有以下几种：

1）醌肟硫化体系　醌肟硫化体系是通过芳香亚硝基化合物的亚硝基团进行交联的。常用的硫化体系是对醌二肟（GMF 或 QDO）和二苯甲酰对醌二肟（DBGMF 或 DBQDO）同二氧化锰、二氧化铅和四氧化三铅并用体系。

2）硫磺硫化体系　硫磺硫化体系包括硫磺、秋兰姆或氨基甲酸盐类促进剂和噻唑类或噻唑二硫化物活性剂。

3）树脂硫化体系　常用的树脂硫化体系中的树脂是活性溴化烷基酚醛树脂。丁基橡胶的树脂硫化可在室温到高温的温度范围内进行，这主要取决于具体使用的树脂和硫化活性剂的浓度与类型。

4）氧化锌硫化体系　在氯化或溴化丁基橡胶中使用氧化锌作硫化剂，在密封胶中有相当的意义。因为当氯化丁基橡胶与其他弹性体并用时，在不使其他弹性体产生交联的条件下，氯化丁基橡胶可被氧化锌所硫化。

（3）填充剂

适合于在丁基密封胶中使用的填充剂有炭黑和非炭黑类的补强剂，陶土、水合二氧化硅、硅酸钙、硅氧化铝、气相白炭黑、氧化镁、硅酸盐等细粒子补强剂。加入填充剂可以提高密封胶的内聚力，降低冷流性，同时也降低密封胶的黏性。为配制耐酸和耐化学药品腐蚀以及低气体渗透性的密封胶，应选择云母、石墨、滑石粉等片状填充剂。

粗粒子填料可增加密封胶的黏性，如加入氧化锌可增加密封胶黏性和内聚力。加入氢氧化铝、立德粉、碳酸钙以及热裂法粗粒子炭黑的密封胶，随着内聚力的适度增加，黏性也增加。

（4）增塑剂和增粘剂

密封胶的一系列性能，尤其是流变学性能，可以通过精心选择聚合物类别而获得。而使用一系列的增塑剂和增粘剂也可控制黏度和内聚力的水平。

1）增塑剂　加入增塑剂可以调整密封胶的黏度（即密封胶软硬程度）和内聚力，并增加黏性。最常用的增塑剂是聚丁烯，它是由不规则分布的丁烯异构体组成的饱和聚合物。均聚物链单元全部是1-丁烯、2-丁烯和异丁烯。由于聚合度的不同，聚丁烯的相对分子质量从100～3000不等。随着相对分子质量的增加，聚丁烯的黏性也增加。由于聚丁烯和异丁烯类聚合物的相容性特别好，所以在诸多的增塑剂中，聚丁烯为最好的一种，因此以异丁烯类聚合物为基体材料的密封胶常选用不同相对分子质量的聚丁烯作增塑剂，使密封胶保持柔软和永久黏性。

2）增粘剂　为了提高密封胶对被粘基材的粘结力，常常加入增粘剂。常用的增粘剂是聚丁烯，聚丙烯以及相对分子质量小的异丁烯类聚合物。

（5）溶剂

异丁烯类聚合物可在碳氢溶剂和氯化溶剂中溶解，而在一般的醇、酯、酮及其他相对分子质量小的含氧饱和溶剂中不溶解。密封胶常用的溶剂有正己烷、正庚烷和石脑油（粗汽油）等挥发性链烷烃。

（6）其他添加剂

1）降低成本的添加剂　为降低成本、改善加工工艺并满足某些性能要求，还要加入一些添加剂，其中最有效的是价格低廉并能改善操作性的油膏，使密封胶具有塑性的无定型聚丙烯和石蜡、相对分子质量小的聚乙烯、聚丙烯和沥青等。

2）防老剂　在异丁烯类密封胶中加入防老剂和紫外光防护剂，可防止热、阳光老化。

3）触变剂　在溶剂挥发型密封胶中，加入触变剂可防止密封胶的坍塌，常用的触变剂有胶体二氧化硅、氢化蓖麻油、乙醇活化的陶土等。

4）干性油及催干剂　在溶剂挥发型密封胶中，为使表面干燥形成一层薄膜，需加入干性油（如亚麻籽油等）以及金属催干剂等。

4.4.3.3　几种典型丁基橡胶密封胶的组成配比（质量份）

（1）中空玻璃用半弹性密封胶

相对分子质量小的聚异丁烯	61.2
丁基橡胶	30.6
炭黑	4.5

氧化锌	3.1

(2) 半弹性建筑密封胶

丁基橡胶	100
白炭黑	50
二氧化钛	50
碳酸钙	300
鳞片状滑石粉	150
聚丁烯	200
防老剂	2

(3) 建筑用丁基弹性密封胶

交联丁基橡胶	100
碳酸钙	200
白炭黑	50
酚类防老剂	2
聚丁烯	110

(4) 建筑用室温硫化型双组分丁基弹性密封胶

A 组分

相对分子质量小的丁基橡胶	50
碳酸钙	50
聚丁烯	60
硅烷偶联剂	4
对醌二肟	3
甲苯	5

B 组分

相对分子质量小的丁基橡胶	50
白炭黑	20
二氧化钛	10
硬脂酸	1
氧化锌	5
二氧化铅	7
甲苯	25

4.4.3.4 溶剂型丁基橡胶密封胶

(1) 溶剂型丁基橡胶密封胶的制备

溶剂挥发型密封胶的制备方法基本上有直接混合法、逆混合法、胶液混合法和混炼胶溶解混合法四种。其中逆混合法效果最好，可以在短时间内获得很好的分散，尤其适合于交联丁基橡胶。

1) 直接混合法　除触变剂之外，将所有配合剂逐步加入橡胶中，混合一定时间后，加入触变剂，再加入热活化剂，至少在70℃下混合10min，当胶料冷却后，加入溶剂。所用设备是具有通冷水和蒸汽护套的叶片捏合机。其典型的混合周期如下：

先将橡胶或母胶、防老剂加入混合设备中，在 15s 左右加入三分之一的增塑剂，混合 2min 后，加入树脂和三分之一的增塑剂；再混合 4min 后将剩余增塑剂、填料加入，控制温度在 68 ~ 71℃（最低）；混合搅拌 15min 后，再加入触变剂（包括活化剂），温度维持在 68 ~ 71℃（最低）；再搅拌 25 ~ 30min，冷却到 33 ~ 38℃，慢慢加入溶剂；混合搅拌 45 ~ 60min，均匀后出料装管。

2）逆混合法　此法推荐用于交联丁基橡胶。首先加入增塑剂（通常是聚丁烯）、触变剂（包括活化剂）、树脂、填料和防老剂，加热到 120℃，混合 5min，使树脂分散；停止加热，将橡胶或母胶加入并分散均匀，通水冷却后立即加入溶剂，经 45 ~ 60min 的充分混合，出料装管。使用的设备与直接混合法相同。

3）胶液混合法　使用丁苯橡胶溶液与增塑剂混合，大约 15min 后，慢慢加入填料，待分散 30min 后得到光滑糊状物，然后慢慢加入溶剂，充分混合后，出料装管。

4）混炼胶溶解混合法　在开炼机或密炼机上将聚合物与填料等各种助剂预先制成混炼胶，在搅拌机中将混炼胶溶解制得。

（2）溶剂型丁基橡胶密封胶的性能

1）挤出性和贮存稳定性　该密封胶是采用手动或气压推动的嵌缝挤压枪以实用速度挤出施工的。将密封胶填满 200mL 聚乙烯筒，在 0.1MPa 压力下，于 20℃ ±3℃（夏天用密封胶）或 5℃ ±2℃（冬天或全年通用密封胶）下将密封胶全部挤出所需时间应分别不大于 20s 和 30s。密封胶在管内贮存之后其挤出容易程度不能有明显下降，在一般条件下，贮存有效期为两年。

2）耐坍塌性　耐坍塌性与挤出性互为矛盾。耐坍塌性好的挤出性差，挤出性好的则耐坍塌性较差。非坍塌密封胶应具有垂直方向或头顶接缝不流动的优良性能。原材料分散不良会引起密封胶挤出不良和坍塌，丁基橡胶具有较高的溶液黏度，其挤出性和坍塌性二者关系相当敏感，为此必须精心选择橡胶配合剂和特殊增塑剂。

3）硬度稳定性　密封胶的硬度通常随定伸应力的增加而增高，因此，在实际使用中，当硬度增高导致定伸应力增大并超过粘结力时，粘结将被破坏。

4）收缩、裂缝和起泡　这些性能与坍塌性、挤出性一样，都与溶剂含量有关。过多的溶剂会导致高度收缩、裂缝和起泡。一个理想的密封胶其体积收缩率最大不超过 20%。密封胶应呈现光滑凹型表面而不含有气泡或脱开接缝墙体。溶剂挥发后会使密封胶的内聚力增加。

5）密封性和耐久性　密封胶的密封性取决于它对基层的粘结力，而这种粘结力又与接缝活动时产生的应力有关，并且在任何苛刻的环境条件下必须保持很大的粘结力。除特殊基材之外，该密封胶不用底涂料，对木材、金属、砖石、玻璃和混凝土等建筑材料应有良好的粘结力。

6）回弹性　丁基密封胶具有橡胶的拉伸、弹性和压缩回复性，25% ~50% 的伸长率和 10% ~20% 的压缩回复率，以适应接缝活动的变化。丁基密封胶的弹性使得它们在不出现裂缝和失粘的情况下具有合理的拉伸和收缩程度，在 -10℃ 低温下仍具有弹性。表 4-10 列出了溶剂挥发型丁基密封胶的典型性能。

表 4-10　溶剂型丁基密封胶的性能（Q/ATHX 3—2008）

项　　目		性能指标
固体含量/%		75 ~ 95
挤出性/(mL/min)	≥	80
不挥发物（质量）/%	≥	70
密度（g/mL）		1.4 ± 0.1
表干时间/min	≤	180
剥离粘结性/(N/mm)	≥	0.4
低温柔性		-10℃无裂纹

（3）溶剂挥发型丁基密封胶的特点及应用

溶剂挥发型丁基密封胶具有良好的施工性，其特点是溶剂挥发后硬化而不发生化学交联，对钢、铝、玻璃、瓷、砖石、大理石、混凝土等建筑材料表面都有良好的粘结力。被粘表面只需进行简单的工业清洗（除尘、除泥土和油污等），一般不需使用底涂料。对于深的接缝，在使用密封胶之前应当填塞衬垫物至密封表面以下 12 ~ 8mm 的高度。该类密封胶属于能承受中等接缝位移的密封胶，可以在 ±5% ~ ±12% 的接缝伸缩范围内安全使用。但由于溶剂的挥发会引起收缩和缺胶，通常体积收缩达 20%，在使用时务必引起注意。

溶剂挥发型密封胶主要用于固定接头和某些局部移动接头（这种接缝和接头可以是对接和平接接缝，也可是隐蔽式的金属与金属接缝），在建筑领域用量最大，可用于窗框与墙体间的密封，雨阳蓬与墙体间的防水密封，有较大位移的屋面、墙体伸缩缝的嵌缝和密封，安装和镶嵌玻璃以及各种类型的建筑镶嵌结构的密封，幕墙结构的密封。活动房屋安装密封、建筑构件连接密封、空调和加热管道密封等都大量使用此类密封胶。

4.4.3.5　无溶剂不干型丁基橡胶密封胶

（1）无溶剂不干型密封胶的制备

该类密封胶的混炼方法与溶剂挥发型密封胶的制备相同。为防止聚合物形成无数小粒，橡胶应当同一些相对分子质量小的聚合物一起加入混合机中，然后尽快加入填料，即使相对分子质量大的和相对分子质量小的聚合物还未完全分散均匀，固体填料本身可起到分散剂作用。保持胶料的低温对混合是有利的。油和相对分子质量小的聚丁烯最后加入，因为它们会大大地软化胶料。树脂以粉状形式加入，并且必须在熔融的胶料中加入。某些填料（尤其是炭黑）应先在密炼机中制备成母胶，进行足够的加热以获得有效而理想的热处理或部分交联，从而使预分散的硫化体系在低剪切混合机中很容易实现部分的交联。

（2）无溶剂不干型密封胶的性能

1）密封胶柔软性或坚韧性能　密封胶柔软性关系到胶粘带安装时的压缩难易程度，以及与不规则被密封表面的相配合性。密封胶的柔软性常用下列两种方法表示。

①硬度测定法　用邵氏 A 硬度表示。这是最常用的测定密封胶软硬度的方法。但硬度计的读数仅是密封胶硬度一般指标，在测定密封胶软硬的“临界性”差别时表现出硬度计的精确度和灵敏度较低。通常密封胶硬度值（邵氏 A）为 0 ~ 40。

②压缩变形测定法　采用一个最接近实际安装时密封胶所受压缩的模型。密封胶样品放在玻璃板和金属板之间，先测定密封胶样品厚度，再将试件放在压缩试验机上，将试样压缩

到原厚度的一个固定百分比值。压缩速度要与安装时压缩速度大致接近，通常为50mm/min，记录压缩时所需要的力。使试样保持压缩 1min 后立即从压缩机上取出试件，测定同玻璃接触的密封胶面积，计算单位面积上（每 1mm^2）压缩变形所需要的力（以 MPa 表示）。

2）密封胶强度　一般情况下对密封胶强度（剪切强度和屈服强度）要求不高，因为大多数密封胶是起密封作用的，但在某些用途中也成为支撑部件之一，该处所用密封胶必须具有足够高的剪切强度和屈服强度以平衡各种原因引起的压力。一般使用剪切试验方法来测定密封胶的强度。

3）密封胶的弹性（压缩后回复性）　压缩与回弹性是密封胶的重要工艺性能。例如高层建筑的玻璃窗受风压时，尤其是建筑顶层的玻璃受到较大应力时，玻璃会弯曲变形，使密封胶受压缩或伸张，因此要求密封胶具有弹性，从而吸收玻璃四周的应力，并仍能保持密封。

①伸长回复性：将密封胶放在两个平板之间并受压缩，在垂直于两个板的方向上拉伸，达到一定伸长后，使密封胶回复。伸长回复值以一定时间间隔内的伸长百分比表示。拉伸时形成连续胶膜的密封胶其耐渗透性是令人满意的。

②压缩回复性：使用玻璃-密封胶-金属板方式，将密封胶压缩到一定厚度后，测定不同时间间隔的密封胶回弹或回复厚度。压缩回复值用回复厚度占原厚度的百分比表示。

③应力松弛率：应力松弛率也称为应力消失，可用密封胶的弹性表示。使用测定压缩-回复用的试样，固定压缩厚度，并在压缩停止后的一定时间内（如 1min）记录所剩余的力。这个力表明密封胶的塑性或应力松弛性能。低弹性密封胶的剩余力与原来所施加的压力相差很大。

4）密封胶的粘结力　密封胶对不同的被粘基材表现出不同程度的压敏粘结力，主要取决于配方设计，通常对玻璃、铝及其他被粘基材具有足够的压敏粘结力，一般用剥离试验测试密封胶的粘结力。

5）密封胶的耐气候老化性（见 4. 1. 3）。

6）密封胶的耐流动性　当没有约束的障碍物或其他约束设施时，在动态和静态压力下，密封胶在整个使用温度范围内必须具有良好的耐流动性。

7）耐污染、迁移及腐蚀性　密封胶不能对基材产生污染、迁移和腐蚀。

8）贮存性　密封胶在贮存期间性能不能发生变化，贮存期要长。

（3）无溶剂密封胶的用途

1）建筑物幕墙结构施工中混凝土与窗户框之间的接缝；

2）与溶剂挥发型密封胶等挤压枪挤出的液体密封胶配合作为第二密封胶使用。

丁基密封胶还有双组分硫化型密封胶和丁基热熔密封胶。

双组分硫化型丁基密封胶可用于中空玻璃的密封，也可用于建筑、电气、船舶和高速公路等接缝的密封，使用之前需将两组分按规定比例充分混合。

丁基热熔密封胶可作为高黏度密封胶使用，在常温下具有高强度；含有 100% 的固体，体积几乎不变；低的熔融黏度，在施工温度（149 ~ 177℃）范围内，具有高热塑性的光滑胶料，在冷却阶段，即在 93 ~ 149℃温度范围内有充分的黏性，对被粘表面表现出良好的粘结性，在 93℃以下具有超高黏度；而在 −20℃具有充分的可屈挠性和弹性。热熔型密封胶有较高的内聚强度，其内聚力为 0. 9 ~ 4. 4kN，硬度（邵氏 A）为 40 ~ 80。

热熔型密封胶最重要的性能是它与各种基材的粘结力较高。在24℃时剥离强度达到近40kN/m，在65℃时达到近20kN/m。

热熔型密封胶主要用于中空玻璃密封，窗户的背底座密封，混凝土接缝密封以及汽车挡风玻璃及后窗、汽车车体密封，各种设备密封等。

4.4.3.6 丁基密封腻子

丁基密封腻子是以丁基橡胶为基料，添加增塑剂、增粘剂、防老剂等辅助材料配成的一种非硫化型建筑密封材料（不干性腻子）。该类产品的规格有盘状（扁带状）、条状（圆柱形）和块状等，也可按指定形状进行加工。具有寿命长，价格较低，无毒、无味、安全等特点，具有良好的耐水粘结性和耐候性，带水堵漏效果好。使用温度范围宽，能在 -40 ~ 100℃范围内长期使用，且与混凝土、金属、塑料等多种材料具有良好的粘结力，可冷施工，使用方便。适用于建筑防水密封，涵洞、隧道、水坝、地下工程的带水堵漏密封，外墙板接缝、卫生间防水密封，大型屋面板伸缩缝嵌缝、女儿墙与屋面接缝密封、活动房屋嵌缝等。

施工时应注意，被施工表面施工前应对油污和浮尘进行清理。用于水泥混凝土预制板间的嵌缝密封时，接缝底层应填充适量聚苯乙烯（PS）泡沫塑料。对潮湿的混凝土基面，应在其上先涂一层腻子胶浆，待胶浆溶剂挥发后，方可进行密封施工。用腻子嵌缝完毕后，应在其上涂抹一层室温硫化型密封膏或防水涂料，将腻子遮盖。与板基面的搭接应不少于3 ~ 5mm。在承受较大水压时，密封腻子表面应覆着一定厚度的混凝土层，并与原来的混凝土粘结成整体。低温施工时，可用烘箱或电炉适当加温腻子，并在粘结基面涂刷底涂料1 ~ 2遍，待干至手摸不拉丝时，再行施工，并在做好的密封腻子表面涂一层涂料，使之免受污染。

4.4.4 溶剂型氯丁橡胶密封胶

氯丁橡胶密封胶是以氯丁橡胶为主要成分的非定型密封材料。氯丁橡胶的分子结构特性决定了氯丁橡胶的结晶程度（反式1，4-加成结构）和硫化活性（1，2-加成结构）。众多的氯丁橡胶品种可以配制出许多种密封胶，它们具有以下特点：

1）大都是单组分并能室温固化，使用简便；

2）具有弹性和柔软性；

3）分子链的氯原子使其具有优良的耐燃、耐臭氧和耐大气老化的特性，以及良好的耐油、耐溶剂和化学试剂的性能；

4）粘结强度高，适用范围广，尤其在建筑、汽车制造、轻工和制鞋等工业方面广为使用。

溶剂型氯丁橡胶密封胶是其中最典型的一种。

4.4.4.1 溶剂型氯丁橡胶密封胶的组成及制备

溶剂型氯丁橡胶密封胶是以氯丁橡胶为基料，掺入少量增塑剂、促进剂、增韧剂、防老化剂、溶剂及填充料制成的一种膏状嵌缝密封材料。配制该密封材料使用的是一种可溶解在二甲苯或其他有机溶剂中的软氯丁橡胶。这种氯丁橡胶可在80 ~ 140℃下硫化，若加入促进剂可缩短热硫化时间或在室温下硫化。若在促进剂里加入PbO，可提高硫化胶的机械性能和耐水性。

（1）组成材料

1）氯丁橡胶　常用的氯丁橡胶为相对分子质量小的氯丁橡胶，具有低黏度的 KNR、FB 和 FC 型液体氯丁橡胶最适合制作密封胶，这些聚合物同填料、增塑剂以及其他添加剂混合可制成不坍塌的、自流平的、非收缩的密封胶。

2）金属氧化物　氯丁橡胶密封胶中常用的金属氧化物有氧化锌、四氧化三铅（红铅）或一氧化铅（黄铅）及氧化镁。金属氧化物可调整树脂的硫化速度以及接受在加工、硫化和老化过程中释放出的氯化氢。加入适量的氧化锌和氧化镁可获得适宜的硫化速度、良好的加工稳定性和硫化胶性能。

3）促进剂　通用型氯丁橡胶的硫化可在 149℃下进行，可使用金属氧化物作硫化剂，不需有机促进剂。室温硫化密封胶所用的促进剂有多烷多胺或乙醇胺（促进剂 833）、过氧化铅和某些三级胺。多胺促进剂和四亚乙基五胺是最活泼的促进剂，最佳用量范围比醛胺要小。这些密封胶在高于 26.7℃的温度下两周内完全硫化，在两天内就能达到最高强度的 50%～75%。密封胶的活性使用期仅有几小时，因此金属氧化物和促进剂应当在使用之前混合。不同促进剂的并用通常能改变密封胶的操作寿命。

4）填料　大多数的矿物填料可用于氯丁橡胶密封胶中。非补强性填料不能提高硫化橡胶的定伸应力，如重质碳酸钙、氧化锌、二氧化钛和硫酸钡。燃烧陶土和软质陶土是半补强剂填料，可适当地提高定伸应力。

具有补强性的矿物填料是细滑石粉、硬质陶土、硅酸钙、沉淀白炭黑等，它们可提高氯丁硫化胶的定伸应力、抗撕裂性和压缩变形及永久变形。矿物填料比炭黑更能提高抗撕裂性，但矿物填料的抗压缩变形和永久变形性比炭黑低。

氢氧化铝和三氧化锑是有效的耐燃剂，硼酸锌与氢氧化铝的作用是生成一个隔熔外壳，是一种最好的耐燃剂。硬质陶土和硅酸钙也是良好的耐燃填料。

5）增塑剂　氯丁橡胶使用的增塑剂主要是石油基油、酯类树脂和某些聚合物。增塑剂的类型和用量可明显地影响密封胶的性能。密封胶应具有良好的低温柔软性。氯丁橡胶因结晶，低温冷冻时以及老化后会发硬，可通过使用硫磺硫化，树脂类增塑剂或配合多量填充剂和石油基增塑剂等方法阻止氯丁橡胶的结晶。酯类增塑剂在某种情况下会提高结晶性，因此在要求非结晶产品时，应避免使用酯类增塑剂。

大多数增塑剂对耐臭氧、耐燃和耐霉菌性能都有不良影响，而脂肪酸甘油酯或其他酯则具有良好的耐臭氧性。

聚苯乙烯-丁二烯共聚树脂可提高硫化胶硬度及耐磨性。

6）溶剂　溶剂的选择相当重要，它影响氯丁橡胶的溶解性、密封胶的初始黏度、黏度稳定性、黏性保持性、对被粘物的渗透性、初始粘结力、粘结强度、燃烧性和毒性以及密封胶的成本。因此选择溶剂要综合考虑多方面的因素。

溶剂的挥发速度要适当，因其直接影响粘结强度。挥发太快，胶液表面结膜，阻止内部溶剂继续挥发，也会因表面降温而凝聚水汽；挥发过慢，被粘物涂胶和压合后，如果胶膜中残留有过多的溶剂，则被粘体膨胀，尤其是对非孔被粘基材，不易获得较大的粘结力。晾置时间太长也影响效率，使用挥发性强的溶剂可缩短晾干时间。

常用的溶剂有丙酮、环己烷、邻二氯苯、二异丁酮、正庚烷、正己烷、异丙醇、甲苯等。

（2）制备过程

将氯丁橡胶、溶剂、防老剂、填料以及促进剂等在捏合机中混合。用炼胶机把氯丁橡胶塑炼3～4min，再加入防老剂、炭黑等辅助材料混炼后制得胶片。胶片放置冷却后，剪成碎块，再加入适量溶剂，在带有搅拌器的混合机中捏合配成85%～90%的溶液。使用前再加入促进剂，然后在室温下硫化或加热硫化。

4.4.4.2 溶剂型氯丁橡胶密封胶的性能及应用

该类密封胶与砂浆、混凝土、铁、铝及石膏板粘结性能良好，粘结强度为0.1～0.4MPa，具有优良的延伸和回弹性能，延伸率可达500%，回弹率69%～90%，用于屋面及墙板嵌缝，可适应由于振动、沉降、冲击和温度所引起的各种变化。抗老化、耐热、耐低温性能和气候稳定性优良，一般70℃温度下垂直悬挂5h不流淌，在－35℃温度下弯曲180°不裂不脆，挥发率在2.3%以下。该密封膏挤出性能良好，即使在最高温度下垂直缝施工，也不流淌，故可用于垂直面纵向缝、水平缝及各种异形变形缝的嵌缝密封。

上述用软氯丁橡胶配制的密封材料应用很广，可用作建筑构件的防水密封，墙板、地板及屋顶构件的接头嵌缝密封；公路和机场跑道的接头嵌缝；船上甲板及点焊的嵌缝密封；铸铁、陶瓷管道等的承插联结，热电站真空冷凝器管箱接头密封等；还可配制密封腻子，用于甲板、船体、水密仓等板连接处的密封。

橡胶基密封材料还有氯磺化聚乙烯密封胶、丁苯橡胶密封膏、橡胶改性聚酯密封胶等。

4.5 定形建筑密封材料

定形建筑密封材料是指具有一定形状和尺寸的密封材料。

建筑工程的各种接缝（如伸缩缝、沉降缝、施工缝、构件接缝、门窗框接缝、穿墙管接缝等）常用的定型密封材料其品种和规格很多，主要有止水带、密封垫、密封条等。

定形密封材料习惯上可分为刚性定形密封材料和柔性定形密封材料两大类。大多数刚性定形密封材料是由金属制成的，如金属止水板、金属止水带、防雨止水板等；柔性定形密封材料一般是采用天然橡胶或合成橡胶、聚氯乙烯等橡胶、塑料之类材料制成的，如橡胶止水带、塑料止水带、密封条等。柔性定形密封材料依据其密封机理的不同，又可分为遇水膨胀型密封材料和遇水非膨胀型密封材料。

定形建筑密封材料的共同特点有：

1）一般由工厂制造成型，尺寸精度高，否则将影响密封性能；

2）具有良好的弹塑性和强度，不至于因构件的变形、振动而发生脆裂和脱落，并且有防水、耐热、耐低温性能；

3）具有优良的拉伸、压缩变形和膨胀、收缩及回复性能；

4）具有优异的水密、气密及耐久性能。

4.5.1 遇水自膨胀橡胶止水材料

遇水自膨胀橡胶止水材料是一种既有一般橡胶制品的特点，又有遇水可自行膨胀以水止水功能的橡胶材料。

4.5.1.1 遇水自膨胀橡胶的遇水膨胀原理及制备过程

（1）掺加亲水性物质制备遇水膨胀橡胶

橡胶从本质上讲是疏水性的，但由于在橡胶中总含有少量水溶性或亲水性的物质，如天然橡胶中作为杂质存在的亲水性蛋白质，合成橡胶中的乳化剂等，因此当橡胶与水接触时，这些亲水性物质就会被扩散进入橡胶的水所溶解或溶胀，从而在橡胶的内外形成渗透压差，这个渗透压差对于水向橡胶内部的渗透具有促进作用，这就是在实际上与水接触的橡胶都具有一定程度的吸水性的缘故。

根据这个原理，有意识地把只有高度亲水性的物质掺混在橡胶中，只要它们不被水所溶解抽出，它们就会大量吸收水分，造成整个橡胶材料的体积膨胀，达到防水的效果。

1）掺用吸水性聚氨酯的遇水膨胀橡胶　用于遇水膨胀橡胶材料的主要是以聚醚多元醇为原料制成的亲水性聚氨酯预聚体。当多元醇中的亚乙基醚单元（$—CH_2—CH_2—O—$）的含量相当高，如超过20%时，就可以制成具有吸水性的聚氨酯材料。这种聚氨酯材料中存在着大量极性较强的$—CH_2—CH_2—O—$链节，容易旋转，因此采用适当交联剂或固化剂，就能产生较好的回弹性能，而在遇到水时，该链节又会与水生成氢链，从而导致材料的体积膨胀。因此这种聚氨酯预聚体，既可以用一定的固化剂交联而制成遇水膨胀的嵌缝腻子型防水材料，又可以通过与一定量的橡胶混合，成为复合的遇水膨胀弹性体，采用压出机或压机模压成型，可制成一定形状的防水材料。

2）掺入其他高吸水性树脂制备遇水膨胀橡胶　在橡胶中掺入其他高吸水性树脂而制得的遇水膨胀橡胶材料，宜选用吸水倍率较高，吸水后其强度仍较高的吸水性树脂。如部分交联的聚丙烯酸钠、异丁烯-马来酸酐的共聚物等，其中，以含羧酸盐的高分子电解质作为吸水性高分子树脂材料尤为适宜，特别是以乙烯基醚和烯烃不饱和羧酸或其衍生物为主要成分的共聚物的皂化物以及聚乙烯醇/丙烯酸盐的接枝共聚物更佳，因为其不但吸水后的强度很高，而且还能提高吸水后材料的刚性。

（2）化学接枝改性制备遇水膨胀橡胶

通过把吸水性的聚合物均匀地分散在疏水性的橡胶基质中所制成的一些遇水膨胀橡胶，在吸水后强度的降低较为明显。以亲水性的聚合物如聚环氧乙烷、聚环氧丙烷等与弹性体接枝则可以合成出既能保持橡胶状性质，又具有相当吸水性的材料，这种弹性体在吸水之后，水兼有软化剂和补强剂的作用。按照此方法制造的遇水膨胀橡胶所用的弹性体主要是氯磺化聚乙烯。氯磺化聚乙烯橡胶具有的特殊结构是：

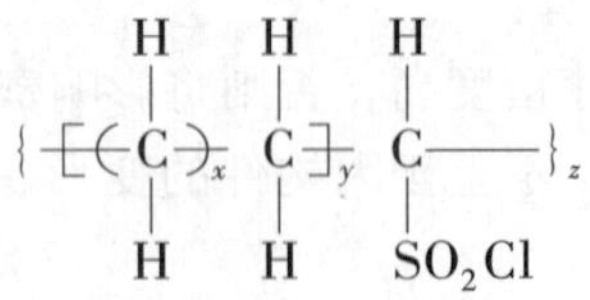

其中的氯磺酰基团（$—SO_2Cl$）原本是作为交联活性点引进聚合物的，但也可以利用该基团的反应活性对该聚合物进行改性。

氯磺化聚乙烯与聚乙二醇组成的接枝聚合物就是一种吸水性的橡胶。聚乙二醇（PEG）是一种典型的水溶性聚合物。把氯磺化聚乙烯的有机溶剂溶液、碱水溶液以及聚乙二醇以任意顺序混合，在加热搅拌下反应，即可制得具有亲水性的接枝弹性体。其中的有机溶剂为四氯化碳、三氯乙烷、二氯乙烷之类的卤代烃；所用的碱一般是氢氧化钠。此反应的模式推断如下：

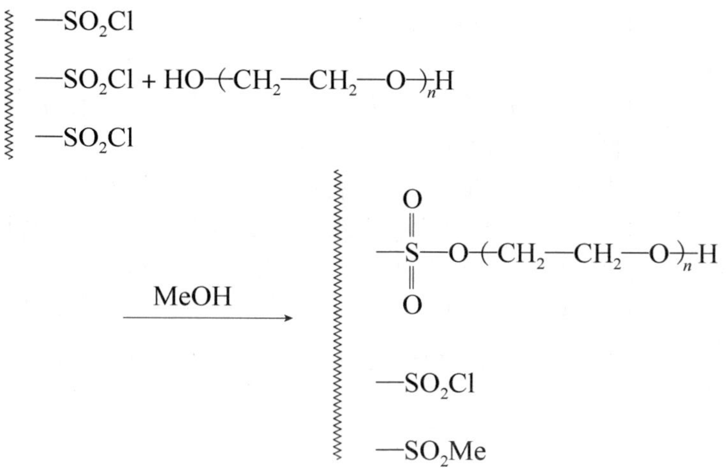

即氯磺化聚乙烯中的 $-SO_2Cl$ 基一部分与聚乙二醇中的端羟基发生了缩合反应，生成了聚亚乙基醚支化链，还有相当一部分 $-SO_2Cl$ 基被碱水解，生成了磺酸盐基团，还有一部分未参加任何反应。据透射电镜观察，在反应物中存在许多无规则分布的直径约 10～25mm 的粒子，说明它是高聚体的结构模式。此为亲水性的高聚体，具有较强的吸水性。且不论是在吸水前还是在吸水后，强度均比未硫化的氯磺化聚乙烯高，说明水同样兼有软化剂和补强剂的效果。

4.5.1.2　遇水自膨胀橡胶的类型及用途

根据 GB 18173.3—2002《遇水自膨胀橡胶》规定，遇水自膨胀橡胶的拉伸强度≥3MPa，扯断伸长率≥350%，体积膨胀率≥150%，硬度（邵氏 A）为 42～48。反复浸水后，其拉伸强度≥2MPa，扯断伸长率和体积膨胀率仍与浸水前相同。

遇水自膨胀橡胶根据其形态可分为制品型和腻子型两大类型，它可以作为嵌缝腻子、止水带、截水材料，在与水接触过程中会迅速溶胀，从而充斥缝隙的各个空间，保持高度的密封性，达到防水的效果。这两类产品的特点及适用范围如下：

1）制品型　制品型遇水膨胀橡胶具有密封防水作用，当接缝两侧距离加大到弹性防水材料的弹性复原率以外时，由于其所具有的遇水自膨胀的特点，在材料膨胀范围以内仍能起到止水作用，膨胀体仍具有橡胶性质，且还具有耐水、耐酸、耐碱性能。适用于装配式结构构件衬砌接缝防水，建筑物变形缝、施工缝用止水带以及金属、混凝土等各类预制构件的接缝防水。

2）腻子型　腻子型遇水膨胀橡胶与制品型同样具有遇水膨胀以水止水的功能，具有一定的弹性和极强的可塑性，遇水膨胀后，塑性进一步增强，从而堵塞混凝土孔隙和出现的裂缝。腻子型遇水膨胀橡胶最适用于现场浇注的混凝土施工缝，嵌入构件间（如混凝土、金属管道等各类预制构件）任意形状的接缝内，在其膨胀受到良好限制的条件下能达到满意的止水效果，使混凝土裂缝漏水得到治理。

4.5.2　建筑用密封条

建筑工程各种接缝（构件接缝、门窗框密封、伸缩缝、沉降缝等）常用的定型密封条种类很多，有闭锁密封条、镶嵌密封条、空心环状密封条、沥青（或丁基橡胶）浸渍泡沫塑料密封条等。

4.5.2.1　闭锁密封条

闭锁密封条是由氯丁橡胶，配合以适量的金属氧化物、防老剂、补强剂、加工助剂和促进剂等成分，经混炼硫化挤压成形而得。硫化剂常用氧化锰、氧化锌等氧化物，常用配合剂有防老剂、补强炭黑等。

随着建筑物向高层化发展，预制装配方法的推广，不用边框和密封胶而直接固定敞口玻璃的“干式”闭锁型密封条被广泛应用。闭锁密封条直接镶嵌于金属或混凝土边框上，用以安装玻璃等板材并兼起密封的功能。闭锁密封条大致分为两种：固定在凸形断面边框（金属边框居多）上用的H型密封条和固定于凹形断面边框上用的Y型密封条。

闭锁密封条是装饰玻璃的重要外装饰品，必须有较高的机械强度，优良的耐候性和长期稳定性，而且应该是难燃材料。表4-11为建筑用闭锁密封条的技术指标。

表4-11　建筑用闭锁密封条的技术指标（JG/T 187－2006）

项目			标准值
基本物理性能	硬度（邵氏A）		符合设计硬度要求
	拉伸强度/MPa ≥		5.0
	拉断伸长率/% ≥	硬度（邵氏A）<55	300
		硬度（邵氏A）≥55	250
热空气老化性能	（100℃×168h）	硬度（邵氏A）变化拉伸	−5～+10
		强度变化率/% <	25
		拉断伸长变化率/% <	40
		加热后失重/% ≤	3.0
	（70℃×504h）	热老化后回弹恢复（Da）分级	1级：30%＜Da≤40% 2级：40%＜Da≤50% 3级：50%＜Da≤60% 4级：60%＜Da≤70% 5级：70%＜Da≤80% 6级：80%＜Da≤90% 7级：90%＜Da
硬度（邵氏A）变化 ≤		−20～0℃	10
		0℃～23℃	
		23℃～70℃	
低温脆化性		−40℃时	不破裂
耐臭氧性（耐臭氧老化168h）			无龟裂
燃烧性			自熄

这类闭锁密封条主要用于镶嵌玻璃，施工操作容易，作业可在室内进行，省去脚手架；密封条是在厂内制造成型，尺寸精度较高，施工操作影响较少；密封性好而且持久。

4.5.2.2　镶嵌密封条

镶嵌密封条是由聚氯乙烯树脂，配以增塑剂、稳定剂、填料、着色剂等经一定加工工艺制得的具有橡胶一样弹性的密封材料。

镶嵌密封条从构造形式上可分为U型和J型。主要设在边框和玻璃中间，具有防水和隔气功能。

其他建筑密封条的性能见表4-12。

表 4-12　建筑密封材料的性能综合表

项　　目		装配玻璃密封条				气密密封条					接缝密封条		
		聚乙烯系	热塑塑料弹性体	氯丁二烯系	EPDM 系	聚乙烯系	热塑塑料弹性体	氯丁二烯系	EPDM 系	硅酮系	氯丁二烯系	EPDM 系	硅酮系
硬度		60 ~ 75		60 ~ 70		55 ~ 70	50 ~ 70	55 ~ 65			55 ~ 65		
拉伸	100% 模量/kPa	2940 以上	1470 以上	2450 以上		2450 以上	980 以上	2450 以上		1470 以上	2450 以上		1470 以上
	拉伸强度/kPa	7840 以上	3920 以上	9800 以上		6860 以上	2940 以上	9800 以上		6860 以上	9900 以上		6860 以上
	延伸率/%	280 以上	350 以上	300 以上		300 以上	350 以上	300 以上		400 以上	300 以上		400 以上
加热后拉伸	拉伸强度残存率/%	85 以上	90 以上			85 以上	—	90 以上			90 以上		
	延伸残存率/%	70 以上	85 以上	75 以上		70 以上	85 以上	75 以上		90 以上	75 以上		90 以上
加热损失/%		7.0 以下	1.0 以下	3.5 以下	1.0 以下	7.0 以下	1.0 以下	3.5 以下	1.0 以下	0.5 以下	3.5 以下	1.0 以下	0.5 以下
加热收缩率/%	70℃	3.0 以下	1.0 以下	—	—	3.0 以下	1.0 以下	—	—	—	—	—	—
	100℃	—	—	1.0 以下		—	—	1.0 以下		0.5 以下	1.0 以下		0.5 以下
压缩永久变形	70℃	75 以下	45 以下	—		75 以下	45 以下	—			—		
	100℃	—	—	35 以下		—	—	35 以下		10 以下	35 以下		10 以下
感温性	0℃的硬度	85 以下		75 以下		85 以下	80 以下	70 以下		67 以下	70 以下		67 以下
	40℃的硬度	50 以上		55 以上		45 以上	40 以上	50 以上		53 以上	50 以上		53 以上
	硬度差	30 以下	20 以下	15 以下		30 以下	20 以下	15 以上		5 以下	15 以下		5 以下
耐候性	外观变化	无异常		—	—	—	—	—	—	—	—	—	—
	拉伸强度延伸残存率/%	80 以上		—	—	—	—	—	—	—	—	—	—
	延伸残存率/%	70 以上		—	—	—	—		—	—	—	—	—
臭氧老化		—	—	无龟裂		—	—	无龟裂			无龟裂		

4.5.3 止水带

止水带又名封缝带，是处理建筑物或地下构筑物接缝用的一种条带状防水密封材料，常用于建筑物的施工缝或变形缝等处，以防止出现漏水现象。

建筑工程常用的止水带依据材质可分为无机止水带、有机止水带和复合止水带。按形态可分为刚性止水带、柔性止水带等几大类型。

刚性止水带是由钢、不锈钢、紫铜、青铜、铅等刚性材料制造的，由于其在防腐蚀、适应变形能力小、加工、造价等方面的原因，使其在应用上受到一定限制；柔性止水带是由橡胶、塑料（主要是PVC）、橡塑等合成高分子材料制造的。柔性止水带按其材质又可分为橡胶止水带、塑料止水带、橡塑止水带等几类。橡胶止水带根据其不同的防水机理，可再分为非遇水膨胀橡胶止水带和遇水膨胀橡胶止水带两类。在柔性止水带中比较常用的是天然橡胶止水带和软质聚氯乙烯止水带等品种。

4.5.3.1　刚性止水带

利用钢材制作的刚性止水带主要应用于水坝、地下室及其他大型施工工程的施工缝密封。普通钢材的止水带则还需另外采取防锈措施，为此在水坝建设中应采用不锈钢止水带。铜止水带可应用于水坝和一般的构筑物，铜止水带高度耐蚀，仅需小心搬运，以免导致损坏。由于上述原因以及价格上的原因，往往采用柔性止水带来代替铜止水带，铜也可应用于防雨板。

4.5.3.2　塑料止水带

塑料止水带多数是由聚氯乙烯树脂、增塑剂、稳定剂、防老剂等原料，经塑炼、造粒、挤出、加工成型而成的带状密封防水隔离材料。

塑料止水带的外观呈黑色或灰色，不含有气孔。其抗拉强度≥12MPa，定伸强度≥4.5MPa，相对伸长率≥300%，硬度（邵氏A）为60～75。止水带通常埋置在混凝土中，不受阳光和空气的影响，所以不易老化。塑料止水带的形状、规格、特点及适用范围见表4-13。其物理力学性能见表4-14。

表4-13　塑料止水带的形状、规格、特点及适用范围

型号	形　状	规格			特点	用途
		宽度/mm	厚度/mm	参考质量/(kg/m)		
651	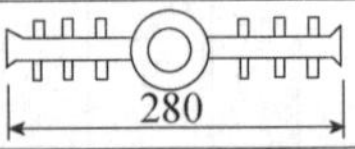	280±10	7±1.5	3.5±0.3	原料充足，成本低，耐久性好，物理力学性能好	用于工业与民用建筑的地下防水工程、隧道、涵洞、坝体、溢洪道、沟渠等水工构筑物变形缝的防水密封
652	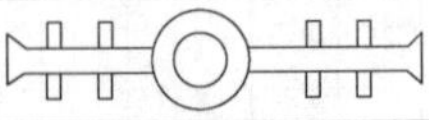	280±10	7±1.5	3.4±0.3		
653	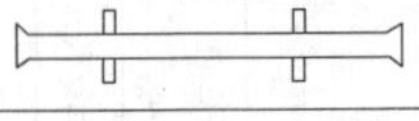	230±10	6±1.5	1.7±0.3		
654	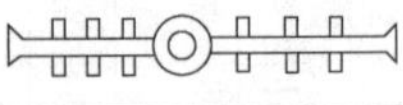	350±10	6±1.5	4.0±0.4		

4.5.3.3　橡胶止水带

橡胶止水带又称止水橡胶构件或止水橡皮，是用天然橡胶或合成橡胶及优质高级配合剂为基料压制而成。

按其用途分为三类，适用于变形缝用的止水带用B表示；适用于施工缝用的止水带用S

表示；适用于有特殊耐老化要求的接缝用止水带用J表示。橡胶止水带具有良好的弹性、耐磨性和抗撕裂能力，适应变形能力强，防水性能好，使用温度范围一般为 -40 ~ +40℃，（详见表4-14）。适用于建筑工程、水利工程、地下工程等的防止渗漏、密封和减震缓冲，以及游泳池、屋面及其他建筑物的变形缝防水。

为了满足不同工程密封的要求，橡胶止水带的剖面有不同的形状。

J型橡胶止水带有矩形、梯形、圆形、环形、切角矩形等多种断面形状，主要用作止水衬垫或嵌缝材料，靠外加压力使其产生一定量的变形，起到紧固密封止水和缓冲作用。

P型橡胶止水带有实心P型、空心P型、内外直转实心P型、内外直转空心P型、方头P型、方头空心P型等多种形式，主要用于水库闸门等处作密封止水。

表4-14　止水带的物理力学性能（GB 18173.2—2000）

项目				指标		
				B	S	J
硬度（邵氏A）				60±5	60±5	60±5
拉伸强度/MPa			≥	15	12	10
扯断伸长率/%			≥	380	380	300
压缩永久变形	70℃×24h/%		≤	35	35	35
	23℃×168h/%		≤	20	20	20
撕裂强度/(kN/m)			≥	30	25	25
脆性温度/℃			≤	-45	-40	-40
热空气老化	70℃×168h	硬度变化（邵氏A）/度	≤	+8	+8	—
		拉伸强度/MPa	≥	12	10	
		扯断伸长率/%	≥	300	300	
	100℃×168h	硬度变化（邵氏A）/度	≤	—	—	+8
		拉伸强度/MPa	≥			9
		扯断伸长率/%	≥			250
臭氧老化50pphm：20%/48h				2级	2级	0级
橡胶与金属粘合				断面在弹性体内		

使用该类材料时应注意，施工中必须保证橡胶止水带的准确位置和混凝土的浇捣质量，并使二者紧密配合；应视施工接缝处结构变形及承受水压的大小，决定是否采取固定措施，变形较小（≤4cm）时，可不加箍筋；变形较大（≥5cm）时，墙中可不加，但在顶（底）板中要配置构造箍筋；在水压>0.1MPa时均应配置。为保证施工质量及接缝处较好的受力状态，止水带距构件表面的距离不应小于15cm，对不配筋的素混凝土构件，不应小于200mm。

4.5.3.4　钢边橡胶复合止水带

钢边橡胶复合止水带是由可伸缩的橡胶和两边配有镀锌钢边所组成的复合件。这种止水带主要靠中间的橡胶段在混凝土变形缝间被压缩或拉伸，而起到密封止水作用。一般来说，混凝土和橡胶的粘附力较差，在常规施工中，又因橡胶是柔软弹性体，使混凝土在浇筑时不易被捣实，故在混凝土接缝膨胀、扯离、扭转时会经常出现橡胶止水带松动和脱落，以致在水头压力较高情况下会产生渗漏的现象。对于变形缝大的接缝来说，问题就更为突出。采用镀锌钢边橡胶复合式止水带，基本上可以克服纯橡胶桥式止水带的这些不足。而且这种复合式止水带还具有双重功能，即一方面可以延长途径，延缓渗水速度；另一方面镀锌钢边和混凝土有着良好的粘附性，使止水带能承受较大的拉力和扭力，从而保证在混凝土中的橡胶止水带在有效变形范围内不会产生松动和脱落现象，提高止水效果。典型复合止水带的断面形式如图 4-9 所示。

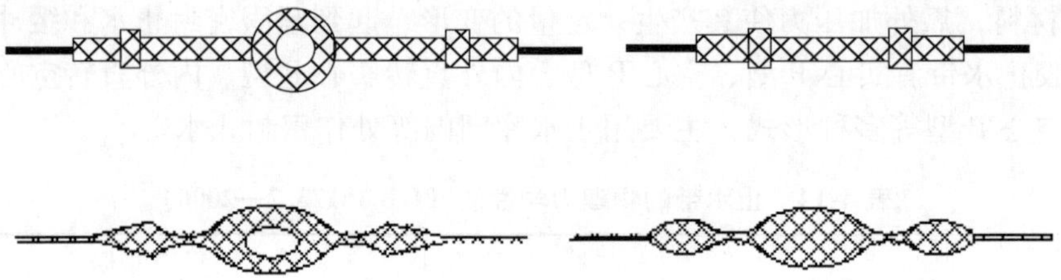

图 4-9　镀锌钢边橡胶复合式止水带的断面形式

钢带边缘设有工艺孔，安装浇筑混凝土时，利用工艺孔将止水带和钢带用细铁丝缠绕固定，既可以保证混凝土浇捣密实，又可以使镀锌复合止水片和混凝土能有效地牢固粘附。图 4-10 为钢边橡胶组合止水带的使用安装示意图。

4.5.3.5　无机材料基止水带

无机材料基止水带是以无机材料和胶凝材料基料制成的一种自带黏性的条状止水带。具有优良的粘结力和延伸率，可以利用自身的黏性直接粘在混凝土施工缝表面，遇水可快速膨胀，封闭结构内部的细小裂隙和空隙，止水效果好。其主体材料为无机类，又包于混凝土中间，故不存在老化问题。适用于各种地下工程防水混凝土水平缝和垂直缝，主要代替橡胶止水带和钢板止水带使用，以及地面各种存、贮水设施，给排水管道的接缝防水密封等。

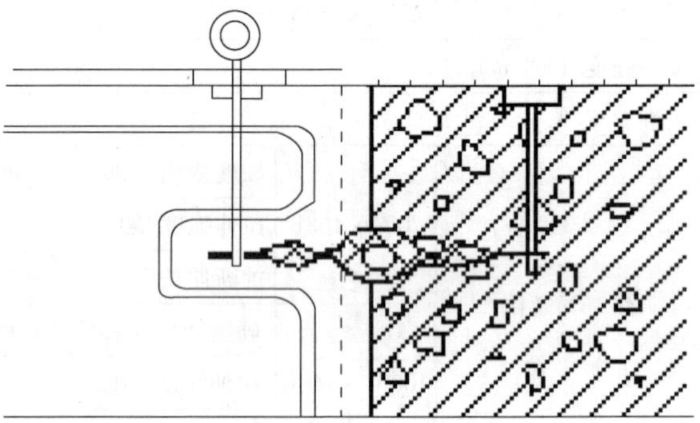

图 4-10　钢边橡胶组合止水带的使用安装示意图

4.5.3.6　嵌缝止水密封胶

嵌缝止水密封胶是以合成橡胶为基料配制而成的一种新型橡胶嵌缝止水材料。它能和混凝土、塑料、玻璃、钢铁等材料牢固粘合，具有优良的耐气候老化性能及密封止水性能，同时还具有一定的机械强度和较大的伸长率，可在较宽的温度范围内适应基层材料的热胀冷缩变化，并且施工方便，质量可靠，可大大减少维修费用。主要用于建筑和水利工程等混凝土建筑物的接续、电缆接头、汽车挡风玻璃、建筑用中空玻璃及其他用途的止水密封。

第 5 章　建筑防火材料

随着国民经济的高速发展，高层建筑和重要建筑的大量涌现，各种电气设备的安装，各种可燃的室内装修材料、塑料制品、纺织用品、木器家具、用具、炊具等大量引入建筑物中，给现代建筑带来了巨大的火灾隐患，使火灾发生的概率也大大增加。这就给人们提出了更高的安全防火要求。由于高层建筑高度高，层数多，人员集中，功能复杂，设备繁多，装修量大，所承受的风力和雷击次数多，与一般的多层建筑物相比，带来了防火上的不利性，火灾的危害程度也要严重得多。一旦发生火灾，往往造成严重的伤亡事故和经济损失。2001 年 9 月 11 日美国世贸中心的大火所造成的人员伤亡和经济损失是不可估量的，对全球经济发展的影响也是非常大的。因此，在重要的建筑工程中合理地使用建筑防火材料是非常必要的。

5.1　燃烧理论及阻燃

5.1.1　燃烧的本质和条件

5.1.1.1　燃烧的本质

所谓燃烧，是指各种可燃物质在一定温度下快速氧化的化学过程，是可燃物与氧化剂作用发生的放热反应。由于反应热的增加，使被氧化物质达到发光的程度，这种现象就是燃烧现象。多数可燃物质在燃烧时都具有火焰，火焰是燃烧着的气体或蒸发气体。液体可燃物质受热时能转变为蒸发气体或挥发成可燃气体，因此，各种气体或液体可燃物质均会产生强烈的火焰。凡是带火焰的可燃固体物质在燃烧时，也是由于在加热中部分或全部转变为蒸发气体或可燃气体。通常，可燃物质的挥发性愈强，火焰也愈大。燃烧区的温度较高，使其中白炽的固体粒子和某些不稳定（或受激发）的中间物质分子内电子发生能级跃迁，从而发出各种波长的光；发光的气相燃烧区就是火焰，它的存在是燃烧过程中最明显的标志；由于燃烧不完全等原因，会使产物中含有一些微小颗粒，从而形成了烟。

从本质上讲，燃烧是一种氧化还原反应，它服从化学动力学、化学热力学的定律以及其他自然的基本定律（质量守恒、能量守恒），但其放热、发光、发烟、伴有火焰等基本特征表明它不同于一般的氧化还原反应。如果燃烧反应速度极快，则因高温条件下产生的气体和周围气体共同膨胀作用，使反应能量直接转变为机械功，在压力释放的同时产生强光、热和声响，这就是所谓的爆炸。它与燃烧没有本质区别，是燃烧的一种特殊形式。

很多燃烧反应不是直接进行的，而是通过自由基团和原子这些中间产物在瞬间进行的循环链式反应。这里，自由基的连锁反应是燃烧反应的实质，光和热是燃烧过程中的物理现象。因为可燃物质的形态不同和氧气供给的方式不同，可燃物质的燃烧形态也不同。

1）蒸发燃烧　液体由于其表面发生的蒸气和空气中的氧气混合并达到燃烧程度而发生的燃

烧称作蒸发燃烧。汽油和酒精燃烧时，并不是作为液体的汽油和酒精本身的燃烧，而是液体表面蒸发的可燃气体和空气中的氧气在液面上混合起来，碰到足够的点火能量而发生的燃烧。

因液体本身不燃烧，所以液体的温度也就上升不快。汽油和酒精这类引火点较低的物质，即使在常温下也要蒸发，因此，只要稍有火种便能引起蒸发燃烧，如石油和汽油用火柴就能够点燃。同时，即使是固体，如与石油和汽油完全不同的石蜡由于加热会使之熔解成液体产生表面蒸发，其蒸气也能引燃，这种固体的燃烧也呈现为蒸发燃烧形态。

2）分解燃烧　固体可燃物质由于热分解所产生的可燃气体与空气中的氧气混合后的燃烧现象称作分解燃烧。热分解是固体有机物由于受热而逐步分解生成气体的现象。热分解生成的气体有一氧化碳、氢和甲烷等可燃性气体，也有二氧化碳和水蒸气等不燃性气体。以何种速度，生成何种气体，这与物质的种类和加热温度有关。通常固体物质的分解燃烧所要求的温度要较液体物质的蒸发燃烧为高。

3）表面燃烧　在固体燃烧过程中极难引起热分解物质的燃烧是物质的自身燃烧。此时，氧气是以被物质表面所吸附着的氧分子的形态出现，因燃烧只是在物质的表面进行，故称为表面燃烧。表面燃烧因与可燃气体无关，往往称为无火焰燃烧，如金属物质镁、铝等的燃烧就是表面燃烧。

4）混合燃烧和扩散燃烧　可燃气体的燃烧有两种形态，一种是混合燃烧，另一种是扩散燃烧。将可燃气体与空气混合后使之燃烧，这种燃烧称为混合燃烧，而依靠可燃气体周围的空气供给氧气、并由空气扩散引起的燃烧称为扩散燃烧。由于扩散燃烧只能从周围的空气中获得氧气，故易受气流的影响，燃烧往往并不剧烈，气流一定时，燃烧就比较稳定；而混合燃烧则是可燃气体与空气充分混合后发生的燃烧，因此是迅猛的、突发性的。

5）自燃　燃烧时不需要空气中的氧气，靠消耗物质自身的氧气引起的燃烧，称为自燃。普通的可燃物质在燃烧时，如果隔绝空气的供给，则因氧气不足而窒息，火便自行熄灭。这意味着虽然具有可燃物质和氧气，但燃烧的三要素缺少一个，燃烧不能持续，火便熄灭了。然而，像火药之类的物质，自身的分子中包含着氧，因为其氧化反应非常迅速，所以是一种爆发性的燃烧。

5.1.1.2　燃烧的条件

燃烧现象十分普遍，但其发生必须具备一定的条件。作为一种特殊的氧化还原反应，燃烧反应必须有氧化剂和还原剂参加，此外还要有引发燃烧的能源。

1）可燃物（还原剂）　凡是能与空气中的氧或其他氧化剂发生燃烧反应的物质，均称为可燃物，如氢气、乙炔、酒精、汽油、木材、纸张、塑料、橡胶、纺织纤维、硫、磷、钾、钠等。这些物质的共同特点是在较低的温度下就能发生分解，燃烧时释放出大量的热。但是，由于物质的形态不同，发生分解所需的温度也不一样，因此构成的火灾危险也就不同。

各种贴有装饰顶面材料的多层板、木屑板等木质材料在 170～180℃的热作用下，就开始产生分解。如果温度继续升高或引火，燃烧就不可避免地发生了。因此，各种木质材料是引起火灾的主要因素之一。

2）助燃物（氧化剂）　凡是与可燃物结合能导致和支持燃烧的物质，都叫做助燃物，如空气（氧气）、氯气、氯酸钾、高锰酸钾、过氧化钠等。空气是最常见的助燃物。一般情况下，可燃物的燃烧都是指在空气中进行的。由于氧气供给的方式和速度不同，燃烧的状态也不同，凡是氧气的供给稳定而又迅速时，则燃烧就剧烈；反之，如氧气的供给不充足或不稳定，燃烧就时高时低，即有时剧烈、有时缓慢。如果燃烧过程中隔离了氧气，则燃烧就不能持续下去并最终熄灭。

3）点火源（着火点或热源）　凡是能引起物质燃烧的点燃能源，统称为点火源，如明火、高温表面、摩擦与冲击、自然发热、化学反应热、电火花、光热射线等。

可燃物质、助燃剂和点火热源是燃烧三要素，它们三者之间的关系可用图 5-1 表示。这三个要素好像三个相互连接的环，只有三要素同时存在并达到一定条件，燃烧才能发生。反之，如果缺少其中任一条件，燃烧就不能发生。

可燃物、助燃物和点火源三者的相互作用：燃烧不仅必须具备可燃物、助燃物和点火源，而且还必须满足彼此间的数量比例，同时还必须相互结合、相互作用，否则燃烧将不能发生。

即使具备了前三个要素，燃烧也不一定发生。要发生燃烧还必须满足第四个条件，即可燃物和助燃物有一定的数量和浓度，相互比例合适，点火源有一定的温度和足够的热量等。现代世界上一切消防的理论以及一切防火、灭火设施也都是从这一基点出发的，灭火主要是中断燃烧时所需要的氧气或降温冷却。

5.1.2　燃烧的基本过程

除组成、结构简单的可燃气体（如氢气）外，绝大多数可燃物质的燃烧不是物质本身在燃烧，而是物质受热分解出的气体或液体蒸气在气相中的燃烧，这个过程极其复杂，为了简化问题，只考虑最基本的燃烧过程，即物质因受热而发生的燃烧过程。

由于可燃物质的聚集状态不同，其受热所发生的燃烧过程也不同。气体最容易燃烧，其燃烧所需的热量只用于自身的氧化分解，并使其达到燃点而燃烧。固态和液态可燃物的燃烧，实际上是在固体和液体表面上的凝聚相中开始，在气相火焰中结束。液体燃烧时，在火源作用下，首先使其蒸发成蒸气，然后蒸气被氧化、分解，而后在气相中燃烧。固体燃烧时，如果是硫、磷等物质，它们首先受热熔化或升华，然后蒸发成蒸气，氧化后进行燃烧，其中没有分解过程；如果是复杂的化合物，如聚合物、木材、煤等在受热时首先分解，析出气态和液态产物，然后气态产物和液态产物的蒸气发生氧化后着火燃烧。

可燃物质的燃烧过程包括许多吸热和放热的化学过程以及传热的物理过程。物质受热燃烧，它的温度变化是很复杂的，燃烧过程的温度变化情况如图 5-2 所示。

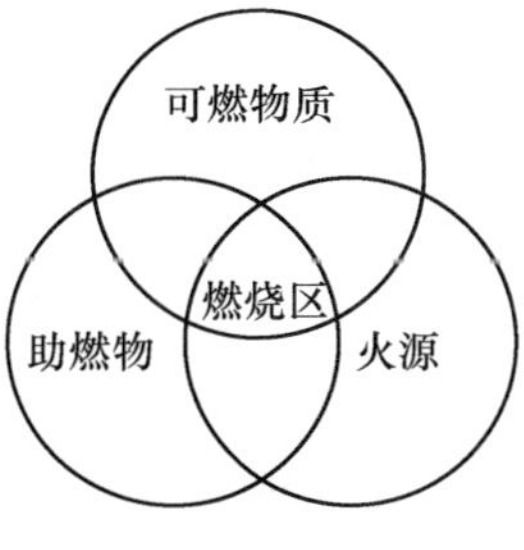

图 5-1　燃烧三要素

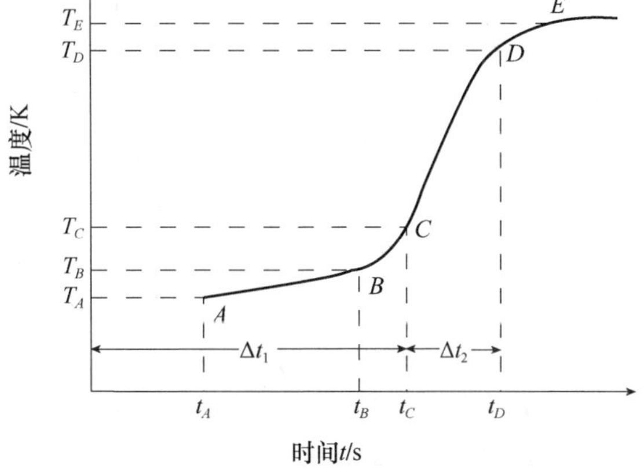

图 5-2　可燃物燃烧过程的温度变化曲线

A 点的温度为 T_A，是可燃物开始加热时的温度，在这最初阶段，外界提供加热的热量主要用于可燃物的熔化、蒸发和分解，可燃物温度上升缓慢。

B 点的温度为 T_B，当可燃物温度达到 T_B 时，在凝聚相开始氧化并放热，但由于温度尚低，故氧化速度较慢，氧化所产生的热量还不足以抵消体系向周围环境散失的热量。此时若除掉热源，可燃物将降低温度，燃烧不能发生；若继续在热的环境中加热，则因氧化反应速度逐步加快，使温度上升较快。

C 点的温度为 T_C，当可燃物温度升高至 T_C 时，可燃物氧化产生的热量与体系向环境散失的热量相等，也就是说，在 T_C 温度时体系产生的热量和向环境散失的热量达到平衡。若热源的温度稍有扰动，使体系的温度略高于 T_C，热平衡被打破，此时可燃物氧化产生的热量大于体系向环境散失的热量，体系产生热量积累，温度继续上升。因此 T_C 为体系从不燃烧到燃烧的转折点，即为可燃物的燃点。

D 点的温度为 T_D，当可燃物温度上升到 T_D 时，可燃物已发生燃烧，同时出现火焰，并且温度继续上升。

E 点的温度为 T_E，此时是可燃物经燃烧后，其产物达到的最高温度。

可燃物在 T_A 和 T_B 温度之间，是它的受热区域；在 T_B 和 T_C 温度之间是可燃物在凝聚相中的反应区域；在 T_C 和 T_D 温度之间是可燃物在气相中的反应区域；T_D 温度以后，可燃物产生火焰，反应物变成了生成物，温度达到燃烧最高温度 T_E。

当燃烧失去控制而发生火灾时，将经历下列发展阶段。

1）初起阶段　可燃物在热的作用下蒸发析出气体、冒烟和阴燃，而后在起火部位及周围可燃物着火燃烧，火灾发展速度较慢，在发展过程中，火势不稳定，火灾发展时间因点火源、可燃物质和分布、通风条件的不同而不同。

2）全面发展阶段　火苗蹿起，火势迅速扩大，火焰包围整个可燃物体，可燃物全面着火，燃烧面积达到最大限度，燃烧速度快，放出强大的辐射热，燃烧温度高，气体对流加剧。对室内火灾，将发生轰燃。

3）熄灭阶段　可燃物质减少，火灾燃烧速度递减，温度逐渐下降，火势逐渐衰弱，终至熄灭。

5.1.3　燃烧的基本原理

5.1.3.1　燃烧的热理论

任何反应体系中的可燃物，一方面它会进行缓慢氧化而放出热量，使体系温度升高，同时体系又会通过器壁向外散热，使体系温度下降。热自燃理论认为，着火是反应放热因素与散热因素相互作用的结果。如果反应放热占优势，体系就会出现热量积累，温度升高，反应加速，发生自燃；相反，如果散热因素占优势，体系温度下降，不能自燃。

如果用 $\dot{q}_g$ 表示热生成速率，$\dot{q}_i$ 表示热损失速率，则有

$$\dot{q}_g = \Delta H_C V K_n C^k e^{-E/RT} \tag{5-1}$$

$$\dot{q}_i = hS(T - T_0) \tag{5-2}$$

式中　ΔH_C——可燃物质的燃烧热，kJ/mol；

V——可燃气体的容积，m^3；

C——反应物的浓度，mol/m^3；

E——可燃物质的活化能，kJ；

R——理想气体常数，$R=8.314\mathrm{J/(mol\cdot K)}$；

T——反应体系的温度，K；

T_0——环境温度，K；

h——体系与环境的对流换热系数，$\mathrm{W/m^2}$；

S——容器的表面积，$\mathrm{m^2}$；

K_n——反应速度常数。

由能量守恒方程可得：

$$\dot{q}_g - \dot{q}_i = \frac{mc\mathrm{d}T}{\mathrm{d}t} = \frac{\rho Vc\mathrm{d}T}{\mathrm{d}t} \tag{5-3}$$

式中 m——可燃物质的质量，kg；

c——可燃物质的比热容，$\mathrm{kJ/(kg\cdot K)}$；

ρ——可燃物质的密度，$\mathrm{kg/m^3}$；

V——可燃物质的体积，$\mathrm{m^3}$。

比较式（5-1）和式（5-3），在可燃物的组成确定后，$\dot{q}_g$ 和 $\dot{q}_i$ 分别是下列参数的函数：

$$\dot{q}_g = f(T,P) \tag{5-4}$$

$$\dot{q}_i = f(T,T_0,h) \tag{5-5}$$

为研究方便，在三个变量 T，T_0，h 中固定两个变量后，就可以得到 $\dot{q}$-T 之间的两维关系函数。图5-3、图5-4、图5-5分别为保持两个变量后的 $\dot{q}$-T 曲线。以图5-3为例，对体系的放热和散热情况进行分析。当环境温度较低，放热曲线和散热曲线相交于 a、b 两点。$T<T_a$ 时，T 上升至 T_a；$T>T_a$ 时，T 下降至 T_a。因而 a 是稳定点，处于低温氧化态。$T<T_b$ 时，T 下降至 T_a；$T>T_b$ 时，T 继续上升。因而 b 是非稳定点，但 b 点是热力学非自发状态。尽管 a、b 两点是放热和散热方程的两个数值解，但 b 点是虚解，是实际上不存在的点，所以当放热曲线和散热曲线处于相交状态时，体系只能稳定在交点 a 处，发生低温、缓慢的氧化反应，反应无法加速，体系不能着火。

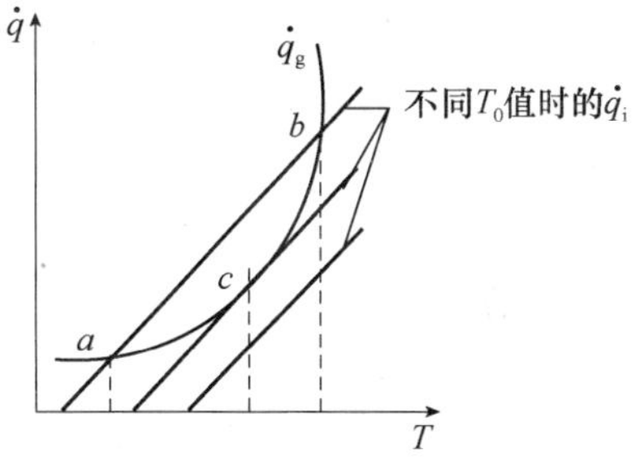

图5-3　改变环境温度 T_0 时的 $\dot{q}$-T 曲线

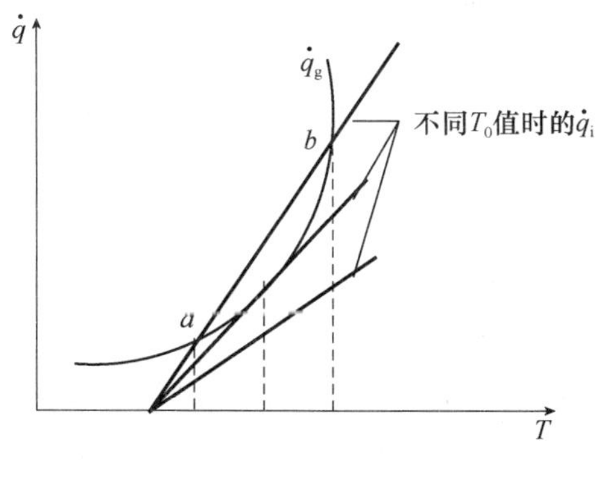

图5-4　改变对流换热系数 h 时的 $\dot{q}$-T 曲线

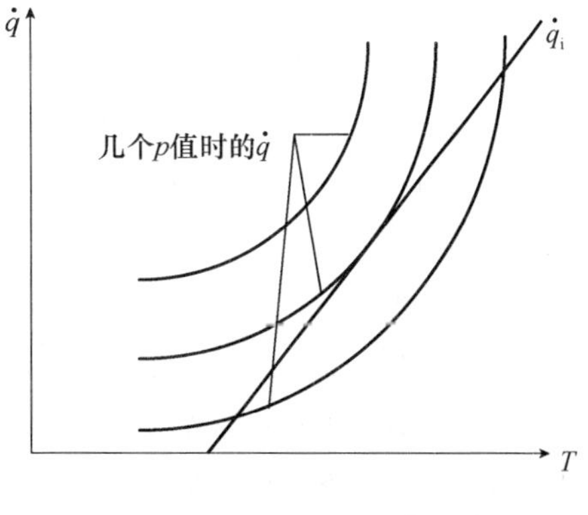

图5-5　改变压力 p 时的 $\dot{q}$-T 曲线

当环境温度较高，放热曲线和散热曲线始终处于相离状态，$\dot{q}_g - \dot{q}_i$总为正。这时体系温度上升，体系肯定能着火。

当环境温度适中，随着环境温度的不断升高，点 a、b 逐渐接近，最后重合到一点 c，曲线相切。当 $T < T_c$时，体系放热小于散热，但热量积累逐渐减小，体系缓慢升温至 T_c；当 $T > T_c$时，体系放热大于散热，且热量积累逐步增大，体系温度上升加快。c 点标志着体系处于由维持低温、稳定氧化反应状态到不能维持这种状态（即到加速反应状态）的过渡状态，体现了体系热自燃着火条件，被称为自燃点。此时的环境温度是一个极限值，超过这个温度，反应就会不断加速直至着火。该温度称为临界环境温度，用 $T_{a,c}$表示。在切点 c，可得出临界状态方程式：

$$\left(\frac{\mathrm{d}\,\dot{q}_g}{\mathrm{d}T}\right)_c = \left(\frac{\mathrm{d}\,\dot{q}_i}{\mathrm{d}T}\right)_c \quad 即 \quad \dot{q}_g = \dot{q}_i \tag{5-6}$$

以图 5-3 为例，将$\dot{q}_g$-T 转化为$\dot{q}_i$-T，可得可燃物的着火感应期。

图 5-6 为$\dot{q}_g$-T 曲线和对应的$\dot{q}_g$-t 曲线（t 为时间）。可见，由反应开始到到达自燃点需要一段时间，这个时间称为着火感应期。可燃物质与火源直接接触而着火时，也存在着火感应期，但由于火焰的高温，使感应期大大缩短了，所以一般人不易觉察到着火以前的时间延迟。可燃物质的燃烧之所以存在感应期，是因为热量积累需要一定的过程，这个过程是需要时间的。因此，可燃物质的燃烧和爆炸都需要经过连续发展过程所必需的一定时间才能完成。

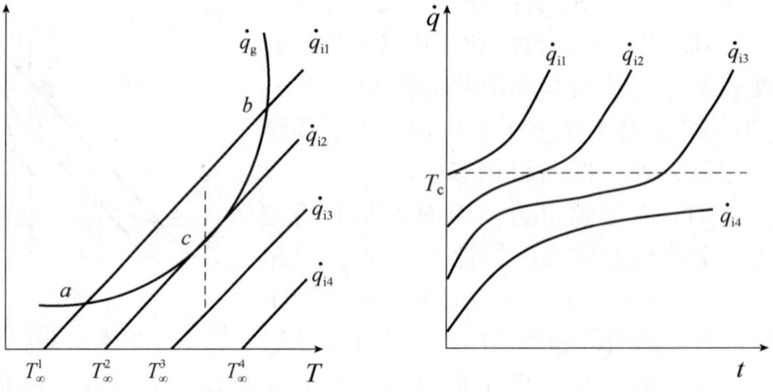

（a）$\dot{q}_g$-T曲线　　（b）$\dot{q}_g$-t曲线

图 5-6　$\dot{q}_i$-T 曲线和对应的$\dot{q}_i$-t 曲线。

可燃体系的热自燃，实际中是很少遇到的，但从科学的、丰富知识的角度以及从预防可燃物非故意热自燃和自燃的观点出发去研究这种自燃机理是较为重要的。因为这种自燃有时能导致爆炸或火灾。

5.1.3.2　引燃理论

实际中用火往往不是利用热自燃的机理，而是利用强制点燃可燃混合物或可燃物质的方式。因而，火灾相应地多数不是由于热自燃和自燃引起的，而是由于点燃可燃气体混合物或可燃液体和固体可燃材料时引起的。

引燃时，其着火的物理本质同热自燃过程没有区别，因为点燃时，可燃物和氧化剂相互作用而自动加速反应是在体系升温超过一定值之后才发生的。这些过程的发生条件和进行机理的差别可归纳如下。首先，热自燃时，整个混合物受热是匀速的，并逐渐达到自燃点。由此，在整个气体混合物的容积中发生氧化反应和加速反应，在所研究空间的任一点或在整个空间内，燃烧过程能等概率地发生；而引燃时，能够反应的可燃混合物的整体还是相对的冷介质，而能迅速被加热到着火温度的仅仅是其一小部分。其次，热自燃时，燃烧反应自加速过程发展得相当缓慢，就是说延迟期很长；而在点燃时，着火过程进行得相当快。因为受外界热源加热的混合物虽然是局部的，但是能相当快地达到更高的温度，因此，几乎没有引燃延迟期或延迟期很短，产生的火焰以一定的速度由其发生区向整个能够反应的混合物传播开来。

生产和生活中常用的多种能源都有可能转化为引火源。例如，化学能转化为化合热、分解热、聚合热、燃烧热、自燃热；电能转化为电阻热、电火花、电弧、感应发热、静电发热、雷击发热；机械能转化为摩擦热、压缩热、撞击热；光能转化为热能；核能转化为热能。同时，这些能源的能量转化可能形成各种高温表面，如灯泡、汽车排气管、暖气管、烟囱等。还有自然界存在的地热、火山爆发等。

引燃和自燃一样，也有点火温度、着火感应期和着火浓度极限，其影响因素更复杂，除可燃物质的化学性质、浓度、温度、压力外，还有点火方法、点火能等。

5.1.3.3 燃烧的连锁反应理论

热着火理论可以解释许多现象，但也有很多实验结果是热理论所不能解释的。近代开始用连锁反应理论来解释燃烧的机理。连锁理论认为燃烧是一种自由基的连锁反应，自由基是一种瞬变的不稳定的化学物质，它们可能是原子、分子碎片或其他中间物，它们的反应活性非常强，在反应中成为活性中心。只要在一定条件下使反应物产生少量的活性中心——自由基，即可使连锁反应发生。连锁反应一经发生，就可以经过许多连锁步骤自动发展下去，直至反应物全部消耗完为止。当活性中心由于某种原因全部消失时，连锁反应就会中断，燃烧也就停止。连锁反应机理大致可以分为三步。

第一步，链引发。借助于光照、加热等方法使反应物分子断裂产生自由基的过程，称为链引发。

第二步，链传递。它是自由基与反应物分子发生反应的步骤。在链传递过程中，旧自由基消失的同时产生新的自由基，从而使化学反应能继续下去。

第三步，链终止。自由基如果与器壁碰撞，或者两个自由基复合，或者与第三个惰性分子相接触后失去能量而成为稳定分子，则链被终止。

连锁反应因自由基在链传递过程中数目的变化，分为直链反应和支链反应。直链反应是指在链传递过程中每消耗一个自由基的同时又生成一个自由基，直至链终止，自由基在链传递过程中数目保持不变；而支链反应是指一个自由基在链传递过程中，生成最终产物的同时产生两个或两个以上的自由基，自由基的数目在反应过程中是随时间增加的，因此反应速率是加速的。

连锁反应理论认为，反应自动加速并不一定要依靠热量的积累，也可以通过连锁反应逐渐积累自由基的方法使反应自动加速，直至着火。系统中自由基数目能否发生积累是连锁反应过程中自由基增长因素与自由基销毁因素相互作用的结果。自由基增长因素占优势，系统就会发生自由基积累。

在链引发过程中，自由基的生成速度用 W_1 表示，由于引发过程是个困难过程，故 W_1 一般比较小。

在链传递过程中，对于支链反应，由于支链反应的分支，自由基数目将增加。显然自由基的浓度 n 越大，自由基数目增长越快。设在链传递过程中自由基增长速度为 W_2，$W_2=fn$。f 为分支链生成自由基的反应速度常数。由于分支过程是由稳定分子分解成自由基的过程，需要吸收能量，因此温度对 f 的影响很大。温度升高，f 值增大，即活化分子的百分数增大，W_2 也就随着增大。链传递过程中因分支链引起的自由基增长速度 W_2 在自由基数目增长中起决定作用。

在链终止过程中，自由基与器壁相碰撞或者自由基之间相复合而失去能量，变成稳定分子，自由基本身也随之销毁。设自由基销毁速度为 W_3。自由基浓度 n 越大，碰撞机会越多，销毁速度 W_3 越大，即 W_3 正比于 n，写成等式为 $W_3=gn$。g 为链终止反应速度常数。由于链终止反应是复合反应，不需要吸收能量（实际上是放出较小的能量），在着火条件下，g 与 f 相比较小，因此可认为温度对 g 的影响较小，可看作与温度无关。

整个连锁反应中自由基数目随时间变化的关系为

$$\frac{\mathrm{d}n}{\mathrm{d}t}=W_1+W_2-W_3=W_1+fn-gn=W_1+(f-g)n$$

令 $\varphi=f-g$，则上式可写成 $\frac{\mathrm{d}n}{\mathrm{d}t}=W_1+\varphi n$

设 $t=0$ 时 $n=0$，积分上式可得

$$n=\frac{W_1}{\varphi}(\mathrm{e}^{\varphi\cdot t}-1) \tag{5-7}$$

式中 n——自由基的浓度；

W_1——自由基的生成速度；

W_2——自由基的增长速度；

W_3——自由基销毁速度；

φ——常数；

t——链反应时间。

如果以 a 表示在链传递过程中一个自由基参加反应生成最终产物的分子数，那么反应速率，即最终产物的生成速度为：

$$W_{产}=aW_2=afn=\frac{afW_1}{\varphi}(\mathrm{e}^{\varphi\cdot t}-1) \tag{5-8}$$

在链引发过程中，自由基生成速率很小，可以忽略。引起自由基数目变化的主要因素是链传递过程中链分支引起的自由基增长速率 W_2 和链终止过程中的自由基销毁速率 W_3。W_2 与温度关系密切，而 W_3 与温度关系不大。不难理解随着温度的升高，W_2 越来越大，自由基更容易积累，系统更容易着火。下面分析不同温度下 W_2 和 W_3 的相对关系，分析式（5-8）可得到连锁反应的着火条件。

系统处于低温时，W_2 很小，W_3 相对 W_2 而言较大，因此 $\varphi=f-g<0$，按式（5-8），反

应速度为：

$$W_{产} = \frac{afW_1}{-|\varphi|}(e^{-|\varphi \cdot t|} - 1) = \frac{afW_1}{-|\varphi|}\left(\frac{1}{e^{|\varphi \cdot t|}} - 1\right) \tag{5-9}$$

因为 $t \to \infty$ 时，$\frac{1}{e^{|\varphi \cdot t|}} \to 0$

所以 $W_{产} \to \frac{afW_1}{|\varphi|} = 常数 = W_1$

这说明在 $\varphi < 0$ 的情况下，自由基数目不能积累，反应速度不能自动加快，而只能趋于某一定值，系统不能着火。

系统温度增高，W_2 加快，W_3 可视为不随温度变化，这就可能出现 $W_2 = W_3$ 的情况，按照式（5-7），反应速率随时间线性增加。

因为$\frac{dn}{dt} = W_1$，$n = tW_1$，所以

$$W_{产} = aW_2 = afn = aftW_1 \tag{5-10}$$

由于反应速度是线性增加，而不是加速增加，所以系统不能着火。

系统温度进一步升高，W_2 进一步增大，会有 $W_2 > W_3$，即 $\varphi > 0$。按照公式（5-8），反应速度 $W_{产}$ 将随时间呈指数形式加速增加，系统将会着火。

若将以上三种情况画在 $W_{产} - t$ 图上，则很容易从图上找到着火条件。

如图 5-7 所示，只有当 $\varphi > 0$ 时，即分支链形成的自由基增长速度 W_2 大于链终止过程中自由基销毁速度 W_3 时，系统才可能着火。

$\varphi = 0$ 是临界条件，此时对应的温度为着火温度。在此温度以上，只要有链引发产生，系统就会自发着火。从图 5-7 还可以直观地得出反应速度开始达到 $W_{产} = W_0$的时间，即为着火感应期。

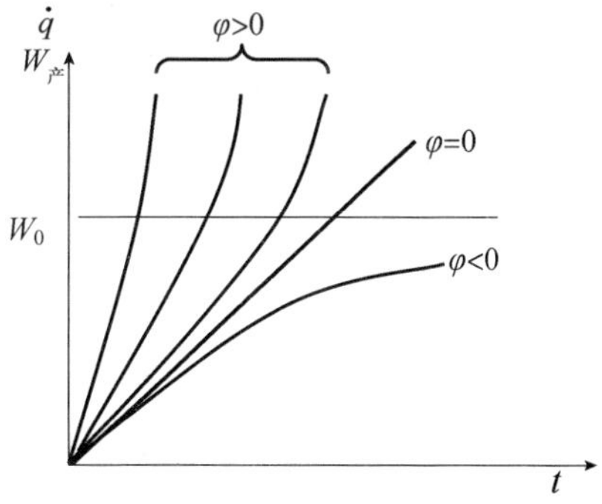

图 5-7　不同 φ 值条件下的反应速率

5.1.4　燃烧参数

可燃物质的火灾危险性通常可以理解为火灾在不同物质中和不同状态下或处理过程中发生发展的可能性，在很大程度上取决于所使用物质和材料的燃烧性，包括物质自身氧化过程的能力、可燃物质所处外部的状态、燃烧过程和燃烧伴生现象（生成烟雾、毒性）的强度、终止燃烧过程的可能性，因此，不可能用某一个单一指标来评定物质的火灾危险性。在大多数情况下，对燃烧特性有决定影响的是传质传热过程、几何形状、可燃物质的空间分布、空气动力条件、引火源能量及其作用时间。确定火灾危险指标是个特别复杂的问题，表 5-1 为国内外采用的各类物质的火灾、爆炸危险性质指标。危险性指标有助于了解材料着火和燃烧的多样性，为评定可燃物质的火灾危险性提供科学依据。由于建筑材料的燃烧多为固体材料的着火及其蔓延，因此燃烧参数主要包括自燃点、闪点、燃点、分解温度、氧指数、热释放速率、火焰蔓延速率、燃烧产物量、烟浓度等。

表 5-1 各类物质的火灾、爆炸危险性指标

指　　标	物质聚集状态		
	气体	液体	固体
燃烧类别	+	+	+
闪点	—	+	+
燃点	—	+	+
自燃点	+	+	+
着火浓度下限	+	+	+
着火浓度上限	+	+	—
自动加热温度	—	—	+
热自燃温度条件	—	—	+
最小点火能量	+	—	+
氧指数	—	—	+
燃尽速度	—	+	+
生烟系数	—	—	+
生烟比速	—	—	+
燃烧产物毒性	+	+	+
氧气最低爆炸危险含量	+	+	+
钝化浓度	+	+	+
灭火剂（体积）最低灭火浓度	+	+	+
与水-泡沫灭火剂作用的性能	+	+	+
有爆炸危险混合物等级	+	+	+
爆炸的最大压力	+	+	+
爆炸的升压速度	+	+	+

注：“+”为考虑指标，“-”为不考虑指标。

5.1.4.1 闪点、燃点、自燃点、热分解温度、氧指数

可燃固体的燃烧方式多种多样，有蒸发式燃烧、分解式燃烧、表面燃烧、阴燃及动力爆炸。因固体燃烧特性比较复杂，反映可燃材料被点燃能力的指标较多。

1）闪点和燃点　某些低熔点的可燃固体发生闪燃的最低温度称为其闪点；燃点是指对可燃固体加热到一定温度，遇明火发生持续燃烧时固体的最低温度。闪点和燃点是评价固体火灾危险性的重要参数。一般情况下闪点和燃点越低，火灾危险性越高。表 5-2、表 5-3 分别列出了部分聚合物材料的闪点和燃点。

表 5-2 部分聚合物材料的闪点　　单位：℃

材料名称	闪点	材料名称	闪点
聚苯乙烯	370	聚氯乙烯	530
聚乙烯	340	苯乙烯、异丁烯酸甲酯共聚物	338
乙烯纤维	290	聚氨基甲酸乙酯泡沫	310
聚酰胺	420	聚酯、玻璃钢纤维	298
苯乙烯丙烯酸树脂	366	密胺树脂 + 玻璃纤维	475

表 5-3　部分固体可燃物的燃点　　单位：℃

物质名称	燃点	物质名称	燃点
麦草、稻壳	200	煤	280～500
木材	200～450	醋酸纤维素	305
黏胶纤维素	235	乙基纤维素	291
尼龙、涤纶	390～420	腈纶	355
有机玻璃	260	聚乙烯	341
聚偏二氯乙烯	532	聚丙烯	270
聚苯乙烯	345～360	聚苯乙烯粒料	296

2）热分解温度　可燃固体受热分解的初始温度称为固体热分解温度，它是评定受热能分解的固体火灾危险性的主要参数之一。可燃固体的热分解温度越低，火灾危险性越高。表 5-4列出了常见聚合物材料的热分解温度。

表 5-4　常见聚合物的热分解温度　　单位：℃

聚合物	热分解温度	聚合物	热分解温度	聚合物	热分解温度
聚乙烯	335～450	聚氟乙烯	372～480	丁基橡胶	500～1050
聚丙烯	328～410	聚三氟氯乙烯	347～418	丁苯橡胶	400～875
聚氯乙烯	200～300	聚四氟乙烯	508～538	氯丁橡胶	400～875
聚醋酸乙烯酯	213～325	天然橡胶	400～900	聚丙烯腈	250～280
聚苯乙烯	300～400	丁二烯橡胶	400～1000	尼龙 6	310～380

3）自燃点　可燃固体加热到一定程度能自动燃烧的最低温度称为固体的自燃点。自燃点越低的固体，越容易燃烧，因而火灾危险性越高。不过固体材料作装饰材料使用时，一般是达不到它的自燃点的，因而在这种情况下，不用自燃点作为确定其火灾危险性的依据。表 5-5列出了常见高分子材料的自燃点。

表 5-5　常见聚合物材料的自燃点　　单位：℃

物质名称	自燃点	物质名称	自燃点	物质名称	自燃点
棉花	225	聚乙烯	349	聚酰胺	424
报纸	230	聚氯乙烯	454	醋酸纤维素	475
白松	260	有机玻璃	450～462	硝酸纤维素	141

4）氧指数　氧指数（OI）是指在规定试验条件下，刚好维持物质燃烧时的混合气体中最低氧含量的体积分数。氧指数是评价各种物质相对燃烧性能的一种指标。氧指数越小的聚合物，燃烧时对氧气的需求量越小，火灾危险性越高。表 5-6 列出了一些常见高分子材料的氧指数。

表 5-6　常见高分子材料的氧指数

材料名称	OI	材料名称	OI
聚碳酸酯	27	纤维素	19.0
乙烯	10.5	聚氨酯泡沫	16.5
聚缩醛	14.9	聚乙烯 +50%（质量分数）Al_2O_3	19.6
聚甲醛	15.0	环氧树脂	19.8
蜡烛	16.0	尼龙纤维	20.1
棉花	16~17	ABS（+20%玻璃）	21.6
醋酸纤维素	16.8	酚醛纸层压制品	21.7
橡胶泡沫	17.0	聚乙烯醇	22.5
聚乙烯、聚丙烯	17.4	聚氟乙烯	22.6
聚苯乙烯	17.6~19.3	氯化聚醚	23.2
聚丙烯腈	18.5	羊毛织物	23.8
聚丁二烯	18.3	羊毛	25.2
ABS	18.3~18.8	氯丁橡胶	26.3
棉	18.5	聚氧化亚苯基	29.0
聚异戊二烯纤维	18.5	尼龙 6	25.0
丁酸纤维素	18.8	尼龙纤维	20.0
聚二氯苯乙烯	30.0	硬质 PVC	45~49
硅橡胶	30.0	聚酯	41.5
皮革	34.8	聚氟偏乙烯	43.7
酚醛树脂	35.0	聚二氯偏乙烯	60.0
聚酰亚胺	41.0	聚三氟氯乙烯	95.0
PVC 纤维	37.1	聚四氟乙烯	95.0
醇酸树脂	41.0	缩醛共聚物	15.0

氧指数的测定方法简单，但测得结果并不能反映真实火灾条件下材料的火灾行为，因而不能作为评定实际使用条件下火灾危险性的依据。但作为判断高分子材料在空气中与火焰接触时燃烧的难易程度非常有效，可以用来给材料的燃烧难易性分级，试验结果也可用于消防安全设计、消防审核、技术监督等。

5.1.4.2　*燃烧速度、热释放速率*

1）燃烧速度　可燃固体一旦被引燃，火焰就会在其表面或浅层传播。为维持稳定燃烧，体系得到的热量至少要等于体系向环境散失的热量。根据能量守恒定律可以得出式（5-11）能量守恒方程式：

$$\dot{Q}_E + \dot{Q}_F = \dot{Q}_L + G_S L_V \tag{5-11}$$

将上式变形，可得到式（5-12）可燃固体的燃烧速度：

$$G_S = \frac{\dot{Q}_E + \dot{Q}_F - \dot{Q}_L}{L_V} \tag{5-12}$$

式中　G_S——可燃固体的质量燃烧速度，$g/(m^2 \cdot s)$；

$\dot{Q}_E$——固体表面面积上的加热速率，$kJ/(m^2 \cdot s)$；

$\dot{Q}_F$——燃烧火焰供给固体表面的热通量，$kJ/(m^2 \cdot s)$；

$\dot{Q}_L$——固体由表面向外界散失的热量，kJ/(m^2·s)［由辐射热通量和对流热通量组成，而且二者的份额随着燃烧面积的大小而变化。除了燃烧火焰不光亮的固体，如聚甲酯等外，在大面积（直径大于1m）的燃烧中，火焰向固体表面传热以辐射为主］；

L_V——固体的分解热，kJ/g。

假如在点燃后撤去外部提供给固体表面的热通量，可燃固体的燃烧速度可按式（5-13）计算：

$$G_S = \frac{\dot{Q}_E - \dot{Q}_L}{L_V} \tag{5-13}$$

如果$\dot{Q}_L = \dot{Q}_E$，即外部提供的能量完全用于平衡热损失，则得到的燃烧速度为理想燃烧速度，即

$$G_{S理想} = \frac{\dot{Q}_F}{L_V} \tag{5-14}$$

在实际火灾中，由于$\dot{Q}_E \leqslant \dot{Q}_L$，所以实际上是固体在稳定燃烧时所能达到的最大燃烧速度。表5-7列出了一些可燃固体在模拟实验条件下的$\dot{Q}_L$、$\dot{Q}_F$、L_V和燃烧速度G_S。

表5-7　一些可燃固体在模拟实验条件下的$\dot{Q}_L$、$\dot{Q}_F$、L_V和燃烧速度G_S

可燃物	L_V/(kJ/g)	$\dot{Q}_F$/(kW/m)	$\dot{Q}_L$/(kW/m)	G_S/[g/(m^2·s)]
纤维增强酚醛泡沫塑料（硬质）	3.34	25.1	98.7	11
纤维增强聚异氰脲酸泡沫塑料	3.67	33.1	28.4	9
聚乙烯固体	2.32	32.6	26.3	14
聚碳酸酯固体	2.07	51.9	74.1	25
聚丙烯固体	2.3	28.0	18.8	14
木材	1.2	23.0	23.8	13
聚苯乙烯	1.76	61.5	50.2	35
玻璃纤维增强聚酯	1.75	29.3	21.3	17
酚醛塑料固体	1.64	21.8	16.3	13
聚甲基丙烯酸甲酯	1.62	38.5	21.3	24
硬质泡沫塑料	1.52	50.2	58.5	33
硬质聚氨酯泡沫塑料	1.52	68.1	57.7	45
硬质纤维增强苯乙烯泡沫塑料	1.6	34.3	23.4	25
软质聚氨酯泡沫塑料	1.20	51.2	23.4	32
甲醇液体	1.20	8.1	22.2	32
纤维增强胶木	0.95	9.6	18.4	10
苯乙烯	0.64	72.8	43.5	114

2）热释放速率　从上述燃烧速率的关系式分析可以看出，燃烧速率除了受外界火源或外加热源的影响外，主要与固体材料的性质有关。其中影响固体稳定燃烧的最重要因素是燃烧的释热速率，它已成为了解火灾发展基本过程和危害的最重要参数之一。如果知道火灾中

可燃物的质量燃烧速度，释热速率可由式（5-15）计算：

$$\dot{q}_c = G_S \Delta H_c A_F \mu \tag{5-15}$$

式中 $\dot{q}_c$——可燃固体的释热速率，kJ/s；

G_S——可燃固体的燃烧速度，g/(m^2·s)；

ΔH_c——可燃物质的燃烧热，kJ/mol；

A_F——燃烧固体的表面面积，m^2；

μ——放热系数，一些可燃固体的 μ 值见表 5-8。

表 5-8　一些可燃固体的放热系数

固件名称＼指标	Q_E/[kW/cm^2·s]	μ	$\mu_{对流}$	$\mu_{辐射}$
纤维素	52.4	0.716	0.351	0.365
聚甲醛	0	0.755	0.607	0.148
聚甲基丙烯酸甲酯	0	0.867	0.622	0.245
	39.7	0.710	0.340	0.370
聚丙烯	0	0.752	0.548	0.204
	39.7	0.593	0.233	0.360
聚苯乙烯	0	0.607	0.385	0.222
	39.7	0.464	0.130	0.334
聚氯乙烯	52.4	0.357	0.148	0.209

假设可燃固体表面接收的净热量为 $\dot{Q}_{ne}$，则有

$$\dot{Q}_{ne} = \dot{Q}_E + \dot{Q}_F - \dot{Q}_L \tag{5-16}$$

结合式（5-12）、(5－15）和式（5-16）得

$$\dot{q}_c = \dot{Q}_{ne} A_F \mu \left(\frac{\Delta H_c}{L_V}\right) \tag{5-17}$$

式（5-17）表明，固体燃烧释热速率与比值 $\Delta H_c/L_V$ 的关系十分密切。与 ΔH_c 或 L_V 比较，$\Delta H_c/L_V$ 能更好地反映固体稳定燃烧特性。表 5-9 列出一些固体材料的 $\Delta H_c/L_V$ 值。值得注意的是，ΔH_c 是指在标准状况下，可燃物质完全燃烧所释放的热量。但在实际火灾中，可燃物大多不会发生完全燃烧，燃烧热不符合火灾实际，且火灾中可燃物品的组成变化很大，热值很不固定。因而应通过试验来认识可燃物质的火灾燃烧特性。

表 5-9　一些固体材料的 $\Delta H_c/L_V$ 值

可燃物	$\Delta H_c/L_V$	可燃物	$\Delta H_c/L_V$
红橡木	2.96	玻璃纤维增强环氧乙烷	13.38
硬质聚氨酯泡沫塑料	5.14	聚甲基丙烯酸甲酯	15.46
粒状聚氯化甲烯	6.37	硬质聚苯乙烯泡沫塑料	20.51
软质聚氨酯泡沫塑料	6.63	粒状聚丙烯	21.37
粒状聚氯乙烯	6.66	粒状聚丙乙烯	23.04
粒状尼龙	13.10	液体甲醇	16.50

5.1.5 燃烧熄灭与中止的基本原理

5.1.5.1 热理论机理

热理论熄灭和终止燃烧的出发点是使已着火系统的放热速率小于散热速率，使体系在燃烧过程中温度不断下降，最后由高温氧化态逐步转化为低温氧化态。已着火系统的放热速度方程在假定为开放系统、绝热过程和一级反应后，可用式（5-18）表示。散热速率方程可相应地变为式（5-19）。为了研究问题的方便，和着火理论一样，在3个变量P、h、T_0中固定2个变量不变后，得到$\dot{q}$-T之间的两维函数关系。图5-8、图5-9、图5-10分别为保持压力P、对流换热系数h不变，改变环境温度T_∞的$\dot{q}$-T曲线；保持压力P、环境温度T_∞不变，改变对流换热系数h的$\dot{q}$-T曲线；保持环境温度T_∞、对流换热系数h不变，改变压力P的$\dot{q}$-T曲线。以图5-8为例，对体系的熄火和终止进行分析，得放热速度方程为：

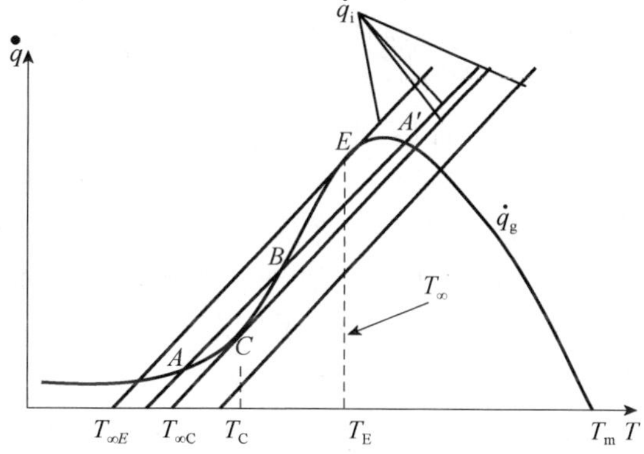

图5-8 改变环境温度T_∞时的放热曲线和散热曲线

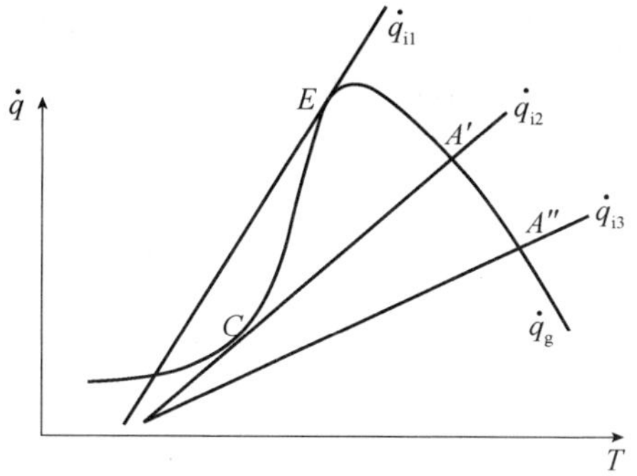

图5-9 改变散热条件时的放热曲线和散热曲线

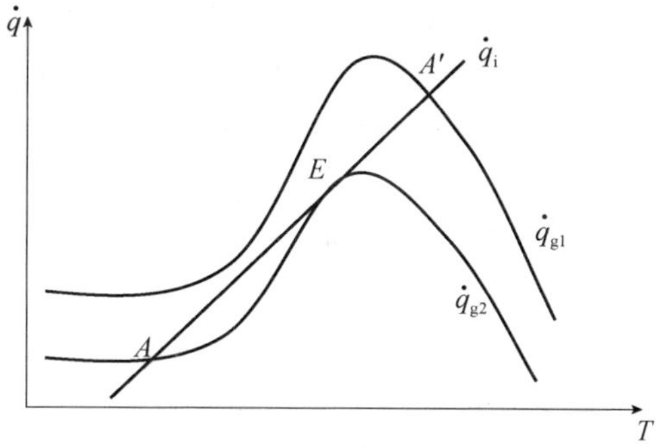

图5-10 改变系统混合气体密度时的放热曲线和散热曲线

$$\dot{q}_g = \Delta H_c K \rho \left(\frac{T_m - T}{T_m - T_\infty} \right) e^{-E/RT} \tag{5-18}$$

式中 $\dot{q}_g$——可燃物质的放热速度；

ΔH_c——可燃物质的燃烧热，kJ/mol；

K——反应速度常数；

E——可燃物质的活化能，kJ；

R——理想气体常数，$R = 8.314$J/(mol·K)；

T——反应体系的温度，K；

ρ——可燃气体的密度，g/cm³；

T_m——系统放热结束时，环境温度，K；

T_∞——环境温度，K。

散热速度方程为：

$$\dot{q}_i = \frac{GC\rho}{V}\left(T - T_\infty\right) \tag{5-19}$$

式中 $\dot{q}_i$——可燃物的热损失速度；

G——质量流量，kg/s；

C——可燃物质的比热容，kJ/(kg·K)；

V——可燃物质的体积，m^3。

从图5-8可以看出，由于开口容器中有浓度变化，其中的临界现象就和密闭容器不同，放热曲线和散热曲线有3个交点，其中第3个交点A'是代表高水平的稳定反应状态——稳定燃烧态。由此可见，不考虑浓度变化的着火分析不可能表明系统在燃烧时所处的状态。如果在燃烧发生后使T_∞不断减小，则放热曲线和散热曲线最终会在高温范围内相切，其切点标志着系统将由高水平稳定反应态向低水平的缓慢反应态过渡，即燃烧熄灭和终止。图5-9是改变系统散热条件时的放热曲线和散热曲线。改变系统的散热情况，即改变式（5-19）中G/V的比值大小，在$\dot{q}$-T图上就是改变散热曲线的斜率，可以得到和图5-8一致的结论；如果保持环境温度T_∞和散热条件不变，降低体系中可燃气体的密度ρ，根据式（5-19），放热曲线将下移，同样，当系统处于状态$\dot{q}_{g2} - \dot{q}_i$时，系统将熄灭或停止燃烧。

5.1.5.2 连锁反应机理

连锁反应理论认为要使系统不着火，或使已着火系统燃烧终止和熄灭，必须使系统中的自由基增长速度（主要是链传递过程中由于链分支而引起的自由基增长）小于自由基的销毁速度。

1）降低系统温度，以减慢自由基增长速度 因为在链传递过程中由链分支而产生的自由基增长是一个分解过程，需吸收能量。温度高，自由基增长快；温度低，自由基增长慢，所以降低系统温度可以减慢自由基增长速度。

2）增加自由基在固相器壁上的销毁速度 自由基碰到固相器壁，会把自己大部分能量传递给固相器壁，本身则结合成稳定分子。

3）增加自由基在气相中的销毁速度 自由基与空气摩擦，会消耗自己大部分能量，本身则结合成稳定分子。

综合两个理论来考虑，为使可燃材料不着火和延缓着火进程，可在材料中加入或结合有利于延缓温度升高的大比热容物质；有利于自由基固相销毁的惰性物质；改变材料降解方式，有利于减少可燃气体产生的物质；燃烧裂解产生能捕获自由基的物质。

5.2 建筑材料燃烧性能的分级

5.2.1 常用术语与定义

5.2.1.1 与材料燃烧特性有关的术语与定义

1）建筑制品 product 要求给出包括安装、构造、组成等相关信息的建筑材料、构件或其组件。

2）建筑材料 material 单一物质或若干物质均匀散布的混合物，例如金属、石材、木材、混凝土、含均匀散布胶合剂或聚合物的矿物棉等。

3）匀质制品 homogeneous product 由单一材料组成的制品，或整个制品内部具有均匀的密度和组分。

4）非匀质制品 non-homogeneous product　不满足匀质制品定义的制品。由一种或多种主要和/或次要组分组成。

5）主要组分 substantial component　构成非匀质制品一个显著部分的材料，单层面密度≥1.0kg/m²或厚度≥1.0mm 的一层材料可视作主要组分。

6）次要组分 non-substantial component　未构成非匀质制品的一个显著部分，单层面密度<1.0kg/m²，且单层厚度<1.0mm 的材料可视作次要组分。两层或多层次要组分直接相邻（即它们之间没有主要组分）时，可视作一个次要组分，只要它们集合在一起符合一层次要组分的要求。

7）内部次要组分 internal non-substantial component　其两面分别至少覆盖一种主要组分的次要组分。

8）外部次要组分 external non-substantial component　有一面未覆盖主要组分的次要组分。

9）铺地材料 flooring　由包含或不包含背衬的表面装饰层、基材、夹层和粘合剂组成的地板上层材料。

10）基材 substrate　紧贴在要了解其信息的制品下面的材料。对于铺地材料，基材是指放置铺地材料的地板或代表该地板的材料。

11）标准基材 standard substrate　代表实际最终应用基材的制品。

12）最终应用 end use application　制品的实际应用，它与不同火灾情景下影响该制品燃烧性能的各个方面相关。它包括制品的数量、方位、与其他邻近制品的相对位置和固定方法。

13）火灾特性 fire performance　在规定火灾条件下试样的反应。

14）对火反应 reaction to fire　在规定试验条件下，制品在火灾作用下由于自身分解而助长火灾的反应。

15）火灾场景 fire scenario　在规定场所或实际尺寸模拟试验中对从试样引燃到燃烧结束这一过程的一个或多个阶段燃烧状况，包括周围环境的详细描述。

16）参考场景 reference scenario　某一给定试验方法或分级系统参考用的危害情景。

17）火灾情景 fire situation　指火灾发展过程中的阶段，它的特征是制品受热轰击的特性、严重程度和规模。

18）燃烧 combustion　在氧化剂作用下物质的放热反应。

注：燃烧通常伴随着火焰和/或可见光的产生。

19）热值 calorific value　单位质量物质燃烧所产生的热能量，以 J/kg 表示。

20）总热值 gross calorific potential　当燃烧结束，且所产生的全部水分都已凝结时材料的热值。

21）对火灾的影响 contribution to fire　制品燃烧释放的能量，它在轰燃前后都会影响火灾的发展趋势。

22）着火性 ignitability　在规定试验条件下物体被点燃难易程度的度量。

23）放热量 heat release　在规定试验条件下试样燃烧释放的热能量。

24）小火灾轰击 small fire at tack　小火焰如火柴或打火机产生的火焰对试件的热轰击。

25）受火程度 level of exposure　制品受热轰击的强度、时间和范围。

26）火焰蔓延 fire spread（F_s）　垂直火焰蔓延（F_s）是指火焰尖端所达到的最高点；水平火焰蔓延是指持续火焰伸展到的最远端。

27）持续燃烧 sustained flaming　试样表面存在一个最小时段的火焰。

注：不同标准对这个最小时段的规定不尽相同，但一般规定为10s。

28）充分发展火灾 fully developed fire　可燃材料全部表面着火的状态。

29）轰燃 flashover　在封闭房间中可燃材料表面全部着火的时刻。

30）燃烧滴落物/微粒 flaming droplets/particles　在燃烧试验中从试样上分离且燃烧持续达该试验方法规定的最短时间的材料。

31）熄灭时的临界热辐射通量 critical heat flux at extinguishment（*CHF*）　试件表面火焰停止传播并熄灭的位置所对应的热辐射通量（kW/m^2）。

32）X分钟的热通量 heat flux at *X* minutes（*HF－X*）　试验开始*X*分钟时，试件上火焰传播最远距离处所对应的热辐射通量（kW/m^2）。

33）临界热辐射通量 critical flux（*CF*）　火焰熄灭处的热辐射通量（*CHF*）或试验30min时火焰传播到的最远位置处对应的热辐射通量（*HF*-30），二者中的最低值（即火焰30min内传播的最远距离处所对应的热辐射通量）。

34）烟气危害 smoke hazard　烟气引起伤害和/或损坏的可能性。

35）燃烧增长速率指数 *FIGRA*　用于分级的燃烧增长速率指数。对于A2级和B级，$FIGRA = FIGRA_{0.2MJ}$；对于C级和D级，$FIGRA = FIGRA_{0.4MJ}$。

36）$FIGRA_{0.2MJ}$　试样燃烧时的热释放速率与其对应受火时间的商的最大值，采用总放热量门槛值为0.2MJ。

37）$FIGRA_{0.4MJ}$　试样燃烧时的热释放速率与其对应受火时间的商的最大值，采用总发热量门槛值为0.4MJ。

38）烟气生成速率指数 *SMOGRA*　试样的烟气产生速率与其对应受火时间的商的最大值（m^2/s^2）。

39）烟气毒性 toxicity　烟气毒性引起损伤/伤害的可能性。

40）材料产烟浓度 concentration of the specimen mass load in smoke　一种反映材料的火灾场景烟气与质量关系的参数，即单位空间所含产烟材料的质量，mg/L。

41）材料产烟率　yield of smoke from material　材料在产烟过程中进入空间的质量相对于材料的总质量的百分率。它是一种反映材料热分解或燃烧进行程度的参数。

5.2.1.2　符号与缩写

ΔT　温升［K］；

Δm　质量损失率［%］；

F_s　燃烧长度［mm］；

FIGRA　用于分级的燃烧增长率指数；

LFS　火焰横向蔓延长度［m］：在试验开始后的1500s内，在500mm至1000mm之间的任何高度，持续火焰到达试样长翼远边缘处时，火焰的横向传播应予以记录。火焰在试样表面边缘处至少持续5s为该现象的判据；

PCS　总热值［MJ/kg或MJ/m^2］；

PCI　净热值［MJ/kg或MJ/m^2］；

t_f　持续燃烧时间［s］；
THR_{600s}　时间为600s时的总放热量［MJ］；
TSP_{600s}　时间为600s时总烟气产生量［m^2］；
CF　临界热辐射通量［kW/m^2］；
m'　由试验方法中规定的最少数量的试验获取的一组连续参数结果的平均值；
m　按规定程序获取的一组连续参数结果的平均值，其用于燃烧性能分级；
C　材料产烟浓度［mg/L］；
Y　材料产烟率［%］。

5.2.2 材料燃烧性能等级的划分及判定依据

建筑材料的燃烧性能等级根据由单体燃烧试验、热值试验、材料产烟毒性试验得出的材料燃烧特征、材料燃烧热值、材料火灾发展速率和烟气产生率等燃烧特性要素，将除铺地材料以外的建筑制品划分为A1、A2、B、C、D、E和F七个等级，将铺地材料建筑制品划分为$A1_{fl}$、$A2_{fl}$、B_{fl}、C_{fl}、D_{fl}、E_{fl}和F_{fl}七个等级。

5.2.2.1 除铺地材料以外的建筑制品的燃烧性能等级及判定

除铺地材料以外的建筑制品的燃烧性能等级及判定见表5-10。

表5-10　建筑材料及制品（铺地材料除外）燃烧性能分级（GB 8624—2006）

燃烧性能等级	燃烧特征	分级判据
A1	无轰燃	1. 温升 $\Delta T \leq 30℃$，且质量损失 $\Delta m \leq 50\%$，且 $t_f = 0$。 2. 总热值满足下列要求： （1）匀质制品和非匀质制品的主要组分总热值 $PCS \leq 2.0MJ/kg$。 （2）非匀质制品的外部次要组分总热值 $PCS \leq 2.0MJ/kg$。 对总热值 $PCS \leq 2.0MJ/m^2$ 的外部次要组分，则要求满足燃烧增长率指数 $FIGRA \leq 20W/s$，且火焰横向蔓延长度 LFS < 试样边缘，且燃烧时间为600s时的总放热量 $THR_{600s} \leq 4.0MJ$，烟气生成速率指数 $SMOGRA \leq 30m^2/s^2$ 和600s内无燃烧滴落物或滴落微粒。 （3）非匀质制品的任一内部次要组分 $PCS \leq 1.4MJ/m^2$。 （4）整体制品 $PCS \leq 2.0MJ/kg$
A2	无轰燃	1. 温升 $\Delta T \leq 50℃$，且质量损失 $\Delta m \leq 50\%$，且持续燃烧时间 $t_f \leq 20s$。 2. 总热值满足下列要求： （1）匀质制品和非匀质制品的主要组分总热值 $PCS \leq 3.0MJ/kg$。 （2）非匀质制品的外部次要组分总热值 $PCS \leq 4.0MJ/kg$。 （3）非匀质制品的任一内部次要组分 $PCS \leq 4.0MJ/m^2$，且 $PCS \leq 3.0MJ/kg$。 3. 燃烧增长率指数 $FIGRA \leq 120W/s$，且火焰横向蔓延长度 LFS < 试样边缘，且燃烧时间为600s时的总放热量 $THR_{600s} \leq 7.5MJ$。 4. 烟气生成速率指数 $SMOGRA \leq 30m^2/s^2$，且时间为600s时总烟气产生量 $TSP_{600s} \leq 50m^2$；烟气生成速率指数 $SMOGRA \leq 180m^2/s^2$，且时间为600s时总烟气产生量 $TSP_{600s} \leq 200m^2$

续表

燃烧性能等级	燃烧特征	分级判据
B	无轰燃	1. 燃烧增长率指数 $FIGRA \leqslant 120W/s$，且火焰横向蔓延长度 $LFS <$ 试样边缘，且燃烧时间为 600s 时的总放热量 $THR_{600s} \leqslant 7.5MJ$。 2. 点火时间 = 30s，且 60s 内燃烧长度 $F_s \leqslant 150mm$
C	10min 后发生轰燃	1. 燃烧增长率指数 $FIGRA \leqslant 250W/s$，且火焰横向蔓延长度 $LFS <$ 试样边缘，且燃烧时间为 600s 时的总放热量 $THR_{600s} \leqslant 15MJ$。 2. 点火时间 = 30s，且 60s 内燃烧长度 $F_s \leqslant 150mm$
D	2～10min 内发生轰燃	1. 燃烧增长率指数 $FIGRA \leqslant 750W/s$。 2. 点火时间 = 30s，且 60s 内燃烧长度 $F_s \leqslant 150mm$
E	2min 前发生轰燃	点火时间 = 15s，且 20s 内燃烧长度 $F_s \leqslant 150mm$
F	无要求	无要求

注：燃烧性能为 A2、B、C、D 级材料，除表中要求外，还有烟气生成速率指数、600s 时总产烟量和产烟毒性的限制；B、C、D、E 级材料还有燃烧滴落物/微粒的限制，详见 GB 8624—2006。

5.2.2.2 铺地材料的燃烧性能等级及判定

铺地材料建筑制品的燃烧性能等级及判定见表 5-11。

表 5-11　铺地材料燃烧性能分级（GB 8624—2006）

等级	分级判据
$A1_{fl}$	1. 温升 $T \leqslant 30℃$，且质量损失 $\Delta m \leqslant 50\%$，且持续燃烧时间 $t_f = 0$。 2. 总热值 PCS 满足以下要求： （1）匀质制品和非匀质制品的主要组分总热值 $PCS \leqslant 2.0MJ/kg$。 （2）非匀质制品的外部次要组分总热值 $PCS \leqslant 2.0MJ/kg$。 （3）非匀质制品的任一内部次要组分 $PCS \leqslant 1.4MJ/m^2$，且 $PCS \leqslant 2.0MJ/kg$
$A2_{fl}$	1. 温升 $\Delta T \leqslant 50℃$，质量损失 $\Delta m \leqslant 50\%$，且持续燃烧时间 $t_f \leqslant 20s$。 2. 总热值 PCS 满足以下要求： （1）匀质制品和非匀质制品的主要组分总热值 $PCS \leqslant 3.0MJ/kg$。 （2）非匀质制品的外部次要组分总热值 $PCS \leqslant 4.0MJ/kg$。 （3）非匀质制品的任一内部次要组分 $PCS \leqslant 4.0MJ/m^2$，且 $PCS \leqslant 3.0MJ/kg$。 3. 临界热辐射通量 $CHF \geqslant 8.0kW/m^2$
B_{fl}	1. 临界热辐射通量 $CHF \geqslant 8.0kW/m^2$。 2. 点火时间 = 15s，且 20s 内 $F_s \leqslant 150mm$
C_{fl}	1. 临界热辐射通量 $CHF \geqslant 4.5kW/m^2$。 2. 点火时间 = 20s，且 20s 内 $F_s \leqslant 150mm$
D_{fl}	1. 试验时间 = 30min，临界热辐射通量 $CHF \geqslant 3.0kW/m^2$。 2. 点火时间 = 30s，且 20s 内 $F_s \leqslant 150mm$
E_{fl}	点火时间 = 15s，且 20s 内 $F_s \leqslant 150mm$
F_{fl}	无要求

注：燃烧性能为 $A2_{fl}$、B_{fl}、C_{fl}、D_{fl} 级材料，除表中要求外，还有烟气产生速率指数、600s 时总产烟量和产烟毒性的限制，详见 GB 8624—2006。

5.2.2.3 材料产烟毒性危险级别的划分

（1）级别的划分

按照国家标准 GB 20285—2006 材料产烟毒性危险分级，将材料产烟毒性危险级别分为 3 级：安全级（AQ 级）、准安全级（ZA 级）和危险级（WX 级）；其中，AQ 级又分为 AQ_1 级和 AQ_2 级，ZA 级又分为 ZA_1 级、ZA_2 和 ZA_3 级。不同级别材料的产烟浓度指标见表 5-12。

表 5-12　不同级别材料的产烟浓度（GB 20285－2006）

级别	安全级（AQ）		准安全级（ZA）			危险级（WX）
	AQ_1	AQ_2	ZA_1	ZA_2	ZA_3	
浓度/(mg/L)	≥100	≥50	≥25.0	≥12.4	≥6.15	<6.15
要求	麻醉性	实验小鼠 30min 染毒期内无死亡（包括染毒后 1h 内）				
	刺激性	实验小鼠在染毒后 3d 内平均体重恢复				

（2）相关参数的计算

1）材料产烟浓度的计算

①材料产烟浓度的计算：

$$C = VM_0/FL \tag{5-20}$$

式中　C——材料产烟浓度，mg/L；

V——环形炉移动速率，10mm/min；

M_0——试件质量，mg；

F——烟气流量，L/min；

L——试件长度，mm。

试验进行 30min，试件长度 L 取作 400mm。

②产烟率的计算：

$$Y = \frac{M_0 - M}{M_0} \times 100 \tag{5-21}$$

式中　Y——材料产烟率，%；

M——试件经环形炉一次扫描加热后残余物质量，mg。

2）烟气毒性伤害性质的确定

①有下列症状和特征的烟气毒性判定为麻醉：

——在染毒期中，小鼠有昏迷、惊跳、痉挛、失去平衡、仰卧、欲跑不能等症状出现；这些症状出现的时间与试验烟气浓度有关。浓度越高，出现时间越早。

——小鼠运动图谱显示：在染毒期中小鼠有较长段时间停止运动或在某一时刻后不再运动的丧失能力的特征图谱。试验烟气浓度越高，出现丧失能力时间越早。

——在足够高的烟气浓度试验中，小鼠将会在 30min 染毒期或其后 1h 内死亡；试验烟气浓度越高，出现死亡时间越早。

——染毒未死亡小鼠能在半天内恢复行动和进食，体重无明显下降，1～3d 内可见体重增加。

②有下列症状和特征的烟气毒性判定为刺激：

——染毒期中小鼠感烟跑动，寻求躲避，有明显的眼部和呼吸行为异常，口鼻黏膜液增多。轻度刺激表现为闭目、流泪、呼吸加快；中度和重度刺激表现为眼角膜变白、肿胀，甚至视力丧失，气紧促和咳嗽。

——小鼠运动图谱显示小鼠几乎一直跑动。

——小鼠染毒后行动迟缓，虚弱厌食，视刺激伤害的程度，小鼠平均体重在3d内可能恢复，可能下降或出现死亡现象。

材料燃烧时的毒性还可以用气体分析法进行毒性度的计算，其计算公式为：

$$T = C_e / C_f \tag{5-22}$$

式中 T——毒性度；

C_e——1g材料燃烧生成的某一气体在$1m^3$容器中扩散后的浓度，$mg/(g \cdot m^3)$；

C_f——人吸收该气体后5～10min致死的浓度。采用医学资料建议的数据。

在实际火灾中，材料燃烧释放出的毒气往往不止一种，需要分别求出每一种气体的T值，然后相加得到ΣT，以此对材料燃烧生成物的毒性作出评价。ΣT越大，材料的毒性越强。大量实验测得某些材料燃烧时的ΣT值见表5-13。

表5-13 某些材料燃烧时的ΣT值

材料	ΣT
棉花	0.03
人造纤维	0.04
羊毛	0.11
聚丙烯腈	0.36
难燃胶合板	0.09
玻璃纤维增强塑料板	0.06
聚氯乙烯	0.18

注：燃烧条件为加热温度600℃，试样质量50mg，空气供给量为0.5L/min。

由此可以看出，聚丙烯腈和聚氯乙烯的毒性最强。另外，燃烧环境的温度、湿度对毒气的毒害作用大小也有影响。

（3）建筑材料燃烧时毒性气体的危害

建筑物发生火灾时，烟雾是阻碍人们逃生和进行灭火行动、导致人员死亡的主要原因之一。现代化的建筑中，可燃装饰、陈设较多，还有相当多的建筑使用了大量的塑料、化纤地毯和用泡沫塑料填充的家具，这些可燃物在燃烧过程中会产生大量的有毒烟气和热量，同时要消耗大量的氧气。这些可燃物不仅热量释放速率变化快，其燃烧产生的有害气体也变得更为复杂，火灾烟气已成为对人的生命安全威胁最大的因素。据美国消防界统计，因火灾而死亡的人中80%是由于吸入毒性气体而致死的。而被火烧死的人当中，多数是先中毒窒息晕倒后被烧死的。

1）烟雾的产生 烟气是由燃烧或热解作用而产生的，散发于空气中能被人们看到的燃烧产物称为烟雾，实际上烟雾是由浮游在空气中的微小固体颗粒、微小液滴及气体和蒸气组成，颗粒的大小在0.01～10μm。烟气的成分和数量取决于可燃物的化学组成和燃烧反应条件（温度、压力和助燃物的数量等）。美国国家标准及技术研究所利用“N-气体模型”在预测建筑火灾中烟气毒性大小时已经验证，普通民用建筑材料完全燃烧产物的毒性主要是由数量不多的几种气体产生的，这几种气体主要是 CO_2、CO、HBr、HCN、HCl。中国科学技术大学国家火灾科学重点实验室杨立中副教授研究提出，火灾中气体毒性是相互影响的，例如 NO_2 与 CO 共同存在时会使 CO 的毒性增强；而 NO 与 HCN 共同存在时会使 HCN 的毒性降低。建筑火灾在不完全燃烧条件下，不仅有 CO、CO_2 和水蒸气，还会有醇、醚等有机化合物产生，含碳量多的物质，在氧气不足的条件下燃烧时，有大量的炭黑粒子产生。烟雾在低温时，即阴燃阶段，烟雾中以液滴粒子为主，烟气呈青白色；当温度上升至 260℃以上时，因发生脱水反应，产生大量的游离的炭粒子，烟气呈黑色或灰黑色；当火焰温度上升至 500℃以上时，炭粒子会逐渐减少，烟雾呈灰色。

2）火灾中烟气的危险性

①烟气的恐怖性　烟气中的烟粒子对可见光有完全的遮蔽作用，当烟气弥漫时，可见光受到烟粒子的遮蔽而大大减弱，能见度大大降低，并且烟气对人的眼睛有极大的刺激作用，使人睁不开眼，对本来很熟悉的环境也会变得无法辨认其疏散路线和出口。熟悉周围环境的人在烟雾环境中能正确判断方向脱离险境的能见度最低为 5m，更不要说对环境不熟悉的人了。当人的视野降到 3m 以下，逃离现场就非常困难。人在烟雾中心理极不稳定，再加上熊熊的烈火、滚滚的浓烟会使人产生极大的恐惧，以致惊慌失措，从而进一步造成疏散时的混乱状况，给组织疏散灭火行动造成很大困难，引发伤亡事故。

②烟气的毒害性　烟和有毒气体的产生主要是由于各种装修材料的燃烧和分解。如合成高分子装饰材料燃烧、热分解会产生氯化氢、氰化氢、二氧化碳等多种有毒气体。火灾时，由于燃烧要消耗大量的氧气，使空气中的氧浓度显著下降，人长时间待在这种低氧的环境中，就会造成呼吸障碍、失去理智、痉挛、脸色发青，甚至窒息死亡。建筑物内当火灾燃烧旺盛时，还会产生大量的二氧化碳，当人员接触 10% ~20% 浓度的二氧化碳后，会引起头晕、昏迷、呼吸困难，甚至神经中枢系统出现麻痹，失去知觉，导致死亡。火场中会产生高温烟气，高温不仅可能使心率加快，人体大量出汗，很快出现疲劳和脱水现象，而且会把人烧伤烧死。实际火灾统计资料表明，吸入燃烧生成的灼热气体而死亡的人数，超过其他各种原因死亡人数的总和。

1993 年唐山市林西百货大楼发生火灾，50 余张海绵床垫、40 余捆化纤地毯在燃烧时放出大量的有害气体，导致 80 人死亡，其中有 79 人是中毒而死。1994 年 11 月 27 日，星期日，辽宁省阜新市，耐不住寂寞的青年男女纷纷涌向艺苑歌舞厅。13 时 28 分左右，一男青年将燃烧的报纸点燃烟卷后又塞进座下沙发引起火灾。大火迅速蔓延，造成 233 人死亡，20 人烧伤。同年 12 月 8 日 18 时 18 分，新疆克拉玛依市友谊馆舞台光柱灯高温烤燃特利灵质地的纱幕引起火灾，死亡 325 人，烧伤 130 人，绝大多数为 7 ~15 岁的中小学生。2000 年 12 月 25 日晚，河南省洛阳市东都商厦因操作工人在地下室违章电焊引起火灾，浓烟迅速蔓延至四楼歌舞厅，造成 309 人死亡。2006 年 8 月 10 日 16 时 30 分，某市一居民出租房发生火灾，过火面积 $150m^2$，造成 10 人死亡、2 人受伤，直接财产损失 101870 元。此次火灾原因系工人在加工海绵坐垫过程中使用自制、简易的铁镍电热丝切割工具切割海绵，高温铁镍电热丝引发海绵燃烧并导致火灾发生。起火部位位于建筑一楼，建筑内仅有一个楼梯从一楼通至屋面。一楼室内物品全部烧毁，二楼部分物品烧毁，三楼没有过火，毗邻建筑也未烧损。火灾致死的 10 人中，只有 2 人死于离着火点最近的一楼，1 人死于二楼，其余 7 人全部死于离着火点最远的三楼。经过尸体解剖检验，10具尸体的血液中均检出CO，死因均为吸入烟尘窒息死亡。

据统计，在建筑火灾中约75%～85%的死亡人员是由于烟气致死的。从这起火灾中死亡的人员来看，主要就是吸入了CO和HCN致死。CO是火灾中致人死亡的主要原因，它与红细胞中血红素（蛋白）的结合能力是氧气的230～270倍，会抢先与血红素结合而形成碳氧血红素，使其失去携氧能力，造成组织窒息。统计表明，由于烟和毒气作用致死者占总人数的40%～50%。当空气中的CO浓度在12.5mg/m^3时，人在4～6h内中毒；125mg/m^3时，立即头痛、恶心；150mg/m^3时，人在1h内中毒；1250mg/m^3时，人立即死亡。HCN是所有氰化物中中毒最快、毒性最强的一种，它可以使人体缺氧，抑制人体中酶的生成，阻止正常的细胞代谢，造成肌体组织内窒息。其浓度在20～40mg/m^3时，人吸入数小时后，出现轻微症状；其浓度在120～150mg/m^3时，人吸入0.5～1h内死亡；当其浓度达到300mg/m^3时，人吸入后立即死亡。当HCN与CO同时存在时，两者的毒性呈相加作用。火灾中燃烧物质海绵，其燃烧产物主要成分是聚氨酯，易燃烧，温度高于60℃时软化，并分解自燃，遇明火或炽热火焰时就会着火。聚氨酯一般在150～300℃开始热解，其产物主要是CO和HCN；在缺氧情况下，800℃裂解时还可产生二氨基甲苯、乙腈、丙烯腈、吡啶和苯腈等有毒气体。软质聚氨酯泡沫（海绵）遇明火或炽热火焰时，直接着火燃烧并释放出浓烟和毒气。在火灾初期，火场温度并不高，但聚氨酯泡沫塑料所释放出来的CO、HCN等有毒气体产生量却最大。实验表明，单位面积（1m^2）阻燃的块状聚氨酯软泡在燃烧3min后，CO的释放总量为31.8g，释放最大速率为21.2g/(min·m^2)；HCN的释放总量为3750mg，释放最大速率为6670mg/(min·m^2)。在火灾中，CO、HCN等有毒气体沿室内楼梯向二、三楼蔓延，形成烟囱效应，造成被困人员在短时间内窒息死亡。此外，聚氨酯泡沫塑料在燃烧过程中因有不完全产物还会产生大量的烟尘，这些烟尘被人体吸入后会直接引起呼吸道的机械阻塞，使人体肺部有效呼吸面积减少，引起人员窒息死亡，这也是火灾中致人死亡的主要原因之一。

这五起火灾的严重后果，无不是因室内有大量可燃物，燃烧时产生大量浓烟和有毒气体并迅速蔓延，加上没有采取有效的通风排烟技术措施而造成的。大多数死者均系在浓烟中呼吸进有毒气体，昏迷窒息而亡。有关专家痛心地描述了东都商厦夺命浓烟中300多条生命离去的最后一刻：晚7时，该店的养护工在负一层、负二层的楼梯口违章电焊，飞溅的火花从钢板中间掉进负二层的沙发、家具中间，引起火灾。东都商厦是地下两层、地上四层的方形建筑，四角原本都有上下的楼梯，但被多家单位分别用铁栅栏层层分隔。由于地下楼层着火，没有窗户散烟，加上地上一、二楼窗户紧闭，楼梯间像4个巨大的烟囱，把浓烟迅速吸到顶层四楼正在举行圣诞舞会的歌舞厅。燃烧的沙发烤着墙上的化学涂料，浓烟中的一氧化碳、硫化氢等有毒成分越来越浓。正常情况下，只要这几种气体在空气中的含量超过3%，房间里的人就会在一、二分钟内失去知觉，窒息而亡。突然的浓烟使舞厅混乱不堪，整个舞厅漆黑一团。大火熄灭后，四楼没有一点被烧过的痕迹，但遍地都是尸体。

可见，火灾现场常见的有毒气体主要有：CO、CO_2、HCN、$COCl_2$、HCl、Cl_2、H_2S、SO_2、HF、NO_2等。各种气体对人体生理的不利作用如下：

（1）可使人产生单纯性窒息性的气体是缺O_2和较多的CO_2

人们在缺O_2后，由于对肌体组织供氧量降低而造成精神肌肉活动能力低，呼吸困难，窒息。当空气中的 CO_2 浓度较高时，呼吸较多的 CO_2 会使 O_2 分压力降低，引起缺氧症，呼吸困难，受到弱刺激而窒息。

（2）能使人产生化学性窒息的气体有 CO、HCN、H_2S

人们吸入较多的 CO 后，能阻碍血液的输氧能力，出现头痛现象，妨碍肌肉调节，虚脱，意识不清。HCN 会使细胞呼吸停止，使人的头脑发晕，身体出现虚脱和意识不清现象。高浓度的 H_2S 会使人的呼吸中枢麻痹，低浓度的 H_2S 会刺激眼和上呼吸道黏膜。

（3）能刺激黏膜的气体有 HCl、NH_3、SO_2、Cl_2、HF、$COCl_2$ 和 NO_2

HCl 会刺激眼、上呼吸道黏膜，因上呼吸道破坏而形成机械性窒息；NH_3 刺激眼、上呼吸道黏膜，引起肺水肿；SO_2 会刺激眼、上呼吸道和支气管黏膜，因肺、嗓门水肿，引起机械窒息；Cl_2 会刺激眼、上呼吸道和肺组织，使人流泪喷嚏咳嗽，由于肺水肿呼吸困难而窒息；HF 会刺激眼、上呼吸道黏膜，还有腐蚀作用；$COCl_2$ 会刺激支气管、肺细胞，由于肺水肿而呼吸困难而窒息；NO_2 会刺激支气管、肺细胞，人由于肺水肿而呼吸困难而窒息。

5.2.3 建筑构件的耐火极限

根据建筑构件在遇火时所起的作用，建筑构件可分为分隔构件、承重构件和具有承重与分隔双重作用的构件。隔墙、门窗、吊顶等为分隔构件，梁、柱、屋架等为承重构件，承重墙、楼板、屋面等为具有双重作用的构件。

5.2.3.1 耐火极限的定义及判定

将建筑构件用国家标准规定的试验方法，按时间-温度标准曲线［见式（5-23）］进行耐火试验，从受到火的作用时起，到失去承载能力或完整性破坏或失去隔火作用时止的这段时间称为耐火极限。也可以表述为满足相应耐火性能判定准则的时间，以小时（h）表示。

时间-温度标准曲线：

$$t = 345\lg(8T + 1) + 20 \tag{5-23}$$

式中 T——炉内平均温度，℃；

t——试验时间，min。

在耐火试验中，所用的主要试验设备有耐火试验炉、加载设备、温度测试仪和变形测试仪等，所用的试件是用大试件：墙：3m×3m；楼板与屋顶：4m×3m 四边支撑；梁：4m 跨度；柱：3m 高。不同建筑构件受火条件分别为：板、屋面板、吊顶为下方受火，墙壁、门窗、隔板和横梁为两侧和底面受火，立柱为四面受火。

针对承重构件，失去承载能力是指构件在试验中失去支持能力或抗变形能力。如墙、梁和柱在试验中发生了坍垮或产生较大的变形，表明失去承载能力。其具体的指标为：

1）抗弯构件的极限弯曲变形量和极限弯曲变形速率分别大于式（5-24）和式（5-25）的计算结果时，表明失去承载能力。

极限弯曲变形量 $$D = \frac{L^2}{400d}(\mathrm{mm}) \tag{5-24}$$

极限弯曲变形速率 $$\frac{\mathrm{d}D}{\mathrm{d}t} = \frac{L^2}{9000d}(\mathrm{mm/min}) \tag{5-25}$$

式中 L——试件的净跨度，mm；

d——试件截面上抗压点与抗拉点之间的距离，mm。

2）对柱等轴向承重件，其极限轴向压缩变形量和极限轴向压缩变形速率分别大于式（5-26）和式（5-27）的计算结果时，表明失去承载能力。

极限轴向压缩变形量 $$C = \frac{h}{100}(\mathrm{mm}) \tag{5-26}$$

极限轴向压缩变形速率 $$\frac{\mathrm{d}C}{\mathrm{d}t} = \frac{3h}{1000}(\mathrm{mm/min}) \tag{5-27}$$

式中 h——初始高度，mm。

影响构件承载能力的因素很多，主要包括所用材料的燃烧性质和强度、材料的品种、构件的形状与尺寸、表面保护状况、受力状况等。材料的燃烧性能差，构件的截面尺寸大，构件的保护层厚度大，则构件的耐火极限高。

失去完整性是指分隔构件出现穿透性裂缝或孔隙，不再具有阻止火焰和高温烟气穿过的能力。失去完整性的主要特征有：（1）背火面的棉垫被点燃。（2）穿透性裂缝较长，可以使直径为6mm的缝隙探棒穿过试件进入燃烧炉内，并沿缝隙方向移动150mm以上；或穿透性裂缝较宽，可以使直径为25mm的缝隙探棒穿过试件进入燃烧炉内。（3）背火面出现火焰并持续时间超过10s。若构件的材料容易发生爆裂、构件本身有接缝或贯穿孔而封堵不良，很容易出现完整性受破坏的情况。

失去隔热性的分隔构件会失去隔绝过量热传导的能力。试件背火面温度平均温升超过初始平均温度140℃或背火面任一点位置的温度温升超过初始温度180℃时即认为失去隔热性。材料的导热性和构件的厚度是影响绝热性的主要因素，导热性强则热量容易传导到构件的背火面，构件厚则可使其背火面温度上升得慢些。

5.2.3.2 提高建筑构件耐火性的途径

建筑构件的耐火性与所用材料的性质、构件的尺寸、保护层的厚度、构件所处的结构形式和支撑条件等都有关系。进行建筑物的耐火设计时，如遇到某些构件的耐火极限或燃烧性能达不到规范要求时，可以采取一些变更调整措施。常用的方法主要有：

1）在钢筋混凝土构件外加设保护层 钢筋混凝土构件的耐火性主要取决于受力钢筋在高温下的强度变化。在构件的外围加上保护层可以延缓和减轻火灾燃烧对钢筋的影响。

2）在钢构件表面加耐火保护层 许多大型建筑物使用了相当多的钢梁和钢柱，它们直接受火作用时很容易失去稳定性，应在其外部增加耐火保护层以减轻这种影响。浇注混凝土层、包覆耐火纤维、粘贴轻质保温板、喷刷防火涂料等是目前常用的措施。

3）设置耐火吊顶 有些大跨度的建筑使用了较长的钢梁，为了防止火灾烟气直接作用于钢梁，可在梁下安装耐火材料吊顶。实践证明这是一种有效的保护措施。

4）适当加大构件的截面 构件的尺寸较大显然能够增强稳定性、完整性和绝热性。但加大构件势必增加建设费用，因此需要合理掌握增加的幅度。

5）采取合理的耐火结构设计 采取合理的结构设计，避免构件出现过大的挠曲、过于集中的受力等，这不仅有助于改善结构，同时也加强了构件的耐火能力。

6）加强有关缝隙的封堵 有些建筑构件上不可避免地存在接缝，或者需要留有贯穿孔。这些部位的耐火性能薄弱，应当额外加强，然而却经常被人忽视。例如有的封堵不严或堵料厚度不够，有的堵料的耐火性差。在建筑物的建设过程中和进行安全检查时都应注意这方面的问题，尤其应注意那些贯穿楼层的缝隙和孔隙的封堵。表5-14列出了若干建筑构件的耐火性能数据。

表 5-14　若干建筑构件耐火性能数据

构件名称	燃烧性能	构件厚度或截面尺寸/mm	耐火极限/h
一、承重墙			
1. 普通黏土砖、硅酸盐砖及钢筋混凝土实心墙	不燃烧体	120	2.5
		180	3.5
		240	5.5
		370	10.5
2. 轻质混凝土砌块墙	不燃烧体	150	1.5
		180	3.5
		250	5.5
二、非承重墙			
1. 普通黏土砖墙	不燃烧体	120	4.5
		240	5.5
		370	12.0
2. 加气混凝土砌块墙	不燃烧体	150	7.0
3. 木龙骨两侧加石膏板	难燃烧体	12 +50(空) +12	0.3
三、柱			
1. 钢筋混凝土柱	不燃烧体	200 × 300	2.5
		200 × 400	2.7
		300 × 300	3.0
		300 × 500	3.5
2. 有保护层的钢柱			
120mm 厚普通砖	不燃烧体		5.0
100mm 厚陶粒混凝土	不燃烧体		3.0
四、梁			
1. 简支非预应力钢筋混凝土梁			
保护层为 30mm	不燃烧体		2.3
保护层为 40mm	不燃烧体		2.9
保护层为 50mm	不燃烧体		3.5
2. 预应力钢筋或高强度钢筋混凝土梁			
保护层为 40mm	不燃烧体		1.5
保护层为 50mm	不燃烧体		2.0
五、楼板			
1. 简支非预应力钢筋混凝土楼板			
保护层为 20mm	不燃烧体		1.25
保护层为 30mm	不燃烧体		1.5
2. 简支预应力钢筋或高强度钢筋混凝土楼板			
保护层为 20mm	不燃烧体		0.75
保护层为 30mm	不燃烧体		1.0
3. 现浇整体楼板			
保护层为 10mm	不燃烧体	板厚 80	1.0
保护层为 20mm	不燃烧体	板厚 100	2.0

5.3 常用建筑材料的燃烧性能

根据使用功能，建筑材料大体可分为结构材料和功能材料两大类。结构材料的基本作用是维持建筑物的框架结构不变，从火灾安全来说，主要是应具有足够的耐火性，以保证受到火灾作用后建筑物的整体性不被破坏。为使建筑物更加美观舒适和实用，建筑物中还使用了大量的功能材料，尤其是对其进行装修是必不可少的。由于取材用材的方便，肯定要使用一些可燃或难燃材料。从火灾安全的角度出发，要求对装修材料的燃烧性能给予一定限制，以便发生火灾后不致因它们的存在而加剧燃烧。

5.3.1 混凝土在高温下的性能

5.3.1.1 混凝土在高温下的表面特征

混凝土温度在200℃左右时，有少量的水蒸气蒸发，这是自由水蒸发；在300～500℃时有大量的水蒸气逸出，是因为混凝土中水化硅酸钙凝胶体的结晶水开始脱水，游离水在高温下蒸发成水蒸气；在500℃以后，不再有水蒸气逸出。

在高温作用后，混凝土外观会发生一系列变化。当混凝土内温度在200℃时，混凝土的颜色与常温下的颜色基本相同，都为青灰色，没有裂缝、缺角等现象，外观完整；当混凝土内温度在300℃时，混凝土的颜色为较浅的暗红色，表面有细微裂缝、外观基本完整；混凝土内温度在500℃时，混凝土的颜色为暗红色，表面有少量较大裂缝、混凝土少许疏松；混凝土内温度在800℃时，混凝土的颜色为灰白色，表面上出现较大、较宽的裂缝和掉皮现象，混凝土明显疏松；在混凝土受热达600～800℃时，混凝土有明显的爆裂声，混凝土表面沿纵向爆裂，在用水冷却过程中仍有爆裂现象。

5.3.1.2 混凝土在高温下的力学性能

混凝土是由胶凝材料（最常用的是水泥）、粗集料（最常用的是碎石和卵石）、细集料（各种砂）与水及外加剂按一定比例混合而成的混合物，经化学反应后形成的坚硬的人造石材。在通常使用条件下，具有较好的力学性能。但在火灾作用下，混凝土的弹性模量、抗拉强度、抗压强度等力学性能均会发生变化，严重时会出现完全失去承载能力，造成建筑物坍塌的恶性后果。2003年11月3日发生的衡阳火灾，就是一个典型的案例。当日凌晨4时左右开始的大火，在整整烧了4小时后，一座竣工才5年的钢筋混凝土八层高楼轰然倒塌，正在现场救火的20余名消防官兵和3名摄影记者被压。除去消防、安检、规划等方面的原因，钢筋混凝土的耐火性也是一个重要因素。

（1）弹性模量

弹性模量是结构计算中的一个重要物理参数，此性能的好坏对结构的稳定性具有极大的影响。图5-11给出了某种混凝土的弹性模量随温度的变化情况。当温度低于50℃时，其弹性模量变化很小；200℃时的弹性模量只有常温下弹性模量的一

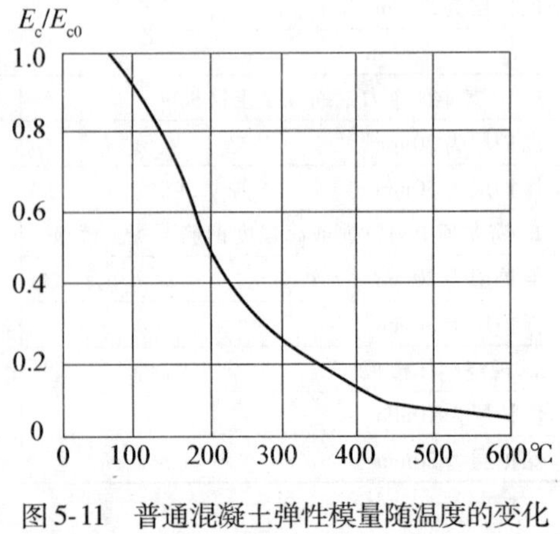

图5-11 普通混凝土弹性模量随温度的变化

半；400℃时的弹性模量下降为常温下弹性模量的15%，600℃时只有常温弹性模量的5%。实际建筑火灾的温度经常达到800℃以上，由于混凝土弹性模量的急剧下降，而导致建筑物整体结构稳定性丧失，以致倒塌。

（2）抗压强度

在正常情况下混凝土的抗压强度较高。在火灾情况下，混凝土的组成材料和内部结构都会发生变化，其强度损失主要取决于受火温度的高低、受火作用的时间和冷却方式。试验表明，当受火温度低于400℃时，无论是喷水冷却还是自然冷却，混凝土强度均没有明显的降低；当温度超过400℃后，水泥石的晶架结构破坏严重，混凝土的强度开始显著下降，在这个过程中，喷水冷却的混凝土强度比自然冷却的混凝土强度下降更多。主要是因为$Ca(OH)_2$在400～600℃之间脱水，产生水蒸气，水化物的分解使水泥石的组织破坏，强度降低。700℃高温后水泥石内基本不存在CH，而且其余水化物也将由高碱向低碱产物转化，此时水泥石内部裂纹增多，结构变得疏散多孔。在900～1000℃，集料中$CaCO_3$分解产生CaO和CO_2，由于CO_2和水蒸气要从内部向外逸出，会使混凝土内部产生很大压力，因此会导致混凝土爆裂；另外，如果向火灾中的混凝土结构喷水，其表面突然冷却，导致混凝土内部与表面温差过大，会进一步加剧混凝土的爆裂程度。如图5-12所示，当温度升到600℃时，混凝土的抗压强度仅为正常温度下强度的85%左右；至900～1000℃时，水泥石中的凝胶脱水分解，水泥石的微观结构受到严重破坏，导致混凝土的强度几乎降为零。

此外，混凝土集料、水泥的种类以及水灰比的大小，对高温下混凝土强度的损失也有一定的影响。一般说来，石灰石集料的混凝土强度要比花岗石集料的混凝土强度损失大；同样集料的混凝土，水泥品种对火灾后混凝土强度的影响要小些；混凝土强度越高，损失幅度越大；水灰比越大，强度降低越大。中南大学防灾科学与安全技术研究所对标准棱柱体试件（150mm×150mm×300mm）进行试验，得出了C30和C40两种混凝土轴心抗压强度在不同温度时的下降趋势，其结果如图5-13所示。

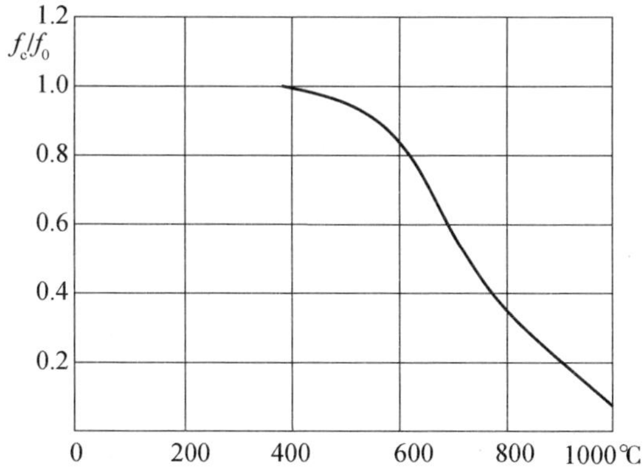

图5-12　高温下混凝土单轴抗压强度比较

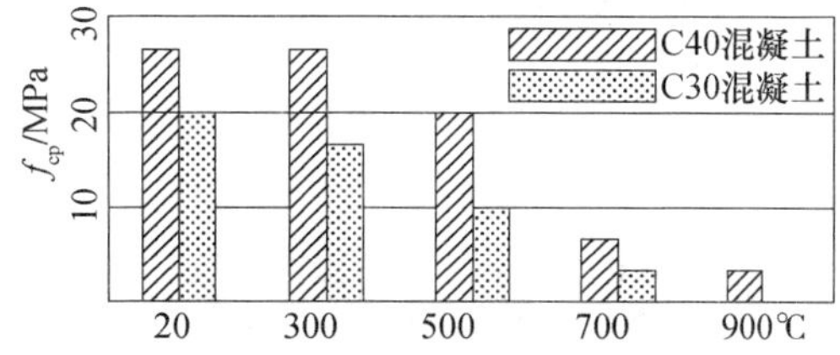

图5-13　高温下混凝土单轴抗压强度的下降趋势

由此可见，在火灾作用下混凝土的抗压强度是比较低的。

（3）抗拉强度

在常温下，混凝土直接受拉容易开裂，断裂前无明显残余变形。抗拉强度过低可导致构件开裂、变形等。火灾发生时，混凝土因受热而膨胀，结果在混凝土内部产生内应力，并引起局部出现微缝。外部混凝土的开裂会将内部的钢筋直接暴露在火中。混凝土抗拉强度随温度变化的情况如图5-14所示。可以看出，自50℃左右起到600℃时，抗拉强度基本上为直线下降，到600℃时其值接近零。

5.3.2 普通钢筋在高温下的性能

在现代建筑中均使用了大量钢材。按照应用形式，它们大体可分为结构用钢材（如板材、型材）和钢筋混凝土用钢材两类。前者一般单独作为钢柱钢梁使用。随着建筑物向高层和大跨度发展，结构钢构件以其自身质量轻、强度高、吊装方便等优点而得到越来越广泛的使用。例如宾馆、饭店、体育馆、展览厅等公共建筑和高层住宅均大量应用了结构钢。

5.3.2.1 弹性模量

随着温度的升高钢筋的弹性模量连续降低，变化趋势如图（5-15）所示。在1~1000℃的范围内，钢筋的弹性模量变化可大致分为两段：600℃以前，弹性模量的下降由慢变快；600℃以后，下降则由快变慢。1000℃时的零值是人为设定的，实际上此时弹性模量还有很小的残余。在这两段中钢筋的弹性模量随温度的变化可分别用式（5-28）和（5-29）描述：

$$\text{当}\,0℃ < T < 600℃,\ \frac{E_{\mathrm{T}}}{E_{\mathrm{T0}}} = 1.0 + \frac{T}{2000}\ln\frac{t}{1000} \tag{5-28}$$

$$\text{当}\,600℃ \leqslant T < 1000℃,\ \frac{E_{\mathrm{T}}}{E_{\mathrm{T0}}} = \frac{690 - 0.69T}{T - 53.5} \tag{5-29}$$

式中 E_{T}——钢筋在受热温度下的弹性模量，MPa；

E_{T0}——钢筋在常温下的弹性模量，MPa；

T——钢筋的受热温度，℃。

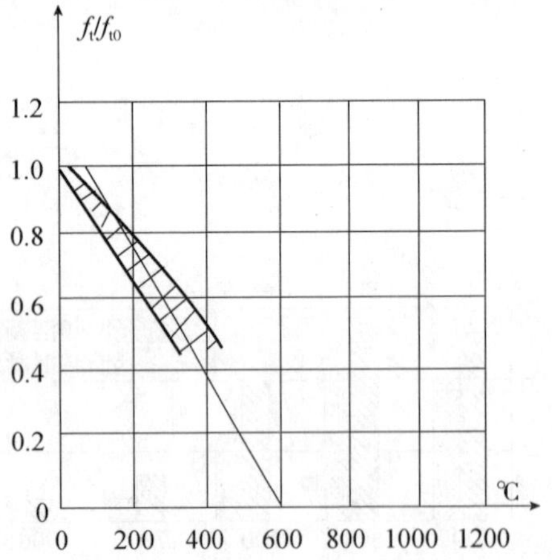

图5-14 高温下混凝土抗拉强度随温度的变化

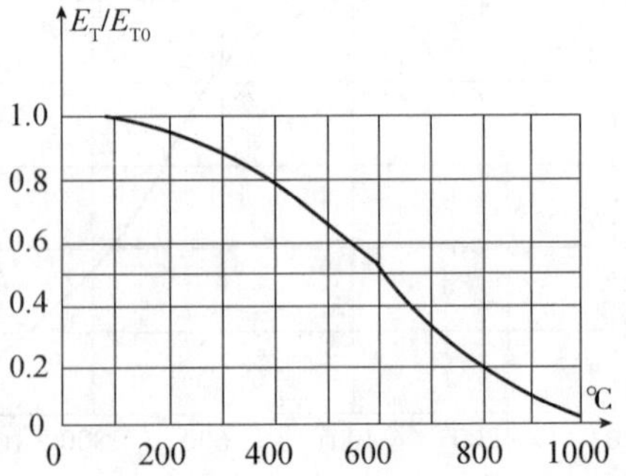

图5-15 钢筋的弹性模量随温度的变化

5.3.2.2 抗拉强度

在高温条件下钢筋的抗拉强度与钢的型号、冶炼方法等有直接关系。例如热轧钢筋在常温下有明显的屈服点，但在高温下屈服点消失，抗拉强度随温度的升高而逐渐下降。

图5-16给出了若干与混凝土用钢筋的试验结果平均值。可见在200℃以前钢筋的抗拉强度减弱不很明显；400℃后，大部分钢筋的强度只有常温下的一半；600℃后可认为已无支持能力。

5.3.3 预应力钢筋在高温下的性能

钢筋混凝土是现代建筑中应用最多的建筑材料。混凝土单独使用时，其抗拉强度只有抗压强度的1/8～1/12，故一般均在混凝土内配以钢筋或预应力钢筋，使钢筋和混凝土各显其能，共同承担来自上部的各种荷载。这类材料在火的作用下不会发生燃烧，但其强度将随着温度的升高而降低。当温度达到某一极限值时，材料的强度会显著降低以至失去承载能力。在钢筋混凝土中，钢筋由混凝土包裹，所以人们总感到钢筋混凝土建筑坚固、安全。然而实际上在火灾作用下，钢筋混凝土构件的力学性能也会急剧降低，并使建筑结构破坏。

钢筋和混凝土之间的粘结强度，主要是由钢筋和混凝土之间的摩擦力、钢筋表面与水泥胶体的胶结力、混凝土和钢筋接触面的机械咬合力组成。中南大学防灾科学与安全技术研究所通过试验发现：火灾后钢筋和混凝土的粘结力变化取决于温度的高低、钢筋的种类、混凝土集料的种类以及冷却的方式等条件。温度越高，粘结力降低越大；圆钢比螺纹钢筋粘结力损失大；其原因是钢材的导热系数较混凝土大得多［混凝土的导热系数为1.8W/(m·K)，钢材的导热系数为58.2W/(m·K)，约为混凝土的33倍］。因此这种材料受热后的伸长变形往往大于混凝土，致使两者的粘结强度减弱。石灰石集料受火后比花岗石集料受火后粘结力损失大；喷水冷却比自然冷却粘结力损失大。

高强预应力钢筋在钢筋混凝土中的应用也很广泛。与有明显屈服点的软钢相比，这种钢筋的抗拉强度对温度的变化更为敏感。图5-17为某种预应力硬钢的抗拉强度随温度变化的试验曲线。可见当温度低于175℃时，其抗拉强度略有升高，这可能是钢材的初期热膨胀对强度产生了加强作用。而后便随温度的升高而快速降低，当温度升到500℃，钢筋的抗拉强度只有常温下抗拉强度的30%，到750℃时，其抗拉强度全部丧失。由此可见，在火灾作用下，钢筋强度的降低比混凝土更大。因此在防火设计时，应充分考虑建筑结构在高温应力下的变化。

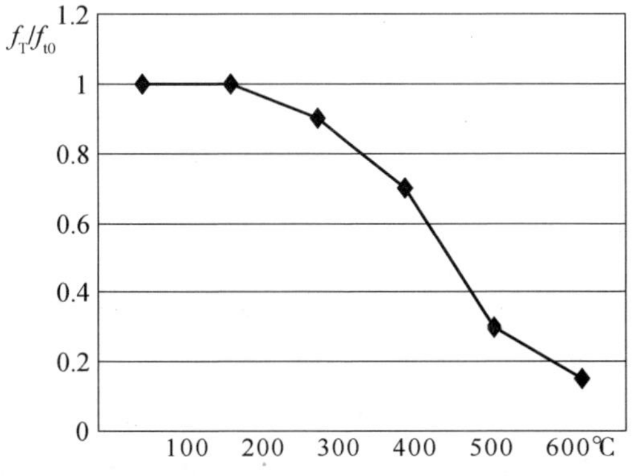

图5-16　钢筋的抗拉强度与温度的关系

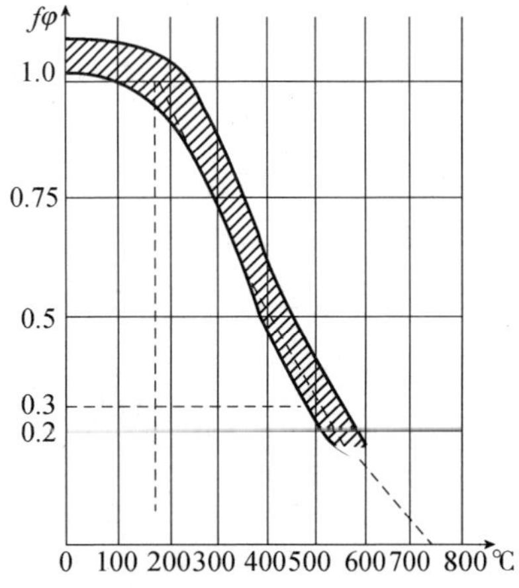

图5-17　某种预应力钢筋的抗拉强度随温度的变化

5.3.4 结构钢材在高温下的性能

结构钢材在常温下的抗拉性能很好，但受火作用后，会迅速变坏。有试验表明，某结构钢梁在温度20℃时的抗拉强度为440MPa；温度升至485℃时，其抗拉强度为270MPa；温度升高到614℃时，其抗拉强度只有70MPa，这时完全失去承载能力。从挠度变化可以看到，当温度升到700℃左右时，钢梁的挠度已超过了13.3%，已失去支持能力。从高温作用的时间看，钢梁遇火15～20min后就急剧软化。这样可使建筑物整体失去稳定而破坏。在国内已经发生过多起这种火灾案例，如北京友谊宾馆火灾、北京二七车辆厂火灾，在火的作用下仅10～20min结构钢就严重变形，而且被破坏后的结构钢无法修复再用。2001年9月11日，一架遭恐怖分子劫持的波音767双引擎客机撞上美国世贸大厦北塔第94和第98楼之间的楼层，接着另一架客机撞上南塔第78至84楼之间的楼层。南塔在被撞之后1h之内倒塌，北塔在102min之后倒塌。两栋110层建筑遭撞击后结构严重受损，大楼钢骨在客机喷射引擎燃油扩散燃烧产生的高温下弯曲，最终使大楼倒塌，造成2800多人丧生。世贸双塔设计于1960年，标准是可以承受当时最大型飞机波音707型四引擎客机的撞击。但参与撰写调查报告的专家说，双塔的设计未考虑到飞机燃料四散和大火可能产生的后果。

钢材耐火极限低的一个原因是钢材的导热系数大。在火灾作用下，热量可在钢材内部迅速传递，由火焰直烧处的高温很快影响到邻近的低温部分。钢材耐火极限低的另一个原因是其内部存在缺陷。从微观分析可知，钢材中原子以结点形式整齐排列着。常温下它们以结点为中心，在一定振幅范围内进行热振动。遇到高温后动能增大，可离开平衡结点而形成空位。温度越高，空位越多，空位削弱了原子间的结合力；另一方面，在荷载的作用下，空位处容易形成应力集中，因此在火灾和荷载的共同作用下，钢材首先从空位处开始破坏，并逐渐向周围扩展。钢材由局部到整体破坏需要的时间很短。

未作防火保护处理的结构钢是不耐火的。为了提高结构钢的耐火极限，必须采取适当的防火保护措施，如在结构钢的外部包覆石膏板、石棉板、耐火纤维板、喷涂防火涂料等。尤其是后者的投资少、施工快，近年来受到人们的普遍重视。

5.3.5 木材在高温下的性能

木材是一种植物纤维材料，多年来一直是建筑物的主要结构材料。随着大量新型建材的出现，现在木材已不再是主要的结构材料了，但由于其加工、安装方便，在建筑物内的使用仍很普遍。

木材被点燃后，在其表面形成炭化层。炭化层的导热性差，在火灾中它的增厚可有效阻碍木材内层的热分解，从而使燃烧速度变慢。木材的种类、含湿率、构件的几何形状、受热的方式和部位都对其燃烧速度有较大影响。木材向内里燃烧速度的理论平均值为0.6mm/min，质轻且干木材的燃烧速度的近似值是0.8mm/min，密质的湿木材燃烧速度的近似值是0.4mm/min。大部分木材超过100℃就可分解，240～270℃之间可点燃，达到400℃可自燃。随着燃烧的进行，其炭化体积增大，强度下降。

一般认为木材在受火条件下既不膨胀也不收缩，其未受火影响的部分仍然保留原有的力学性能。在常温下，木结构的设计安全系数为3.5～10。遇火情况下，如果经受了规定的受火时间，木材构件仍具有以下承受能力，就表明它能满足耐火要求：

1）对于梁或隔栅等受弯构件，若木材的残余厚度大于30mm，等于容许应力的2.25倍；残余厚度小于30mm，等于容许应力的1.75倍。

2）对于受拉构件，若木材的残余厚度大于30mm，等于容许应力的2.25倍。

3）对于柱、杆等受压构件，若木材的残余厚度大于30mm，等于容许应力的2.0倍；若残余厚度小于30mm，等于容许应力的1.5倍。

5.3.6 其他建筑材料在高温下的性能

1）黏土砖　普通实心砖在800～1000℃的高温下没有明显破坏，遇水急冷对其性能的影响也不太大。而空心砖受热后膨胀不均，容易开裂，表面亦容易脱落。

2）硅酸盐砖　这种砖是由炉渣、粉煤灰、石灰等混合烘干制成的，在300～400℃时开始分解，放出CO_2，自身开裂，不能作为耐热材料使用。

3）石膏板、石膏块　在高温下大量吸热而脱水分解，易开裂，遇水易受破坏，但它们是良好的隔热材料。

4）花岗岩等天然石材　遇高温易开裂，主要因为由不同矿石组成的石材膨胀不均。而由石灰石等单一岩石组成的石材可耐800～900℃的高温。

5）砂浆抹灰层　作为某些结构构件的保护层使用，一般均能耐800℃以上的高温。当其与所覆盖的结构表面结合牢固时，若砂浆层厚达10～20mm，可使构件的耐火时间延长约半小时。

6）胶合板、纤维板　前者是用薄木板纵横叠放粘结而成的，后者则是用分层人造纤维网粘结而成的。它们的燃烧性能与所用的粘结剂有关。一般使用树脂型粘结剂的人造板为易燃或难燃板，使用无机粘结剂的板为不燃板。

7）塑料板　为人工合成的高分子材料，其耐热性差，实用温度一般为60～150℃。在火灾中大多数塑料可以熔化，或滴落下来，或到处流淌，容易加剧火灾蔓延，塑料燃烧时可产生大量有害烟气。

8）专用绝热材料　这类产品很多，如矿物棉及其制品、膨胀珍珠岩及其制品、膨胀蛭石及其制品、岩棉及其制品、硅酸铝及其制品等。它们均可用于结构构件的防火保护。

5.3.7 火灾条件下建筑结构倒塌原因规律

随着经济的发展，高层建筑逐步增多，火灾荷载和不安全因素也随之增加。如果因火灾而造成高层建筑倒塌，必将给救人和灭火带来更大的困难，给担负抢险救援任务的消防队员提出更高的要求和挑战。据调查，美国“9.11”纽约世贸中心倒塌的原因在于大火熔化了支撑钢筋，而不是飞机的直接撞击。因此，在扑救建筑火灾时，要充分考虑建筑的倒塌问题。在美国“9.11”纽约世贸中心爆炸现场灭火的300多名消防人员主要就是因建筑倒塌而丧生。在我国，近年来在灭火中因建筑结构破坏、倒塌而造成消防人员伤亡的事故也曾发生。因此，加强对建筑结构破坏、倒塌特点和规律的研究探讨，制定切实可行的灭火救援预案，无疑对减少人员伤亡和财产损失具有非常重大的意义。

5.3.7.1 火灾条件下建筑结构倒塌的原因

建筑物中建筑构件名目较多，近年来随着一些新材料、新工艺、新技术在建筑领域中的广泛应用，建筑构件的性能也变得越来越复杂，燃烧破坏的特点也趋于多样性。不同建筑构件均具有自身的燃烧性能和耐火极限。火灾条件下，随着建筑材料和构件的燃烧和破坏，整个建筑结构也必然受到一定的影响，直至遭到局部的破坏或整个的倒塌。结构的倒塌与破坏，是由燃烧和高温条件造成的，倒塌和破坏的原因主要有以下几个方面：

1）预应力钢筋混凝土结构遇热，失去预加应力，从而降低结构的承载能力。

2）砖石砌体受热变形开裂。花岗岩因内部石英、长石、云母不同的热变形而碎裂。硅酸盐砌块也因内部的热分解而松散。

3）钢结构受热变形破坏。钢结构受热后，很快出现塑性变形，在火烧15~20min左右，构件变成“面条”一样，随着局部的破坏，造成整体失去稳定而破坏，而且破坏后的钢结构是无法修复重新使用的。

4）预应力混凝土构件变形，失去承载能力和稳定性。在加热炉中实验时可以看到，预应力钢筋混凝土构件，在受热数小时后，便出现较大的变形。显然，这是因为承受拉应力的钢筋伸长的结果。所以预应力钢筋混凝土结构的耐火性能比普通钢筋混凝土结构差，因此，防火性能要求较高的预应力钢筋混凝土结构必须加厚钢筋保护层的厚度。

5）木结构表面被烧蚀，削弱了荷载的断面。木材起火燃烧，表面炭化，如果剩余截面的面积仍能承受原有全部荷载，结构是不会倒塌的。特别是消防队及时到达火场，在扑救火灾时，构件外表面的炭层吸收大量的水，对结构来说，还是一个很好的保护层。所以大断面比较有利。

6）高温下建筑材料的力学性能发生改变，强度随着温度的升高而降低，以及火灾条件下结构产生的热应力，在目前的结构计算中还没有考虑到。

7）建筑物内部爆炸的冲击和震动，常是摧毁建筑物的一种主要原因。进行建筑结构的抗爆计算时，因冲击波的力量较大，而需与防爆泄压设施同时考虑。

8）上部结构倒塌落在楼板上，或灭火积水不能排除，或楼板上的物资大量吸收灭火水流，大大增加了楼板的荷载，使楼板因严重超载而塌落。

9）灭火水流喷射到高温的砖石、混凝土或钢筋混凝土结构表面上，由于突然的冷却造成结构表面因收缩而开裂，表皮剥落。特别关键的是破坏了钢筋混凝土结构的保护层，在火未熄灭前，使火直接烧到受力钢筋，钢筋立即失去强度，而使整个结构破坏。

5.3.7.2 火灾条件下建筑结构破坏的一般规律

火灾条件下建筑结构的倒塌破坏，往往使室内通风更加良好，加速室内的燃烧，并且会破坏防火分隔物，使火势得以扩大蔓延，给正确实施灭火救人及自救带来极大的困难。因此，掌握建筑倒塌的一般规律是非常必要的。一般说，结构倒塌有以下规律：

1）木结构屋顶，整个倒塌的少，局部破坏的多。钢结构屋顶，局部被火烧毁，导致部分坍塌，其余部分也会因为整体失稳而大面积坍塌。

2）吊顶、屋架、木楼板、空心墙、泥土墙、易燃建筑等，都是易于倒塌破坏的。

3）土坯墙是耐火不燃的，但由于消防射流的强力冲击，也会遭到破坏。

4）倒塌的次序，一般是先吊顶，后屋顶，最后是墙壁。

5）一般房屋的墙是向里倒的。

5.4 常用的建筑防火材料

防火材料是指在火灾条件下仍能在一定时间范围内保持其使用功能的材料。包括防火板材、防火涂料、防火玻璃、防火织物等。

5.4.1 防火板材

防火板是指具有防火功能的板材，其本身具有一定的耐火性，还可以保护其他构件，或者在火灾中可以阻止火灾的蔓延。这种板材可以用于建筑物的隔墙、装饰墙、天花板等处。对防火板材的基本要求有：较好的防火和隔热性能、干缩值小、抗老化，较低的体积密度。按照化学成分防火板材可以分成有机和无机两大类。无机防火板以其优良的防火性能、高温抗变形性能、防虫蛀、成本低廉等优势，成为该领域的主要产品，在防火板材产品中占有相当大的比率，由于大部分有机材料在燃烧中释放出大量的烟雾和毒气，所以怎样获得“不燃烧、发烟少、毒性少”的有机防火板材还有待于进一步研究。因此，在建筑工程中应用较多的是无机防火板材。

5.4.1.1 水泥刨花板（植物纤维水泥复合板）

用水泥为胶凝材料、刨花等植物纤维（木纤维、竹纤维、芦苇纤维和农作物纤维）为增强填充材料，再加入适量的化学助剂和水，搅拌均匀制成混合料浆，以一定的工艺制成坯体，经加压固结、适当养护后形成的复合板材称为水泥刨花板，又称为植物纤维水泥复合板。

按板的结构，水泥刨花板可分为单层结构水泥刨花板，三层结构水泥刨花板，多层结构水泥刨花板和渐变结构水泥刨花板；按使用的增强材料可分为木材水泥刨花板，麦秸水泥刨花板，稻草水泥刨花板，竹材水泥刨花板和其他增强材料的水泥刨花板；按生产方式可分为平压水泥刨花板和模压水泥刨花板。

（1）生产工艺

水泥刨花板的生产工艺，大致有以下几种类型：热压法、半干法、三层定向法、平压-压蒸法、抄取法、流浆法、挤压法等。

1）热压法　将植物纤维、水泥、消石灰和水按一定比例混合制得混合料，再用一定的工艺制成坯体，将板坯在多层热压机或单层热压机中进行加压加热，同时向板坯喷射相当于水泥量8%～10%的CO_2。由于坯料中的石灰和CO_2产生放热反应，其温度可达到120℃，同时生成具有一定强度和硬度的$CaCO_3$，因而板材从压机出来可获得50%的强度，达到成型脱模的要求，热压法工艺的成型时间为4～5min，热压后的板坯堆放14d后可获得最终强度，形成相应的产品。

2）半干法　半干法工艺是荷兰、德国、法国、俄罗斯、日本等许多国家普遍使用的制造水泥刨花板的生产工艺，其基本过程是将水泥、木质材料在混合搅拌机中搅拌后，加入保证水泥水化所要求的水量，使混合料处于半干性状态，然后通过铺装机的处理，将半干混合料铺装在垫板上，通过叠板机将坯料堆放在模车底座上约2m高，送入压机中加压；然后置于60～80℃的强化养护窑中硬化，经过540～640(℃×h)（养护温度和时间的乘积），然后拆模，在保温状态下自然养护5～7d后，在70～110℃进行干燥，使板材的含水率控制在9%±4%，然后裁切成型，能生产8～40mm厚的板材。

3）平压-压蒸法　平压法是在材料组成上加入一定量的硅质原料，含硅量最好的是石英粉，有时也可用粉煤灰替代。粉煤灰要求SiO_2的含量不低于50%，烧失量低于8%，平压-压蒸法生产工艺的其他材料组成与半干法相同，所不同的是，采用有造型的模板而非平板作为模板。

在生产过程中，经压制锁模保压的板坯应在80℃的养护窑内养护12～16h，然后脱模送入172～185℃下压蒸约20h，以形成收缩率小且稳定性高的托贝莫来石凝胶体，这样板材就可获得更好的尺寸稳定性，其抗水性、抗冻融性等方面的性能均可得到改善。

4）抄取法　又称“圆网抄取法”。20世纪初，Hatschek发明该法，并用于制造石棉水泥板，故国际上常称之为“Hatschek”法，现在可用于制造木浆纤维水泥浆料。在转动着的圆柱形网箱的网面上脱水过滤，再粘附在毛布上形成纤维水泥薄料层，部分纤维在薄料层中处于二维定向，使若干薄料层经真空脱水并在压力作用下粘结成为一定厚度的料层，经空气养护或压蒸养护后形成板材。

5）流浆法　此法又称为“Cellcem”法。20 世纪 70 年代中期，芬兰与挪威的两家公司共同合作使用此法制造木浆纤维水泥板。该法的原理：使浓度为 15% ~18% 的纤维水泥料浆，通过布浆系统直接流至一运行中的无端毛布上，形成薄料层，最后若干薄料层在压力作用下粘结成为一定厚度的料层。

6）挤压法　又称挤出法，主要用于植物纤维增强水泥多孔板的制造。该法最初用于制造预应力钢筋混凝土多孔楼板，20 世纪 80 年代初，芬兰 Acotec 公司和德国 Streif 公司共同开发用该法制造植物纤维增强水泥多孔板。国内在 20 世纪 90 年代，开发出了这种产品。该法的主要原理：将外加剂、木纤维、水泥等通过各自的输送系统经计量后进入混合器，搅拌均匀后成为松散的混合料，从挤压机上方的接受料斗中落入挤压机中，而钢模板从挤压机的下方送入挤压机底部。在液压螺旋的作用下，将混合料连续挤压成多孔板坯。利用辊轮将板坯和模板送至切割机切割成要求的尺寸，然后通过堆垛机堆放，用薄膜覆盖养护。当车间温度不低于 15℃时，经 24h 后即可出厂。

（2）水泥刨花板的性能

水泥刨花板的性能普遍具有质量轻、耐火性能好等特点。按产品的外观质量和理化性能分为优等品和合格品，其性能指标见表 5-15。

表 5-15　水泥刨花板的外观质量和理化性能（GB/T 24312—2009）

<table>
<tr><th colspan="2" rowspan="2">项　目</th><th colspan="2">产品等级</th></tr>
<tr><th>优等品</th><th>合格品</th></tr>
<tr><td rowspan="4">缺陷名称</td><td>边角残缺</td><td rowspan="4">不允许</td><td><10mm，不计；
≥10mm 且≤20mm 不超过 3 处</td></tr>
<tr><td>断裂透痕</td><td><10mm，不计；
≥10mm 且≤20mm 不超过 1 处</td></tr>
<tr><td>局部松软</td><td>宽度<5mm，不计；
宽度≥5mm 且≤10mm 或长度≤1/10 板长，1 处</td></tr>
<tr><td>板面污染</td><td>污染面积≤100mm²</td></tr>
<tr><td rowspan="10">理化性能指标</td><td>密度[1]/(kg/m³)</td><td colspan="2">≥1000</td></tr>
<tr><td>含水率/%</td><td colspan="2">6 ~ 16</td></tr>
<tr><td>吸水 24h 厚度膨胀率/%</td><td colspan="2">≤2</td></tr>
<tr><td>静曲强度/MPa</td><td>≥10.0</td><td>≥9.0</td></tr>
<tr><td>内结合强度/MPa</td><td>≥0.5</td><td>≥0.3</td></tr>
<tr><td>弹性模量/MPa</td><td colspan="2">≥3000</td></tr>
<tr><td>垂直板面握螺钉力/N</td><td colspan="2">≥600</td></tr>
<tr><td>浸水 24h 静曲强度/MPa</td><td>≥6.5</td><td>≥5.5</td></tr>
<tr><td>燃烧性能</td><td colspan="2">B 级</td></tr>
</table>

注：1）含水率为 9% 时砂测得的密度。

(3) 水泥刨花板的应用

1) 隔墙板 植物纤维水泥复合板可用于安装分室墙、隔断墙和四周的结合部位。将龙骨固定在墙体、地板或楼梯上，安装复合板进行分割。因为这类复合板为防火材料，所以这种装修不会增加建筑物的火灾荷载，反而可以提高建筑物的防火性能。用在隔墙板的板材厚度一般为10mm、12mm、15mm。

2) 防火门芯 由于植物纤维水泥复合板具有耐火、质轻的特点，可以用在防火门的制造中，作为防火门芯。当门框规格不固定时，可以在现场制作，将植物纤维水泥复合板按照门框的大小裁切，四边用螺栓固定，刮以腻子即成。有时，也可直接用植物纤维水泥复合板制造门框，使用时四周用U形龙骨粘结，用I形龙骨分档，两面粘、钉整块板材即可。

3) 吊顶天花板 板材厚度为6mm、8mm的叠合板，可以作为吊顶天花板。一般采用承载龙骨垂直吊挂方式安装，也可以采用粘、钉结合的方式，先用聚合物水泥粘结，将板的反面粘结到已经装好的骨架上，检查其平整度和花纹的一致性。在拼装好的情况下，将一定规格的压条放到预留槽中用钉或螺钉加固。水泥刨花板的厚度有4mm、6mm、8mm、10mm、12mm、15mm、20mm、25mm、30mm、36mm、40mm等多个厚度，可根据需要合理选用。

另外，植物纤维水泥复合板还可以作为防火地板、车船的隔舱板、电梯竖井壁及管道护板。

5.4.1.2 无机纤维增强水泥板（TK板）

将植物纤维水泥复合板中的植物纤维用玻璃纤维或石棉（纤维）代替，水泥用低碱水泥制得薄型无机纤维增强水泥板。又称为TK板。

TK板具有质量轻（$<20kg/m^2$）、抗弯强度高（有10MPa、15MPa、20MPa三种规格）、抗冲击强度较高（$>0.25MPa$）、防火性好（6mm板双面复合墙耐火极限为47min）等特点。主要用于各种建筑物的内隔墙、吊顶和外墙；特别适用于高层建筑有防火、防潮要求的隔墙。安装时必须有龙骨。

和TK板相似的产品还有GRC水泥板。

5.4.1.3 钢丝网夹芯复合板

钢丝网夹芯复合板是以焊接钢丝网为双层框架，中间填充防火阻燃的保温材料，两面喷涂或抹水泥砂浆而成。如果中间填充的防火阻燃保温材料为自熄型聚苯乙烯泡沫塑料或聚氯乙烯泡沫塑料称为泰柏板；如果用半硬质的岩棉板为芯材则称为GY板。

1) GY板的性能 GY板的设计是通过双层钢丝的合理连接把荷载分布到组成钢丝网的钢丝上，并充分利用钢丝的良好抗拉特性和砂浆的抗压特性，以及中间采用高效的保温材料，使复合板材能有效地利用各种材料的优点，体现出一系列的优越技术性能。具有质量轻（板体本身的质量$11.0kg/m^2$，两面抹砂浆后$110.0kg/m^2$）、强度高（轴向中心受压破坏荷载为180～220kN/m，轴向偏心受压破坏荷载为150～200kN/m）、保温隔热防火（耐火极限>2h，如果两面增抹耐火砂浆，其耐火极限可达到5h）、隔音性能好（达到40dB以上）、抗震等优良的技术性能。

2) 用途 钢丝网夹芯复合板主要用于高层框架结构的维护墙和内隔墙、大跨度的轻型屋面、建筑加层和楼面屋面的保温吊顶板等。更适合用做旧楼加层、改造中的内外墙体材料。根据不同的要求，可制成厚度、宽度、长度各异的板块，运往施工现场，用专用工具组装成墙，然后在墙体的两面抹上或喷涂25mm水泥砂浆从而形成完整的墙体，最后进行内外墙表面的装饰。

和GY板相似的还有舒乐板和泰伯板。

5.4.1.4　耐火纸面石膏板

耐火纸面石膏板是以建筑石膏为主要原料，掺入适量的纤维材料和外加剂等，在与水搅拌后，浇注于护面纸的面纸与背纸之间，并与护面纸牢固地粘结在一起，经搅拌、成型（辊压）、切割、烘干等工序制得的旨在提高防火性能的建筑板材。

（1）耐火纸面石膏板的性能

1）断裂荷载　断裂荷载是各类纸面石膏板的一项重要性能指标。我国对不同厚度石膏板规定的断裂荷载要求（GB/T 9775—2008）见表5-16。

表5-16　耐火纸面石膏板的断裂荷载（GB/T 9775—2008）　单位：N

板材厚度/mm	纵向		横向	
	平均值	最小值	平均值	最小值
9.5	400	360	160	140
12.0	520	460	200	180
15.0	650	580	250	220
18.0	770	700	300	270
21.0	900	810	350	320
25.0	1100	970	420	380

2）物理性能　为保证使用要求，石膏板除了必须满足断裂荷载的要求外，还应该满足其他的物理性能要求，详见表5-17。

表5-17　耐火纸面石膏板的物理性能（GB/T 9775—2008）

项目	技术要求
硬度	板材的棱边硬度和端头硬度应不小于70N
抗冲击性	经冲击后，板材背面应无径向裂纹
护面纸与芯材粘结性	护面纸与芯材应不剥离
吸水率	不大于10%
表面吸水量	板材的表面吸水率应不大于160g/m^2
遇火稳定性	板材的遇火稳定时间应不少于20min

3）防火性能　纸面石膏板被视为理想的防火材料，其防火原理是在火灾条件下，结晶水受热释放，从而吸收大量的热量。干燥后的纸面石膏板芯材质仍为二水石膏（再生的），其内含有20%的结晶水，这种水必须在高温下才能释放出来（如一块厚15mm、质量约为15kg/m^2）。若要把这些结晶水从板中释放出，必须使板受热升温至100℃以上。这种把板加热直至水再蒸发出的过程所消耗的热量是其不含结晶水时加热所需要热量的5倍。当发生火灾时，首先是面层纸板瞬间燃烧，其发热量有助于火势的发展。但当板温（背火面）升至100℃左右时，一直到将结晶水释放完，在此过程中，板芯将吸收环境中大量热量，达到热平衡，从而起到降温防火的作用。

（2）耐火纸面石膏板的应用

1）用作内墙材料　纸面石膏板可与轻钢龙骨、木龙骨、石膏龙骨等构成空腹内隔墙，腹中可走各种管线，可填充保温、隔声材料。另外，防火纸面石膏板还可以用作分户或区域分隔防火墙、电梯井防火墙等。

2）用作钢结构保护层　由于防火纸面石膏板具有质轻、防火耐火性能好的特性，可以用作钢结构的防护层，在火灾条件下防止钢结构受到火灾高温的侵害。

5.4.1.5　*无石棉硅酸钙板*

以非石棉类纤维为增强材料制成的纤维增强硅酸钙板，制品中石棉成分含量为零。

（1）硅酸钙板的生产工艺

压蒸法生产硅酸钙板的常用生产工艺过程，主要包括制浆、板坯制造和压蒸几个工段，硅酸钙板坯的生产工艺主要有网轮抄取法和流浆法两种，其生产工艺与生产植物纤维水泥板的抄取法一样。这种工艺比较成熟，生产率较高，但是物料的流失率相对较大。在国外，90%的生产线采用抄取法生产硅酸钙板。流浆法的成坯工艺比较简单，但是需要增加真空脱水系统。在生产时，将料浆通过给料轮直接铺设到毛布带上，通过真空脱水形成毛坯。

用抄取法和流浆法生产，均需要进行压蒸处理。即在压力为1MPa的压力下，温度为170℃左右的压蒸釜内压蒸养护7～9h。在此高温高压的条件下反应生成托贝莫来石晶体，其性能极为稳定，并可产生足够多的托贝莫来石晶体，满足性能要求。

无石棉硅酸钙板的代号为NA，按密度分为D0.8、D1.1、D1.3、D1.5四类，按表面处理状态分为未砂板（NS）、单面砂光板（LS）和双面砂光板（PS）三种表面处理状态，按抗折强度分为Ⅱ、Ⅲ、Ⅳ、Ⅴ四个等级。其标记按型号（代号、密度等级、表面处理状态）、规格（长度×宽度×厚度）、标准顺序标记。如NA-D1.1-Ⅲ-LS2440×1220×6 JC/T 564.1—2008表示无石棉硅钙板，密度类别D1.1，强度等级Ⅲ，单面砂光板，长度2440mm、宽度1220mm、厚度6mm。

（2）无石棉硅酸钙板的性能

无石棉硅酸钙板属于无机不燃板材，30mm厚板的耐火极限可达到4h，具有许多方面的优点。表5-18为无石棉硅酸钙板板的主要性能指标。

表5-18　无石棉硅酸钙板的主要性能指标（JC/T 564.1—2008）

类别		D0.8	D1.1	D1.3	D1.5	纵横强度℃
密度/(g/cm³)		≤0.95	0.95＜D≤1.20	1.20＜D≤1.40	＞1.40	
导热系数/[W/(m·K)]		≤0.20	≤0.25	≤0.30	≤0.35	
含水率/%		≤10				
湿胀率/%		≤0.25				
热收缩率/%		≤0.50				
不燃性		GB 8624—2006 A级　不燃材料				
不透水性		—			24h检验后允许板反面出现湿痕，但不得出现水滴	
抗冻性		—			经25次冻融循环，不得出现破裂、分层	
抗折强度/MPa	Ⅱ	5	6	8	9	≥58%
	Ⅲ	6	8	10	13	
	Ⅳ	8	10	12	16	
	Ⅴ	10	14	18	22	

由于火灾现场的火焰温度在800～1200℃之间，因此采用耐热1000～1100℃的硬硅钙石型无石棉硅酸钙板作为钢结构防火板，可以有效地保护钢结构在一定时间内不受到火灾的破坏。防火时间是由防火板的隔热性能、钢结构的散热性能和热容所决定的。由纯硬硅钙石组成的防火板，不但具有其他无机防火涂料的隔热性能和耐热性能，而且在生产、存储、施工以及遇火时不产生任何对人体有害的物质，属于真正的绿色防火材料。

（3）无石棉硅酸钙板的应用

1）在钢结构防火保护上的应用　无石棉硅酸钙板可以用作柱、梁的防火保护。如：工厂、仓库中直接进行装修的柱、梁的防火保护，宾馆、公寓的室内柱、梁上直接粘贴有织物的防火保护；用作楼房、设施的外墙柱、梁的防火保护。可以阻隔火焰和热量，减缓钢结构的升温速率，使钢结构的耐火极限达到规范的规定。根据柱、梁部位的不同，可以采用四面包覆、三面包覆、二面包覆和一面包覆的方式。

2）耐火风管　建筑中安装的空调系统管道、通风系统管道和防烟排烟系统管道（以下统称为“风管”）贯穿于建筑物的各个空间。提高风管的耐火性能，将会有效防止火灾通过风管在防火分区内及防火分区间的蔓延。在我国，建筑使用的风管主要有镀锌铁皮风管和无机玻璃钢风管两大类。这些风管虽然符合我国有关消防规范对其使用材料的燃烧性能的规定，但其耐火性能还不够理想，在火灾中易发生扭曲变形、坍塌、裂缝、破洞等，导致火焰和浓烟穿过受破坏的风管，造成火灾蔓延。

3）制造吊顶和隔墙　由于无石棉硅酸钙板质轻、耐火性能好，可以用作制造隔墙和吊顶的板材。将用两块无石棉硅酸钙薄板作为面板材料，夹合水泥基聚苯乙烯颗粒轻质混合料芯体，通过对芯体各种原材料的优化组合，利用水泥的胶凝性能和与面板的亲和力，将面板与芯体牢固结合可制成复合实心轻质隔墙条板，用于建筑物的内隔墙。

5.4.1.6　氯氧镁水泥防火板

氯氧镁水泥防火板是以氯氧镁水泥为凝胶材料，添加纤维增强的一种复合板。常见的有氯氧镁水泥植物纤维板、空心条板、化学发泡氯氧镁水泥板等。

（1）氯氧镁水泥防火板的生产过程

氯氧镁水泥防火板的生产，一般采用预混料成型养护的工艺方法。在生产时，混合料的组成材料必须计量准确，搅拌均匀。配料计量一般采用自动控制的质量秤，每种材料的计量允许误差（以质量份计）为2%～3%。混合料的搅拌一般采用强制式间歇式搅拌机，搅拌时间控制在3min以内。投料顺序：一次投料时，一般依次按粉煤灰、氯氧镁水泥、复合外加剂、减水剂、增强纤维先后顺序投料，并加入全部$MgCl_2$溶液进行搅拌；分组投料时，宜先投入增强纤维和部分$MgCl_2$溶液，以消除粘附于筒壁上的残渣，然后再将氯氧镁水泥、复合外加剂、减水剂和剩余$MgCl_2$溶液投入搅拌。将混合料搅拌均匀，成型后经充分养护即可得到防火板。

按使用部位，氯氧镁水泥板有天棚板、内隔墙板和地板块三种。

（2）氯氧镁水泥防火板的性能

作为轻质防火板，氯氧镁水泥防火板具有良好的综合性能。具有凝结硬化快、机械强度高、容重小、弹性好、耐冲击、成型方便、生产工艺简单、能耗小、成本低等优点，在建材工业中有较高的开发和利用价值。其优点为：韧性好，可钉、锯、刨、钻等，强度高，抗压强度高于40MPa，抗折强度高于20MPa；国家标准GB 50016—2011《建设设计防火规范》

中明确指出：菱苦土珍珠岩圆孔空心条板隔墙（氯氧镁水泥防火板）属于轻质混凝土墙材，厚度80mm的墙材耐火极限为1.30h，属不燃烧体。防火性能达到A1级要求。

另外，该材料还具有防老化、防霉变、防白蚁、无毒、防潮、不开裂、不变形、弹性好、隔声性能好等特点。氯氧镁水泥轻质条板的性能见表5-19。

表5-19　氯氧镁水泥轻质条板的物理力学性能（JC/T 568—2007）

项目		天棚板	内隔墙板	地板块
单位面积质量/（kg/m^2）	≤	10.0	11.0	——
出厂含水率/%	≤	8.0	5.0	——
吸水率/%	≤	15.0	8.0	7.0
断裂荷载/N	≥	180	——	——
浸水24*h*抗折强度/MPa	≥	——	20.0	7.5
受潮挠度/mm	≤	3.0	——	——
受潮变形/mm	≤	——	——	1.0
浸水24h线膨胀/（mm/m）	≤	——	0.50	——
泛霜试验		无		
耐磨性，磨痕长度/mm	≤	——	——	25

（3）氯氧镁水泥防火板的应用

由于氯氧镁水泥防火板的优异性能，主要用于各类建筑物的天棚、非承重隔墙板和地板，还可用于门框、窗框、通风管道、排烟道、波形瓦、活动板房墙体材料以及机电产品的包装箱等。

5.4.1.7　难燃铝塑建筑装饰板

难燃铝塑建筑装饰板（以下简称铝塑板）是我国20世纪90年代引进开发成功的新型建筑用室内外墙体装饰材料，是由涂装铝板与塑料芯材靠高分子粘结膜（或热熔胶）经热压复合而成的一种新型金属塑料复合材料。由于具有外观高雅美观、质轻、施工方便等优点，颇受建筑界的青睐。

塑料芯材是以聚乙烯为基础树脂，通过选择合适的阻燃剂，并对其表面进行精细化复合偶联处理，同时添加接枝改性粘合树脂和阻燃增效剂及其他助剂的阻燃用芯材。该材料既具优异的阻燃抑烟性和成炭阻滴性，又有良好的力学性能和挤出加工性能。采用该阻燃PE芯材制作的防火铝塑板，所测燃烧性能均达到或超过国家难燃材料（B级）指标要求。

铝塑板质量轻，体积密度只有300kg/m^3；强度满足要求：抗拉强度为0.46MPa，抗压强度为0.27MPa；难燃烧，导热系数小［只有0.045W/(m·K)］，易加工，可钉、可锯、可钻，因此可用于重要的公用建筑的防火装修：礼堂、影院、剧场、宾馆饭店、人防工程、商场、医院和生产车间、机房、船顶舱室的吸音、防火装修。

5.4.2　防火涂料

防火涂料是涂料的一种，除了具备涂料的基本功能外，更重要的是对底材具有防火保护功能。防火涂料是指涂覆于可燃性基材表面，能降低被涂材料表面的可燃性，防止火灾发生，阻止火势蔓延传播或隔离火源，延长基材着火时间或增加绝热性能以推迟结构破坏时间的一类涂料。在火灾发生时，防火涂料可以有效地延缓火灾基底材料物理力学性能的变化，从而使人们有充分的时间进行人员疏散和火灾扑救工作，达到保护人们生命财产安全的目的。

防火涂料涂覆在基材表面，除具有阻燃作用以外，还应具有防锈、防水、防腐、耐磨、耐热作用以及使涂层具有坚韧性、着色性、粘附性、易干性和一定的光泽等作用。

按用途和使用对象的不同防火涂料可分为：饰面型防火涂料、电缆防火涂料、钢结构防火涂料、预应力混凝土楼板防火涂料等。按防火涂料分散介质的不同，可分为水性防火涂料和溶剂型防火涂料；按防火涂料阻燃效果的不同，可分为膨胀型（又称发泡型）防火涂料和非膨胀型防火涂料；按防火涂料成膜物组成的不同，可分为无机防火涂料和有机防火涂料。我国防火涂料的发展速度较快，尤其是钢结构防火涂料，从品种类型、技术性能、应用效果和标准化程度上看，已接近或达到国际先进水平。近几年，其需求量成倍增长，这与钢结构建筑的迅速发展是分不开的。

5.4.2.1 钢结构防火涂料

在防火涂料中，应用最广泛的是钢结构防火涂料。钢结构是主要的建筑结构之一，作为高层建筑结构的一种形式，以其强度高、质量轻，并有良好的延伸性、抗震性和施工周期短等特点，在建筑业中得到广泛应用，尤其在超高层及大跨度建筑等方面显示出强大的生命力。但是钢材极易导热，不耐火和高温，没有保护的钢结构在火灾温度下，几分钟内自身温度就可以达到550℃以上，丧失结构强度，所以要采用相应的措施来做防火保护，其中功能最为齐全和易于实施的，首推喷涂钢结构防火涂料，一般不需要辅助措施，涂层的质量轻，而且具有一定的装饰能力，因此受到广大建筑设计师的青睐。

（1）厚涂型钢结构防火涂料

厚涂型钢结构防火涂料是指涂层厚度在 8 ~ 50mm 的涂料。将膨胀珍珠岩或膨胀蛭石、增强材料用改性无机高温粘结剂按一定的比例和一定的工艺方法混合可制成厚涂型涂料。其防火性能很好，耐火极限可达 2 ~ 3h。这类涂料在火灾中涂层不膨胀，依靠材料的不燃性、低导热性或涂层中材料的吸热性，延缓钢材的升温，对钢构件起到屏障和防止热辐射作用，避免火焰和高温直接进攻钢构件，减轻钢材的损坏程度。

厚涂型钢结构防火涂料除具有良好的防火性外，还具有粘结强度高（可达到0.1MPa 以上），耐水性好（在水中浸泡3000h 以上，无溶损分离），涂层轻（体积密度仅为 $400kg/m^3$ 左右），抗冻性较好，施工温度范围广，涂层有弹性等优点，因此，常用于高层建筑、石油化工、电力、冶金、国防、轻纺工业、效能运输及库房等各类建筑中的承重钢结构构件的防火保护，也可用于防火墙。更适用于耐火极限要求 2h 以上的室内钢结构上。但这类产品由于涂层厚，外观装饰性相对较差。该类钢结构防火涂料施工一般采用喷涂。

（2）薄涂型钢结构防火涂料

涂层厚度在 3 ~7mm 的钢结构防火涂料称为薄涂型钢结构防火涂料。该类涂料受火时能膨胀发泡，以膨胀发泡所形成的耐火隔热层延缓钢材的升温，保护钢构件。这类钢结构涂料一般是用合适的乳胶聚合物作基料，再配以阻燃剂、添加剂等组成。对这类防火涂料，要求选用的乳液聚合物必须对钢基材具有良好的附着力、耐久性和耐水性。常用作这类防火涂料基料的乳液聚合物有苯乙烯改性的丙烯酸乳液、聚醋酸乙烯乳液、偏氯乙烯乳液等。对于用水性乳液作基料的防火涂料，阻燃添加剂、颜料及填料是分散到水中的，因而水实际上起分散载体的作用，为了使粒状的各种添加剂能更好地分散，还加入分散剂，如常用的六偏磷酸钠等。该类钢结构防火涂料在生产过程中一般都分为3步：第一步先将各种阻燃添加剂分散在水中，然后研磨成规定细度的浆料；第二步再用基料（乳液）进行配漆；第三步在浆料中配以无机轻质材料、增强材料等搅拌均匀。该涂料一般分为底层（隔热层）和面层（装饰层），其装饰性比厚涂型好，施工采用喷涂，一般使用在耐火极限要求不超过2小时的建筑钢结构上。

（3）超薄型钢结构防火涂料

超薄型钢结构防火涂料是指涂层厚度不超过3mm的钢结构防火涂料，这类防火涂料受火时膨胀发泡，形成致密的防火隔热层，是近几年发展起来的新品种。它可采用喷涂、刷涂或辊涂施工，一般使用在要求耐火极限2h以内的建筑钢结构上。与厚涂型和薄涂型钢结构防火涂料相比，超薄型膨胀钢结构防火涂料黏度更低、涂层更薄、施工方便、装饰性更好。在满足防火要求的同时又能满足高装饰性要求，特别是对裸露的钢结构，这类涂料是目前备受用户青睐的钢结构防火涂料。

公安部消防科研所研制出的“SCB”（溶剂型）和“SCA”（水性）超薄膨胀型钢结构防火涂料，涂层厚度分别为2.69mm和1.6mm，耐火极限分别为147min和63min；“LF”（溶剂型）和“L6”（溶剂型）超薄钢结构防火涂料，涂层厚度分别为2mm和3mm，耐火极限分别为94min和90min；德国Herberts公司的“Watetbase”38320型钢结构防火涂料（水性），涂层厚度为2.63mm，耐火极限为63min；38091型钢结构防火涂料（溶剂型），涂层厚度为2.42mm，耐火极限为124min；英国“Nullifire”钢结构防火涂料（溶剂型），涂层厚度为2.24mm，耐火极限为106min；江苏兰陵公司的“SF”（溶剂型）和“ECB”（水性）超薄型钢结构防火涂料，涂层厚度为2.07mm和1.6mm，耐火极限分别为150min和44min。

薄涂型和超薄型钢结构防火涂料基本属于膨胀型防火涂料，除具有非膨胀型涂料的阻燃特点外，在高温或火焰作用下，涂层还剧烈发泡炭化形成一个比原有的涂层厚几倍甚至几百倍的难燃性蜂窝状或海绵状炭质层，其对防火作用的贡献可归纳为三方面：①断绝火焰对底材的直接加热，隔绝底材与空气的接触，并有效地阻止热量向底材传递；②涂层的软化、熔融、膨胀等物理变化以及聚合物、填料、助剂的分解、蒸发和炭化等化学作用将会吸收大量的热量，有利于降低体系温度和火焰的传播速度；③分解出的不燃性或难燃性气体能稀释氧气的浓度且高温释放出的卤化氢气体能捕获燃烧产生的自由基，使燃烧反应终止，起到灭火的作用。

5.4.2.2 隧道防火材料

建筑学中把横截面积超过30m^{2}的地下人工建造的通道定义为隧道。据《人民铁道》报2010年1月4日报道：截至2009年年底，我国建成的铁路隧道总长度已经超过7000km，在建铁路隧道总长度已超过5000km，即将开工和规划建设的隧道总长度超过5000km，预计到2012年，我国建成通车的铁路隧道总数量将突破1万座，总长度将突破12000km。我国铁路隧道建设的总量已经远远超过世界其他国家。交通运输部公布2009年公路水路交通运输行业发展统计公报，截至2009年底，全国公路隧道为6139处、3942km，比2008年末增加713处、755.6km。其中特长隧道190处、821.1km，长隧道905处、1500.7km，均为世界第一。隧道不仅承担着交通运输的任务，还起着光缆、电缆甚至是输油管、输水管通道功能。虽然作为隧道内主体建筑的钢筋混凝土构件是不燃性材料，但隧道火灾具有燃烧后周围温度升高较快、持续时间长、着火范围较大、消防扑救与进入困难等特点。在火灾发生的短时间内，隧道内着火现场的局部温度会迅速升至1000℃，随着温度的持续升高，混凝土内结合水变成蒸气膨胀，产生压力，导致混凝土表层发生炸裂，产生大的塌陷，隧道衬砌和结构也受到破坏，加剧了疏散和救援人员的生命危险，其直接损失和间接损失巨大。随着我国长隧道及特长隧道的不断增多，防火保护已经是一个重要的研究的课题。

隧道结构防火保护的目的是：采取一定措施，使隧道的钢筋混凝土结构在火灾发生时保持完整性与稳定性，从而大大减少火灾事故造成的生命财产损失，缩短工程修复时间。在隧道消防技术中，主要有以下防火措施；提供不计入结构剖面的额外混凝土厚度，在混凝土中添加聚丙烯纤维，安装喷淋灭火系统，在隧道衬体上粘贴隧道专用防火板材，在隧道衬体上喷涂防火涂料等。各种措施各有其特点，从性价比和施工的方便性考虑，隧道防火涂料是隧道防火保护的最佳选择。目前，隧道防火材料主要有两大类，硅酸盐无机隧道防火涂料和环氧树脂类有机隧道防火涂料。国内对隧道防火涂料的研究，以无机硅酸盐隧道防火涂料为主。

隧道防火涂料通常由粘结剂、无机隔热材料、发泡材料、助剂等组成，按照隧道防火涂料性能要求和使用环境，进行配方设计时需考虑：①对基材的粘结性，一般隧道基材通常为硅酸盐材料，虽可选波特兰水泥类为粘结材料，但考虑发生火灾时的高温环境，应优选耐火度高的高铝水泥为粘结材料；②热力学性质要求各配料的线膨胀系数应尽量接近，否则在高温下热膨胀不一致将会导致涂料的开裂、脱落，失去阻火功能；③涂料各组分应具有不燃性、低导热性和吸热性质等功能，起到防火隔热作用。

5.4.2.3　*预应力钢筋混凝土防火涂料*

在高速发展的建筑中，采用混凝土的建筑结构十分普遍，其中，预应力钢筋混凝土比普通钢筋混凝土的抗裂性、刚度、抗剪性和稳定性更好，质量更轻，并能节省混凝土和钢材。但是，预应力钢筋的温度达200℃时，屈服点开始下降，300℃时，预应力几乎全部消失，蠕变加快，致使预应力板的强度、刚度迅速降低；混凝土在高温下性能也在改变，500℃时强度降低一半左右，800℃时强度几乎完全丧失，因此耐火性较差。

预应力混凝土楼板防火涂料是用无机和有机复合物做胶粘剂将膨胀珍珠岩和硅酸铝纤维等粘结在一起，用水作溶剂，经机械混合搅拌而成的涂料。普通的钢筋混凝土的耐火极限只有1h左右，但在配筋面喷上5mm的防火涂料后，其耐火极限可达到2～3h。这类防火涂料的体积密度在300kg/m^{3}左右，导热系数不大于0.1W/(m·K)，抗压强度1.2MPa以上，抗冻融性15次以上，是一种轻质、隔热、综合性能好的防火涂料，主要用于防火要求较高的预应力钢筋混凝土结构。

5.4.3　防火玻璃

玻璃是建筑物不可缺少的建筑材料，而防火玻璃则是根据建筑规范设计防火等级、在防火重点区域使用的玻璃组件，它在一定程度上能够阻止火灾的蔓延，且必须等于或高于该区域要求的防火级别。防火玻璃是指透明、能阻挡和控制热辐射、烟雾及火焰，防止火焰蔓延的玻璃。确切地说，防火玻璃是一种在规定的耐火试验条件下能够保持完整性和隔热性的特种玻璃。性能良好的防火玻璃可以在近1000℃高温下仍能较长时间保持完整不炸裂，从而有效地抑制火灾，为生命安全及财产安全提供有力保障。

5.4.3.1　防火玻璃的种类

按用途防火玻璃可以分为建筑防火玻璃、船用防火玻璃（包括舷窗、矩形窗防火玻璃，其外表面玻璃板是钢化安全玻璃）及其他防火玻璃。建筑防火玻璃按耐火性能分为A和C两类，A类为隔热防火玻璃，耐火性能同时满足耐火完整性和耐火隔热性的要求；C类为非隔热防火玻璃，耐火性能仅满足耐火完整性要求。每类玻璃都有0.5h、1.0h、1.5h、2.0h和3.0h五个耐火极限等级。

防火玻璃按结构可分为复合防火玻璃（FFB）和单片防火玻璃（DFB）。复合防火玻璃是由两层或两层以上玻璃复合而成或由一层玻璃和有机材料复合而成，并满足相应耐火等级要求的特种玻璃。单片防火玻璃是由单层玻璃构成，并满足相应耐火等级要求的特种玻璃。单片防火玻璃又包括单片夹丝（网）玻璃、特种成分单片防火玻璃、单片高强度钢化玻璃等。

其他类的防火玻璃主要指国际上长期流行使用的空心玻璃砖。空心玻璃砖又可分为单腔空心玻璃砖和双腔空心玻璃砖。

（1）复合防火玻璃

1）夹层复合防火玻璃　夹层复合防火玻璃是将两片或两片以上的单层平板玻璃用膨胀阻燃胶粘剂（俗称防火凝胶）复合在一起而制成。在室温下和火灾发生的初期，夹层复合防火玻璃和普通平板玻璃一样具有透光和装饰性能；发生火灾后，随着火势的蔓延扩大，温度升高，凝胶发生分解反应，形成泡沫状的绝热层，使材料变成不透明，阻止火焰蔓延和热传递，把火灾限制在着火点附近的小区域内，起到防火隔热和防火分隔作用。夹层复合防火玻璃性能的好坏主要取决于防火胶粘剂的性能。但是，一般夹层复合防火玻璃都有微小的气泡及不耐寒、透光性差等问题，对使用效果有一定影响。

夹层防火玻璃还可以用压花玻璃、彩色玻璃和彩色凝胶等制成彩色防火玻璃，起到装饰和防火作用。

2）夹丝网复合防火玻璃（防火夹丝夹层玻璃）　夹丝网复合防火玻璃是在夹层复合防火玻璃的生产过程中，将金属丝网加入两层玻璃中间的有机胶片和无机浆体中。这种金属丝网不会影响玻璃的能见度，丝网加入后不仅提高了防火玻璃的整体抗冲击强度，而且能与电加热和安全报警系统相连接，实现多种功能。用于制造这种玻璃的金属丝网通常以不锈钢丝为宜。

3）中空防火玻璃　中空防火玻璃是在有可能接触火焰一面的玻璃基片上，涂覆一层金属盐，在一定温度、湿度下干燥后，再加工成中空防火玻璃。中空防火玻璃集隔声降噪、隔热保温及防火功能于一体。可以根据用户的具体要求，生产单腔或多腔的中空防火玻璃，即使用两片或三片玻璃加工形成，并可以制成形状各异的中空玻璃防火门、窗、隔断、防火通道等。

4）多功能防弹防火玻璃　多功能防弹防火玻璃由多层优质浮法玻璃，采用特制防火粘结剂，经特殊夹层工艺复合而成，集防弹、防火、报警、隔声等性能于一体。24mm厚的防弹、防火安全玻璃，自动步枪子弹无法穿透。

（2）单片防火玻璃

复合防火玻璃虽然已得到了广泛的应用，但单片防火玻璃由于其质量轻、透光性和装饰性好，在高温下能保持透明，便于观察火情烟气情况，因而应用越来越多。

1）夹丝（网）单片防火玻璃　普通夹丝玻璃是用压延法生产的一种安全玻璃，当玻璃液通过压延辊之间成形时，将具有一定图案的、且经过预热的金属丝或金属网压于玻璃板中，即制成夹丝玻璃。分为夹丝压花玻璃和夹丝磨光玻璃，按厚度分为6mm、7mm和10mm，尺寸一般不小于600mm×400mm，不大于2000mm×1200mm。夹丝（网）玻璃所用的金属丝网和金属丝线分为普通钢丝和特殊钢丝两种，普通钢丝直径为0.4mm以上，特殊钢丝直径为0.3mm以上，夹丝玻璃应采用经过处理的点焊金属丝网。

单片夹丝（网）玻璃具有防火性和安全性两大特点。当火灾发生时，此类玻璃虽然产生裂纹，但由于金属丝网的支撑而不会很快崩落，并能在一定时间内阻止或延缓火焰的蔓延。在没有采取特殊措施的情况下，这种玻璃仅能经受30min的火焰耐火试验，几分钟后炸裂，30min后熔化并流液，对于面积有限的单片夹丝（网）玻璃板（小于$0.065m^2$），如果在玻璃边部钻孔，并用销钉把玻璃固定在窗框上，因玻璃附在金属丝上，而金属丝网挂在销钉上，其耐火时间可长达90min，这种玻璃的缺点是隔热性能差（发生火灾十几分钟后背火面温度高达400～500℃），丝网影响视野，难以满足高级建筑室内装饰的需要。

在安全性方面，当单片夹丝（网）玻璃受到猛烈撞击而破碎时，玻璃的碎片不会飞溅，具有防止或减轻人身伤亡的效果。安装在门窗上，也有某种程度上的防盗作用。

2）特种成分单片防火玻璃　是指采用的玻璃基片为特种成分的玻璃，而非普通成分的平板玻璃或浮法玻璃。

①硼硅酸盐防火玻璃：该防火玻璃的化学组成一般是SiO_2含量在70%～80%之间，B_2O_3含量8%～13%，Al_2O_3含量2%～4%，R_2O含量4%～10%。这种玻璃的特点是具有良好的化学稳定性，软化点高（约850℃左右），热膨胀系数低，在0～300℃时热膨胀系数为$(3\sim40)\times10^{-7}℃^{-1}$，可用作耐热和防火玻璃。使用这种玻璃作为防火玻璃一般厚度以6～8mm为宜。在国外一些发达国家中使用较为广泛。

②铝硅酸盐玻璃：该玻璃的化学组成为：SiO_2含量在55%～60%之间，B_2O_3含量5%～8%。Al_2O_3含量18%～25%，R_2O含量0.5%～1.0%，CaO含量4.5%～8.0%，MgO含量6%～9%。铝硅酸盐玻璃主要特征是Al_2O_3含量高，碱含量低，软化点高（在900～920℃之间），热膨胀系数为$(50\sim70)\times10^{-7}℃^{-1}$。这种玻璃直接放在火焰上加热一般不会炸裂或变形。用作防火材料，玻璃厚度以8mm为宜，在安装使用时可以直接在玻璃上打孔和相配套的金属部件连接。目前，国内外利用铝硅酸盐玻璃作为防火玻璃还比较少。

③微晶防火玻璃：是在一定的玻璃组成中加入Li_2O、TiO_2、ZrO_2等晶核剂，玻璃熔化后再进行热处理，使微晶析出并均匀生长而形成的多晶体。这种玻璃的特点是具有良好的化学稳定性和物理力学性能，机械强度高，抗折抗压强度高，软化温度高（在900℃以上），热膨胀系数小，特别是在0～500℃温度范围内具有很低的热膨胀系数，仅为$(4\sim5)\times10^{-7}℃^{-1}$，因此这种玻璃对加热过程中所出现的温差不敏感，具有很强的热稳定性，甚至可以经受住长达240min的火灾考验。这种玻璃在1000℃时，短时间内也不会变形，可以对其反复加热冷却，在800℃的情况下向其泼冷水也不炸裂。该玻璃中不加金属网，所以具有和浮法玻璃同样的透明度同时又具有化学耐久性，可以进行切割加工。低膨胀微晶玻璃是未来建筑用防火玻璃的理想材料，但是与夹丝网玻璃和普通玻璃一样，耐高温的微晶玻璃隔热性能差，在火灾中，几十分钟后背火面温度就高达400℃，辐射热强度达$1.4\times10^3W/m^2$以上，易引起可燃物质着火，影响人身安全。

5.4.3.2 防火玻璃的耐火性能

普通玻璃虽然不燃、熔点高、能够阻挡火焰穿透，但是，由于玻璃自身的脆性，受热后易炸裂，碎片会从框架中脱出，从而无法阻挡火焰地穿过，因此，在建筑物中有防火要求的区域，对玻璃的防火要求基于两点考虑；第一是玻璃必须完整，不能破裂开口或洞穿，以免造成空气流动促使直接火焰的蔓延；第二是玻璃自身完整，且不能由于传热使易燃材料着火，间接造成火势扩展。

防火玻璃最主要的性能是耐火性能。GB 15763.1—2009《建筑用安全玻璃 第1部分：防火玻璃》按耐火性能将建筑防火玻璃分为A和C两类。A类为隔热防火玻璃，耐火性能同时满足耐火完整性和耐火隔热性的要求；C类为非隔热防火玻璃，耐火性能仅满足耐火完整性要求。每类玻璃都有0.5h、1.0h、1.5h、2.0h和3.0h五个耐火极限等级。

依据《中华人民共和国公共安全行业标准》GA 97—1995的规定，防火门窗的耐火极限分为甲、乙、丙三个等级，分别满足72min、54min、36min的耐火需要。

5.4.4 防火分隔设施

防火分隔设施是指在一定时间内能把火势控制在一定空间内，阻止其蔓延扩大的一系列分隔设施。防火分隔设施必须满足我国GB 50045—2010《高层民用建筑设计防火规范》和GB 50016—2011《建筑设计防火规范》中不同等级的防火要求。常用的防火分隔设施有防火门、防火卷帘、防火阀、阻火圈。

5.4.4.1 防火门

防火门是用防火阻燃材料制成的在一定时间内具有耐火稳定性、完整性和隔热性的门，它是设置在防火分区间、疏散楼梯间、垂直竖井等部位的活动防火分隔设施。在消防技术日益成熟的今天，基本上有防火要求的建筑都有防火门的身影，防火门不但具有普通门的作用，更重要的是还能阻止或延缓火灾的蔓延扩大，确保人员安全疏散。美国26层高的米高梅饭店，其内部装修豪华，而装修用的可燃物量多，防火分区设置不合理，甚至在防火墙上也存在一些大的孔洞，1980年11月21日，当一楼餐厅发生火灾时，火焰很快四处蔓延并通过那些没安装防火门的孔洞将火灾扩大到相邻的赌场，造成了84人死亡、679人受伤的惨剧。

（1）防火门的种类及构造

防火门主要由门框、门扇、控制设备和附件等组成。防火门的构造和质量对其防火和隔烟性能有直接影响。确定防火门的耐火极限主要看门的稳定性、完整性是否被破坏和是否具有隔火作用。这主要与门扇的材料、构造、抗火烧能力（在一定时间内不垮塌、不发生穿透裂缝或孔洞），门扇与门框之间的间隙、门扇的热传导性能以及所选用的铰链等附件有关。

我国常用的防火门有钢质防火门、嵌夹丝玻璃钢质防火门、嵌透明复合玻璃钢质防火门，木质防火门、嵌夹丝玻璃木质防火门、嵌透明复合玻璃木质防火门、安全玻璃（复合玻璃）防火门、复合材料防火门等品种。

（2）防火门的耐火等级

我国防火门是按照耐火极限把防火门分为甲级、乙级和丙级三级，以满足各类建筑的不同等级需求。甲级防火门耐火极限为1.2h，乙级防火门耐火极限0.9h，丙级防火门耐火极限为0.6h。

国家标准 GB 50045—2010《高层民用建筑设计防火规范》和 GB 50016—2011《建筑设计防火规范》对各类防火门的使用范围进行了规定；在防火墙上开设门、窗、洞口，应设置甲级防火门，在耐火极限不低于2.0h 的隔墙上开门时，应采用乙级防火门。但是防火门的耐火极限和防火墙的耐火极限相差悬殊，防火门在其耐火极限之后时间内的防火性能未知，会形成火灾隐患。

（3）防火门的构造要求

在防火门的产品标准 GB 12955—2008《防火门》中对防火门的设计构造有相应的规定和要求。防火门内部填充物的燃烧性能必须达到 $A1$ 级要求，产烟毒性危险分级达到 ZA_2 级的要求。同时对门板厚度、钢制门的板扇钢板厚度、门框钢板厚度等做出了明确限定。

（4）防火门的适用范围

防火门主要用于高层建筑的防火分区；楼梯间和电梯门；机房、宾馆饭店、商店、影剧院等公共场所。防火门设置应符合建筑防火分隔要求，其适用场合有以下情况。

1）在防火墙上不应开设门窗洞口，如必须开设时，应设置耐火极限不低于1.2h 的甲级防火门窗。

2）高层厂房（仓库）、人员密集的公共建筑、人员密集的多层丙类厂房设置封闭楼梯间时，通向楼梯间的门应采用乙级防火门，并应向疏散方向开启。

3）疏散道通向前室以及前室通向楼梯间的门应采用乙级防火门。

4）对于附设在高层民用建筑内的固定灭火装置的设备室、通风、空调机房等，应采用不低于规定的耐火极限的隔墙与其他部位隔开，隔墙的门采用耐火极限为1.2h 的甲级防火门（对非高层建筑采用耐火极限为0.6h 的乙级防火门）。

5）通廊式居住建筑当建筑层数超过2层时，户门应采用乙级防火门。

6）楼梯间的首层应采用乙级防火门等设施与其他走道和房间隔开；地下室、半地下室的楼梯间，在道层隔墙上必须开门时，应采用乙级防火门。在地下室、半地下室楼梯间的防火墙上开洞时，应采用耐火极限为1.2h 的甲级防火门。

7）在消防电梯井、机房与相邻电梯井机房之间隔墙上开门时应为甲级防火门。

8）舞台上部与观众闷顶之间的隔墙可采用耐火极限不低于1.5h 的不燃烧体，隔墙上的门应采用乙级防火门。医院中的洁净手术室、附设在建筑中的歌舞娱乐放映游艺场所以及附设在居住建筑中的托儿所、幼儿园的儿童用房和儿童游乐厅等儿童活动场所、老年人活动场所的建筑墙上必须开门时应设置乙级防火门。

5.4.4.2 防火卷帘

防火卷帘是一种适用于建筑物较大洞口处的防火、隔热设施。卷帘帘面通过传动装置和控制系统实现卷帘的升降。在公共建筑面积过大，超过了防火分区最大允许面积的规定，考虑到使用上的需要，按规定设置防火墙确有困难时，可采取特殊的防火处理方法，即设置作为划分防火分区分隔设施的防火卷帘，平时卷帘收拢，与棚面高度相同，保持宽敞的场所，满足使用要求；发生火灾时，按控制程序下降，将火势控制在一个防火分区的范围之内，具有防火、隔烟、抑制火灾蔓延、保护人员疏散的特殊功能，广泛应用于高层建筑、大型商场等人员密集的场合等工业与民用建筑的防火隔断区，是现代建筑中不可缺少的防火设施。

按耐火极限，将防火卷帘分为钢质防火卷帘，钢质防火、防烟卷帘，无机纤维复合防火

卷帘，无机纤维复合防火、防烟卷帘和特级防火卷帘五类。各类的耐火极限见表5-20。

表5-20 防火卷帘的耐火极限（GB 14102—2005）

名称	名称符号	代 号	耐火极限/h	帘面漏烟量［$m^3/(m^2 \cdot min)$］
钢质防火卷帘	GFJ	F2	≥2.00	
		F3	≥3.00	
钢质防火、防烟卷帘	GFYJ	FY2	≥2.00	≤0.2
		FY3	≥3.00	
无机纤维复合防火卷帘	WFJ	F2	≥2.00	
		F3	≥3.00	
无机纤维复合防火、防烟卷帘	WFYJ	FY2	≥2.00	≤0.2
		FY3	≥3.00	
特级防火卷帘	TFJ	TF3	≥3.00	

在实际生产和应用中，防火卷帘有多种产品，主要有豪华电动伸缩门、手动卷帘门、镀锌卷帘门、欧式卷帘门、不锈钢玻璃门、不锈钢电动卷帘门、铝合金卷帘门、彩钢卷帘门、澳式卷帘门、透明水晶卷帘门、防火卷帘门等。

（1）复合型钢质防火防烟卷帘

复合型钢质防火防烟卷帘是由主帘板和辅助帘板一次性压制而成，表面光滑，无焊接，强度高。中间填有硅酸铝纤维毡，具有良好的阻燃隔热作用，大大减少背火面的热辐射，性能优越，并可省去水幕保护系统，能满足各类一级防火分区的隔断作用。垂直升降的复合型钢质防火卷帘可自带烟感温感探测器独立工作，或与建筑中央消防控制系统联网。

（2）无机纤维复合防火卷帘

无机纤维复合防火卷帘是一种新型的防火卷帘。帘面采用新型复合无机材料膨化硅酸铝纤维布外涂耐火胶为基材经特殊工艺制成。内外平整美观，抗拉强度高，具有良好的耐腐蚀性和抗潮性；质量比钢质卷帘大幅减轻，约为钢质的1/8，大大降低了建筑物的有效荷载，有利于加工较大宽度的防火卷帘门，帘面厚度薄，噪声小，隔烟隔热效果好。具有电动和手动双重控制功能，可配装烟感和温感报警系统，可实行自动控制，也可由消防中央控制中心联动控制。防火性能与钢质防火卷帘相同，但不需水幕保护，可大幅度降低工程造价。

（3）逃生门复合防火卷帘

将防火门、防火卷帘的双重功能合为一体，可制得逃生门复合防火卷帘。体现了帘中门与卷帘同步卷放，密闭，逃生门向疏散方向开启，具有自行关闭功能，便于火灾时人员的安全疏散和火灾的扑救。卷帘中安全门可灵活设置，位置可在两侧或中间。安全门尺寸大小可变，能满足各类建筑场所的要求。采用先进的电控系统，使卷帘具有自动（联动）、手动控制功能。

各类防火卷帘主要用于大型超市（大卖场）、大型商场、医院、学校、政府机关、大型专业材料市场、大型展馆、厂房、仓库等有消防要求的公共场所。当火警发生时，防火卷帘门在消防中央控制系统的控制下，按预先设定的程序自动放下（下行），从而起到阻止火焰向其他范围蔓延的作用，为实施消防灭火争取宝贵的时间。

防火卷帘除设置在防火墙外，在两个防火分区之间没有防火墙的也应设置防火卷帘。

5.4.5 阻燃剂

在建筑、电器及日常生活中使用的木材、塑料和纺织品等，多数都是可燃或易燃的材料，一旦发生火灾，其后果是非常严重的。为了使火灾发生时能延缓火灾的蔓延，经常在上述材料内加入阻燃剂进行阻燃处理，使易燃的材料变为难燃或不燃的材料。用来提高材料的减缓、抑制或终止火焰传播特性的物质称为阻燃剂。

5.4.5.1 阻燃剂的类型

按所含阻燃元素的不同，可将阻燃剂分为卤系阻燃剂、磷系阻燃剂、氮系阻燃剂、磷-卤系阻燃剂、磷-氮系阻燃剂等几类。

按组分的不同，可分为无机盐类阻燃剂、有机阻燃剂和有机、无机混合阻燃剂三种。无机阻燃剂是目前使用最多的一类阻燃剂，它的主要组分是无机物，应用产品主要有氢氧化铝、氢氧化镁、磷酸一铵、磷酸二铵、氯化铵、硼酸等；有机阻燃剂的主要组分为有机物，主要的产品有卤系、磷酸酯、卤代磷酸酯等。还有一部分有机阻燃剂用于纺织物的耐久性阻燃整理，如十溴联苯醚、六溴环十二烷、三氧化二锑、五氧化二锑、十溴-三氧化二锑阻燃体系，具有较好的耐洗涤的阻燃性能；有机、无机混合阻燃剂是无机盐类阻燃剂的改良产品，主要用非水溶性的有机磷酸酯的水乳液，部分代替无机盐类阻燃剂。在三大类阻燃剂中，无机阻燃剂具有无毒、无害、无烟、无卤的优点，广泛应用于各类领域，需求总量占阻燃剂需求总量一半以上，需求率有增长趋势。

按使用方法的不同，可把阻燃剂分为添加型和反应型。添加型阻燃剂主要是通过在可燃物中添加阻燃剂，发挥阻燃剂的作用；反应型阻燃剂则是通过化学反应在高分子材料中引入阻燃基团，从而提高材料的抗燃性，达到阻止材料被引燃和抑制火焰传播的目的。在阻燃剂类型中，添加型阻燃剂占主导地位，使用的范围比较广，约占阻燃剂的85%，反应型阻燃剂仅占15%。

5.4.5.2 阻燃剂的阻燃机理

阻燃剂是通过若干机理发挥其阻燃作用的，如吸热作用、覆盖作用、抑制链反应、不燃气体的窒息作用等。多数阻燃剂是通过若干机理共同作用发挥阻燃效能。

1）吸热作用　在高温条件下，阻燃剂发生强烈的吸热反应，吸收燃烧放出的部分热量，降低可燃物表面的温度，使燃烧物的温度难以达到着火点以上，有效地抑制可燃性气体的生成，阻止燃烧的蔓延。任何燃烧在较短的时间内所放出的热量是有限的，如果能在较短的时间内吸收火源所放出的一部分热量，那么火焰温度就会降低，辐射到燃烧表面和作用于已经气化的可燃分子，使之裂解成自由基的热量就会减少，燃烧反应就会得到一定程度的抑制。$Al(OH)_3$ 阻燃剂就是通过提高聚合物的热容，使其在达到热分解温度前吸收更多的热量，从而提高其阻燃性能。这类阻燃剂充分发挥其结合水蒸发时大量吸热的特性，提高其自身的阻燃能力。硼砂阻燃剂在燃烧受热时，每个硼砂分子要释放出10个结晶水分子，折算成每摩尔硼砂要吸收142kJ的热量：

$$Na_2B_4O_7 \cdot 10H_2O \longrightarrow Na_2B_4O_7 + 10H_2O$$

2）覆盖作用　阻燃剂在高温下能形成玻璃状或稳定的泡沫覆盖层，隔绝氧气，具有隔热、隔氧、阻止可燃气体向外逸出的作用，从而起到阻燃的作用。如有机磷类阻燃剂受热时能产生结构更趋稳定的交联状固体物质或炭化层。炭化层的形成一方面能阻止聚合物进一步热解，另一方面能阻止其内部的热分解产物进入气相参与燃烧过程。

3）捕捉自由基　从燃烧的条件可知，燃烧能够继续下去的条件之一是在燃烧区内可燃的自由基的生成速度大于自由基的销毁速度。可以产生燃烧的自由基主要是 O、H、OH 等。其中 OH 自由基在烃类燃烧中起着重要作用。阻燃剂可作用于气相燃烧区，捕捉燃烧反应中产生的自由基，消耗或销毁这些自由基，从而阻止火焰的传播，使燃烧区的火焰密度下降，最终使燃烧反应速度下降直至终止，达到阻燃的效果。如含卤阻燃剂，它的蒸发温度和聚合物分解温度相同或相近，当聚合物受热分解时，阻燃剂也同时挥发出来。此时含卤阻燃剂与热分解产物同时处于气相燃烧区，卤素便能够捕捉燃烧反应中产生的自由基 OH 和 H，从而阻止火焰的传播，使燃烧区的火焰密度下降，最终使燃烧反应速度下降直至终止。具体反应为：

$$HBr + OH \longrightarrow H_2O + Br$$

$$Br + RH \longrightarrow HBr + R$$

$$HBr + H \longrightarrow H_2 + Br$$

$$H + Br \longrightarrow HBr$$

上述反应不断地进行下去，使系统内的 H 和 OH 自由基不断被消耗掉，从而达到阻燃效果。

4）稀释作用　某些阻燃剂在受到热的作用时，能产生 CO_2、H_2O、HCl 等不燃性气体，将可燃物分解出来的可燃气体的浓度冲淡到燃烧下限以下，同时也对燃烧区内的氧浓度具有稀释的作用，阻止燃烧的继续进行，起到阻燃的作用。

5）转移效应　木材、棉花、塑料等有机物在燃烧时会释放出可燃挥发分，这些挥发成分进入燃烧区会继续燃烧，但当它们的燃烧环境变化时，如在酸性或在碱性条件下燃烧时，正常的热分解反应会被破坏，转变成脱水和碳化反应，生成水蒸气，使燃烧反应不能继续，从而达到阻燃的效果。

$$(C_6H_{10}O_5)_n \longrightarrow 6nC + 5nH_2O\text{(条件是在酸或碱的环境下燃烧)}$$

6）增强效应　有些阻燃剂在单独使用时，阻燃效果不明显，但如果同时使用两种或两种以上的阻燃剂时，其阻燃作用会大大加强。这种现象称为阻燃剂的增强效应。如磷-卤系阻燃剂、磷-氮系阻燃剂，主要是通过磷-卤、磷-氮协同效应，取得比较好的阻燃效果。

5.4.5.3　常用的阻燃剂

目前常用的阻燃剂主要是有机卤系、有机磷系和无机系三大类。主要是第Ⅲ、Ⅴ、Ⅶ主族的元素及它们的化合物。这些元素是 B、Al、N、P、Sn（锡）、Cl、Br、Sb（锑）。有机卤系阻燃剂中，溴系阻燃剂使用范围较广，它主要的特点是阻燃效率高、用量少，对材料的性能影响小等，但在热裂及燃烧时生成大量的烟尘及腐蚀性气体。有机磷系阻燃剂作为一种无卤的阻燃剂，有效地克服了含卤阻燃剂的缺点，具有阻燃、隔热、隔氧功能，且生烟量少，也不易形成有毒气体和腐蚀性气体等优点，符合时代对环保的要求。无机阻燃剂的最大优点是低毒、低烟或抑烟、低腐蚀，且价格低廉，但由于所需添加量较大，限制了它们的应用。

（1）无机类阻燃剂

无机类阻燃剂包括氢氧化铝、氢氧化镁、膨胀石墨、硼酸盐、草酸铝和硫化锌为基体的阻燃剂。氢氧化铝和氢氧化镁是无机阻燃剂的主要品种，具有无毒性和低烟等特点。它们受热分解时吸收大量燃烧区的热量，使燃烧区的温度降低到燃烧临界温度以下使燃烧自熄；分解后生成的金属氧化物多数熔点高、热稳定性好，覆盖于燃烧固相表面，阻挡热传导和热辐射，从而起到阻燃作用。同时分解产生大量的水蒸气，可稀释可燃气体，也起到阻燃作用。

水合氧化铝的优点是热稳定性好，在300℃下加热2h可转变为AlO(OH)，与火焰接触后不会产生有害的气体，并能中和聚合物热解时释放出的酸性气体，发烟量少，价格便宜，因而成为无机阻燃剂中的重要品种。水合氧化铝受热释放出化学结合水，吸收燃烧热量，降低燃烧温度。发挥阻燃作用时的主要是两个结晶水分子。另外，失水产物为活性氧化铝，能促进一些聚合物在燃烧时稠环的炭化，因此具有凝聚相阻燃作用。从该机理可知，使用水合氧化铝作阻燃剂时，添加量应较大。

$Al(OH)_3$是一种白色粉末，具有很好的热稳定性，无毒、无味、不挥发，不产生有害气体。它在受热时会发生分解反应：

$$2Al(OH)_3 \xlongequal{300℃} Al_2O_3 + 3H_2O \quad 吸热 1.97J/g$$

$Al(OH)_3$的吸热作用使燃烧物的表面温度上升缓慢，不容易达到着火点；热分解放出的水蒸气具有覆盖和稀释作用，能隔断火焰与材料表面的接触，还能稀释氧气的浓度。另外，$Al(OH)_3$本身是一种碱性物质，可以促进纤维素的碳化与脱水作用。这些综合作用使$Al(OH)_3$具有较好的阻燃作用。

$Al(OH)_3$的阻燃作用与其用量及细度等因素有关。用量越多，阻燃作用越好；颗粒越细，阻燃效果也越好。另外，对$Al(OH)_3$进行表面处理也能大大地提高其阻燃性能。

镁元素阻燃剂主要品种为氢氧化镁，是近几年来国内外正在开发的一种阻燃剂。它在340℃左右开始吸热发生分解反应生成氧化镁，在423℃下质量损失达最大值，490℃下分解反应终止。从量热法得知，其反应吸收大量热能（44.8kJ/mol），生成的水也吸收大量热能，降低温度，达到阻燃。氢氧化镁的热稳定性和抑烟能力都比水合氧化铝好，但由于氢氧化镁的表面极性强，与有机物相容性差，所以需要经过表面处理后才能作为有效的阻燃剂。另外，它的热分解温度偏高，适宜热固性材料等分解温度较高的聚合物的阻燃。

在高温下，可膨胀石墨中的嵌入层受热易分解，产生的气体使石墨的层间距迅速扩大到原来的几十倍至几百倍。当可膨胀石墨与高聚物混合时，在火焰的作用下，可在高聚物表面生成坚韧的炭层，从而起到阻燃作用。

硼酸盐阻燃剂有硼砂、硼酸和硼酸锌。硼酸锌在300℃开始释放出结晶水，在卤素化合物的作用下，生成卤化硼、卤化锌，抑制和捕获游离的羟基，阻止燃烧连锁反应；同时形成固相覆盖层，隔绝周围的氧气，阻止火焰继续燃烧并具有抑烟作用。

硼酸锌可以单独使用，也可与其他阻燃剂复配使用。目前，主要产品有细粒硼酸锌、耐热硼酸锌、无水硼酸锌和高水硼酸锌。

草酸铝是氢氧化铝衍生的结晶状物，碱含量低。含有草酸铝的高聚物燃烧时，放出H_2O、CO及CO_2，而不生成腐蚀性气体。草酸铝还能降低烟密度和生烟速度。由于草酸铝的碱含量低，所以用做电线、电缆的阻燃包覆料时，不影响材料的电气性能。

无机阻燃剂主要作为环氧树脂、不饱和聚酯树脂、聚乙烯、ABS、硬质PVC、聚烯烃和尼龙等材料的阻燃剂，用来提高这些材料的阻燃性能。

（2）BR-1 型阻燃剂

BR-1 型阻燃剂是一种乳白色的液态溴系有机化合物。是一种典型的卤系阻燃剂，是目前世界上产量最大的有机阻燃剂之一。在卤系阻燃剂中大部分是溴系阻燃剂。工业生产的溴系阻燃剂可分为添加型、反应型及高聚物型三大类，而且品种繁多。国内外市场上现有 20 种以上的添加型溴系阻燃剂，10 种以上的高分子型溴系阻燃剂，20 种以上的反应型溴系阻燃剂。

添加型的阻燃剂主要有十溴二苯醚（DBDPO）、四溴双酚 A 双（2，3-二烷丙基）醚（TBAB）、八溴二苯醚（OBDPO）等；反应型阻燃剂主要有四溴双酚 A（TBBPA）、2，4，6-三溴苯酚等；高分子型阻燃剂主要有溴化聚苯乙烯、溴化环氧、四溴双酚 A 碳酸酯共聚物等。溴系阻燃剂之所以受到青睐，其主要原因是它的阻燃效率高，而且价格适中。由于 C-Br键的键能较低，大部分溴系阻燃剂的分解温度在 200～300℃，此温度范围正好也是常用聚合物的分解温度范围。

在高聚物受热分解时，溴系阻燃剂也开始分解，并能捕捉高分子材料分解时产生的自由基，从而延缓或抑制燃烧链的反应，同时释放出 HBr。HBr 本身是一种难燃气体，可以覆盖在材料的表面，起到阻隔与稀释氧气浓度的作用。这类阻燃剂无一例外地都与锑系（三氧化二锑或五氧化二锑）复配使用，通过协同效应使阻燃效果得到明显提高。

BR-1 型阻燃剂主要用于涤纶织物的阻燃处理，也可用于纸张、地毯等行业的阻燃处理。

（3）三氧化二锑（Sb_2O_3）

Sb_2O_3 是无机阻燃剂中的一个特例。Sb_2O_3 一般和卤素阻燃剂同时使用。Sb_2O_3 先与卤素反应生成三卤化锑（SbX_3），SbX_3 是气相燃烧区的自由基捕捉剂，三价锑可以促进卤素游离基的生成，从而降低燃烧区中的 OH 和 H 自由基的浓度；密度较高的 SbX_3 还能覆盖在材料表面，隔断空气和热量；锑-卤阻燃体系还能增加某些聚合物的炭生成量，从而起到阻燃作用。

锑-卤阻燃体系主要用于 PVC、聚丙烯、聚乙烯、聚氨酯等塑料中，也可用于纺织品、纤维、油漆、橡胶的阻燃处理。

（4）甲基磷酸二甲酯（DMMP）

甲基磷酸二甲酯的分子式为 $C_3H_9O_3P$，是一种无色透明液体。使用含磷阻燃剂的材料燃烧时会生成很多焦炭，减少了可燃性挥发性物质的生产量，燃烧时阻燃材料的热质量损失大大降低，但阻燃材料燃烧时的烟密度比未阻燃时增加。在燃烧时，磷化合物分解生成磷酸的非燃性液态膜，其沸点可达 300℃。同时，磷酸又进一步脱水生成偏磷酸，偏磷酸进一步聚合生成聚偏磷酸。在这个过程中，不仅由磷酸生成的覆盖层起到覆盖效应，而且由于生成的聚偏磷酸是强酸，是很强的脱水剂，使聚合物脱水而炭化，改变了聚合物燃烧过程的模式并在其表面形成炭膜以隔绝空气，从而发挥更强的阻燃效果。

甲基磷酸二甲酯高效低毒，成本低，主要用于聚氨酯泡沫塑料、不饱和聚酯树脂、环氧树脂的阻燃处理。

常用的阻燃剂还有氯化石蜡、FRY 天然纤维阻燃液和聚磷酸铵阻燃剂等。

5.4.5.4 阻燃剂的发展方向

随着高分子材料广泛地应用于建筑、工业、国防等诸多领域，对高分子材料的阻燃要求越来越引起人们的重视，阻燃剂的研究发展也取得了很大的进步。国外对阻燃剂的研究已进入相对完善的发展阶段，但在国内，阻燃剂还是一个新兴的工业。虽然各种因素制约着阻燃剂的发展，但近几年来国内阻燃剂的发展不断成熟。当前，阻燃材料的发展呈现出两个重要特点：一是阻燃剂需求总量快速增长；二是阻燃剂品种朝着低烟、无毒、无卤化方向发展。因此，不断克服原有阻燃剂的缺点，开发出新型低烟、无毒、无卤化的阻燃剂，可以预言，在全球范围内阻燃剂将有一个蓬勃发展的前景。

（1）克服阻燃剂的缺点

阻燃剂在使用过程中存在一些问题，近年来火灾时由阻燃剂引起的灾害频频发生，对人的生命威胁最大的是阻燃材料产生的烟气和毒气。美国学者对393起建筑火灾中1464人的死亡原因所做的分析表明，其中因中毒和缺氧而致死的占75.5%，被火焰直接烧死的仅占24.4%。因此，随着人们对降低阻燃材料燃烧过程中产生的烟量和有毒气体的呼声日益升高，不断克服各类阻燃剂自身的缺点才能使阻燃剂有更好的发展前景。

1）有机卤系阻燃剂　主要研究发展方向是开发挥发性低、热稳定性好的阻燃增效剂；开发能与热塑性塑料反应形成交联结构的阻燃剂，使其在发挥阻燃作用的同时，还能改善塑料的机械性能；开发性能独特、毒性低、挥发性低的高溴含量的阻燃剂。

2）有机磷系阻燃剂　研究开发磷为活性成分之一的膨胀型阻燃剂。含膨胀型阻燃剂的高聚物热裂或燃烧时，表面形成一层膨胀炭层，具有阻燃（炭的极限氧指数达60%）、隔热、隔氧功能，且生烟量少，也不易形成有毒气体和腐蚀性气体，有效地克服有机磷系阻燃剂的缺点。

3）无机阻燃剂　无机阻燃剂的主要缺点是在高分子材料中添加量大（一般在50%以上），易导致材料的加工性能和物理性能下降。研究表明，阻燃剂粒径大小直接影响它所填充材料制品的性能，当添加量一定时，粒径减小，制品的机械、物理性能指标提高，氧指数上升，熔滴现象大大减轻。因此，粒子的超细化已成为无机阻燃剂的主要发展趋势之一。探索更好、更可行的粒子表面改性方法是无机阻燃剂发展的另一个重要趋势，能使无机阻燃剂有更好的发展前景。

（2）开发新型低毒低烟、无污染的阻燃剂

从环保的角度考虑，国外许多国家已经限制对环境有污染的阻燃剂的生产和使用。欧洲已经开始限制含卤阻燃剂的销售，日本禁止使用使电缆燃烧时产生酸性气体的阻燃剂，美国已制定了采用低卤电缆包覆层的规定。不久的未来，含卤阻燃体系将会被无卤阻燃体系替代。

1）膨胀型阻燃剂　膨胀型阻燃剂是近年来国际阻燃领域广为关注的新型复合阻燃剂。它具备了独特的阻燃机制和无卤、低烟、低毒的特性，符合当今人们保护生态环境的要求，是阻燃剂无卤化的重要途径。膨胀阻燃系统一般由三个部分组成：酸源、炭源和气源。酸源一般是无机酸或加热到一定温度后能形成无机酸的化合物，如磷酸、三氯氧磷、聚磷酸铵等；炭源也叫成炭剂，它是形成泡沫炭化层的基础，主要是一些含碳量高得多羟基化合物，如季戊四醇、淀粉等；气源也叫发泡源，常用的发泡源有三聚氰胺、双氰胺等。膨胀型阻燃剂的阻燃机理为：受热时，酸源分解产生脱水剂，与成炭剂形成酯，酯然后脱水交联形成炭，同时发泡剂释放大量的气体帮助膨胀炭层。厚的炭层提高了聚合物表面与炭层表面的温度梯度，使聚合物表面温度较火焰温度低得多，减少了聚合物进一步降解释放可燃性气体的可能性，同时隔绝了外界氧的进入，阻止火焰的蔓延和传播，因而在相当长的时间内可以对聚合物起阻燃作用。“三源”的协同作用，使其阻燃效果明显提高。与传统的卤系阻燃剂相比，这种阻燃系统在燃烧过程中大大减少了有毒及腐蚀性气体的生成，因而受到阻燃界的一致推崇，是今后阻燃材料发展的主流。

2）纳米级阻燃剂　纳米材料是采用纳米技术合成的材料，其粒子的尺寸大小达到纳米级别。纳米材料技术以其高技术含量、高产品品质的特点而备受国内外瞩目。采用纳米技术开发生产纳米级阻燃剂是阻燃剂领域的新产品。如纳米级氢氧化镁，具有纯度高、粒度超级细化、阻燃性能好等优点，有很大的发展潜力。

总之，研究开展新型的低毒、低烟雾、无害化、高效阻燃抑烟型阻燃剂是阻燃剂发展的主要趋势。

第 6 章　建筑防腐蚀材料

6.1　材料腐蚀的基本知识

6.1.1　材料腐蚀的基本概念

腐蚀是材料在各种环境作用下，发生的破坏和变质。建筑物在使用过程中，经常会遇到多种腐蚀介质，如化工厂排出的许多废水都含有酸、碱、盐等腐蚀介质，这些介质会与建筑材料发生化学作用或电化学作用，因而使建筑物受到破坏。

金属和它所处的环境介质之间发生化学、电化学或物理作用，引起金属的变质和破坏，称为金属腐蚀。随着非金属材料越来越多地用作工程材料，非金属材料失效现象也越来越受到人们的重视，因此，腐蚀科学家们主张把腐蚀的定义扩展到所有材料（金属和非金属材料）。腐蚀较确切的定义为：腐蚀是材料由于环境的作用而引起的破坏和变质。

腐蚀现象是十分普遍的。从热力学的观点出发，除了极少数贵金属（Au、Pt）外，一般材料发生腐蚀都是一个自发过程。可以说，人类有效地利用金属的历史，就是与金属腐蚀做斗争的历史。我国早在商代就冶炼出了青铜，即用锡改善了铜的耐蚀性。从出土的春秋战国时代的武器、秦朝的青铜剑和大量的箭骸来看，有的迄今毫无锈蚀。经鉴定，这些箭骸表面有一层铬的氧化物层，而基体中并不含铬，很可能这种表面保护层是将铬的化合物人工氧化并经高温处理得到的。这种两千年前创造的与现代铬酸盐钝化相似的防护技术，不能不说是中国文明史上的一个奇迹。

金属腐蚀作为一门独立的学科则是在 20 世纪初才逐渐形成的。20 世纪以来，由于石油、化工等工业的高速发展，促进了腐蚀理论、耐蚀材料的研究和应用。经过电化学家和金属学家的辛勤努力，经过深入而系统的大量研究之后，人们逐步了解了金属腐蚀和氧化的基本规律，为提出腐蚀理论奠定了基础。

近 50 年来，金属腐蚀已基本发展成为一门独立的综合性边缘学科。随着现代工业的迅速发展，使原来大量使用的高强度钢和高强度合金构件不断暴露出严重的腐蚀问题，引起许多相关学科的关注，包括现代电化学、固体物理学、断裂力学、材料科学、工程学、微生物学等。这些学科对腐蚀问题进行了综合研究，形成了许多腐蚀学科分支，如腐蚀电化学、腐蚀金属学、腐蚀工程力学、生物腐蚀学和防护系统工程等。

6.1.2　研究材料腐蚀的重要性

材料腐蚀问题遍及国民经济的各个领域。从日常生活到交通运输、机械、化工、冶金，从尖端科学技术到国防工业，凡是使用材料的地方，都不同程度地存在着腐蚀问题。腐蚀给社会带来巨大的经济损失，造成了灾难性事故，耗竭了宝贵的资源与能源，污染了环境，阻碍了高科技的正常发展。

（1）材料腐蚀给国民经济带来巨大损失

以金属材料为例，据一些工业发达国家统计，每年由于腐蚀而造成的经济损失约占国民经济生产总值的2%～4%。美国1975年因腐蚀造成的经济损失约为700亿美元，约占当年国民生产总值的4.2%，而1982年高达1260亿美元；英国1969年腐蚀损失为13.65亿英镑，占国民生产总值的3.5%；日本1967年腐蚀损失为92亿美元，占国民生产总值的1.8%；前苏联1967年腐蚀损失为67亿美元，占国民生产总值的2%；前联邦德国1974年腐蚀损失为60亿美元，约占国民生产总值的3%。最近，我国工程院院士侯保荣给出的一组数字：我国海水每年腐蚀掉的钢，大约相当于宝钢一年半的产量。2010年，海水腐蚀的损失是1.2万亿元，占GDP的3%，相当于每个中国人为此损失1000元。

（2）腐蚀事故危及人身安全

腐蚀引起的灾难性事故屡见不鲜，损失极为严重。例如1965年3月，美国一输气管线因应力腐蚀破裂着火，造成17人死亡。日本1970年大阪地下铁道的管线因腐蚀折断，造成瓦斯爆炸，乘客当场死亡75人。1985年8月12日，日本的一架波音747飞机由于构件的应力腐蚀断裂而坠毁，造成500多人死亡的惨剧，直接经济损失1亿多美元。又如1979年我国某市液化石油气贮罐由于腐蚀爆炸起火，伤亡几十人，直接经济损失达630万元。而且，由于意外事故而引起的停工、停产所造成的间接经济损失，可能超过直接经济损失的若干倍。

（3）腐蚀耗竭了宝贵的资源和能源

据统计，全世界每年因腐蚀而报废的金属设备和材料相当于金属年产量的10%～40%，其中2/3可再生，而1/3的金属材料被腐蚀后无法回收。我国2010年钢产量为6.3亿t，全年因腐蚀消耗掉的钢材近6000万t。可见，腐蚀对自然资源是极大的浪费，同时还浪费了大量的人力和能源。因此，从有限的资源与能源出发，研究解决腐蚀问题，已刻不容缓。

（4）腐蚀引起相当严重的环境污染

由于腐蚀增加了工业废水、废渣的排放和处理难度，增多了直接进入大气、土壤、江河及海洋中的有害物质，因此造成了自然环境的污染，破坏了生态平衡，危害了人民健康，妨碍了国民经济的可持续发展。

此外，由于腐蚀现象的普遍性，许多新技术的发展往往都会遇到腐蚀问题。如果腐蚀问题解决得好，就能起到促进作用。例如，不锈钢的发明和应用，促进了硝酸和合成氨工业的发展；反之，如果腐蚀问题解决得不好，则可能妨碍高技术的发展。美国的阿波罗登月飞船储存N_2O_4的高压容器曾发生应力腐蚀破裂，经分析研究，加入质量分数为0.6%的NO之后才得以解决。美国著名的腐蚀学家方坦纳（Fortana）认为，如果找不到这个问题的解决办法，登月计划会推迟若干年。

6.1.3 金属腐蚀的试验方法

根据金属材料与环境介质的相互关系，金属腐蚀的试验方法可分为实验室试验、现场试验和实物试验三大类；按照试验方法的性质，可分为物理的、化学的和电化学的三种方法；按照试验结果，又可分为定性考察和定量测量；按照研究内容、试验手段或腐蚀类型，还可作其他各种分类。

（1）实验室试验

在实验室内，有目的地将专门制备的小型金属试样在人工配制的、受控制的环境介质条件下进行腐蚀试验，称为实验室试验。其优点是：

1）可以充分利用实验室测试仪器及控制设备的严格精确性；

2）可以自由选择试样的大小和形状；

3）可以严格地分别控制各个影响因素；

4）试验时间较短；

5）试验结果的重现性较好等。

其主要缺点是金属试样与实物状态的差别较大。

实验室试验一般又可分为模拟试验和加速试验两类。前者是一种不加速的长期试验．在实验室的小型模拟装置中，尽可能精确地模拟自然界或工业生产中所遇到的介质及条件，或在专门规定的介质条件下进行试验；加速试验就是力求在较短的时间内确定金属材料发生某种腐蚀的倾向，或若干种材料在指定条件下的相对耐蚀性次序。制定加速腐蚀试验方法的一个原则是，只能强化一个或少数几个控制性因素。除特殊试验外，一般不应引入实际条件下并不存在的因素，也不能因为引入了加速因素而改变实际条件下原来的腐蚀机理，否则会从不适当的试验中得出错误的结论。

（2）现场试验

把专门制备的金属试片置于现场的实际应用介质中进行腐蚀试验，称为现场试验。其最大特点就是环境条件的真实性，它的试验结果比较可靠，试验本身也比较简单。但是现场的环境因素无法控制，结果是重复性好再现性差。

（3）实物试验

实物试验是将试验的金属材料制成实物部件、设备或小型试验性装置，在现场的实际应用条件下进行腐蚀试验。它一般是在材料的研制和设计基本完成之后，用于考核其长期使用效果的，为定型纳标所必需的试验阶段。实物试验如实地反映了实际使用的金属材料的状态及环境介质状态。

6.1.4 常规腐蚀评定方法

根据腐蚀研究的目的，除选择和确定试验方法及试验条件外，还必须确定测量参数以及评定和表示的方法，以取得腐蚀试验结果和表达腐蚀状态或耐蚀性能的某些指标。

腐蚀作用的评定主要是对受腐蚀金属表面进行考察，也可对腐蚀介质的变化进行考察或者对两者都进行考察。表6-1列出了一些常用的评定测量方法及其基本特征。

表 6-1　常用的腐蚀评定测量方法及其基本特征

方法	应用范围	优点	缺点
金属材料的表观检查	各种实验室试验、现场试验和实物试验	（1）简便； （2）可做大致的评价； （3）与其他方法联合使用，用途广泛	（1）人为误差大； （2）不能定量研究
溶液变化的表观观察	实验室试验：溶液染上颜色或腐蚀产物的污垢和沉淀物出现在溶液中或溶液底部	（1）简单； （2）可做大致的评价	（1）人为误差大； （2）不能定量研究； （3）用途有限
低倍观察	实验室、现场和实物试验；不均匀的腐蚀或腐蚀产物保持在试样上	（1）简便； （2）定性地确定腐蚀分布和腐蚀产物分布	用途有限
显微研究	实验室、现场和实物试验； （1）确定腐蚀类型；（2）测量蚀孔浓度；（3）研究腐蚀过程起始阶段的行为	（1）是确定晶间腐蚀和选择性腐蚀的直接方法； （2）是其他研究方法的很好的研究手段	制备显微磨片比较复杂
连续拍照的显微研究	实验室、现场和实物试验	可以跟踪相当复杂的腐蚀过程、动力学考察，具有慢速电影的特点	方法复杂
测量质量损失/g/($m^2 \cdot h$)	实验室和现场试验；腐蚀产物容易清除且不遭受局部腐蚀的情况	（1）简便； （2）可定量测定腐蚀速度	（1）清除腐蚀产物可能损伤基体材料； （2）不能测量局部腐蚀； （3）要绘制腐蚀-时间曲线需要大量试验； （4）时间较长

（1）表观检查

1）宏观检查　就是对金属材料在腐蚀前后及去除腐蚀产物前后的形态做肉眼观察，还应注意腐蚀产物的形态和分布，以及它们的厚度、颜色、致密度和附着性；同时也应注意腐蚀介质中的变化，包括溶液的颜色，腐蚀产物在溶液中的形态、颜色、类型和数量等。虽然这种观察是很粗略的，但任何精细的腐蚀研究都辅之以这种方法。

2）显微观测　就是对受腐蚀试样进行金相检查或断口分析，或者用扫描电镜、透射电镜、电子探针、俄歇谱仪等做微观组织结构和相成分的分析，据此可研究微细的腐蚀特征和腐蚀过程动力学。

对于定性的表观考察来说，腐蚀形态的记述明显地受到人为因素的影响。为此，有人提出了一些标准样图，根据腐蚀深度或蚀孔的孔径、孔深和数目划分成七级，用规定的标准术语描述腐蚀特征和程度。

（2）质量法

质量法灵敏、有效、用途广泛，作为最基本的定量评定方法，它仍是许多电化学的和物理的、化学的现代评定方法鉴定比较的基础。质量增加法和质量损失法都是以试样腐蚀前后的质量差来表征腐蚀速度的。前者是在腐蚀试验后连同全部腐蚀产物一起称量试样，后者则是清除全部腐蚀产物后再称量试样。因此，质量增加法的数据具有间接性，究竟被腐蚀掉多少金属，仍须通过换算，由于腐蚀产物的成分复杂，这种换算显然是不易的。

为了使各次不同试验及不同试样的数据能够互相比较，必须采用单位时间内单位面积上的质量变化为表示单位，即平均腐蚀速度，如 g/($m^2 \cdot h$)；根据金属材料的密度又可把它换算成单位时间内平均腐蚀深度，如 mm/a。

根据质量损失法测量的腐蚀速度可以对金属材料耐蚀性做出各种分类评级，如三级、四级、五级或十级分类标准。应用质量损失法的关键操作之一是完全清除腐蚀产物而又不损伤基体金属。

（3）失厚测量

直接测量腐蚀前后或腐蚀过程中某两时刻的试样厚度，就可得到腐蚀损失量。但是对于不均匀腐蚀来说，这种方法是很不准确的。可以用一些计量工具和仪器装置直接测量厚度，也可采用无损测厚的方法，如涡流法、超声法、射线照相法和电阻法等。

（4）点蚀深度测量

常用的方法有：用配有刚性细长探针的微米规探测孔深；在金相显微镜下观测试样点蚀小孔截面的磨片；以试样的某个未腐蚀面为基准面，通过机械切削达到蚀孔底部来测量孔深；用显微镜分别聚焦在未受腐蚀的蚀孔边缘和蚀孔底部，测量蚀孔深度以及其他方法等。

为表示点腐蚀严重程度，应综合评定点蚀密度、蚀孔直径和点蚀深度。前两项指标表征点蚀范围，而后一项指标则表征点蚀强度。相比之下，后者具有更重要的实际意义。为此，经常测量面积为 1dm^2 的试样上 10 个最大蚀孔的深度，并取其最大蚀孔深度和平均蚀孔深度来表征点蚀严重程度。也可采用点蚀系数（见图 6-1）。点蚀系数的定义是，最大点蚀深度 P 与按全面腐蚀计算的平均侵蚀深度 d 的比率。这个数值越大，则表明点蚀的程度越严重。

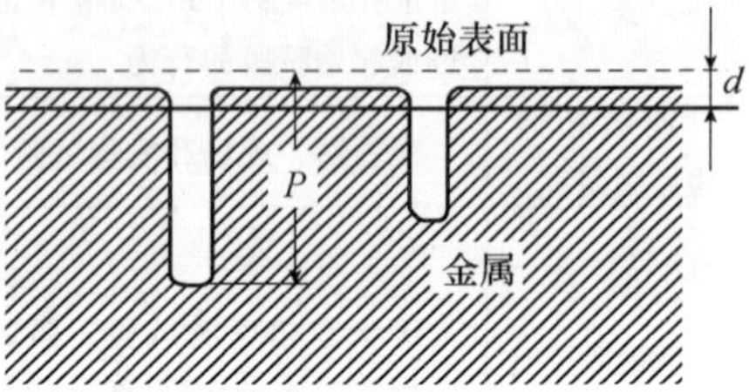

图 6-1　点蚀系数 $=P/d$

（5）力学性能与腐蚀评定

测定试样腐蚀前后的力学性能变化可以评定全面腐蚀作用，更重要的是可用以评定晶间腐蚀、选择性腐蚀、应力腐蚀断裂和腐蚀疲劳等局部腐蚀的作用。

常规力学性能评定中应用得最广泛的是抗拉强度和伸长率。从试样在腐蚀前后的抗拉强度 σ_b 和 σ_b' 以及伸长率 δ 和 δ' 评定全面腐蚀作用引起的抗拉强度损失 K_σ 和伸长率损失 K_δ，以相对百分率表示，见式（6-1）和（6-2），并注明腐蚀的时间 t：

$$K_\sigma = \frac{\sigma_b - \sigma_b'}{\sigma_b} \times 100\% \tag{6-1}$$

$$K_\delta = \frac{\delta - \delta'}{\delta} \times 100\% \tag{6-2}$$

为评定应力腐蚀的敏感性，有两种测定方法：

1）把加载应力的试样在腐蚀介质中暴露指定时间后测定剩余力学性能；

2）用得更多的是，把加载应力的试样在腐蚀介质中暴露直至试样断裂，记录总暴露时间（寿命）。

通过测量试样在不同加载应力下的寿命，可以确定材料在此体系中不发生应力腐蚀断裂的最大允许寿命，即应力腐蚀的临界应力。

6.1.5　腐蚀的分类

6.1.5.1　按腐蚀环境分类

根据腐蚀环境，腐蚀可分为下列几类：

（1）干腐蚀

1）失泽　金属在露点以上的常温干燥气体中发生腐蚀（氧化），表面生成很薄的腐蚀产物，使金属失去光泽。干腐蚀为化学腐蚀机理。

2）高温氧化　金属在高温气体中腐蚀（氧化）氧化皮剥落，属于高温腐蚀。

（2）湿腐蚀

主要是指在潮湿环境和含水介质中的腐蚀。部分常温腐蚀属于这一种。腐蚀机理为电化学腐蚀。湿腐蚀又可分为如下几类。

1）自然环境下的腐蚀：

①大气腐蚀；

②土壤腐蚀；

③海水腐蚀；

④微生物腐蚀。

2）工业介质中的腐蚀：

①酸、碱、盐溶液中的腐蚀；

②工业水中的腐蚀；

③高温高压水中的腐蚀。

（3）无水有机液体和气体中的腐蚀

无水有机液体和气体中的腐蚀属于化学腐蚀。

1）卤代烃中的腐蚀，如 Al 在 CCl_4 和 $CHCl_3$ 中的腐蚀；

2）醇中的腐蚀，如 A1 在乙醇中的腐蚀，Mg 和 Ti 在甲醇中的腐蚀。

这类腐蚀介质均为非电解质，不管是液体还是气体，腐蚀反应都是相同的。而水中常含有盐和酸，因而在有机液体中的腐蚀属于电化学腐蚀。

（4）熔盐和熔渣中的腐蚀

熔盐和熔渣中的腐蚀属电化学腐蚀。

（5）熔融金属中的腐蚀

熔融金属中的腐蚀为物理腐蚀。

6.1.5.2　按腐蚀过程是否与介质直接发生反应分类

（1）化学腐蚀

材料与周围非电解质之间发生纯化学作用而引起的腐蚀称为化学腐蚀。其反应历程的特点是材料表面的原子与非电解质中的氧化剂直接发生氧化还原反应，腐蚀产物生成于发生腐蚀反应材料的表面。当它较牢固地覆盖在材料表面时，会减缓进一步的腐蚀。腐蚀反应过程中不伴随电流产生。

化学腐蚀的腐蚀产物在金属表面形成表面膜，表面膜的性质决定了化学腐蚀速度。如果膜的完整性、强度、塑性都较好，且在膜的膨胀系数与金属接近、膜与金属的亲和力较强等情况下，则有利于保护金属、降低腐蚀速度。化学腐蚀可分为如下几类。

1）在干燥气体中的腐蚀　在干燥气体中的腐蚀通常指金属在高温气体作用下的腐蚀。在轧钢时生成的氧化、燃气轮机叶片在工作状态下的腐蚀都属于这类腐蚀。

2）在非电解质溶液中的腐蚀　在非电解质溶液中的腐蚀指金属在不导电的液体中发生

的腐蚀。例如 Al 在 CCl_4 或 CH_3CH_2OH 中的腐蚀，镁和钛在 CH_3OH 中的腐蚀等。

实际上，单纯的化学腐蚀是很少见的，更为常见的是电化学腐蚀。

（2）电化学腐蚀

金属与电解质溶液（大多数为水溶液）接触时，由于腐蚀电池作用而引起金属腐蚀的现象称为电化学腐蚀。其特点是：在腐蚀过程中同时存在两个相对独立的反应过程——阳极反应和阴极反应，在反应过程中伴有电流产生。受腐蚀区域是金属表面的阳极，腐蚀产物常常在阳极与阴极之间，不能覆盖被腐蚀区域，通常起不到保护作用，但有些腐蚀常常由化学腐蚀逐渐过渡为电化学腐蚀。自然条件下，如潮湿大气、海水、土壤、地下水以及在化工、冶金生产中，绝大多数介质中金属的腐蚀通常都具有电化学腐蚀性质。

一般来说，电化学腐蚀比化学腐蚀强烈得多，金属的电化学腐蚀是普遍的腐蚀现象，所造成的危害和损失也是极为严重的。

（3）物理腐蚀

物理腐蚀是指金属由于单纯的物理溶解作用引起的破坏。熔融金属中的腐蚀就是固态金属与熔融液态金属（如铅、钠、汞等）相接触引起的金属溶解或开裂。这种腐蚀是由于物理溶解作用形成合金，或液态金属渗入晶界造成的。

（4）生物腐蚀

生物腐蚀指材料表面在某些微生物生命活动产物的影响下所发生的腐蚀。这类腐蚀很难单独进行，但它能为化学腐蚀、电化学腐蚀创造必要的条件，促进金属的腐蚀。微生物进行生命代谢活动时会产生各种化学物质。如含硫细菌在有氧条件下能使硫或硫化物氧化，反应最终将产生硫酸，这种细菌代谢活动所产生的酸会造成水泵等机械设备的严重腐蚀。

6.1.5.3　按腐蚀形态分类

（1）全面腐蚀或均匀腐蚀

腐蚀均匀地分布在整个材料表面，这类腐蚀的危险性较小，也较容易控制，并且依据腐蚀速率可进行结构腐蚀控制设计和使用寿命预测。

（2）局部腐蚀

局部腐蚀的破坏形态较多，对金属结构的危害性也比全面腐蚀大得多。主要有以下几种类型（见图 6-2）。

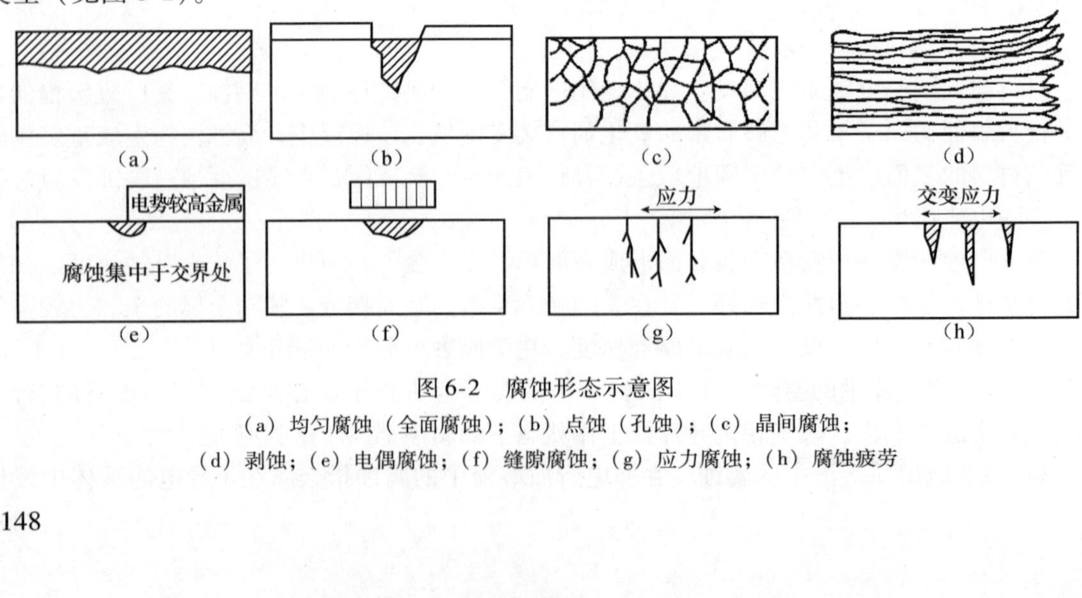

图 6-2　腐蚀形态示意图

（a）均匀腐蚀（全面腐蚀）；（b）点蚀（孔蚀）；（c）晶间腐蚀；
（d）剥蚀；（e）电偶腐蚀；（f）缝隙腐蚀；（g）应力腐蚀；（h）腐蚀疲劳

1）电偶腐蚀　两种电极电势不同的金属或合金相在电解质溶液中接触时，即可发现电势较低的金属腐蚀加速，而电势较高的金属腐蚀反而减慢（得到了保护）。这种在一定条件下（如电解质溶液或大气）产生的电化学腐蚀，即一种金属或合金由于同电极电势较高的另一种金属接触而引起腐蚀速度增快的现象，称为电偶腐蚀或双金属腐蚀，也叫做接触腐蚀。

2）点蚀　点蚀又称孔蚀，金属表面上极为个别的区域被腐蚀成一些小而深的圆孔，而且蚀孔的深度一般大于孔的直径，严重的点蚀可以将设备蚀穿。蚀孔的分布情况是不一样的，有些孤立地存在，有些则紧凑在一起，在蚀孔的上部往往都有腐蚀产物覆盖。点蚀是不锈钢和铝合金在海水中典型的腐蚀方式。

3）缝隙腐蚀　金属构件一般都采用铆接、焊接或螺钉连接等方式进行装配，在连接部位就可能出现缝隙。缝隙内金属在腐蚀介质中发生强烈的选择性破坏，使金属结构过早地损坏。缝隙腐蚀在各类电解质溶液中都会发生，钝化金属如不锈钢、铝合金、铁等对缝隙腐蚀的敏感性最强。

4）晶间腐蚀　腐蚀破坏沿着金属晶粒的边界发展，使晶粒之间失去结合力，金属外形在变化不大时即可严重丧失其机械性能。

5）剥蚀　剥蚀又称剥层腐蚀。这类腐蚀在表面的个别点上产生，随后在表面下进一步扩展，并沿着与表面平行的晶界进行。由于腐蚀产物的体积比原金属体积大，从而导致金属鼓胀或者分层剥落。某些合金、不锈钢的型材或板材表面用喷涂金属保护的金属表面可能发生这类腐蚀。

6）选择性腐蚀　多元合金在腐蚀介质中某组分优先溶解，从而造成其他组分富集在合金表面上。脱锌便是这类腐蚀典型的实例，由于锌优先腐蚀，因此合金表面上富集铜而呈红色。

7）丝状腐蚀　丝状腐蚀是有涂层金属产品上常见的一类大气腐蚀。如在镀镍的钢板上、在镀铬或搪瓷的钢件上都曾发现这种腐蚀。而在清漆或磁漆下面的金属上这类腐蚀发展得更为严重。因多数发生在漆膜下面，因此也称作膜下腐蚀。

（3）应力作用下的腐蚀

1）应力腐蚀断裂；

2）氢脆和氢致开裂；

3）腐蚀疲劳；

4）磨损腐蚀；

5）空泡腐蚀；

6）微振腐蚀。

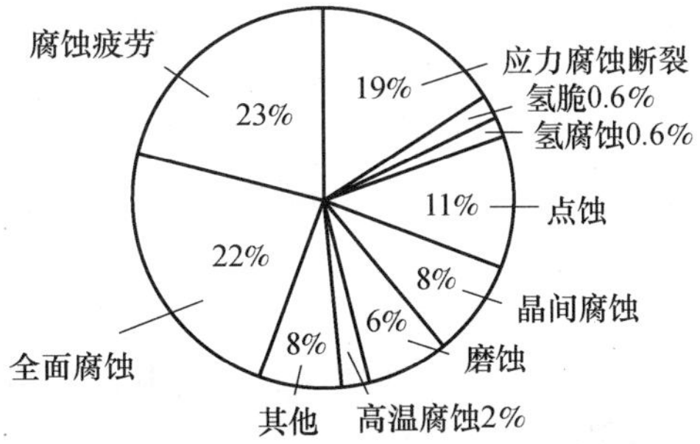

图6-3　不同腐蚀形态所占的比率

统计调查结果表明，在所有腐蚀中腐蚀疲劳、全面腐蚀和应力腐蚀引起的破坏事故所占比率较高，分别为23%、22%和19%，其他十余种形式腐蚀合计36%（图6-3）。由于应力腐蚀和氢脆的突发性，因此其危害性最大，常常造成灾难性事故，在实际生产和应用中应引起足够的重视。

6.2 金属材料的腐蚀及防护

6.2.1 电化学腐蚀及防护

6.2.1.1 电化学腐蚀的基本原理

电化学腐蚀是金属腐蚀中最普遍的现象，如桥梁、钢架、车辆、飞机、火炮、枪支、导弹、弹药等在潮湿大气中的腐蚀；船体、军舰、码头或海上采油平台在海水中的腐蚀；地下管道（输油、输气、输水等管线）在土壤中的腐蚀；各种金属及其设备在含酸、含碱、含盐的水溶液等工业介质中的腐蚀；金属在熔盐中的腐蚀以及有熔盐覆盖层生成时高温气体腐蚀等。这些腐蚀的现象都是出于金属与某种电解质接触而发生的电化学腐蚀。一般来说，金属腐蚀的过程是金属被氧化的过程。和化学腐蚀的显著区别是电化学腐蚀过程中有电流产生。在电化学腐蚀中，被氧化的金属和介质中被还原的物质之间的电子接受是直接进行的，氧化和还原是不可分割的。而化学腐蚀中，金属的氧化过程和介质中物质的还原过程则在不同的部位相对独立地进行，电子传递是间接的。

电化学腐蚀反应具有一般电化学反应的特征。

1）金属与电解质之间存在一个带电的界面层，与此界面层结构有关的因素，都会显著地影响腐蚀过程的进行。

2）金属失去电子与氧化剂获得电子这两个过程一般不在同一地点发生，在金属内和电解质中局部地区有电流通过。

3）二次反应产物可以在近处或远离反应表面处生成。

因此，电化学腐蚀现象是相当复杂的。电解质的化学性质、环境因素（温度、压力、流速等）、金属的特性、表面状态、组织结构和成分的微观或宏观的不均匀性，以及腐蚀产物的物理化学性质等因素，都对腐蚀过程产生错综复杂的影响。如钢在不含氧的酸中是相当耐蚀的，但是一旦酸中含有氧或其他氧化剂，则钢的腐蚀就会迅速发生。而奥氏体不锈钢仅仅在含有氧或其他氧化剂的酸中时才是稳定的。

上述金属电化学腐蚀过程都离不开金属-电解质界面上的金属阳极溶解，同时伴随着溶液中某种物质在金属表面上的还原。因此，金属发生电化学腐蚀的原因是一种自发的、短路的腐蚀原电池作用的结果。

依照电化学定义规定：电极电位较低的电极称为负极，电极电位较高的电极称为正极；发生氧化反应的电极称为阳极，发生还原反应的电极称为阴极。

在金属腐蚀研究中，习惯上对电池的两个电极用阴极、阳极命名。由于负极上进行的是氧化反应，其负极是阳极；正极上进行的是还原反应，其正极是阴极。但应注意，对电解池来说，由于靠外加直流电源作用，与此正好相反，即负极起还原反应是阴极，正极起氧化反应是阳极。

我们已经知道原电池是一个可使化学能转变为电能的装置，它可简单地表示为

$$(-)\mathrm{Zn}\,|\,\mathrm{ZnSO_4}(\text{水溶液})\,\|\,\mathrm{CuSO_4}(\text{水溶液})\,|\,\mathrm{Cu}(+)$$

其中，“|”表示有界面电位存在；“‖”表示两溶液之间的液体接界电位已消除。当用导线将铜片、锌片和电流表、负载串联起来接通，即有电流通过。由于锌极电位低于铜极电位，从外

电路来看，电流从铜极流向锌极（电子则从锌极流向铜极），并发生如下电化学反应：

锌作为阳极，发生氧化反应　　$Zn \longrightarrow Zn^{2+} + 2e$

铜作为阴极，发生还原反应　　$Cu^{2+} + 2e \longrightarrow Cu$

整个电池反应是上述两个反应的相加，即

$$Zn + Cu^{2+} \longrightarrow Zn^{2+} + Cu$$

在电池工作期间，作为阳极的锌片不断被腐蚀，而溶液中的 Cu^{2+} 不断被还原，做有用的电功。

如果将原电池的两个电极短路而不经过负载，则阴极和阳极之间的电位差为零。这时，尽管电路中仍有电流通过，但电功为0，所以该原电池已不可能对外界做功，即电极反应所释放的化学能不再转变为电功，而只能以热的形式散发掉。由此可见，短路的原电池已失去了原电池的原有定义，仅仅是一个进行着氧化还原反应的电化学体系，其反应结果是作为阳极的金属材料被氧化而溶解（腐蚀）。我们把这种只能导致金属材料破坏而不能对外做有用功的短路原电池定义为腐蚀原电池或腐蚀电池，金属的电化学腐蚀过程就是腐蚀原电池反应的过程。

6.2.1.2　防止金属电化学腐蚀的措施

预防金属材料电化学腐蚀的主要措施是电化学保护。电化学保护分阴极保护和阳极保护。阴极保护是在金属表面上通入足够的阳极电流，使金属电位变负，并且使阳极溶解速度减小，从而达到保护阴极的效果。这种方法又分为牺牲阳极保护和外加电流阴极保护两种。前者是选择电位较负的金属作为阳极，在保护过程中靠这种电位较负的金属的溶解来提供保护所需的电流，同时这种金属逐渐溶解牺牲掉，故称牺牲阳极保护。后者是靠外部提供电源将被保护的金属作为阴极，外部提供的电源使得阴阳极之间的电位差减小到极小的程度，通过设置辅助阳极使电流能够流通，以此来对阴极施加保护。

阳极保护是在金属表面上通入足够的阳极电流，使金属电位向正的方向移动，达到并保持在钝化区内，利用金属钝化原理达到防止金属腐蚀的目的。

两种金属电化学保护方法各有利弊且又能互相补益。

（1）牺牲阳极的阴极保护

如图6-4所示，（a）为未加阴极保护时的腐蚀电池；（b）为加阴极保护时的情况。在腐蚀电池上接上辅助阳极，这时所加电流 I 的方向是使被保护的结构作为阴极。如果所加的电流足够大，则被保护的结构上，原来的阴极不再溶解，即得到完全的保护。

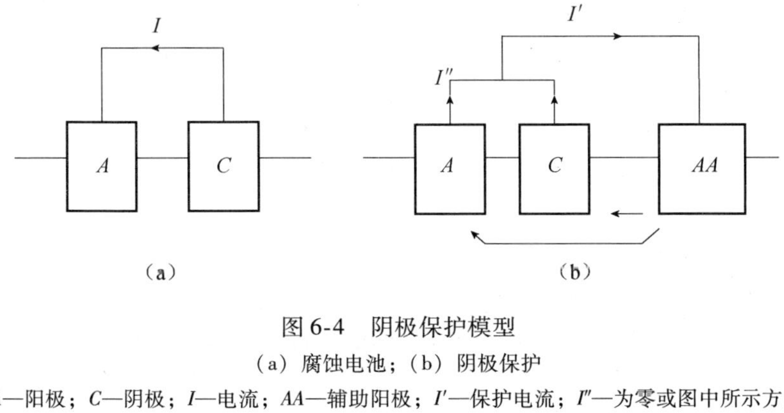

图6-4　阴极保护模型

（a）腐蚀电池；（b）阴极保护

A—阳极；C—阴极；I—电流；AA—辅助阳极；I'—保护电流；I''—为零或图中所示方向

阴极保护时需用辅助阳极。如果用电位很负的金属（例如镁）作为辅助阳极，则由所形成电池的电动势来驱动保护电流，在这种情况下，保护电流是靠镁的溶解提供的。当用外部的直流电源提供保护电流时，靠电源的电压来驱动电流，辅助阳极起传送电流的作用。辅助阳极的材料为导体，如高硅铸铁等。

1）阴极保护的影响因素　阴极保护是在被保护金属表面阴极化的基础上进行的，所以原来的腐蚀电池的极化性能对阴极保护是否容易实现有很大的影响，具体影响方式有以下几个方面：

①在阴极极化率较大和阳极极化率较小的情况下，被保护的金属的腐蚀主要受阴极控制。

②当腐蚀电池的阴极极化率和阳极极化率不相上下，尤其是当阳极极化率占优势时，要实现完全的保护是很困难的，因为保护电流要比初始的腐蚀电流大得多。

③周围介质腐蚀性增强，所需的保护电流将加大。例如，氢离子浓度的增加以及由于溶液的搅动使氧到达阴极的速度加快，都使阴极极化大为减弱，从而使极化所需的电流相应地增加。如在海水中，海水流速的增加，不仅能更快地除去阴极反应产物，而且使单位时间内到达阴极的氧量增加。这些因素均使极化所需的电流增加，例如，当海水流速从零增大至4m/s时，维持裸钢在海水中极化所需的电流密度约增加十倍。

温度也会影响极化率。温度升高，氧的溶解度降低，但扩散速度加快，电极反应速度增大。

2）覆盖层　金属表面的油漆覆盖层可以将金属和周围的介质隔离，因而具有保护作用，但是这种保护是不完全的，因为漆膜有微小的孔隙，在局部地区可能存在有缺陷，介质可通过这些地区而与金属相接触，所以腐蚀仍可发生。如果将阴极保护与油漆联合应用，则这些薄弱地区就可得到保护，而所需的保护电流比未涂油漆的裸露金属要小得多。

阴极保护时，如果金属结构是在海水中，则在表面上会形成石灰质覆盖层，而使保护电流降低。因为阴极电流会促使阴极区氢氧根离子的形成，同时在阴极处的一层海水中，钙和镁离子的浓度有所增加，引起碳酸钙和氢氧化镁的过饱和，并在金属上析出，成为石灰质覆盖层。

（2）牺牲阳极的性能

1）阳极电位　为了达到牺牲阳极优先溶解，释放出的电流使金属结构阴极极化到所需的电位而实现保护的目的，牺牲阳极必须要有足够负的电位，不仅要有足够负的开路电位（即牺牲阳极在电解液中的自然腐蚀电位），而且要有足够负的闭路电位（或称工作电位，即在电解液中与金属结构连接时牺牲阳极的电位）。

要达到完全的阴极保护，必须将被保护的金属结构极化到表面上最活泼的阳极点的平衡电位，所以，牺牲阳极的电位应该比这一平衡电位还要负，这样它在保护系统中才能作为最有效的阳极而优先溶解。

牺牲阳极要有足够负的闭路电位，这样可以在工作时保持有足够的驱动电压。所谓的驱动电压是指在保护电位时的阴极表面与有负荷时的阳极之间的电位差。在保护系统中，往往有电阻存在，为了使电流流通，牺牲阳极有足够的驱动电压是必要的，特别是在电阻率较高的介质中，例如在淡水或土壤中。

牺牲阳极工作时，阳极表面有一定的电流密度，因而会发生极化，使电位往正的方面移动。如果阳极的极化性能很小，则电位往正的方面的移动不大，这是性能良好的牺牲阳极应该具有的条件。由于牺牲阳极工作的时间较长，所以它的电位应该长期保持稳定。

另一个与电位有关的问题是阳极材料的钝化问题。碱土金属中的镁会形成一系列难溶化合物，碱土金属中的铝和重金属中的锌更是如此。磷酸盐是主要的难溶性化合物，此外，还有氢氧化物、碳酸盐、含氧硫酸盐、氯氧化物等。当牺牲阳极在这些环境中释放相当大的电流时，这类化合物不会在阳极上沉积，因为被保护表面的碱化与工作阳极表面 pH 值的下降互相抵消了。如果上述离子的浓度太高，或者阳极在低电流密度下工作，则在某些情况下难溶化合物会沉积并覆盖在阳极表面上。覆盖层可能是松软的，并且多孔，可以渗透，所以没有害处。但是，覆盖层也可能类似搪瓷层那样，将阳极完全并且持久地封闭起来，这样阳极被钝化而失去作用。所以，采用钝化性低的合金作为牺牲阳极是较为理想的。但是，大多数所用的材料都有一定的可钝化性。

2）电流效率　牺牲阳极的电流效率是指实际电容量与理论电容量的比值，以%表示。理论电容量是根据库仑定律计算的消耗单位质量牺牲阳极所产生的电量，而实际电容量是实际测得的消耗单位质量牺牲阳极所产生的电量。元素越轻，原子价越高，这种金属的理论电容量就越大。同时要求牺牲阳极具有较高的电流效率，即尽可能多地用于实际的阴极保护中，例如，对镁阳极来说，电流效率仅为55%左右，即大约有45%的电量无效地消耗掉了。

3）阳极消耗　牺牲阳极的消耗率是指产生单位电量所消耗的阳极质量。如果知道了牺牲阳极的实际电容量，将其倒数乘以8760，即可算出它的消耗率，8760为1年的小时数。

在阴极保护的计算和设计中，要用这一参数。阳极消耗率越小，即实际电容量越大，消耗单位质量的阳极就可产生越多的电量，或者反过来说，产生单位电量时消耗的阳极就越少。

4）腐蚀特征　牺牲阳极表面的腐蚀特征，也是评定阳极性能的一项重要指标。良好的牺牲阳极的表面，应该是全面地均匀地溶解，表面上不沉积难溶的腐蚀产物，使阳极能够长期工作下去。

在实际情况下，由于有杂质存在，以及熔炼和浇铸过程中引起的缺陷，牺牲阳极的表面不是完全均匀地溶解，有些区域溶解得快些，有些区域溶解得慢些，甚至不溶解，结果阳极表面多多少少是凹凸不平的。在阳极工作中，那些凸出的微粒可能还未溶解就从表面脱落下来，这样会降低阳极的电流效率。

在某些情况下，例如锌牺牲阳极在温度较高的海水中，会发生晶间腐蚀，导致阳极材料性能下降。阳极的溶解与合金的成分、杂质的含量以及组织有关。为了使阳极有良好的溶解状态，合金要有适宜的元素和含量，尽可能少的杂质，在制造时要遵循一定的工艺和热处理条件，以获得良好的组织。

（3）牺牲阳极材料

一些电位较负的金属材料，在阴极保护时，作为阳极而优先牺牲溶解，释放的电子使金属结构阴极极化到所需电位而达到保护的效果，这些金属材料便是牺牲阳极材料。从性能和经济两方面综合考虑，对牺牲阳极材料提出下列四方面要求。

1）足够负的稳定电极电位，不仅要有足够负的开路电位，即在电解液中的自然腐蚀电位，而且要有足够负的稳定的工作电位，即牺牲阳极在电解液中与阴极连接时，牺牲阳极的电位。但是，牺牲阳极的电位不宜过负，否则阴极上会析氢，可能导致氢脆。

2）高而稳定的电流效率。当电流效率高时，表示自腐蚀电流小，可以延长牺牲阳极的使用期。

3）材料来源充足，价格低廉，不会导致环境污染。

4）制造工艺简易，并具有所要求的力学性能。

常用的牺牲阳极材料，有镁基、锌基及铝基合金三大类。

（4）金属材料的阳极保护

阳极保护是使金属处于稳定的钝化状态的一种防腐蚀方法。这种方法与金属的钝化有非常密切的关系。钝化是由阳极过程优先形成阻滞层，从而引起的金属和合金具有高的耐腐蚀状态。从热力学观点看来，它们在这种条件下是完全能起反应的。

当把铁浸在稀的硝酸溶液中时，铁发生强烈的腐蚀，腐蚀速度随硝酸浓度的增高而加快。可是当硝酸浓度达到某一临界浓度时，腐蚀就突然停止，即从活性状态转变到钝化状态。许多金属在阳极极化的情况下，在低于某一临界的电流密度时，进行金属的阳极溶解；当达到临界的电流密度值时，就飞跃地进入钝化状态，这一过程称为金属的钝化。

金属的钝化是有一定条件的，例如介质的组成、浓度和温度，阳极的电流密度等。这些条件完全具备时，金属就可能转入钝化状态。

从介质对金属作用时起至达到钝化状态时为止，这段时间称为钝化时间。已经达到钝化状态的金属，当外界条件变更时，可以重新转入活性状态。但是，必须将达到钝化状态的条件和保持钝化状态的条件区分开来。例如铁在硝酸溶液中，当临界浓度为60%～80%时就达到钝化状态；已经钝化的铁可以在浓度低得多的硝酸中，例如30%的硝酸中长时间地保持钝态。

综上所述，可以得出如下一些金属钝化的规律：

1）氧化剂和氧化过程可引起钝化状态。铁在下列溶液中，当浓度足够高时，能转变成钝化状态，如 HNO_3、$AgNO_3$ 及其他硝酸盐、$HClO_3$、$KClO_3$、HIO_3、H_3AsO_4、$K_2Cr_2O_7$、$KMnO_4$ 等。

镍较铁容易钝化，除了对铁能钝化的溶液以外，镍还能在下列溶液中钝化：CH_3COOH、H_3BO_3、H_3PO_4、柠檬酸及有空气存在的许多中性溶液。

铬更容易钝化。与铁和镍相比，只要较弱的氧化剂和较低的氧化剂浓度，铬就能转变成钝化状态。HNO_3 在非平衡的浓度下已能使铬钝化。铬容易在许多中性溶液中钝化，即使不含有氯离子，但只要溶液中有空气和氧就可以了。氯水和溴水都能使铬钝化。

在条件适宜时，差不多所有的金属都可以转变成钝化状态。其中最特殊的是 Fe、Cr、Ni、Mo、Al、Ti、Nb。

2）温度愈高，达到钝化状态时所需的氧化剂的浓度一般也愈高。温度应该看作为活化因素，它的作用可抵消氧化剂浓度的升高。在 $K_2Cr_2O_7$ 溶液中，温度愈高，使铁达到钝化状态所需要的氧化剂浓度也愈高；铁在 HNO_3 中钝化时，也有这种情况。当阳极钝化时，温度升高，一般也使转入钝化状态时的临界电流密度升高。

3）钝化必须的条件与金属的组成和结构以及表面的状态有关。

如果杂质造成结构的不均匀性，则金属表面更不均一，这就使得达到钝化状态比较困难。另一方面，杂质可以起阴极的作用（例如铁中的FeC或石墨），使铁表面上的阳极电流密度增大，因而使钝化更为容易。合金中钝化元素（例如Cr）含量的增加，或者添加阴极活性的金属（例如微量的 Pb），均可使合金容易钝化。

4）钝化时间是随条件而改变的，例如氧化剂浓度愈高（在临界浓度以上），钝化时间就愈短。即使是达到了完全的钝化状态，金属在钝化介质中也会发生很慢的溶解，即维持钝化状态时，需要有一定的电流密度，这是靠金属的缓慢溶解提供的。

5）转入钝化状态时，大都同时发生电位的升高，即电位转移至更正的数值。

钝态的稳定性取决于钝化剂的性质、钝化的条件、金属的结构和表面状态以及钝化剂的作用时间。

6）还原剂、还原过程、某些离子以及钝性表面的机械破坏，都是活化因素。阴极极化是强烈的活化因素。卤素离子（Cl^-、Br^-、I^-、F^-）是非常强烈的活化剂；H^+ 是强化剂；SO_4^{2-}、SCN^-、CH_3COO^- 等也是活化剂，但比较弱。

7）粗加工的表面往往比精加工的表面更难钝化。在干燥空气中，钝化表面的机械破坏只在损伤区引起钝性的丧失；而在溶液中，常引起所有表面发生活化。

8）作用较强的钝化剂并不一定能得到稳定的钝态。例如高锰酸钾溶液具有高的氧化-还原电位，但铁在其中的钝化很弱。

9）一般说来，钝化剂的作用时间愈久，钝化状态就愈稳定。

6.2.2 析氢腐蚀与吸氧腐蚀及防护

6.2.2.1 析氢腐蚀

（1）析氢腐蚀的原理

金属在酸中腐蚀时，设酸溶液中除 H^+ 以外没有其他的氧化剂，氢离子的还原反应则是唯一的阴极反应，因此，放氢反应的研究对了解金属的析氢腐蚀起着重要的作用。

以氢离子还原反应为阴极过程的腐蚀称为析氢腐蚀。发生析氢腐蚀的必要条件是金属的电极电势必须低于氢离子的还原反应电势（析氢电势）。

在中性或碱性介质中，氢离子浓度比较低，所以析氢平衡电势也比较低，对某些不太活泼的金属，其阳极溶解平衡电势又比较高，则这些金属在中性或碱性介质中的腐蚀溶解的共轭反应往往不是氢的析出反应，而是溶解氧的还原反应，即氧去极化反应促使了作为阳极的金属不断被腐蚀。这种腐蚀过程称为吸氧腐蚀。

在金属与电解液腐蚀系统中，既要有阳极的溶解，即阳极区金属的离子化过程，也要有在阴极区腐蚀剂被还原的过程：

1）氢的析出反应——在酸性溶液中 H^+ 放电。

$$H^+ + e \longrightarrow H$$

$$H + H \longrightarrow H_2$$

2）氧的还原反应——溶液中有溶解氧时，氧分子被还原。

在中性或碱性溶液中

$$0.5O_2 + H_2O + 2e \longrightarrow 2OH^-$$

在酸性溶液中

$$0.5O_2 + 2H^+ + 2e \longrightarrow H_2O$$

3）高价金属离子还原，如 Fe 锈蚀产物中的三价铁离子还原

$$Fe_3O_4 + H_2O + 2e \longrightarrow 3FeO + 2OH^-$$

$$Fe(OH)_3 + e \longrightarrow Fe(OH)_2 + OH^-$$

4）贵金属离子沉积，例如 Cu^{2+} 在铁或铝上沉积

$$Cu^{2+} + 2e \longrightarrow Cu$$

5）氧化性酸或某些负离子还原

$$NO_3^- + 2H^+ + e \longrightarrow NO_2 + H_2O$$

6）某些有机化合物还原

$$RO + 4H^+ + 4e \longrightarrow RH_2 + H_2O$$

或
$$R + 2H_2 + 2e \longrightarrow RH_2$$

R——有机分子中的基或有机分子。

以上阴极反应过程的电子均来自于阳极金属，从而促使阳极金属离子不断进入溶液，其中氢的析出反应和氧的还原反应是最常见的阴极过程。

（2）析氢腐蚀的控制

对析氢腐蚀速度的控制，根据阴、阳极极化性能，可分为阴极控制、阳极控制和混合控制。

1）阴极控制　由于Zn的溶解反应有低的活化极化，而氢在Zn上的析出过电势却非常高，因此Zn的析氢腐蚀为阴极控制。若Zn中含有较低的析氢过电势的金属杂质，如Cu、Fe等，则阴极极化减小，腐蚀速度加快；相反，如果Zn中加入汞，由于汞的析氢过电势很高，则可使Zn的腐蚀速度大大下降。

2）阳极控制　阳极控制的析氢腐蚀主要发生在铝、不锈钢等钝化金属在稀酸中的腐蚀。这种情况下，金属离子必须穿透氧化膜才能进入溶液，因此其阳极极化程度很高。

3）混合控制　铁和钢在酸性溶液中的析氢腐蚀中存在着阴、阳极混合控制，因为阴、阳极极化大体相同。在给定的电流密度下，碳钢的阳极和阴极极化都比纯Fe的低，这意味着碳钢的析氢腐蚀速度比纯Fe快。钢中含有杂质S时，可使析氢腐蚀速度加快，因为一方面可形成Fe-FeS局部微电池，加速腐蚀；另一方面，钢中的硫可溶于酸中，形成 S^{2-}。由于 S^{2-} 易极化而吸附在铁表面，强烈催化电化学过程，使阴、阳极极化度都降低，从而加速腐蚀。

（3）减小析氢腐蚀的途径

析氢腐蚀多数为阴极控制或阴、阳极混合控制，腐蚀速度主要取决于析氢过电势的大小。因此，为了减弱或防止析氢腐蚀，应设法减小阴极面积，提高析氢过电势。对于阳极钝化控制的析氢腐蚀，则应加强钝化，防止活化。减弱和防止析氢腐蚀的主要途径如下。

1）减少或消除金属中的有害杂质，特别是析氢过电势小的阴极性杂质。溶液可能在金属上析出贵金属，贵金属的析出提供了有效的阴极，如果此析出贵金属的析氢过电势很小，则会加速腐蚀，也应设法去除。

2）加入氢过电势大的成分，如Hg、Zn、Pb等。

3）加入缓蚀剂，增大析氢过电势。如酸洗缓蚀剂，其有效成分为二邻苯硫脲。

4）降低活性阴离子成分，如 Cl^-、S^{2-} 等的浓度。

6.2.2.2　吸氧腐蚀

在中性或碱性介质中，氢离子浓度往往比较低，所以析氢平衡电势也比较低。对某些不太活泼的金属而言，其阳极溶解平衡电势又较高，因此这些金属在中性或碱性介质中的腐蚀

溶解的共轭反应通常不是氢的析出反应，而是溶解氧的还原反应。以氧的还原反应为阴极过程的腐蚀，称为氧还原腐蚀或吸氧腐蚀。发生吸氧腐蚀的必要条件是金属的电势比氧的还原反应的电势低。

（1）吸氧腐蚀的控制过程及特点

金属发生氧去极化腐蚀时，通常阳极过程发生金属活性溶解，腐蚀过程处于阴极控制之下。氧去极化腐蚀速度主要取决于溶解氧向电极表面的传递速度和氧在电极表面上的放电速度，因此，可粗略地将氧去极化腐蚀分为三种情况。

1）如果腐蚀金属在溶液中的电势较高，腐蚀过程中氧的传递速度又很快，则金属腐蚀速度要由氧在电极上的放电速度决定，这时阳极极化曲线与阴极极化曲线相交于氧化-还原反应的活化极化区，如铜在强烈搅拌的敞口溶液中的腐蚀。

2）如果腐蚀金属在溶液中的电势很低，腐蚀过程中氧的传输速度太慢，阴极过程将由氧去极化和氢离子去极化两个反应共同组成，此时腐蚀电流大于氧的极限扩散电流。如镁在中性介质中的腐蚀。

3）如果腐蚀金属在溶液中的电势较低，且处于活性溶解状态，而氧的传输速度又有限，多数情况下，氧向电极表面的扩散决定整个吸氧腐蚀过程的速度。因为氧在水溶液中的溶解度是有限的，例如，对于水与空气呈平衡状态的体系，水中氧的溶解度仅为 $10^{-4}mol\cdot L^{-1}$。因此，这类介质中，吸氧腐蚀速率往往被氧向金属表面的扩散速度所控制，而不是被活化控制，也就是说，金属腐蚀速度与氧在阴极还原的极限扩散电流密度相一致。

由于腐蚀速度是由氧的扩散速度决定的，因而在一定范围内，腐蚀电流将不受阳极极化曲线的斜率和起始电势的影响。虽然不同种合金的阳极极化曲线不同，但腐蚀电流都一样，这种情况下腐蚀速度与金属本身的性质无关。例如钢铁在海水中的腐蚀，普通碳钢和低合金钢的腐蚀速度没有明显区别。

如果吸氧腐蚀受阴极控制，且供氧速度很快，腐蚀电流小于氧的极限扩散电流，则金属的腐蚀速度主要取决于阴极上氧的还原反应的活化过电势，因而金属中的阴极杂质、合金成分和组织、微阴极面积等都将影响吸氧腐蚀速度。但大多数情况下，供氧速度有限，吸氧腐蚀受氧的扩散过程控制。这种情况下，金属的腐蚀速度与氧的极限扩散电流密度相一致。

（2）影响吸氧腐蚀的主要因素

1）溶解氧的浓度　随着溶解氧浓度的增高，氧的极限扩散电流密度增加，导致吸氧腐蚀速度增加。溶液温度升高有利于溶液的热运动及提高界面电极反应的速度。

2）温度　温度升高，溶液黏度降低，从而溶解氧的扩散系数增大，故温度升高会加速腐蚀。但对于敞开体系，当温度升到一定程度，尤其接近沸点时，氧的溶解度急剧降低，而使腐蚀速度下降。因此，如图6-5所示，敞开体系下铁在水中的腐蚀速度在80℃时达到最大值。对于封闭体系，温度升高使气相中氧分压增大，氧的溶解度有增加的趋势，这与温度升高使氧在溶液中溶解度降低的作用大致抵消，因此腐蚀速度将一直随温度的升高而增加。

3）盐浓度　溶盐量对金属的腐蚀有着双重作用。一方面，在中性溶液中，当盐的浓度较低时，随着盐浓度的增加，溶液的电导率增大，腐蚀速度有所上升。

例如，当 NaCl 质量分数增到3%时（大约相当于海水中 NaCl 的含量），铁的腐蚀速度达到最大值，如图6-6所示。另一方面，随着 NaCl 浓度进一步增加，由于氧的溶解度显著降低，反而使铁的腐蚀速度下降。

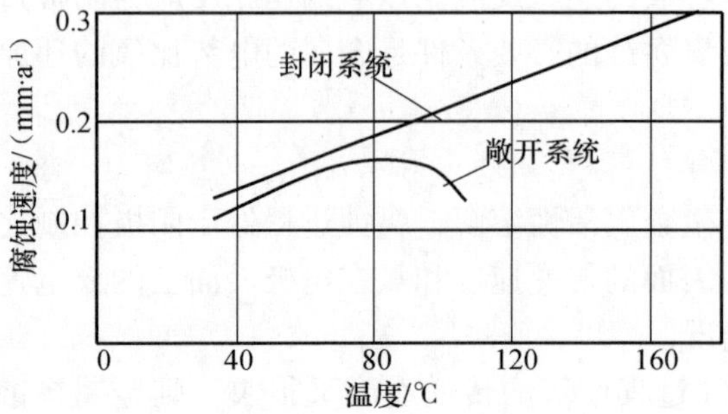

图 6-5　温度对铁在水中腐蚀速度的影响

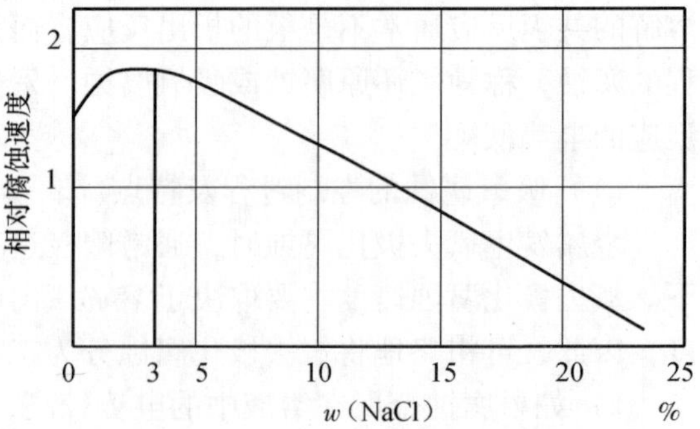

图 6-6　NaCl 浓度对铁在充气溶液中腐蚀速度的影响

4）溶液搅拌和流速　溶液搅拌或流速增加，可使扩散层厚度减小，氧的极限扩散电流增加，因而腐蚀速度增快。如图 6-7 所示，在层流区内，腐蚀速度随流速的增加而缓慢上升。当流速增加到开始出现湍流的速度，即临界速度时，湍流液体击穿了紧贴金属表面的、几乎静止的边界层，并使保护膜发生一定程度的破坏，因此腐蚀速度急剧增加。实际上腐蚀类型已由层流下的均匀腐蚀变成为湍流下的磨损腐蚀（即湍流腐蚀）。当流速上升到某一值后，阳极极化曲线不会再与吸氧反应极化曲线的浓度极化部分相交，而与活化极化部分相交。这时腐蚀速度不再受阳极氧的极限扩散电流控制，腐蚀类型也不再是全面腐蚀，而变为湍流腐蚀了。随着流速进一步提高到高流速区，将引起空泡腐蚀。

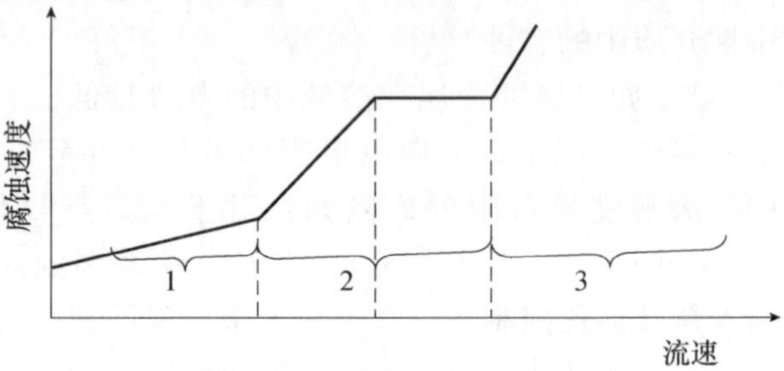

图 6-7　溶液流速对吸氧腐蚀的影响

1—层流区全面腐蚀；2—湍流区湍流腐蚀；3—高流速区空泡腐蚀

有钝化倾向的金属或合金尚未进入钝态时，增大溶液流速或加强搅拌作用都可能使阴极极限扩散电流密度达到或超过致钝电流密度，从而促使金属或合金钝化，降低腐蚀速度。

析氢腐蚀和吸氧腐蚀各自的阴极过程特征及两者对照比较见表 6-2。

表 6-2　析氢腐蚀和吸氧腐蚀的比较

比较项目	析氢腐蚀	吸氧腐蚀
去极化剂性质	带电氢离子，迁移速度和迁移能量都很高	中性氧分子，只能靠扩散和对流传输
去极化剂浓度	浓度高，酸性溶液中 H^+ 放电；中性溶液中去极化反应为 $H_2O + e \longrightarrow H + OH^-$	浓度不高，其溶解度经常随温度升高和盐浓度增加而减小
阴极控制原因	主要是活化极化	主要是浓差极化
阴极反应产物	以氢气泡逸出，电极表面溶液得到附加搅拌	产物 OH^-，只靠扩散或迁移离开，无气泡逸出，得不到附加搅拌

6.2.3　局部腐蚀及防护

金属腐蚀按腐蚀形态分为全面腐蚀和局部腐蚀两大类。

全面腐蚀通常是均匀腐蚀，它是一种常见的腐蚀形态。其特征是腐蚀分布于金属整个表面，腐蚀结果使金属变薄，如金属材料在大气中的腐蚀。

全面腐蚀的电化学过程特点是腐蚀电池的阴、阳极面积非常小，甚至在显微镜下也难以区分，而且微阴极和微阳极的位置变幻不定，整个金属表面在溶液中都处于活化状态，金属表面各点随时间有能量起伏，能量高时（处）为阳极，能量低时（处）为阴极，因而整个金属表面都遭到腐蚀。

全面腐蚀虽可造成金属的大量损失，但其危害性远不如局部腐蚀大。因为全面腐蚀速度易于测定，容易发觉，而且在工程设计时可预先考虑留出腐蚀余量，从而防止设备过早地被腐蚀破坏。

局部腐蚀是相对全面腐蚀而言的，其特点是腐蚀仅局限或集中在金属的某一特定部位。局部腐蚀时阳极和阴极区是截然分开，其位置可用肉眼或微观检查方法加以区分和辨别。腐蚀电池中的阳极溶解反应和阴极区腐蚀剂的还原反应在不同区域发生，而次生腐蚀产物又可在第三地点形成。局部腐蚀可分为电偶腐蚀、点蚀、缝隙腐蚀、晶间腐蚀、选择性腐蚀等。

某些局部腐蚀难以预测和预防，往往在没有先兆的情况下，使金属突然发生破坏，常造成重大工程事故或人身伤亡。

引起局部腐蚀的原因很多，例如下列各种情况：

1）异种金属接触引起的宏观腐蚀电池（电偶腐蚀），也包括阴极性镀层微孔或损伤处所引起的接触腐蚀；

2）同一金属上的自发微观电池，如晶间腐蚀、选择性腐蚀、孔蚀、石墨化腐蚀、剥蚀（层蚀）以及应力腐蚀断裂等；

3）由差异充气电池引起的局部腐蚀，如水线腐蚀、缝隙腐蚀、沉积腐蚀、盐水滴腐蚀等。

4）由金属离子浓差电池引起的局部腐蚀；

5）由膜-孔电池，或活性-钝性电池引起的局部腐蚀；

6）由杂散电流引起的局部腐蚀。

在发生局部腐蚀的情况下，阳极区面积通常比阴极区面积小得多，使阳极区腐蚀非常剧烈。虽然金属质量损失不多，但危害性很大。例如点蚀能使容器穿孔而报废，晶间腐蚀能使晶粒间丧失结合力，导致材料的强度丧失。全面腐蚀和局部腐蚀的主要区别见表6-3。

表6-3　全面腐蚀与局部腐蚀的比较

项　目	全面腐蚀	局部腐蚀
1. 腐蚀形貌	腐蚀分布在整个金属表面上	腐蚀破坏集中在一定区域，其他区域不腐蚀
2. 腐蚀电池	阴、阳极在表面上变幻不定，阴、阳极不可辨别	阴、阳极可以辨别
3. 电极面积	阳极面积 = 阴极面积	阳极面积≪阴极面积
4. 电势	阳极电势 = 阴极电势 = 腐蚀电势	阳极电势 < 阴极电势
5. 腐蚀产物	可能对金属有保护作用	无保护作用

6.2.3.1　电偶腐蚀

当两种电极电势不同的金属相接触并放入电解质溶液中时，即可发现电势较低的金属腐蚀加速，而电势较高的金属腐蚀速度减慢（得到了保护）。这种在一定条件（如电解质溶液或大气）下产生的电化学腐蚀，即由于同电极电势较高的金属接触而引起腐蚀速度增快的现象，称为电偶腐蚀，或双金属腐蚀、接触腐蚀。

此种腐蚀实际为宏观原电池腐蚀，它是一种最普遍的局部腐蚀类型。这类腐蚀例子很多,如黄铜零件与纯铜管在热水中相接触造成的腐蚀。在此电偶腐蚀中黄铜腐蚀被加速，产生脱锌现象。如果黄铜零件接到一个镀锌的钢管上，则连接面附近的锌镀层变成阳极而被腐蚀，接着铜也逐渐产生腐蚀，黄铜在此电偶中作为阴极而得到保护。又如，活塞式航空发动机由于汽缸的镜面与胀圈倒角在特定的气体环境下接触而引起的点状接触腐蚀。此外，碳钢与不锈钢、铜与轻金属相接触也会形成电偶腐蚀，有时虽然两种不同的金属没有直接接触，但在某些环境中甚至也有可能形成电偶腐蚀。如循环冷却水系统中铜部件可能被腐蚀，腐蚀下来的 Cu^{2+} 又通过介质扩散到轻金属表面、沉积出铜。这些疏松微小的微粒与轻金属间构成数量众多的电池效应，致使局部产生严重的侵蚀，这一情况称为间接电偶腐蚀。

（1）影响电偶腐蚀的因素

除了材料因素外，影响电偶腐蚀的因素如下：

1）面积效应　电偶腐蚀率与阴、阳极相的面积比有关，通常，增加阳极面积可以降低腐蚀率。

2）环境因素　通常，在一定的环境中耐蚀性较低的金属是电偶的阳极，但有时在不同的环境中同一电偶的电势会出现逆转，从而改变材料的极性。如铜和锌偶合后在一些水溶液中锌被腐蚀，铜得到了保护。若水温较高（80℃以上）时，电偶的极性就会逆转，铜成为阳极而被腐蚀。又如镁和铝偶合后在中性或微酸性氯化钠溶液中，镁呈阳极性，可是随着镁的不断溶解，溶液变为碱性，铝反而成为阳极性了。

3）溶液电阻的影响　在双金属腐蚀的实例中很容易从连接处附近的局部侵蚀来识别电偶腐蚀效应，这是因为在电偶腐蚀中阳极金属的腐蚀电流分布是不均匀的，在连接处由电偶效应所引起的加速腐蚀最严重，距离接合部位越远，腐蚀也越轻。此外，介质的电导率也会影响电偶腐蚀率。如电导性较高的海水，可以使活泼金属的受浸面扩大，从而降低侵蚀的严重性。但在软水或大气中，侵蚀集中在接触点附近，侵蚀严重，危险性大。

（2）控制电偶腐蚀的措施

前面已提及两种金属或合金的电势差是电偶效应的动力，是产生电偶腐蚀的必要条件。在实际结构设计中应尽可能使相互接触金属间电势差达到最小值。经验表明，当电势差小于50mV 时电偶效应通常可以忽略不计。在飞行器结构中材料品种繁杂，某些零部件又往往因其特殊功用而需要采用某种规定的合金材料。因此，如何防止或减轻电偶效应是一个相当重要的问题，除规定接触电势差小于一定值外，还应采用消除电偶效应的措施。飞机结构中规定金属或合金电势差在 0.25V 以下的才允许接触，但还应采用相当程度的消除电偶效应的措施。如对于要搭接或对接的结构钢与铝合金，在较苛刻的使用环境下，所采用的防止电偶效应的办法是在钢件表面镀 25～35μm 的镉层后与铝合金之间夹绝缘胶，另外，外表面沿周缘涂一层 0.2mm 左右厚的绝缘胶。又如将铜衬套压入铝合金基体时，可将与铝接触部位的铜衬套镀镉，铝合金阳极极化并沿接触缝隙涂绝缘胶。此外，采用适当的表面处理、油漆层、环氧树脂以及其他绝缘衬垫材料，都会预防金属或合金的电偶腐蚀。

在生产过程中不要把不同金属的零件堆放在一起，在任何情况下有色金属零件都不能和黑色金属零件堆放在一起，以免引起锈蚀。铁屑落在镁合金零件上，用金刚砂砂纸打磨镁合金时，金刚砂粒落在或嵌入镁合金表面，用喷钢铁零件的砂子（里面含有铁锈、铁屑、热处理残盐等污物）喷镁合金零件等，都易引起镁合金锈蚀。

为了避免出现大阴极和小阳极的不利面积效应，螺钉、螺帽、焊接点等通常采用比基体稍稳定的材料，以使被固接的基体材料呈阳极性，避免强烈的电偶效应。或采用牺牲阳极保护法，接上比两接触金属更不耐蚀的第三块金属。

隔绝或消除阴极去极化剂（如溶解 O_2 和 H^+），也是防止电偶腐蚀的有效办法，因为这些物质是腐蚀体系中进行阴极反应所不可缺少的。所以，当钢和铜接触用于封闭的热水系统时，若加入适当的水溶性缓蚀剂，可以较好地防止电偶腐蚀。

6.2.3.2 点蚀

（1）点蚀的形貌特征及产生条件

点蚀又称孔蚀，是常见的局部腐蚀之一，是化工生产和航海事业中常遇到的腐蚀破坏形态。蚀孔有大有小，多数情况下为小孔，一般情况下，点蚀表面直径等于或小于它的深度，只有几十微米，分散或密集分布在金属表面上，孔口多数被腐蚀产物所覆盖，蚀孔的最大深度与按质量损失计算的金属平均腐蚀深度之比值称为点蚀系数，点蚀系数愈大表示点蚀愈严重。

（2）点蚀机理

点蚀的发生与发展可分为两个阶段，即蚀孔的成核和蚀孔的生长过程。点蚀的产生与腐蚀介质中活性阴离子（尤其是 Cl^-）的存在密切相关。当介质中存在活性阴离子时，平衡即被破坏，使溶解占优势。关于蚀孔成核的原因现有两种说法。一种说法认为，点蚀的发生是由于氯离子和氧竞争吸附所造成，当金属表面上氧的吸附点被氯离子所替代时，点蚀就发生了，其原因是氯离子选择性吸附在氧化膜表面阴离子晶格周围，置换了水分子，Cl^-就有一定几率和氧化膜中的阳离子形成络合物（可溶性氯化物），促使金属离子溶入溶液中，在新露出的金属特定点上生成小蚀坑，成为点蚀核。另一说法认为，氯离子半径小，可穿过钝化膜进入膜内，产生强烈的导电感应离子，使膜在特定点上维持高的电流密度并使阳离子杂乱移动。当膜-溶液界面的电场达到某一临界值时，就发生点蚀。

（3）防止点蚀的措施

1）材料因素（加入合适的抗点蚀的合金元素，降低有害杂质含量）；

2）改善热处理制度和环境因素的问题。环境因素中尤以卤素离子的浓度影响最大；

3）提高溶液的流动速度、搅拌溶液；

4）加入缓蚀剂或降低介质温度；

5）采用阴极极化法，使金属的电势低于临界点蚀电势。

6.2.3.3 缝隙腐蚀

（1）缝隙腐蚀产生的条件

金属表面上由于存在异物或结构上的原因会造成缝隙，此缝隙一般在 0.05 ~ 0.1mm 范围内。由于此种缝隙的存在，使缝隙内溶液中与腐蚀有关的物质（如氧或某些腐蚀性物质）迁移困难，引起缝隙内金属的腐蚀，这种现象叫做缝隙腐蚀。缝隙腐蚀是一种很普遍的局部腐蚀。不论是同种或异种金属相接触（如铆接、焊接、螺纹连接等）均会引起缝隙腐蚀。即使金属同非金属（如塑料、橡胶、玻璃、木材、石棉、织物以及各种法兰盘之间的衬垫等）相接触也会引起金属缝隙腐蚀。金属表面的一些沉积物、附着物，如灰尘、砂粒、腐蚀产物的沉积等也会给缝隙腐蚀创造条件。

几乎所有的金属、所有的腐蚀性介质都有可能引起金属的缝隙腐蚀。其中以依赖钝化而腐蚀的金属材料和以含 Cl^- 的溶液最易发生此类腐蚀。

在工程结构中缝隙是不可避免的，所以缝隙腐蚀也难以完全避免，缝隙腐蚀的结果会导致部件强度降低。由于缝内腐蚀产物体积的增大，会引起局部应力，使装配困难，所以应尽量避免产生缝隙腐蚀的因素和条件。

（2）防止或减少缝隙腐蚀的措施

1）合理设计，尽量减少缝隙的存在，同时选择具有较稳定钝性的合金。

2）焊接比铆接或螺钉联结好，对焊优于搭焊。焊接时要焊透，避免产生焊孔和缝隙。搭接焊的缝隙要用连续焊、钎焊或捻缝的方法将其封塞。

3）螺钉接合结构中可采用低硫橡胶垫片，不吸水的垫片（聚四氟乙烯），或在接合面上涂以环氧、聚氨酯或硅橡胶密封膏，以保护连接处；或涂以有缓蚀剂的油漆，如对钢可用加有 $PbCrO_4$ 的油漆，对铝可用加有 $ZnCrO_4$ 的油漆。

4）如果缝隙难以避免，则采用阴极保护，如在海水中采用锌或镁的牺牲阳极法。

5）选用耐缝隙腐蚀的材料。选用在低氧酸性介质中不活化并具有尽可能低的钝化电流和较高的活化电势的材料。如在静止河水中无缝隙腐蚀的材料有 Ti 和 Ni-16Cr-16Mo-5Fe-4W-2.5Co 等，有较好的抗缝隙腐蚀性能。

6）带缝隙的结构若采用缓蚀剂法防止缝隙腐蚀，要采用高浓度的缓蚀剂。这是由于缓蚀剂进入缝隙时常受到阻滞，其消耗量大。否则因用量不当，反而会加速腐蚀。

6.2.3.4 丝状腐蚀

丝状腐蚀是钢、铝、锌等涂装金属产品常见的一类大气腐蚀。如在镀镍的钢板上、在镀铬或搪瓷的钢件上，都曾发现这种腐蚀；而在清漆或磁漆下面的金属上这类腐蚀发展得特别严重，因多数发生在漆膜下面，故亦称作膜下腐蚀。在不涂装的裸露金属表面上也有丝状腐蚀出现，这种腐蚀所造成的金属损失虽然不大，但它损害金属制品的外观，有时会以丝状腐蚀为起点，发展成缝隙腐蚀或点蚀，还可能由此而诱发应力腐蚀。在铝上就发现过从丝状腐蚀发展为点蚀和晶间腐蚀的现象。在镁制产品上也曾发现因丝状腐蚀而诱发点蚀，并使镁制品穿孔破坏的现象。

丝状腐蚀是一种浅型的膜下腐蚀，一旦产生便发展很快，最后形成密集的网状花纹分布于金属表面，如图 6-8 所示，使金属表面上的漆膜出现尤为明显损伤的隆起，失去保护膜的作用。其特征是腐蚀产物呈丝状纤维网的样子，沿着线迹所发生的腐蚀在金属上掘出一条“可觉察的小沟”，深度约为 5 ~ 8μm，而且在小沟上每隔一段距离就有一个较深的小孔。在铁上腐蚀产物呈红丝状，丝宽约 0.1 ~ 0.5mm。丝状腐蚀一般由蓝色呈“V”字形的活性头和非活性的棕褐色而形态如丝的身部所组成。

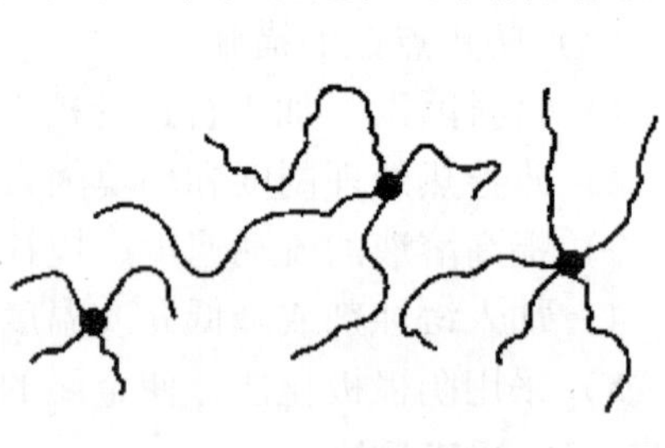

图 6-8　丝状腐蚀示意图

6.2.3.5 晶间腐蚀

晶间腐蚀是一种由微电池作用而引起的局部破坏现象，是金属材料在特定的腐蚀介质中沿着材料的晶界产生的腐蚀。这种腐蚀主要是从表面开始，沿着晶界向内发展，直至成为溃疡性腐蚀，整个金属强度几乎完全丧失。晶间腐蚀常常使价值千万的设备突然破坏。其特征是在表面还看不出破坏时，晶粒之间已丧失了结合力，失去金属的声音，严重时只要轻轻敲打就可能破碎，甚至形成粉状。晶间腐蚀的产生必须具备两个条件：一是晶界物质的物理化学状态与晶粒内不同；二是特定的环境因素，如潮湿大气、电解质溶液、过热的水蒸气、高温水或熔融金属等。

6.2.3.6 选择性腐蚀

选择性腐蚀，是指腐蚀在合金的某些特定部位有选择地进行。或者说，腐蚀是从一种固溶体合金表面除去其中某种元素或某相，其中电势较低的金属或相发生优先溶解而被破坏。最典型的例子是黄铜脱锌和铸铁的石墨化腐蚀，其他合金体系在酸溶液中，也会发生选择性腐蚀。

（1）黄铜脱锌

一般含有质量分数为20% Zn、质量分数为80% Cu 的 Cu-Zn 合金（黄铜），在水溶液中锌易被抽取（溶解），而留下多孔的铜，这种现象叫做脱锌：这种腐蚀是用海水冷却的黄铜冷凝管破坏的主要形式，腐蚀结果会使黄铜的强度大大下降。脱锌易于用肉眼判断：脱锌后合金的颜色有显著的变化，即由黄色变为紫红色。但其总尺寸改变不大，外貌有呈均匀型的、层型的，也有呈局部（塞）型的。一般说来，锌含量较高的黄铜在酸性介质中易发生均匀型或层型脱锌；而锌含量较低的黄铜在一些微酸性或中性、碱性介质中易发生塞型脱锌，但也有例外。连续层型的脱锌不太危险，而塞型的破坏最危险。这是因为，这类脱锌能生成疏松的铜，填满脱锌区，形成疏松的脱锌塞，使材料变脆，强度降低。这类腐蚀类似于溃疡形式深入到金属中去，严重时会导致管壁穿通。不流动介质对脱锌有利，这可能是由于金属表面上生成膜或有沉积物，易造成缝隙腐蚀的缘故。

黄铜的组织结构和成分是很重要的影响因素。黄铜中锌的质量分数越高，其脱锌倾向和腐蚀速率也越大。一般含锌质量分数高于15%的黄铜才出现脱锌。含锌质量分数超过35%的黄铜，形成双相结构，这种混合型的黄铜（$\alpha+\beta$）固溶体，往往会发生局部腐蚀，即β相先被腐蚀，然后脱锌蔓延到α基体，因为含铜量较高的α相对于含铜量较低的β相来说是阴极。β相发生优先溶解，这一过程常会引起腐蚀表面上铜的重新析出。

黄铜脱锌的防止办法通常是采用脱锌敏感性较低的合金材料，如采用锌质量分数较低的红黄铜（质量分数为15% Zn）。这种合金几乎不产生脱锌，但却不耐冲击腐蚀。或在黄铜中添加少量的 As（质量分数0.001% ~0.02%），能显著地降低黄铜的脱锌。这是由于 As 的加入可提高铜重新析出的过电势。添加锡或铝组分也可增加黄铜的耐蚀性。

（2）石墨化腐蚀

灰口铸铁易在活性较轻微的环境中产生石墨化腐蚀。由于铁基中发生了选择性腐蚀而石墨沉积在铸铁的表面，表现如同“石墨”，故称石墨化腐蚀。

这类腐蚀中石墨为阴极，铁为阳极。原电池腐蚀的结果形成以铁锈、孔隙和石墨为主的海绵状多孔体，使铸铁强度降低且失去金属性能。失强程度随着侵蚀深度的增加而加大，严重时可用小刀轻轻地削切。

石墨化是一个缓慢的过程，埋在土壤中的灰口铸铁容易发生这类腐蚀。若在腐蚀性较强的环境中，由于发生金属的迅速溶解，使铸铁的整个表面趋于均匀性腐蚀。这种情况一般不发生石墨化腐蚀。此外，若不存在残余连在一起的石墨网状结构，或不含游离碳的铸铁，也不会发生石墨化腐蚀。例如球墨铸铁、灰口铸铁就可避免此种腐蚀。

金属的腐蚀还有应力作用下的腐蚀、大气腐蚀、土壤腐蚀等。

6.3 无机非金属材料的腐蚀及防护

6.3.1 无机非金属材料腐蚀的基本概念

非金属材料是指除金属材料和高分子材料以外的固体材料，传统上的无机非金属材料主要有陶瓷、玻璃、水泥和耐火材料四种，化学组成大多为硅酸盐类，因此无机非金属材料又称硅酸盐材料。因陶瓷材料历史最悠久，应用最广泛，故国际上常将无机非金属材料称之为陶瓷材料。自20世纪40年代以来，随着新技术的发展，陆续涌现出一系列的应用于高性能领域的先进无机非金属材料，包括结构陶瓷、复合材料、功能材料、半导体、新型玻璃、非晶态材料和人工晶体。

无机非金属材料通常具有良好的耐腐蚀性能。但因其化学成分、结晶状态、结构以及腐蚀介质的性质等原因，在任何情况下都耐蚀的无机非金属材料是不存在的。无机非金属材料除石墨以外，在与电解质溶液接触时不像金属那样形成原电池，故其腐蚀不是由电化学过程引起的，而往往是由于化学作用或物理作用引起的。

无机非金属材料作为结构和功能材料应用极其广泛，有必要对其腐蚀机理和防护进行系统研究。

6.3.1.1 无机非金属材料的化学成分和矿物组成

硅酸盐材料成分中以酸性氧化物 SiO_2 为主，它们耐酸而不耐碱，当 SiO_2（尤其是无定型 SiO_2）与碱液接触时发生如下反应而受到腐蚀：

$$SiO_2 + 2NaOH \longrightarrow Na_2SiO_3 + H_2O$$

所生成的硅酸钠易溶于水及碱液中。

SiO_2 含量较高的耐酸材料，除氢氟酸和高温磷酸外，它能耐所有无机酸的腐蚀。温度高于300℃的磷酸、任何浓度的氢氟酸都会对 SiO_2 发生作用：

$$SiO_2 + 4HF \longrightarrow SiF_4 + 2H_2O$$

$$SiF_4 + 2HF \longrightarrow \underset{\text{（氟硅酸）}}{H_2SiF_6}$$

$$H_3PO_4 \longrightarrow HPO_3 + H_2O$$

$$2HPO_3 \longrightarrow P_2O_5 + H_2O$$

$$SiO_2 + P_2O_5 \longrightarrow \underset{\text{（焦磷酸硅）}}{SiP_2O_7}$$

一般来说，材料中 SiO_2 的含量越高耐酸性越强，SiO_2 质量分数低于55%的天然及人造硅酸盐材料是不耐酸的。但也有例外，例如铸石中只含质量分数为55%左右的 SiO_2，而它的耐蚀性却很好；红砖中 SiO_2 的含量很高，质量分数达60%～80%，耐酸性却不好。这是因为硅酸盐材料的耐酸性不仅与化学组成有关，而且与矿物组成有关。铸石中的 SiO_2 与 Al_2O_3、Fe_2O_3 等形成耐腐蚀性很强的矿物——普通辉石，所以虽然 SiO_2 的质量分数低于55%却有很强的耐腐蚀性。红砖中 SiO_2 的含量尽管很高，但是以无定型状态存在，没有耐酸性。如将红砖在较高的温度下燃烧，使之烧结，就具有较高的耐酸性。这是因为在高温下 SiO_2 与 Al_2O_3 形成具有高度耐酸性的新矿物——硅线石（$Al_2O_3 \cdot 2SiO_2$）与莫来石（$3Al_2O_3 \cdot 2SiO_2$），而且其密度也增高。

含有大量碱性氧化物（CaO、MgO）的材料属于耐碱材料。它们与耐酸材料相反，完全不能抵抗酸类的作用。例如由钙硅酸盐组成的硅酸盐水泥，可被所有的无机酸腐蚀，而在一般的碱液（浓的烧碱液除外）中却是耐蚀的。

6.3.1.2　无机非金属材料的孔隙和结构

除熔融制品（如玻璃、铸石）外，硅酸盐材料或多或少都具有一定的孔隙率。孔隙会降低材料的耐腐蚀性，因为孔隙的存在会使材料受腐蚀作用的面积增大，侵蚀作用也就显得强烈，使得腐蚀不仅发生在表面上，而且也发生在材料内部。当化学反应生成物形成结晶时，还会造成物理性能的破坏，例如制碱车间的水泥地面，当间歇地受到苛性钠溶液的浸润时，由于渗透到孔隙中的苛性钠吸收二氧化碳后变成含水碳酸盐结晶，体积增大，在水泥内部膨胀，使材料产生内应力破坏。

如果在材料的表面及孔隙中腐蚀生成的化合物为不溶性的，则在某些场合它们能保护材料不再受到破坏，水玻璃耐酸胶泥的酸化处理就是一例。

当孔隙为闭孔时，受腐蚀性介质的影响要比开口的孔隙小。因为当孔隙为开口时，腐蚀性液体就容易渗入材料内部。

6.3.1.3　无机非金属腐蚀介质

硅酸盐材料的腐蚀速度似乎与酸的性质无关（除氢氟酸和高温磷酸外），而与酸的浓度有关。酸的电离度越高，对材料的破坏作用也越大。酸的温度升高，离解度增大，其破坏作用也就越强。此外，酸的黏度会影响它们通过孔隙向材料内部扩散的速度。例如盐酸比同一浓度的硫酸黏度低，在同一时间内渗入材料的深度就大，其腐蚀作用也较硫酸快。同样，同一种酸的浓度不同，其黏度也不同，因而它们对材料的腐蚀速度也不相同。

6.3.2　玻璃的腐蚀及防护

玻璃是非晶的无机非金属材料。在人们的印象中，玻璃较金属耐蚀，因而总认为它是惰性的。实际上，许多玻璃在大气、弱酸等介质中，都可用肉眼观察到表面污染、粗糙、斑点等腐蚀迹象。

6.3.2.1　玻璃的结构

玻璃是以 SiO_2 为主要组成，并含有 R_2O、RO（R 代表碱金属或碱土金属）、Al_2O_3、B_2O_3 等多种氧化物。实践表明，玻璃具有很好的耐酸性，而耐碱性相对较差些，这与材料的组成和结构密切有关。

玻璃结构单元不像同成分的晶体结构那样具有周期性的重复排列，而是缺乏对称性及周期性的三维网络。其结构是以硅氧四面体［SiO_4］为基本单元的空间连续的无规则网络所构成的牢固骨架，此为材料中化学稳定的组成部分。被网络外的阳离子如 K^+、Na^+、Ca^{2+}、Mg^{2+} 等所打断而又重新集聚的脆弱网络，是材料中化学不稳定的组成部分。

6.3.2.2　玻璃的腐蚀

玻璃与水及水溶液接触时，可以发生溶解和化学反应。硅酸盐玻璃受到大气、水、酸或碱等介质的作用，在玻璃的表面会发生化学或物理反应，首先导致玻璃表面变质，随后侵蚀作用逐渐深入，直至玻璃本体完全变质的过程称为玻璃的腐蚀。这些化学反应包括水解及在酸、碱、盐水溶液中的腐蚀、玻璃的风化。除这种普遍性的腐蚀外，还有由于相分离所导致的选择性腐蚀。

（1）溶解

SiO_2 是玻璃最主要的组元。当 pH＜8 时，SiO_2 在水溶液中的溶解量很小；而当 pH≥9 以后，溶解量则迅速增大。在酸性溶液中，要破坏所形成的酸性硅烷较困难，因而溶解少而慢；在碱性溶液中，Si—OH 的形成容易，故很容易溶解。

硅酸盐材料的耐蚀性还与其结构有关。晶体结构的化学稳定性较无定型结构高。例如结晶的二氧化硅（石英），虽属耐酸材料但也有一定的耐碱性。而无定型的二氧化硅就易溶于碱溶液中。

（2）水解与腐蚀

含有碱金属或碱土金属离子 R（Na^+、Ca^{2+} 等）的硅酸盐，玻璃与水或酸性溶液接触时，不是“溶解”，而是发生了“水解”，这时，所要破坏的是 Si—O—R，而不是 Si—O—Si。这种反应起源于 H^+ 与玻璃中网络外阳离子（主要是碱金属离子）的离子交换。

$$\equiv \text{Si—O—Na} + H_2O \longrightarrow \equiv \text{Si—OH} + \text{NaOH}$$

此反应实质是弱酸盐的水解。由于 H^+ 减少，pH 值提高，从而开始了 OH^- 对玻璃的侵蚀。上述离子交换产物可进一步发生水化反应：

$$\equiv \text{Si—OH} \xrightarrow{H_2O} \text{Si(OH)}_4$$

随着这一水化反应的进行，玻璃中脆弱的硅氧网络被破坏，从而受到侵蚀。但是反应产物 $Si(OH)_4$ 是一种极性分子，它能使水分子极化，而定向地附着在自己的周围，成为 $Si(OH)_4 \cdot nH_2O$，这是一个高度分散的 SiO_2—H_2O 系统，称为硅酸凝胶，其中除一部分溶于溶液外，大部分附着在材料表面，形成硅胶薄膜。随着硅胶薄膜的增厚，H^+ 及 Na^+ 的交换速度越来越慢，从而阻止腐蚀继续进行，此过程受 H^+ 向内扩散的控制。

因此，在酸性溶液中，R^+ 为 H^+ 所置换，但 Si—O—Si 骨架未动，所形成的胶状产物又能阻止反应继续进行，故腐蚀较少。

但是在碱性溶液中则不然，OH^- 通过如下反应：

$$\equiv \text{Si—O—Si} \equiv + OH^- \longrightarrow \equiv \text{SiOH} + \equiv \text{SiO}^-$$

使 Si—O—Si 链断裂，非桥氧 $\equiv SiO^-$ 群增多，结构被破坏，SiO_2 溶出，玻璃表面不生成保护膜。因此腐蚀较在水或酸性溶液中为重，且不受扩散控制。玻璃表面不能生成保护。

表 6-4 中的腐蚀数据证实了上述的分析，其中耐碱玻璃由于含有 ZrO_2，故在碱中的腐蚀速度也很低。

表 6-4　各类玻璃在酸及碱中腐蚀的有关数据

玻璃类型	腐蚀质量损失/($mg \cdot cm^{-2}$)	
	5% HCl 水溶液，100℃，24h	5% NaOH 水溶液，100℃，5h
96% 高硅氧玻璃	0.0004	0.9
硼硅酸盐玻璃	0.005	1.4
钠钙灯泡玻璃	0.01	1.1
电真空铅玻璃	0.02	1.6
高铅玻璃	崩解	3.6
铝硅酸盐玻璃	0.35	0.35
耐碱玻璃	0.01	0.09

一般说来，含有足够量 SiO_2 的硅酸盐玻璃是耐酸蚀的。但是，在为了获得某些光学性能的光学玻璃中，降低了 SiO_2 的含量，加入了大量 Ba、Pb 及其他重金属的氧化物，正是由于这些氧化物的溶解，使这类玻璃易为醋酸、硼酸、磷酸等弱酸腐蚀。此外由于阴离子 F^- 的作用，氢氟酸极易破坏 Si—O—Si 键而腐蚀玻璃。

（3）玻璃的风化

玻璃和大气的作用称为风化。玻璃风化后，在表面出现雾状薄膜，或者点状、细线状模糊物，有时出现彩虹。风化严重时，玻璃表面形成白霜，因而失去透明，甚至产生平板玻璃粘片现象。风化大都发生于玻璃储藏、运输过程中，温度、湿度比较高，透风不良的情况下；化学稳定性比较差的玻璃在大气和室温条件下也能发生风化。

玻璃在大气中风化时，首先吸附大气中的水，在表面形成一层水膜。通常湿度越高，吸附水分越多。此后，吸附水中的 H_3O^+ 或 H^+ 与玻璃中网络外阳离子进行离子交换和碱侵蚀，破坏硅氧骨架。由于风化时表面产生的碱不会移动，故风化始终在玻璃表面上进行，随时间增加而变得严重。

在不通风的仓库储存玻璃时，若湿度高于 70%，温度达 40℃以上，玻璃就会严重风化。大气中含有 CO_2 和 SO_2 气体时，会加速玻璃的风化。

（4）选择性腐蚀

如图 6-9 所示的 SiO_2—B_2O_3—Na_2O 三元系中的“影线区”的成分，通过热处理（例如 580℃，3～168h）可以形成双向组织——孤立的硼酸盐相弥散在高 SiO_2 基体之中。这种双向组织的玻璃在酸中发生了选择性腐蚀，富 B_2O_3 的硼酸盐相受侵蚀，而高 SiO_2 的基体没有变化，从而形成疏松的玻璃。孔洞的直径在 3～6nm 之间，孔洞的体积可达 28%。再通过弱碱处理，溶去孔洞内部的高 SiO_2 残存区，可扩大孔洞直径。

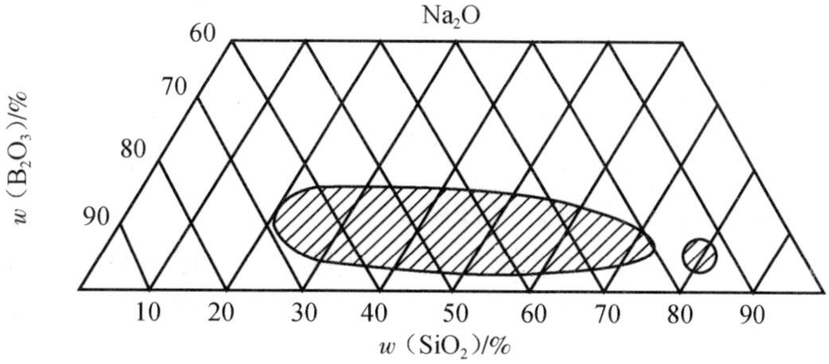

图 6-9　通过侵蚀可获得疏松玻璃的成分范围（影线区）

其他不少玻璃也具有这种相分离及选择性腐蚀的性能。例如，简单的钠玻璃也可通过上述的热处理-腐蚀工艺，获得孔洞直径为 0.7nm 的疏松玻璃，显示分子筛的功能。

（5）影响硅酸盐玻璃腐蚀的因素及玻璃腐蚀的防护

硅酸盐玻璃的化学稳定性受到化学组成、热处理、表面处理等因素的影响。

1）化学组成　硅酸盐玻璃的耐水性和耐酸性主要取决于硅氧和碱金属氧化物的含量。硅氧含量愈高，硅氧四面体连接的程度愈高，玻璃的化学稳定性就愈差。碱金属氧化物中以氧化钾影响最大，氧化钠次之，氧化锂再次之。所以当 K^+ 取代 Li^+ 后，随着离子半径的增加氧化物稳定性降低。同时从氧化物的溶解度也可以看出由 K^+ 取代 Li^+ 后氧化物溶解度的增加，从而使化学稳定性降低。

在简单的硅酸盐玻璃中，抗水性一般随碱金属或碱土金属的阳离子半径的增加而下降，其阳离子的半径顺序为 $Cs_2O > K_2O > Na_2O > Li_2O$；$BaO > SrO > CaO > MgO > BeO$，则其抗水性的顺序为 $Cs_2O < K_2O < Na_2O < Li_2O$；$BaO < SrO < CaO < MgO < BeO$。

当玻璃中含 RO、R_2O_3、RO_2 等三组分或更多组分的系统时，它们对水的耐蚀性有很大提高，且可以阻挡钠离子的扩散。

玻璃中同时存在两种碱金属氧化物时，其耐水性要比单含一种碱金属要好，且在两者的比例中有一最佳点，称之为“混合碱效应”或“中和效应”。大量试验表明，当它们的分子比为 1:1 时，玻璃的耐水性最好。

在 $SiO_2 \cdot Na_2O \cdot RO$（或 R_2O_3、RO_2）化学组成的玻璃中，ZrO_2、Al_2O_3、MgO、BaO、TiO_2、ZnO 等氧化物置换部分 Na_2O 后，表现出不同的耐酸碱行为。氧化物中以氧化锆的耐碱性最好，氧化铝、氧化锌、氧化钙等对耐水和耐酸性均有利，而氧化钡对耐水、耐酸和耐碱性都不好。它们的耐水性和耐酸性的顺序如下：

耐水性：$ZrO_2 > Al_2O_3 > TiO_2 > ZnO > MgO > CaO > BaO$

耐酸性：$ZrO_2 > Al_2O_3 > ZnO > CaO > TiO_2 > MgO > BaO$

在三价氧化物中，B_2O_3 对玻璃的化学稳定性影响比较复杂，一般情况下，随着 B_2O_3 含量的增加，水溶出度降低，玻璃的抗水性提高，这是由于开始时增加的硼离子位于硼氧四面体［BO_4］之中，将原来的断键重新连接起来加强网络结构的原因。而当继续增加 B_2O_3 含量到 16% 时，新加入的硼离子不但不增加［BO_4］，反而夺取硼氧四面体中的游离氧，使［BO_4］减少，且随着 B_2O_3 含量的增加，玻璃的抗水性变差和水溶出度上升。这就是 B_2O_3 在化学稳定方面的“硼反常”现象。

2）热处理　玻璃在退火过程中因与炉气接触，化学稳定性显著提高，这是因为玻璃在退火时，炉气中的酸性气体（主要是氧化硫）可以中和玻璃表面部分碱性氧化物，形成主要成分为硫酸钠的“白霜”层，该“白霜”层易被除去从而降低玻璃表面的碱性氧化物的含量，提高玻璃的化学稳定性。反之，若退火不良或退火时缺乏酸性气体的存在，会造成玻璃表面碱的富集，导致玻璃表面化学稳定性降低。

退火和淬火对玻璃的化学稳定性的影响是不同的。因为退火玻璃的密度较高，网络结构又比较紧密，所以退火玻璃较淬火玻璃的化学稳定性高。而硼硅酸盐玻璃例外，有时淬火玻璃具有较高的化学稳定性。

3）表面状态　介质对玻璃的侵蚀首先从表面开始，因此玻璃表面状态对化学耐蚀性有很大的影响，故可以借助于各种表面处理方法来改善玻璃的表面状态以提高其化学稳定性。

6.3.3　硅酸盐水泥石的腐蚀与防止

硅酸盐水泥硬化以后，在通常的使用条件下，一般可以具有较好的耐久性。影响耐久性的因素很多，但抗渗性、抗冻性以及对环境介质的抗蚀性，则是衡量硅酸盐水泥耐久性的三个主要方面。在腐蚀性液体或气体的长期作用下，水泥石会受到不同程度的腐蚀，严重时会使水泥石强度明显降低，甚至完全破坏。硅酸盐水泥材料的腐蚀有两种分类方法：一是按腐蚀的形态分类，可分为溶出型腐蚀、分解型腐蚀、膨胀型腐蚀（或称结晶型腐蚀）；二是按介质分类，可分为硫酸盐腐蚀、海水腐蚀、土壤腐蚀等。在实际工程中，有时是单一型腐蚀，但是大多数情况下是多种类型的复合腐蚀。

6.3.3.1 水泥石腐蚀的种类

对水泥石具有腐蚀作用的介质很多，几种常见的典型腐蚀介质对水泥石的腐蚀过程如下：

（1）软水侵蚀（溶出型侵蚀）

软水是指暂时硬度较小的水，即水中重碳酸盐含量较低的水。雨水、雪水、工厂冷凝水及相当多的河水、江水、湖泊水等都属于软水。

当水泥石长期处在软水中时，由于水泥石中的$Ca(OH)_2$可微溶于水，首先被溶出。在静水及无水压的情况下，由于周围的水容易被$Ca(OH)_2$饱和，使溶解作用停止，因此，溶出仅限于表层，对整个水泥石影响不大。但在流水及压力水作用下，溶出的$Ca(OH)_2$不断被流水带走，水泥石中的$Ca(OH)_2$不断溶出，孔隙率不断增大，侵蚀也就不断地进行。由于水泥石中的$Ca(OH)_2$浓度的降低，还会使水泥石中 $C_3S_2H_3$ 等分解，引起水泥石的结构破坏和强度下降。

当环境水中含有较多的重碳酸盐，即水的硬度较高时，重碳酸盐会与水泥石中的$Ca(OH)_2$作用：

$$Ca(OH)_2 + Ca(HCO_3)_2 \longrightarrow 2CaCO_3 + 2H_2O$$

$$Ca(OH)_2 + Mg(HCO_3)_2 \longrightarrow CaCO_3 + MgCO_3 + 2H_2O$$

生成的碳酸钙或碳酸镁几乎不溶于水，积聚在水泥石的表面孔隙内，密实的保护层阻碍了外界水的侵入和$Ca(OH)_2$的继续溶出，使侵蚀作用停止。

（2）盐类腐蚀

在海水、湖泊水、地下水及某些工业废水中，常不同程度地含有镁盐、硫酸盐、氯化物、钾盐和钠盐等，它们对水泥石都有不同程度的腐蚀作用。比较严重的是镁盐和硫酸盐，它们与水泥石接触后，会发生如下反应：

$$Na_2SO_4 + Ca(OH)_2 + 2H_2O \longrightarrow CaSO_4 \cdot 2H_2O + 2NaOH$$

$$MgSO_4 + Ca(OH)_2 + 2H_2O \longrightarrow CaSO_4 \cdot 2H_2O + Mg(OH)_2$$

$$MgCl_2 + Ca(OH)_2 + H_2O \longrightarrow CaCl_2 + Mg(OH)_2 + H_2O$$

生成的硫酸钙可直接造成水泥石膨胀破坏或与 C_3AH_6 反应生成 $C_3A\overline{S}_3H_{31}$，产生更大的膨胀破坏；生成的 $CaCl_2$ 极易溶解于水，加剧溶出型侵蚀。随着腐蚀的不断进行，水泥石中的$Ca(OH)_2$浓度逐渐降低，导致部分水化产物分解，使腐蚀作用进一步加剧。

（3）一般酸腐蚀

在一些工业废水、地下水和沼泽水中，经常含有各种不同浓度的无机酸或有机酸，而水泥石由于含有$Ca(OH)_2$呈碱性，这些酸与碱会发生反应：

$$H^+ + OH^- \rightleftharpoons H_2O$$

如果酸的浓度较高，则反应向右进行，使水泥石腐蚀加剧。

（4）碳酸水腐蚀

在某些工业废水和地下水中，常溶有一定量的 CO_2 及其盐类，它们会与水泥石中的$Ca(OH)_2$反应：

$$CO_2 + H_2O + Ca(OH)_2 \longrightarrow CaCO_3 + 2H_2O$$

当水中 CO_2 浓度较低时，由于 $CaCO_3$ 沉淀到水泥石表面而使腐蚀停止；当水中 CO_2 浓度较高时，上述反应还会继续进行：

$$CO_2 + CaCO_3 + H_2O \longrightarrow Ca(HCO_3)_2$$

生成的 $Ca(HCO_3)_2$ 是易溶于水的，使反应向右进行，造成水泥石的腐蚀。

（5）强碱腐蚀

强碱（NaOH、KOH）在浓度不高时，一般对水泥石没有腐蚀作用。当浓度较高且水泥中铝酸钙含量较高时，强碱会与水泥进行如下反应：

$$3CaO \cdot Al_2O_3 \cdot 6H_2O + 2NaOH \longrightarrow Na_2O \cdot Al_2O_3 + 3\,Ca(OH)_2 + 4H_2O$$

生成的铝酸钠（$Na_2O \cdot Al_2O_3$）极易溶解于水，造成水泥石腐蚀。当水泥石受到干湿交替作用时，进入到水泥石中的 NaOH 会与空气中的 CO_2 作用生成 Na_2CO_3，并在毛细孔内结晶析出，将水泥石胀裂。

除上述几种介质外，糖、铵盐、动物脂肪和含环烷酸的石油产品等对水泥石也有腐蚀作用。通常都是几种介质同时对水泥石造成腐蚀。

（6）腐蚀作用的复合及其判别

在实际工程中，环境介质的影响往往是多方面的，既可能是几种化学侵蚀的复合作用，同时又会有冻融、渗透等的物理破坏。

图 6-10 为处于海水中的钢筋混凝土桩所受到的各种作用的示意图。由图可见，在低潮线以下的水下部分，主要受到海水的化学侵蚀。而海水则是一种成分复杂的溶液，其总共盐含量平均为 35g/L 左右，因此从组成来看，海水对硬化水泥石有硫酸盐侵蚀和镁盐侵蚀的作用，主要为硫酸镁使浆体中的氢氧化钙转变成石膏和氢氧化镁并将部分水化硅酸钙分解或者转化成粘结性极差的水化物。这些次生石膏的结晶膨胀，或者与水化铝酸钙反应生成膨胀性的钙矾石，都会对浆体产生破坏。不过，海水中尚有氯化钠和氯化镁等大量氯盐存在，可使硫酸盐膨胀作用得到一定程度的缓解。有人认为，这是由于氯离子的影响，使硫铝酸钙和石膏在海水中的溶解度大大增加，从而能抑制其结晶成长的缘故；或者可归结于这些膨胀性化合物在氯化物溶液中极不稳定的原因。

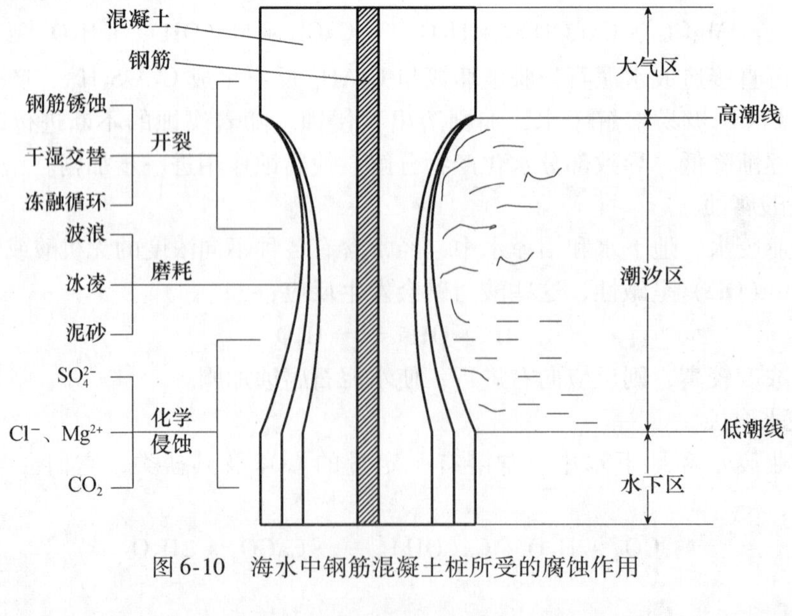

图 6-10　海水中钢筋混凝土桩所受的腐蚀作用

6.3.3.2 水泥石腐蚀的原因及防止措施

（1）水泥石腐蚀的原因

从以上腐蚀种类可以归纳出水泥石受到腐蚀的主要原因有：

1）水泥石内存在容易受腐蚀的成分，即含有$Ca(OH)_2$和C_3AH_6。它们极易与介质成分发生化学反应或溶于水而使水泥石破坏。

2）水泥石本身存在孔隙，腐蚀介质容易进入水泥石内部与水泥石成分互相作用，加剧腐蚀。

（2）加速腐蚀的因素

液态的腐蚀介质引起的腐蚀较固态更为严重，较高的温度、压力，较快的流速，适宜的湿度及干湿交替等均可加速腐蚀过程。

（3）防止腐蚀的措施

1）根据侵蚀介质特点，合理选择水泥品种。当水泥石遭受硫酸盐侵蚀时，可使用C_3A含量小于5%的水泥；在水泥生产时加入适当的混合材料，可以降低水化产物中的$Ca(OH)_2$的含量，从而提高抗腐蚀能力。

2）提高水泥石的密实度，降低孔隙率。在实际施工中，尽量降低混凝土或砂浆中的水灰比，选择级配良好的集料，掺入外加剂、改善施工方法等均可提高水泥石的密实度。另外，在水泥石表面进行碳化处理或采取其他的表面密实措施，都能提高水泥石的表面密实度，从而减少腐蚀介质进入水泥石内部，达到防腐效果。

3）在水泥石表面设置保护层。当水泥石在较强的腐蚀介质中使用时，根据不同的腐蚀介质，可在混凝土或砂浆表面覆盖玻璃、塑料、沥青、耐酸陶瓷和耐酸石料等耐腐蚀性较高且不透水的保护层，隔断腐蚀介质与水泥石的接触，保护水泥石不受腐蚀。

当水泥石处于多种介质同时侵蚀的状态时，应分析清楚对水泥石侵蚀最严重的介质，采取相应的措施，提高水泥石的耐腐蚀性。

6.3.4 钢筋混凝土结构的腐蚀

6.3.4.1 普通钢筋混凝土结构的腐蚀

钢筋混凝土结构材料是混凝土与钢筋的复合体，它的腐蚀形态可分为两种：一是由于混凝土的耐久性不足，其本身被破坏，同时也由于钢筋的裸露、腐蚀而导致整个结构的破坏；二是混凝土本身并未腐蚀，但由于外部介质的作用，导致混凝土本身化学性质的改变或引入了能激发钢筋腐蚀的离子，从而使钢筋表面的钝化作用丧失，引起钢筋的锈蚀。从化学成分来看，钢筋的锈蚀物一般为$Fe(OH)_3$、$Fe(OH)_2$、$Fe_3O_4 \cdot H_2O$、Fe_2O_3等，其体积比原金属体积增大2～4倍。由于铁锈膨胀，对混凝土保护层产生巨大的辐射压力，其数值可达30MPa（高于混凝土的抗拉极限强度），使混凝土保护层沿着锈蚀的钢筋形成裂缝（俗称顺筋裂缝）。这些裂缝进一步成为腐蚀性介质渗入钢筋的通道，加速了钢筋的腐蚀。钢筋在顺缝中的腐蚀速度往往要比裸露情况快，等到混凝土表面的裂缝开展到一定程度，混凝土保护层则开始剥落，最终使构件丧失承载能力。

在通常情况下，混凝土空隙中充满了由于水泥水解时产生的氢氧化钙饱和溶液，其碱度很高，pH值在12以上。钢筋在高碱度的环境中，表面沉积一层致密的氢氧化铁薄膜，而转入钝化状态，即使有空气和水分进入，也不可能导致钢筋的腐蚀。当混凝土受到外部因素作用而使混凝土的液相碱度降低时，钢筋由钝化状态转化为活性状态，此时若有空气和水分进入，钢筋便开始生锈。造成混凝土液相碱度降低的原因，一般说来是由于酸性气体与混凝土中氢氧化钙作用的结果。酸性气体沿着混凝土中的空隙或裂缝，从外部逐渐向内部渗透，与混凝土空隙中的氢氧化钙溶液产生中和反应，大大降低了混凝土空隙中氢氧化钙的浓度。空气中的二氧化碳属于酸性气体，它与混凝土中的氢氧化钙作用（俗称碳化作用），其反应式如下：

$$Ca(OH)_2 + CO_2 \longrightarrow CaCO_3 + H_2O$$

生成的碳酸钙为微溶的化合物，其饱和溶液 pH 值为 9，远远小于钢筋保持钝化状态所要求大于 11.5 的数值。其他酸性气体如 SO_2、H_2S、HCl、NO_x 也可以与混凝土中的氢氧化钙作用（称为混凝土的中性作用），但它们对钢筋的腐蚀，除了使钢筋成活化状态外，还与它们中性化后生成的盐类的性质、种类有关。

某些卤离子（如 Cl^-、I^-、Br^-）对钝化膜有特殊的破坏作用。它们在钢筋保护层不被碳化或中性化的情况下也可以破坏钢筋钝化膜，使腐蚀过程得以进行。氯离子是这一类离子中最常遇到的。氯离子半径很小，穿透力强，很容易吸附在钢筋阳极区的钝化膜上，取代钝化膜中的氧离子，使对钢筋起保护作用的氢氧化铁变为无保护作用的氯化铁。氯化铁的溶解度比氢氧化铁的溶解度大得多。由于氯离子到达钢筋表面的不均匀性，特别是氯离子作用在钢筋局部区域时，则局部区域为阳极，形成了大阴极小阳极的腐蚀。这种坑蚀或局部腐蚀对结构的危害较大。

影响混凝土中性化（包括碳化）速度的因素很多，但主要的因素是混凝土的密实度，即抗渗性能。混凝土愈密实，即抗渗性能愈高，则外界的气体只能作用于混凝土表面，向内部渗透比较困难。影响混凝土密实度的主要因素是混凝土的水灰比和水泥用量。水泥品种对混凝土的中性化速度有一定的影响；不同品种的水泥，因其掺合料的品种及含量不同，水解时生成的碱性物质数量不同，使混凝土的中性化速度也就不同。

普通硅酸盐水泥的熟料含量多，掺合料的含量一般不大于 20%，其碱度比其他品种的水泥高，中性化速度相对要慢。火山灰质硅酸盐水泥、矿渣硅酸盐水泥、粉煤灰硅酸盐水泥，由于掺合料中的活性氧化硅与水泥熟料水解时产生的氢氧化钙结合，从而降低了混凝土孔隙中的液相碱度，加快了碳化或中性化的速度。

6.3.4.2 预应力钢筋混凝土结构的腐蚀

预应力钢筋混凝土结构的腐蚀除了具有普通混凝土结构的腐蚀类型外，由于采用高强度钢筋和钢筋在高应力条件下工作，所以可能发生应力腐蚀和钢材的氢脆。

（1）应力腐蚀

应力腐蚀是钢筋在拉应力和腐蚀性介质共同作用下形成的脆性断裂。这种破坏与单纯的机械应力破坏不同，它可以在较低的拉应力作用下破坏；这种破坏又与单纯的电化学腐蚀破坏不同，它可以在腐蚀性介质很弱的情况下破坏。

腐蚀性介质与钢筋作用，在钢筋表面形成大小不等弥散分布的腐蚀坑后，每个腐蚀坑相当于一个缺口，钢筋在拉应力的作用下，形成应力的不均匀分布和应力集中，在缺口的边缘，当钢筋平均应力不高时，其集中的应力即可达到断裂应力的水平，而引起钢筋的断裂。由于缺口的存在，形成了拉应力三轴不相等状态，阻碍了钢筋塑性变形的开展，使塑性变形性能在钢筋断裂前不能充分发挥出来，延伸率、冷弯等塑性指标均有明显下降。预应力钢筋的腐蚀是拉应力与腐蚀性介质共同作用的结果，腐蚀因素对钢筋断裂的最初形成起主要作用，而拉应力则促进了腐蚀的发展。

（2）氢脆

氢脆是预应力钢筋在酸性与微碱性介质中发生脆性断裂的另一种类型。氢脆与应力腐蚀的机理完全不同。应力腐蚀发生在钢筋的阳极，而氢脆发生在钢筋的阴极区域。氢脆是由于钢筋吸收了原子氢而变脆，所以称为氢脆。钢筋在腐蚀过程中，表面可能有少量氢气产生，在通常情况下，生成的原子氢会迅速结成分子氢，在常温下是无害的，但当这一过程受到阻碍时，氢原子就会向钢筋内部扩散而被吸收到金属内部的晶格中去，如果钢筋内部有缺陷存在，氢原子很可能重新结合成为氢分子。氢分子的生成产生很大的压力，出现“鼓泡”现象，使钢筋变脆。产生氢脆的钢筋在受到超过临界值的拉力作用时，便会发生断裂。硫化氢是能引起预应力钢筋氢脆的介质之一。

6.3.4.3 纤维混凝土结构的腐蚀

我国工程中常见的纤维混凝土为钢纤维混凝土、玻璃纤维混凝土以及聚丙烯纤维混凝土，它们均是将纤维材料均匀分布在水泥砂浆、混凝土中，用以改变基材的物理力学性能。

纤维混凝土的腐蚀机理与普通混凝土基本相同，但纤维的直径较细，且均匀分布，其耐久性相对普通混凝土要强一些。开裂的纤维混凝土构件在潮湿的环境下，裂缝处的混凝土碳化后，碳化区的钢纤维开始锈蚀。有研究表明，钢纤维混凝土中钢筋的锈蚀较普通混凝土钢筋的锈蚀减轻，其原因除了钢纤维阻裂作用的影响外，还在于细小纤维在混凝土中乱向均匀分布，从而改变了钢筋电化学锈蚀的离子分布状态，阻止了钢筋的锈蚀。

6.3.5 陶瓷基复合材料的腐蚀

假设陶瓷基复合材料的组成相之间化学上相容，那么，此材料的热稳定性由熔点、组元的分解或组元与周围环境的反应（通常是氧化反应）等来决定。

测定复合材料的氧化及高温腐蚀行为极其困难。通常，某一组元的氧化行为，在热力学和动力学上要受其他组元的影响。组成相与杂质的界面在许多情况下也显著影响氧化行为。因此，复合材料的腐蚀行为，通常不能从组元的性质来推得。对于氧化反应，可把陶瓷基复合材料的组成相分成三类：

（1）氧化物

本身不氧化，然而，在其他氧化物或杂质与氧同时存在时，可形成低熔点的混合氧化物或玻璃；

（2）Si 的非氧化物

特别是 SiC、Si_3N_4、$MoSi_2$，假设体系中的氧分压不太低，那么就会在其上形成一有效的 SiO_2 保护层，从而限制氧化反应速度；

（3）其他非氧化物

抗氧化能力相对较差，在温度低于 1000℃时，氧化速度很快。如，TiC、TiN、B_4C、BN、TiB 等增强的陶瓷基复合材料。

SiC 和 Si_4N_4 氧化的特征是发生由钝态向活性转变，其标志是 SiO_2 的分解和气化：

$$2SiO_2 \longrightarrow 2SiO\uparrow + O_2$$

这种转变由温度和氧分压决定。在钝化区，当压力为 10^5Pa，温度 1000 ~ 1500℃时，氧化速度很低，此时，膜层的生长速度为 $10^{-2} \sim 10^{-11}$ g/(cm^2 · s)。不过，此区域的氧化反应对氧化层的性质很敏感。如果该层呈结晶态而不是非晶态，则其氧化速度要低得多。对于非晶态情况，随某些玻璃形成物引起的黏性的降低，氧化速度明显加快。

通常，在 SiC 和 Si_3N_4 与氧化物组成的复合材料中，SiC 和 Si_3N_4 的抗氧化性能要降低。这是因为 SiO_2 层常常与氧化物组元反应，形成玻璃或混合氧化物。即使最终的反应物是结晶的，随氧化速度的增加，中间低黏度的玻璃相也可能会形成。当此玻璃相渗透至晶界和界面时，氧化速度会进一步加快。

以 Al_2O_3/SiC 复合材料为例。在 1200℃ 的空气中时，氧化明显加快。先形成的 SiO_2 和 Al_2O_3 反应生成莫来石（$3Al_2O_3 \cdot 2SiO_2$）。莫来石也是一个非平衡玻璃相。在某些复合材料中，发现这个相富含 Ca。该玻璃相不仅使氧快速扩散至下面的 SiC，而且通过渗透到达界面和晶界，因而以提供氧进入材料通道的方式加快氧化。因此，SiC 颗粒或晶须快速消耗并最终转变为莫来石：

$$3Al_2O_3 + 2SiC + 3O_2 \longrightarrow 3Al_2O_3 \cdot 2SiO_2 + 2CO$$

这个过程要求氧气通过反应产物表面扩散进入，CO 气体扩散排出。通过莫来石中的玻璃相和裂纹，这两个过程极易进行，并且氧化速度大约比纯 SiC 快一个数量级。最终反应产物含有莫来石。其中的 Al_2O_3 或 SiO_2 何者占优势，取决于复合材料中 SiC 的原始质量分数。

假设增强相为抗氧化性较差的非氧化物，并以孤立的颗粒或纤维形式存在；同时，假设此增强相氧化时所形成的氧化物与基体氧化物没有不利的反应发生，则这种复合材料可具有令人满意的抗氧化性。在这种情况下，在自由表面上化合物的氧化一旦完成，其氧化速度就减慢。

另外，复合材料的组元间的界面氧化作用也很重要。在某些复合材料中，用氧化来改善界面强度。例如，对于聚合物—前驱体 SiC 纤维增强的复合材料，其假塑性行为取决于弱的石墨界面。在氧化过程中，此界面可迅速由高强度的氧化物界面取代而变脆。

6.4 高分子材料的腐蚀

通常，高分子材料具有较优良的耐腐蚀性能。但由于介质的多样性以及高分子材料在成分、结构、聚集态和添加物等方面的千差万别，因此，在任何条件下都耐腐蚀的高分子材料是不存在的。例如，多数高分子材料在酸、碱和盐的水溶液中具有较好的耐蚀性，显得比金属优越，但在有机介质中其耐蚀性却不如金属。有些塑料在无机酸、碱溶液中很快被腐蚀，如尼龙只能耐较稀的酸、碱溶液，而在浓酸、浓碱中则会遭到腐蚀。

高分子材料品种繁多，性能各异，这就要求对高分子材料在各种介质中的腐蚀规律和耐蚀能力进行比较系统的分析和研究。

6.4.1 高分子材料腐蚀的类型

高分子材料在加工、储存和使用过程中，由于内外因素的综合作用，其物理化学性能和机械性能逐渐变坏，最后丧失使用价值，这种现象称为高分子材料的腐蚀，通常称之为老化或氧化。老化主要表现在：

1）外观的变化，出现污渍、斑点、细纹、裂缝、喷霜、粉化及光泽、颜色的变化；

2）物理性能的变化，包括溶解化、溶胀性、流变性能，以及耐寒、耐热、透水、透气等性能的变化；

3）力学性能的变化，如抗张强度、弯曲强度、抗冲击强度等的变化；

4）电性能的变化，如绝缘电阻、电击穿强度、介电常数等的变化。

从本质上讲，高聚物的老化可分为化学老化与物理老化两类。

化学老化是高分子材料分子结构变化的结果。例如，塑料的脆化、橡胶的龟裂，这种变化是不可逆的，不能恢复的。化学老化主要有降解和交联两种类型。降解是高分子的化学键受到光、热、机械作用力等因素的影响，分子链发生断裂，从而引发自由基连锁反应。交联是指断裂了的自由基再互相作用产生交联结构。

降解和交联对高聚物的性能都有很大的影响。降解使高聚物的相对分子质量下降，材料变软发黏，抗张强度和模量下降；交联使材料变硬、变脆、伸长率下降。

物理老化不涉及分子结构的变化。它仅仅是由于物理作用而发生的可逆性变化。例如在增塑的软聚氯乙烯塑料中，假如所使用的增塑剂耐寒性不够低，在北方较寒冷的地区使用时，由于增塑剂的凝固，使软聚氯乙烯塑料变硬，天暖后，又会恢复原状。其他还有很多流变性能方面可逆性的变化，都是属于物理老化的范畴。

物理过程引起的化学老化多数是次价键被破坏，主要有溶胀与溶解，环境应力开裂，渗透破坏等。溶胀和溶解是指溶剂分子渗入材料内部，破坏大分子间的次价键，与大分子发生溶剂化作用，引起高聚物的溶胀和溶解；环境应力开裂指在应力与介质（如表面活性物质）的共同作用下，高分子材料出现银纹，并进一步生长成裂缝，直至发生脆性断裂；渗透破坏指高分子材料用作衬里，当介质渗透穿过衬里层面接触到被保护的基体（如金属）时，引起体材料破坏，导致介质与高分子材料反应引起腐蚀。

6.4.2 高分子材料腐蚀的特点

高分子材料的腐蚀与金属腐蚀有本质的区别。金属腐蚀在大多数情况下可用电化学过程来说明；而高分子材料一般不导电，也不以离子形式溶解，因此其腐蚀过程难以用电化学规律来说明。此外，金属的腐蚀过程大多在金属的表面发生，并逐步向深处发展；而对于高分子材料，其周围的试剂（气体、液体等）向材料内渗透扩散是腐蚀的主要原因。同时，高分子材料中的某些组分（如增塑剂、稳定剂等）也会从材料内部向外扩散迁移，而溶于介质中。

6.4.3 高分子材料的腐蚀（氧化）机理

高聚物在加工和使用时通常都要接触空气，因此氧的作用非常重要。在室温下，许多高聚物的氧化反应十分缓慢，但在热、光、辐照等作用下，反应大大加速，因此氧化降解是一个非常普遍的现象。

（1）老化因素

影响高分子发生老化现象的因素有内在和外在的两种因素。外在的因素有化学的和物理的，化学的因素包括有氧、臭氧、水（湿气）等因素的影响；物理因素包括光、热、高能辐射、机械作用力等因素的影响。

1）高分子化学结构　高分子发生老化与它的化学键有密切的关系，弱键部位容易断裂，成为自由基引发老化反应的起始点。

2）物理形态　高分子的老化性能，不仅和它的化学结构有关，还和它的物理形态有关。高分子的分子链有些是有序排列的，有些是无序的。有序排列的，可形成结晶区；无序排列的为非晶区。而很多高分子的物理形态并非均一，它们是半结晶状态的，既有结晶区，也有非晶区，老化反应首先是在非晶区开始。

3）立体规整性　高分子的立体规整性与它的结晶度有密切关系。按照正常观点，具有规整性高的高分子要比无规结构耐老化性能好。但是这并不是绝对的，如聚丙烯虽然有比较规整的定向叔—C—H 链，但在氧化时生成的过氧化自由基容易引起分子内部的链增长反应，所以耐老化性能反而差一些。

4）相对分子质量及其分布　一般情况下，相对分子质量大小与老化关系不大，但当相对分子质量非常高，例如，超高相对分子质量聚乙烯，其相对分子质量超过 100 万，则表现出异常优异的耐蚀性。相对分子质量分布对高分子的老化性能有很大影响。相对分子质量分布越宽，越容易老化，这是因为分布越宽，端基越多，因而越容易引起老化反应。

5）微量金属杂质和其他杂质　高分子材料在加工时，要和金属接触，有可能混入微量金属，或在聚合时残留一些金属催化剂，这都会起到自动氧化（即老化）的引发作用。

（2）防止老化的主要措施

高分子材料虽具有多种优异性能，特别是防腐蚀性能，但不像无机材料（如陶瓷）那样具有稳定的耐久性能，而是容易老化变质。对于这个缺点，可以采取以下几种方法加以克服，延长其使用寿命。主要的办法有：

1）物理防护；

2）聚合物改性；

3）改进成型加工工艺；

4）在高分子材料中加入稳定剂，组成有效的配方体系。

其中，最现实和最有效的方法，是在高分子材料中加入最适宜的稳定剂，组成最有效和最合理的配方。

（3）热氧老化与稳定

单纯加热即可使高聚物降解，但热氧老化是高聚物最主要的一种老化形式。热氧老化是由于高聚物引发产生自由基的自动氧化反应。

高分子材料在成型加工时，容易发生热氧老化。另外，高分子材料在贮存和使用过程中也会发生缓慢的热氧老化反应。

对于热氧老化，最方便最经济的稳定化措施就是在高聚物中添加稳定剂，组成合理的配方。

抗热氧老化的稳定剂，依其作用机理分为两大类：第一类是能使自由基链式反应终止的链终止剂；第二类为能抑制引发自由基反应的抑制性稳定剂。第一类稳定剂又称主抗氧剂，分为三类：自由笼捕获体、电子给予体和氢给予体；第二类稳定剂又称作辅助性抗氧剂，分为过氧化氢物分解剂和金属离子钝化剂两种。

1）链式反应终止剂（主抗氧剂）　抗氧剂（AH）主要是通过与自由基作用，将其捕获或使其失去反应活性。这类抗氧剂有苯醌、叔胺、仲胺和受阻酚等。

①链转移

$$R\cdot + AH \longrightarrow BH + A\cdot$$

$$RO_2\cdot + AH \longrightarrow ROOH + A\cdot$$

②链终止　　　　　　$A\cdot+RO\cdot\longrightarrow$ 稳定产物

$2A\cdot\longrightarrow$ 稳定产物

2）抑制性稳定剂（辅助抗氧剂）　主要有过氧化物分解剂和金属离子钝化剂。前者与氢过氧化物作用，使氢过氧化物分解为非活性物质，如亚磷酸酯等；后者是基于金属离子催化 ROOH 分解产生自由基：

$$Me^{n+}+ROOH\longrightarrow RO\cdot+Me^{n+1}+OH^-$$

$$Me^{n+1}+ROOH\longrightarrow RO_2\cdot+Me^{n+}+H^+$$

所以需将残留的金属离子加以钝化。芳香胺和酰胺类化合物是比较有效的金属高分子钝化剂。

6.4.4 臭氧老化与稳定

大气中臭氧质量分数约为 0.01×10^{-6}，严重污染时可达 1×10^{-6}。这些微量臭氧却可使某些结构高聚物如聚乙烯、聚苯乙烯、橡胶和聚酰胺等发生降解。在应力作用下，高聚物表面会产生垂直于应力的裂纹，称为臭氧龟裂。

对于防臭氧老化，可以采用物理的和化学的两种方法。

物理方法：加入石蜡，形成与臭氧不反应的覆盖层，防止臭氧渗入；

化学方法：二烯橡胶类高分子的弱点在于分子结构上存有碳-碳双键，因此可采用氢化处理，使高分子表层不饱和度降低，以提高它的抗臭氧能力。此外，也可以加入抗臭氧剂和光稳定剂。

6.4.5 光氧老化

高分子材料在户外使用时，经常受到日光照射和氧的双重作用，发生光氧老化，出现泛黄、变脆、龟裂、表面失去光泽、机械强度下降等现象，最终失去使用价值。光氧老化是重要的老化形式之一，反应的发生与光线能量和高分子材料的性质有关。

（1）光氧老化机理

光线的能量与波长有关，波长越短，能量越高。太阳光的波长从 200nm 一直延伸到 10^{-4}m 以上，当通过大气时，短波大部分被大气吸收，照射到地面上的光波长大于 290nm。

光波要引发反应，首先需有足够的能量，使高分子激发或价键断裂；其次是光波能被吸收。通常，典型共价键的解离能约为 300 ~ 500kJ/mol，与之对应的波长约为 400 ~ 240nm。波长为 290 ~ 400nm（400 ~ 300kJ/mol）的近紫外光波有足够的能量使某些共价键断裂。C—H、C—F、O—H、C = C、C = O 的键能很高，照到地面上的近紫外光不能将其破坏；约有 5% 的太阳光可打断 C—C 键；有 50% 以上的太阳光可使 O—O 和 N—N 键断裂；C—O、C—Cl 和 C—Br 也可被太阳光破坏。但是暴露在大气中的高聚物并没有引发“爆发”式的光氧化反应。这是因为正常高聚物的分子结构对于紫外光吸收能力很低；另外高聚物的光物理过程消耗了大部分被吸收的能量，导致光化学量子效率很低，不易引起光化学反应。

不同分子结构的高聚物，对于紫外线吸收是有选择性的。如醛和酮的羰基 C = O 吸收的波长范围是 280 ~ 300nm；双键 C = C 吸收的波长是 230 ~ 250nm；羟基—OH 是 230nm；单键 C—C 是 135nm。所以照到地面的近紫外光只能被含有羰基或双键的高聚物所吸收，引起光氧化反应，而不被含有羟基或 C—C 单键的高聚物所吸收。

可见，照到地面的近紫外光并不能使多数高聚物离解，只使其呈激发态。一方面，处于激发态的大分子，通过能量向弱键的转移，尤其是向羰基的能量转移作用，导致弱键的断裂；另一方面，若此激发能不被光物理过程消散，则在有氧存在时，被激发的化学键可被氧脱除，产生自由基，发生与热氧老化同一形式的自由基链式反应：

$$\dot{R}H \longrightarrow R\cdot + RH(\text{激发态分子})$$

$$\dot{R}H + O_2 \longrightarrow R\cdot + \cdot OOH$$

在有水存在时，

$$\dot{R}H + O_2 + H_2O \longrightarrow H_2O_2 + RH$$

H_2O_2 可能引起大分子发生氧化裂解。

此外，高聚物在聚合和加工时，常会混入一部分杂质，如催化剂残渣，或生成某基团如羰基、过氧化氢基等，它们在吸收紫外光后，能引起高聚物光氧化反应。

高聚物光氧化反应一旦开始，一系列新的引发反应可以取代原来的引发反应。因为在光氧化反应过程中所产生的过氧化氢、酮、羧酸和醛等吸收紫外光后，可再引发新的光氧化反应。

（2）光氧老化的防护

1）光屏蔽剂　光屏蔽作用的目的是使紫外线不能进入高分子材料内部，限制光氧老化反应仅停留在高分子材料表面。凡是可以吸收紫外光而又没有光敏作用的物质都可以作为光屏蔽剂。许多颜料，如炭黑、氧化锌等都是很好的光屏蔽剂。

2）紫外光吸收剂　紫外光吸收剂对紫外光有强烈的吸收作用，并能将吸收的激发能转变为对高分子材料无害的振动能释放出来，从而使高分子材料得到保护。光吸收剂也称能量转移剂，二价镍络合物是目前广泛使用的一类紫外光吸收剂。

多数紫外光吸收剂的分子结构都有在分子内部生成氢键的特征，如2－羟基二苯甲酮和2－（2－羟基－5－甲基苯基）苯丙三唑等。

它们的稳定作用与氢键的强弱程度有很大关系。当紫外线吸收剂吸收紫外光后，整合环被打开，待整合环重新闭合时，被吸收的光能以其他无害的形式释出，因此开环所需要的能量越多，传递给高分子材料得越少，即氢键越稳定，抗光氧老化的性能就越好。

3）淬灭剂　淬灭剂并没有很强的吸收紫外光的能力，因为它的作用机理与紫外光吸收剂的作用机理不同。紫外光吸收剂是通过分子内部结构的变化而消散能量。淬灭剂淬灭激发能的过程有两种形式：

①将激发能转移给一个非反应型的淬灭剂分子；

②形成激发态复合物，然后经过其他光物理过程而消散能量。

4）受阻胺　受阻胺已成为当今最优良的光稳定剂。除了光稳定性能外，它还具有多方面的稳定功能，所以称为多功能稳定剂。

（3）与大气污染的反应

许多长期在户外使用的塑料，能被大气中的污染物如 SO_2、NO_2 等侵蚀。通常饱和高聚物在没有光照的室温条件下，对 SO_2、NO_2 是相当稳定的，如聚乙烯、聚丙烯、聚氯乙烯等。而高聚物如尼龙66和聚亚胺酯却受到侵蚀，结果同时出现降解和交联，并以交联为主。饱和高聚物在高温时，则可被 NO_2 等破坏。不饱和高聚物易被 SO_2、NO_2 侵蚀。异丁橡胶主要发生主链的分解，而聚异戊二烯则以交联为主。

（4）取代基的反应

饱和的碳链化合物的化学稳定性较高，但在加热和光照下，除被氧化外还能被氯化。如聚乙烯可被氯化为聚氯乙烯

$$—CH_2—CH_2—C_2H_3—CH_2— + 2Cl_2 \xrightarrow{\text{光或热}} —CHCl—CH_2—C_2H_3—CHCl— + 2HCl$$

在 Cl_2 及光、热作用下，聚氯乙烯还可以被氯化：

$$—CHCl—CH_2—CHCl—CH_2— + Cl_2 \longrightarrow —CH_2—CHCl—CHCl—CHCl— + HCl$$

随着含氯量的增加，生成物的大分子间作用力增强，结晶性改善，在溶剂中的耐溶解能力会大大提高。含苯基的高分子材料，原则上具有芳香族化合物所有的反应特征，在硫酸、硝酸作用下能起磺化、硝化等取代反应。如聚苯乙烯的磺化：

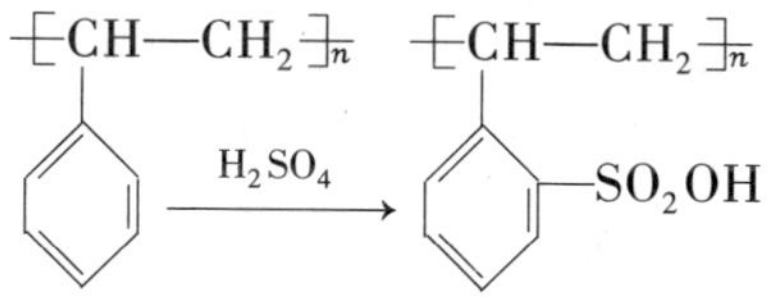

游离的氯、溴、硝酸、浓硫酸、氯磺酸等对聚苯硫醚都有显著的腐蚀作用。原因是这些试剂能很容易地使苯环发生取代反应，或使硫原子受到氧化，使 S—C 键破坏。

6.4.6 溶胀与溶解

高聚物的溶解过程一般分为溶胀和溶解两个阶段，溶解和溶胀与高聚物的聚集态结构是非晶态还是晶态结构有关，也与高分子材料是线形还是网状、高聚物的相对分子质量大小及温度等因素密切相关。

（1）非晶态高聚物的溶解

非晶态高聚物聚集得比较松散，分子间隙大，分子间的相互作用力较弱，溶剂分子易于渗入到高分子材料内部。若溶剂与高分子材料的亲和力较强，就会发生溶剂化作用，使高分子材料链段间的作用力进一步削弱，间距增大。但是，由于高聚物分子很大，又相互缠结，因此，即使已被溶剂化，仍极难扩散到溶剂中去。所以，虽有相当数量的溶剂分子渗入到高分子材料内部，并发生溶剂化作用，但也只能引起高分子材料在宏观上产生体积与质量的增加，这种现象称为溶胀。大多数高聚物在溶剂的作用下都会发生不同程度的溶胀。

高聚物发生溶胀后是否发生溶解，则取决于其分子结构。若高聚物为线形结构，则溶胀可以一直进行下去。大分子充分溶剂化后，也可缓慢地向溶剂中扩散形成均一的溶液，完成溶解过程。但如果高聚物是网状体型结构，则溶胀只能使交联链伸直，难以使其断裂，所以这类高聚物只能溶胀不能溶解，而且随着交联程度的增加，其溶胀程度会下降。

线形非晶态高聚物随着温度的变化呈现出玻璃态、高弹态和黏流态等三种物理状态。在这几种状态下，高聚物分子链段的热运动能力有极大的差异。在玻璃态下，基本上没有分子链段的热运动；在高弹态，分子链段可以比较自由地进行热运动；在黏流态下，分子链段甚至整个大分子都在进行运动。因此，与分子链段相关的溶胀和溶解过程，在这三种状态下也不同，在玻璃化温度 T_g 以下对应玻璃态；在黏流温度 T_f 以上，对应黏流态；在 T_g 和 T_f 之间为高弹态。

当 $T<T_g$ 时，非晶态高聚物的溶胀层由四部分组成，在大多数情况下，这四个区域的总

厚度约为0.01~0.1cm。在Ⅰ区中，高分子已经全部溶剂化，呈黏液状，称液状层；在Ⅱ区中，有大量溶剂，呈透明凝胶状，称凝胶层；在Ⅲ区中，虽含有溶剂，但较少，高聚物层呈溶胀状，仍处于玻璃态，称为同体溶胀层；在Ⅳ区中含溶剂很少，且溶剂主要存在于高聚物的微裂纹及空洞中，称为渗透层。上述四层中，Ⅰ和Ⅱ区所占比率最大。由于它们的存在（特别是Ⅱ区）妨碍了小分子的进一步渗透，所以是影响溶解速度的主要障碍。高聚物的相对分子质量增大，溶胀层的厚度增加，导致高聚物的溶解速度明显下降。随着温度的升高，分子链热运动加剧，溶胀层的层次变少，溶胀和溶解加快。当 $T > T_f$ 时就只有Ⅰ区，这时高聚物呈黏流态，溶解过程实际上变为两种液体的混合过程。

（2）结晶态高聚物的溶解

结晶态高聚物的分子链排列紧密，分子链间作用力强，溶剂分子很难渗入并与其发生溶剂化作用，因此，这类高聚物很难发生溶胀和溶解。即使可能发生一定的溶胀，也只能从其中的非晶区开始，逐步进入晶区，所以速度要慢得多。当溶剂不能使大分子充分溶剂化时，即使对于线型高聚物来说，也只能溶胀到一定程度，而不能发生高分子材料的溶解，此时，可通过升高温度和介质的浓度来使之逐渐溶解。

高聚物溶胀的结果宏观上体积显著膨胀，虽仍保持固态性能，但强度、伸长率急剧下降，甚至丧失其使用性能。

6.4.7 环境应力开裂

（1）环境应力开裂现象

当高分子材料处于某种特定环境介质中，往往会在比空气中的断裂应力或屈服应力低得多的应力下发生开裂，这种现象称为高分子材料的环境应力开裂。这种应力包括外加应力和材料内的残余应力。所说的介质，广义上包括液体、蒸气、固体介质，这里指更具实际意义的液体环境介质。

（2）环境应力开裂具有如下特点

1）是一种从表面开始发生破坏的物理现象，从宏观上看呈脆性破坏，但若用电子显微镜观察，则属于韧性破坏；

2）不论负载应力是单轴或多轴方式，它总是在比空气中的屈服应力更低的应力下发生龟裂滞后破坏；

3）在裂缝的尖端部位存在着银纹区；

4）与应力腐蚀破裂不同，材料并不发生化学变化；

5）在发生开裂的前期状态中，屈服应力不降低。

（3）银纹与裂缝

高聚物的开裂首先从银纹开始。所谓银纹就是在应力与介质的共同作用下，高聚物表面所出现的众多发亮的条纹。银纹是由高聚物细丝和贯穿其中的空洞所组成，如图6-11所示。在银纹内，大分子链应力方向高度取向。所以银纹具有一定的力学强度和密度。介质向空洞加剧渗透和应力的作用，又使银纹进一步发展成裂缝，如图6-12所示。裂缝的不断发展，可能导致材料的脆性破坏，使长期强度大大降低。

图6-11 银纹和裂缝的示意图

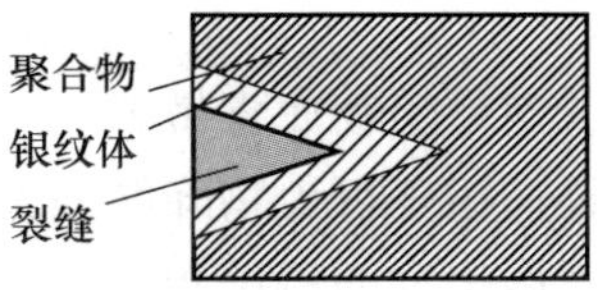

图6-12 银纹发展成裂缝示意图

6.4.8 微生物腐蚀

生物能腐蚀金属材料和非金属材料。这里仅考虑微生物对高分子材料的腐蚀问题。通常生物能够降解天然聚合物，而大多数合成高聚物却表现出较好的耐微生物侵蚀能力。

（1）微生物对高分子材料腐蚀的特点

微生物对高分子材料的降解作用是通过生物合成产生的称作酶的蛋白质来完成的。酶是分解高聚物的生物实体。依靠酶的催化作用将长分子链分解为同化分子，从而实现对高聚物的腐蚀。降解的结果为微生物制造了营养物及能源，以维持其生命过程。

这类介质进入大分子之间起到增塑作用，使链段易于相对滑移，从而使材料强度严重降低，在较低的应力作用下可发生应力开裂。这种开裂为溶剂开裂，在开裂之前产生的银纹很少，强度降低是由于溶胀或溶解引起的。

对这类介质，若作用时间较短，介质来不及渗透很深，这时也能在一定的应力作用下产生较多银纹，出现环境应力开裂现象。但若作用时间较长，应力较低，则介质浸入会较充分，易出现延性断裂，即不是环境应力开裂。微生物腐蚀的特点为：

1）“专一性” 对天然高分子材料或生物高分子材料，酶具有高度的专一性，即酶/高聚物以及高聚物被侵蚀的位置都是固定的。因此，分解之产物也是不变的。但对合成高分子材料来说，细菌和真菌等微生物则有所不同。一方面对于所作用的物质即底物的降解，微生物仍具有专一性；另一方面，微生物也能适应底物，即当底物改变时，微生物在数周或数月之后，能产生出新的酶以分解新的底物。目前，人们已相信，合成高聚物是可被许多微生物降解的。

2）“端蚀性” 酶降解生物高分子材料时，多从大分子链内部的随机位置开始。对合成高分子材料则与此相反，酶通常只选择其分子链端开始腐蚀，聚乙烯醇例外。因大多数合成大分子端部有不敏感性，大分子的分解相当缓慢，又由于分子链端常常藏于高聚物基体内，因而大分子不能或非常缓慢地受酶攻击。必须指出，从动力学上讲，酶分解长链高分子材料是个一步过程，它由众多连续的初级反应组成，每个初级反应可分解一两个基元。因此，当酶反应进行时，高分子材料试样的平均相对分子质量和相应的物理性质减少得极其微小。但当高分子链受到随机攻击时，即酶从内部而不是端部或外部作用时，则材料物理性质的改变要大得多。“端蚀性”可解释合成高分子材料耐生物降解现象。

3）高分子材料中添加剂的影响 大多数添加剂如增塑剂、稳定剂和润滑剂等低分子材料，易受微生物降解，特别是组成中含有高分子天然物的增塑剂尤为敏感。许多塑料都是相当耐蚀的，聚乙烯和聚氯乙烯用甲苯萃取后其耐微生物腐蚀能力相当好。而低分子添加剂（如聚氯乙烯用的增塑剂）是可被微生物降解的，但大分子基体是很少被侵蚀或不被侵蚀。由于微生物与增塑剂、稳定剂等相互作用，而不与大分子作用，所以在高聚物表面常有微生物生存。研究表明，添加剂的种类及含量对高分子材料的生物降解影响极大。

4）侧基、支链及链长对腐蚀的影响　事实上，只有酯族的聚酯、聚醚、聚氨酯及聚酰胺对普通微生物非常敏感。引进侧基或用其他基团取代原有侧基，通常会使材料成为惰性。这同样适用于可生物降解的天然高聚物材料。纤维素的乙酰化及天然橡胶的硫化，可使这些材料对微生物的侵蚀相当稳定。生物降解性也强烈地受支链和链长的影响，这是由酶对于大分子的形状和化学结构的专一行为引起的。对碳氢化合物如链烃和聚乙烯的研究表明，线性链烃的相对分子质量不大于450时，出现严重的微生物降解现象；而支链和相对分子质量大于450的高分子烃类则不受侵蚀。

5）易侵蚀水解基团　由于许多微生物能产生水解酶，因此在主链上含有可水解基团的高聚物易受微生物侵蚀。这一特性对开发可降解高聚物很有帮助。

（2）微生物腐蚀的防护

化学基团影响高分子材料耐微生物腐蚀的性能，并且酶对底物具有专一侵蚀性。因此，对微生物腐蚀的防护也要从材料结构和抑制酶的活性两方面入手。

1）化学改性　化学改性的基本目的是通过改进聚合物的基本结构或取代基，以化学或立体化学方式而不是添加抑菌剂的方式，赋予聚合物以内在的抗微生物性能。这种内在的抵抗效能将一直保持到微生物因进化而能够合成出新型酶时为止。

2）抑制剂或杀菌剂　在非金属材料的制造过程中，添加杀菌剂可防止微生物腐蚀。所谓杀菌剂就是能够杀死或除掉各种微生物，对材料或零件的性能无损，对人体无毒害并在各种环境下能保持较长时间杀菌效果的化学药剂。有许多化学药剂如水杨酸、水杨酰苯胺等都可作为杀菌剂。

3）改善环境　为了防止微生物腐蚀，控制工作环境是必要的。例如降低湿度；保持材料表面的清洁，不让表面上存在某些有机残渣，都可以降低微生物对材料的腐蚀危害。

最后应指出，除微生物外，自然环境中一些较高级的生命体如昆虫、啮齿动物和海生蛀虫等对纤维素和塑料制品也都有侵蚀作用，所造成的经济损失往往是相当惊人的。因此在设备的使用中也应采取防范措施。

6.5　常用的防腐蚀材料

6.5.1　防腐涂料

6.5.1.1　防腐涂料的基本知识

（1）防腐涂料的概念

防腐蚀涂料是一种能够保护建筑物避免酸、碱、盐及各种有机物侵蚀的特种建筑涂料。对于建筑物的侵蚀作用主要来自两个方面，一是由自然条件形成的，如空气、日光、海水等；另一则是由现代工业生产中产生的腐蚀性介质形成的，如酸、碱、盐及各种有机物。对于前者一般的建筑装饰都能够承受，如外墙装饰涂料均具有较好的耐水、耐大气、耐日光等性能；至于后者，则一般的装饰涂料是无法解决的，必须采用特殊的防腐蚀涂料才能解决，例如在碱性环境中，应使用耐碱性能优良的耐碱涂料。

（2）防腐蚀涂料的主要作用

防腐涂料的主要作用是将腐蚀介质与建筑材料隔离开来，使腐蚀性介质不能渗透到建筑材料中去，从而防止建筑材料的腐蚀。

（3）防腐涂料的主要性能

1）不仅具有一般建筑涂料的装饰性能，而且对于腐蚀介质具有良好的稳定性，涂膜长期与腐蚀介质接触，不会被溶解、溶胀、破坏、分解及发生不良的化学反应；

2）与建筑物基层具有良好的粘结性，涂层具有较好的机械强度，不会开裂及脱落，如外用防腐涂料还有良好的耐水性能；

3）涂层具有良好的抗渗性，能阻挡有害介质或有害气体的侵入；

4）原材料资源丰富，价格合适。

（4）防腐涂料的施工要点

1）基层必须清洗干净。由于这类涂料大多是溶剂型，因此要求基层充分干燥后方可进行施工；

2）为了提高防腐蚀性能，一般涂刷层数应多遍。如过氯乙烯树脂防腐涂料需要涂刷6～10道，才能完成施工；

3）如采用双组分涂料，配料必须严格按比例配制，只有让涂层充分固化后，才能有良好的防腐蚀效果。

6.5.1.2 防腐涂料的基本组成

（1）基料

基料又称成膜物，在防腐涂料中除主要起到防腐作用外，还有成膜及粘结填料和颜料的作用，使防腐涂料在干燥或固化后能形成连续的涂层。防腐涂料中常用的基料有水玻璃、硅溶胶、聚乙烯醇、聚乙烯醇缩甲醛、丙烯酸树脂、环氧树脂、醋酸乙烯-丙烯酸酯共聚物（简称乙-丙乳液）、聚苯乙烯-丙烯酸酯共聚物（简称苯-丙乳液）、聚氨酯树脂等。

（2）颜料与填料

防腐涂料中使用的一般为无机矿物颜料。常用的有氧化铁红、氧化铁黄、氧化铁绿、氧化铁棕、氧化铬绿、钛白、锌钡白、群青蓝等。

填料又称体质颜料，主要起到改善涂膜的机械性能、增加涂膜的厚度、降低涂料的成本等作用。常用的填料为重晶石粉、轻质碳酸钙、重质碳酸钙、高岭土及各种彩色小砂粒等。

（3）水与溶剂

水与溶剂主要起到溶解或分散基料、改善涂料施工性能等作用。

（4）助剂

助剂是为进一步改善或增加涂料的某些性能而加入的少量物质。通常使用的有增白剂、防污剂、分散剂、乳化剂、润湿剂、稳定剂、增稠剂、消泡剂、硬化剂、催干剂等。

6.5.1.3 常用的防腐涂料

（1）沥青类涂料

作为防腐材料广泛应用的石油沥青，成本低廉，防腐性能较好，占据着防腐材料的主要市场。但由于沥青存在着高温易流淌、低温易脆裂、抗冲击强度低等缺点，因此在使用过程中受到许多限制。

（2）氯化橡胶涂料

氯化橡胶涂料是一种新颖的高性能防腐涂料，由氯化橡胶、改性树脂、颜料、增塑剂、溶剂等组成。氯化橡胶涂料在常温下干燥，有良好的附着力，耐酸碱盐溶液、耐水、耐油、防霉菌，使用温度为60℃。氯化橡胶涂料主要是以氯化橡胶为成膜物质，通常含氯量为65%～68%，是$C_6H_6Cl_4$与$C_5H_7Cl_3$的混合物，分子结构式为：

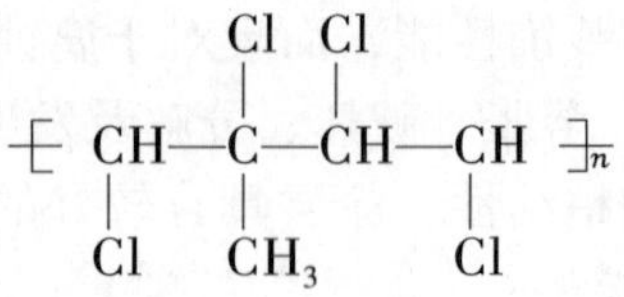

1）氯化橡胶涂料的特点：

①耐腐蚀性能好。氯化橡胶是一种化学惰性树脂，成膜性能好，水蒸气和氧对漆膜的渗透率小，为醇酸漆的1/10，因此氯化橡胶涂料能耐酸、碱、盐类溶液，耐霉菌，耐水，耐海水，耐污水，耐油，耐工业大气腐蚀。

②氯化橡胶的碳-氯键有一定的极性，对金属、非金属具有良好的附着力。

③干燥快。氯化橡胶涂料系溶剂挥发型涂料，常温表干0.5～2h。与其他树脂互溶性好。

④耐久性好。长期户外曝晒后稳定性好，物化性能变化小，具有良好的耐久性和耐候性，可以10年不用重新涂刷。此外还有防火性能。

⑤施工不受气温限制。可在－15～＋50℃环境中施工。单组分使用方便。

⑥与环氧富锌底漆配套使用，构成长效重防腐涂料，防腐效果比较理想。

在60℃温度下，氯化橡胶涂料可耐多种腐蚀介质的侵蚀。如10%～32%的盐酸、10%～50%的硫酸、75%的磷酸、20%的醋酸、10%的硝酸、50%的NaOH和KOH以及氯化铵、硫酸钠等盐类的腐蚀。

2）氯化橡胶涂料的应用　氯化橡胶白色防锈底漆适用于各种结构和设备表面作防锈打底涂层，尤其适合于须涂装浅色面漆的各色金属结构件的防锈底漆；氯化橡胶防锈漆适用于船舶水线部位及其他潮溅部位金属结构表面防锈打底层；氯化橡胶清漆适用于氯化橡胶磁漆表面罩光，或各类化工设备、腐蚀性重的环境中钢结构表面作防腐罩面涂层。

（3）环氧涂料

环氧涂料是以环氧树脂为成膜物质加上一定量的填料、颜料、助剂、溶剂和水等配制而成的涂料，在建筑上被广泛地用来防化学药品及其他介质腐蚀，常称为环氧树脂漆。环氧防腐蚀涂料可分为溶剂型、无溶剂型环氧防腐涂料，水性环氧防腐涂料和粉末环氧防腐涂料三大类。

1）环氧防腐涂料的主要特点：

①优良的附着力　优良的附着力是一种好的涂料的最基本的条件。环氧树脂分子结构中所含有的醚键（—O—）和羟基（—OH）都是极性基团，这些基团可以使环氧树脂分子与基材表面之间产生很强的粘结力，特别是对金属表面有强的附着力。环氧树脂在固化过程中，分子之间的结合键基本无变化，分子结构变化也不大，因此固化收缩率小。

②良好的耐腐蚀性　环氧涂料固化成膜后，由于分子中含有稳定的环氧环和醚键，分子结构又较为紧密，因此对化学介质，如中等浓度的酸、碱和盐等介质的稳定性较好，基本上能长期满足大多数环境的需要。然而，环氧涂层的耐候性较差，漆膜易粉化、失光，作为外用涂层时应谨慎。

③品种　环氧防腐涂料具有性能的多样性和应用的广泛性，通过改变配方中的环氧树

脂、固化剂、填料和颜料以及稀释剂的种类可得到几十种性能各异的不同品种。这些品种中，有的可以在不同的温度条件下固化，有的可以在不同湿度条件下固化，固化时间和固化后的涂层的厚度也因品种的不同而有大幅度的变化，固化后涂层可以在不同的环境介质（水、酸、碱、盐或溶剂）中使用。这些品种和性能的多样性赋予环氧防腐蚀涂料的应用的广泛性，在各应用领域发挥着重要的作用。

④毒性　用胺固化类型的环氧涂料，胺类固化剂有毒，对皮膜有刺激作用。

2）环氧涂料的用途　各种环氧底漆可用于黑色金属或有色金属的表面底层防腐；环氧腻子可用于金属及木质表面的腻平；环氧地面涂漆可用于各种有耐腐蚀要求的地面、地下管道及储槽的防腐。防霉无毒环氧涂料可用于防霉面层的涂覆及食用贮罐、饮水管道的内壁及外壁的涂覆。

（4）聚氨酯防腐涂料

以聚氨酯树脂作为主要成膜物质，再配以填料、颜料、催化剂及其他辅助材料等所组成的涂料，称作聚氨酯树脂涂料。

1）聚氨酯涂料的主要特点：

①聚氨酯树脂的分子结构决定了该涂料具有优良的耐磨损性和高的硬度。现有的有机树脂涂料中，聚氨酯树脂涂料是耐磨损性最好的涂料品种之一，可作为船舶甲板涂料，马路划线涂料，家庭、宾馆地板的耐磨保护涂料，塑料制品、塑胶跑道等耐磨防护涂料。另外，在聚氨键、脲键、酯键之间，存在大量的氢键。氢键的存在，使分子的内聚力非常高，还可以减缓外力作用，吸收外来的能量，从而使聚氨酯树脂涂料的涂膜具有优越的机械耐磨性和柔韧性。

②聚氨酯涂料具有优异的耐油性、耐化学药性。经过充分固化的聚氨酯树脂涂料，可以长期经受煤油、汽油、润滑油及合成油脂等油品的作用而不变质，所以各种大小贮油罐、油槽的内壁耐油防腐涂料，通常选用聚氨酯树脂涂料。聚氨酯涂料也是化工防腐最常选用的优良涂料品种之一。

③聚氨酯涂料的漆膜固化后无生理毒性，可以制成无毒涂层，作为各种食品、饮料的大型贮槽、贮罐内壁防腐蚀保护涂料。这种涂料具有广泛的应用前景。

④聚氨酯具有优良的低温固化性能，拓宽了施工应用的温度范围。涂料中具有活泼性的—NCO 基，它在很低的温度下能顺利地与含羟基组分或其他含活泼氢组分进行反应，很好地交联固化成膜。

⑤聚氨酯树脂涂料具有优良的附着性能，它不仅与金属，还和非金属类材料有良好的附着性能，其附着性能与环氧树脂涂料相同。

2）聚氨酯涂料的应用　由于聚氨酯涂料具有许多优异性能，广泛地应用于航空航天工业、电子工业、交通运输业、化工防腐及日用器具、民用建筑等的装饰与防腐保护。

在防腐涂料中还有含氯防腐涂料、乙烯树脂防腐涂料、有机硅耐高温防腐涂料、丙烯酸树脂防腐涂料等。

（5）防腐蚀涂料的选择

涂料的种类和品种繁多，性能和用途也各有不同。涂料的品种选择应考虑以下六个方面的问题。

1）掌握被涂装构配件所处的环境条件　选材时，应首先了解被涂装件是位于室内、室外以及地上或地下；它所处环境中所有腐蚀性介质的种类、浓度、温度等；环境的温度和湿度；涂装件可承受的冲击、磨损、光、热等物理机械的作用。

2）涂料的适用范围　由于涂料的性能各异，耐蚀范围也不同，因此必须根据使用要求和环境条件选择防腐蚀涂料。涂料的适用范围包括其物理力学性能和耐化学腐蚀性能等，还要结合各种涂料的特长进行选用。

3）基层材料　多数涂料可以适用于不同的基层材料，但是与不同的基层材料的附着力不同；还有少数涂料仅适用于特定的基材（例如富锌底漆），只适用于金属基层。因此，选择涂料时也要结合基层材料进行选择。

4）经济指标　防腐蚀涂料一般价格高于普通涂料，因此经济指标是选择涂料的重要条件之一。经济指标的比较不仅是比较涂料的单价，更重要的是比较工程单价。因为不同的涂料消耗定额有差别，固体含量高的涂料不仅在同样厚度的涂膜条件下消耗材料少，而且涂装层数也少，可节约人工。

5）施工条件　施工条件也是选择涂料的因素之一。例如建筑构配件的涂装多数情况是在现场施工，也有部分可能在工厂施工，而有些涂料仅适用于工厂施工或者说在工厂施工更为有利。有的则对施工环境的温度、湿度有一定的要求，高温地区和寒冷地区施工的工程应考虑这一因素。防腐蚀涂料一般都含有有机溶剂，有的毒性较强，对于在比较封闭环境中（例如带盖的容器内部）施工的涂料，应该选择毒性较弱的。烘干型的涂料一般情况不适用于土建工程。

6）涂层的配套　经验表明，涂料的选择除了考虑上述因素外，涂层的配方也十分重要，特别是防腐蚀涂装的配套。目前很多涂料生产商已经为用户设计了各种配套的底漆、中间漆和面漆，可以配套使用。但是对于不同的基层处理，或者处于比较严重的腐蚀条件下，涂层的配套应根据具体的要求合理调整涂层的层数和品种，这样才能取得较好的效果。特别要提出的是不同涂料的搭配，要注意其相互的容忍性，虽然大多数底漆均能很好地结合，但也有少数例外，应引起重视。

6.5.2　耐腐蚀混凝土

6.5.2.1　耐腐蚀混凝土的概念及分类

（1）耐腐蚀混凝土的概念

耐腐蚀混凝土是由耐腐蚀胶结剂、硬化剂、耐腐蚀粉料和细集料以及外加剂按一定比例组成，经过搅拌、成型和养护后可直接使用的一种耐腐蚀材料。

耐腐蚀混凝土不仅与普通混凝土一样有很高的力学强度，而且对各类酸、碱、盐等化学介质具有相当可靠的腐蚀稳定性。耐腐蚀混凝土通常应用于浇筑耐腐蚀的整体地坪、设备基础或池槽等工程。

（2）耐腐蚀混凝土的分类

耐腐蚀混凝土通常是按胶结剂的种类进行分类，但也有按混凝土的防腐蚀性能进行分类的，其具体的分类如下：

- 耐腐蚀混凝土
  - 按胶结剂种类
    - 无机胶凝材料混凝土
      - 水泥混凝土
      - 水玻璃混凝土
      - 硫磺混凝土
    - 有机胶凝材料混凝土
      - 沥青混凝土
      - 树脂混凝土
    - 无机与有机复合胶凝材料混凝土
      - 聚合物水泥混凝土
      - 聚合物浸渍混凝土
  - 按防腐蚀性能
    - 耐碱混凝土
    - 耐酸混凝土
    - 耐酸耐碱混凝土

6.5.2.2　水玻璃耐酸混凝土

水玻璃耐酸混凝土是由水玻璃、硬化剂、耐酸粉料和粗、细集料配制而成的耐酸材料。水玻璃耐酸混凝土的硬化是由水玻璃与硬化剂反应生成的硅酸凝胶将粉料和粗细集料聚结在一起而成，故可称为化学反应型胶凝材料。为了提高和改善水玻璃耐酸混凝土的技术性能，可以加入适当的外加剂。

水玻璃耐酸胶泥和混凝土具有良好的物理力学性能，耐化学腐蚀性能，能耐大多数无机酸、有机酸和侵蚀性气体的腐蚀，如硝酸、硫酸、盐酸、醋酸等，尤其能耐强氧化性酸的腐蚀，并具有良好的耐热性能。如果使用耐热性能好的集料，耐热温度可达1000℃以上。水玻璃耐酸胶泥和混凝土同时具备耐强氧化性酸的性能和耐热性能，这是一般有机耐腐蚀材料所不能比拟的。

水玻璃耐酸胶泥和混凝土不能耐碱、热磷酸、氢氟酸和高级脂肪酸的腐蚀。因所用的硬化剂氟硅酸钠有毒性，故不能用于食品工业。水玻璃耐酸混凝土的防渗性差，若用于贮酸槽等有腐蚀作用的槽罐衬里时，需要设置沥青卷材或玻璃钢等有效的防渗层。

水玻璃耐酸胶泥和混凝土的材料来源广泛，可以使用廉价的耐酸性能好的地方材料。与其他防腐材料相比，价格比较低廉。

(1) 水玻璃耐酸混凝土的配合比

是指水玻璃（或改性水玻璃）、氟硅酸钠、耐酸的粉料、砂子、碎石等之间的合理比例，以使配制的混凝土具有较好的密实性、耐酸性和经济上的合理性。

1) 选择配合比应考虑的几个问题：

①所选择的配合比应使配制的耐酸混凝土具有良好的耐酸、耐水稳定性。

②所选择的配合比应使耐酸混凝土具有一定的力学性能，以保证在生产和使用条件下能够承受各种机械作用。由于耐酸混凝土的力学性能与它的耐酸、耐水性有密切关系，因此在考虑力学性能时，不能单纯追求高强度指标。

③配制密实水玻璃耐酸混凝土时，所选择的配合比应使混凝土的抗渗等级不小

于1.5MPa。

④所选择的配合比应为混凝土的施工操作提供必要的条件。耐酸混凝土具有黏性高、施工和易性较差、硬化较慢的特点，因此，要针对具体的施工条件，如温度、工程量等情况对水玻璃模数、密度、用量进行具体选择，不能单为施工操作方便而任意改变配合比。

⑤所选择的配合比应最大限度地降低混凝土的造价。在符合原材料要求的前提下，应选择价格便宜、水玻璃耗用量较少的粉料和集料，并应注意因地制宜就地取材。

2）水玻璃耐酸混凝土的配合比　水玻璃耐酸混凝土的配合比，应根据已有的经验，结合所用的原材料和施工情况，通过试验加以确定。进行配合比设计时，应在砂石级配符合技术规范的前提下，首先考虑材料的孔隙率，在选择砂石的比例时应使集料孔隙率最小。根据实践经验，砂率一般控制在40%～45%。确定材料用量时，应使混凝土的体积密度最大。水玻璃混凝土用水量根据混凝土坍落度确定，水玻璃耐酸混凝土宜选择在0～30mm范围内，密实水玻璃耐酸混凝土宜选择在30～70mm范围内。具体可参照的配合比见表6-5。

表6-5　水玻璃耐酸混凝土的施工配合比　kg/m^3

砂、石品种	水玻璃	氟硅酸钠	粉料	砂子	碎石
石英砂、石英石	260～280	39～42	500	700	900
石英砂、花岗岩	280～300	42～45	500	700	900
安山岩砂、石	280～300	42～45	500	700	900
石英质河砂、卵石	250～270	38～40	500	700	900
耐火黏土砖砂、石	380～420	57～63	500	700	900

（2）水玻璃耐酸胶泥和混凝土的应用

由于水玻璃耐酸胶泥和混凝土的材料来源广泛，可以使用廉价的耐酸性能好的地方材料，与其他防腐材料相比，价格比较低廉。同时耐酸混凝土施工工艺简单，可以使用通用的普通混凝土设备进行施工。所以水玻璃耐酸胶泥和混凝土广泛应用在冶金、化工、石油、轻工等部门的防腐工程中，是一种普遍使用的防腐材料。

6.5.2.3　*硫磺混凝土*

硫磺混凝土是以改性硫磺为胶结料，经熔融后与粗、细集料拌和或浇注于粗集料中，经冷却而形成的整体的热塑性混合物，具有一定的力学性能和耐化学腐蚀性能，是硫磺类材料体系中最有发展前途的材料之一。

（1）硫磺混凝土的特点

与普通混凝土比较，硫磺混凝土有以下特点：

1）硫磺混凝土具有快硬高强的特点，48h的抗拉强度可达3.5～6.0MPa，抗压强度可达45～63MPa，在浇注冷却后30min，可达其极限强度的65%。

2）良好的耐化学腐蚀性能，在常温下能耐浓盐酸、50%的硫酸和40%的硝酸、铵盐、氯化物等大部分有机、无机酸、盐及酸式盐；采用碳质填料时可耐氢氟酸。由于硫磺有良好的绝缘性能，因此还能耐电化学腐蚀。

3）优良的抗疲劳性能，在95%抗折模量的荷载下，能承受10^6次的重复荷载而强度不降低；其抗疲劳性能为普通水泥混凝土的10～20倍。

4）较好的抗冻性能，由于硫磺类材料不含水分而且组成致密，因此有良好的抗冻能力，在 -20℃的严寒地区也可以施工。

5）施工简易，不需特殊养护即可投入使用。对已施工的硫磺材料，还可以将其熔融后再次使用，该类材料特别适用于抢修工程。

6）硫磺混凝土亦可加筋制成硫磺钢筋混凝土，作为结构和防腐蚀材料。加筋材料可用玻璃纤维和聚酯纤维，当用钢筋时由于在潮湿环境下有腐蚀作用，所以应预先涂刷防腐涂料。

7）硫磺混凝土在接近熔点时会软化和快速蠕变，因此最高设计工作温度不能超过 80℃。

（2）硫磺混凝土的应用

1）硫磺类材料可用于化工防腐蚀工程及地脚螺栓锚固工程；

2）化工吸收塔基础表面防腐蚀面层、设备基础、整体地面面层等楼地面防腐蚀面层；

3）贮槽、中和池、电解池等构筑物以及预制成耐酸管道、盖板、砌块后再组装使用。硫磺混凝土亦可作为地面及道路材料，或者和沥青复合制成硫磺沥青混凝土作铺路材料，应用于道路工程。

6.5.2.4 树脂混凝土和树脂砂浆

树脂混凝土是以合成树脂、耐腐蚀粉料、耐腐蚀砂子、耐腐蚀石子、固化剂、促进剂为原料，按照一定的比例配制而成的防腐蚀材料。使用不同的树脂和集料，可制得不同性能的树脂混凝土。用液态树脂为胶结料配制得到的树脂混凝土的性能最优。

树脂砂浆是以合成树脂、耐腐蚀粉料和耐腐蚀砂子、固化剂、促进剂等为原料，按照一定的比例配制而成的砂浆状防腐蚀材料。

（1）主要组成材料

树脂混凝土和树脂砂浆的主要组成材料如下：

1）胶结材料　防腐蚀用的树脂混凝土的胶结材料主要有不饱和聚酯树脂、环氧树脂、呋喃树脂及环氧焦油树脂等。其中，以不饱和聚酯树脂使用量居多。

选择胶结材料时，应满足以下几点要求：

①在满足使用要求的前提下，尽可能采用价格低的树脂；

②强度要满足要求并容易调整，便于同集料混合；

③当掺入的硬化剂、促进剂、溶剂与空气中水分反应时，不论加热与否均能硬化成固体；

④硬化时间可随意调节，硬化过程中不得产生有害物质；现场的温度和湿度对硬化过程的影响要小；而且硬化收缩率要小；

⑤与集料的粘结力要好；

⑥要有良好的耐水性和化学稳定性；

⑦耐候性、耐老化性要好，并有一定的耐热性。

2）粉料和集料　粉料和集料对树脂混凝土的性能有很大的影响，必须满足以下要求：

①耐酸度应符合现行规范的规定；

②要干燥，含水量不高于 0.1%；

③不含与树脂发生反应的杂质和不耐酸的有害物质；

④表面的吸附性能小，以减少树脂用量；

⑤粉料要有一定的细度，集料要有一定的级配；

⑥集料的强度较高。

3）其他材料　树脂本身不会硬化，因此在制造树脂混凝土时，还需掺加适当的硬化剂。树脂品种不同，对应的硬化剂亦不同，即使同一品种的树脂，硬化剂也多种多样。选用时应根据制成品的使用要求及硬化剂的性质区别对待。

有的树脂常温时黏度较高，不能满足工艺要求，使用时常需添加稀释剂，以降低黏度，满足工艺的要求。常用的稀释剂有丙酮、乙醇、二甲苯等。

（2）树脂混凝土配合比的确定

树脂混凝土的配合比是一个重要的参数，它是制取技术性能较佳（如强度、密实度、收缩和安定性等）的树脂混凝土和最大限度降低树脂混凝土的成本（主要是尽可能地减少树脂用量）的关键。配合比的设计大致可分为以下三个步骤：

1）确定树脂与硬化剂的适当比例，以便得到适宜的使用期（按需要控制硬化时间），并使硬化后的聚合物具有良好的技术性能。

2）按最大密实体积法选取集料（粉、砂、石）的最佳级配。集料级配可以采用连续级配或间断级配。

3）用最密实级配集料与树脂（包括硬化剂）搅拌配制混凝土。根据拌合物的施工工艺性能（如和易性、材料是否离析等）和硬化后树脂混凝土的技术性能，确定树脂用量。各种树脂混凝土的配合比见表6-6。

表6-6　常用树脂混凝土的质量配合比例

材料名称		树脂混凝土的种类和质量配合比		
		环氧混凝土	聚酯混凝土	呋喃混凝土
胶结料	液体树脂	环氧树脂（含硬化剂） 12	不饱和聚酯 10	呋喃液 12
	粉料	15	14	32
集料粒径	石英砂 < 1.2mm	18	20	12
	石英石 5 ~ 10mm	20	20	13
	石英石 10 ~ 20mm	35	36	31
其他材料		增韧剂适量 稀释剂适量	引发剂适量 促进剂适量	

（3）树脂混凝土和树脂砂浆的特点

树脂混凝土有很强的耐腐蚀性能，化学稳定性很好，可以耐大多数的酸、碱、盐及有机溶剂等介质的腐蚀。对众多行业常用的生产介质都有相当良好的耐蚀能力，有广泛的适用性。特别是近年来高韧性、低收缩的树脂品种不断涌现，使树脂混凝土的性能有了进一步的提高和改进。另外，树脂混凝土的抗压强度可达80 ~ 100MPa，抗拉强度可达8 ~ 10MPa；密实度高，几乎不吸水；耐磨性高，抗冲击性好；绝缘性能好。

（4）树脂混凝土的用途

树脂混凝土是一种新型的高效多功能材料，虽然成本较高，但由于有上述众多的优良性能，使用范围不断扩大，主要应用于防腐蚀整体地面、设备沟槽等工程中；在建筑工程、水利工程、道路工程等也有广阔的应用前景。在某些特殊工程如防腐蚀工程等的使用，还有十分显著的技术经济效果，是目前国内外防腐蚀工程中使用效果较好的主要材料之一。

6.5.2.5 聚合物浸渍混凝土

将已硬化的混凝土经抽真空处理后，浸入有机单体中，之后利用加热或辐射等方法使渗入到混凝土孔隙内的有机单体聚合，由此获得的混凝土称为聚合物浸渍混凝土（PIC）。所用单体主要有甲基丙烯酸甲酯、苯乙烯、醋酸乙烯、乙烯、丙烯腈等。聚合物填充在混凝土内部的大孔、毛细孔隙及部分微细孔隙，包括界面过渡环中的孔隙和微裂纹中。

（1）聚合物浸渍混凝土（PIC）的主要性能

1）具有良好的物理、力学性能。经适当浸渍的PIC强度可以达到其混凝土基材的数倍，而吸水率和渗透性几乎下降为零。抗压强度可达200MPa，抗拉强度可达10MPa以上。

2）良好的耐化学腐蚀性。耐酸碱及无机盐腐蚀性能良好，耐有机溶剂性能稍差。

3）浸渍混凝土具有极高的抗渗性（几乎不透水），并具有优良的抗冻性、抗冲击性、耐磨性。

（2）聚合物浸渍混凝土的主要用途

1）制造以混凝土为基材的整体耐腐蚀池槽和地坪。如电解槽、酸洗槽、污水处理池、耐酸地坪等。

2）制造耐腐蚀混凝土管，对管道内壁进行浸渍处理，造价低于塑料壁衬，可用作输送盐、卤水及输油管道等。

3）海洋工程中的混凝土构件，如桩、柱、板，及海水淡化厂混凝土贮池等。

4）高压输气管、高压输液管、核反应堆等高耐久性的特殊结构。

6.5.2.6 聚合物水泥混凝土（PCC）

聚合物水泥混凝土是由水泥、聚合物、粗集料及细集料等配制而成的混凝土。聚合物通常以乳液形式掺入，常用的为聚醋酸乙烯乳液、橡胶乳液、聚丙烯酸酯乳液等。聚合物乳液的掺量一般为5%～25%，使用时应加入消泡剂。聚合物的固化与水泥的水化同时进行。聚合物使水泥石与集料的界面粘结得到大大的改善，并增加了混凝土的密实度。

聚合物水泥混凝土是一种性能优良的新型复合材料，其抗拉强度显著优于普通混凝土，抗渗、抗冻融、耐腐蚀性能也比普通混凝土有显著的提高。聚合物水泥混凝土可以用于：①防腐材料，如化工厂及实验室的地面、池槽等；②防水材料，如屋面板、游泳池、水箱、化粪池及水泥库等；③地面材料，如耐久性要求高的路面和机场跑道；④粘结材料，如混凝土与砂浆及其他材料的胶结、修补裂缝等；⑤罩面材料，如桥面、火车及货车的地板等；⑥水工材料、如水下不离散混凝土等。

6.5.2.7 防腐蚀混凝土工程的施工要求

（1）材料要求

1）选择可靠、耐久、施工方便、毒性小的材料；

2）同一工程，施工配合比确定后，不得任意改变。

（2）基层要求

1）要有足够的强度、无蜂窝麻面，无空鼓，不起砂；

2）要有足够的干燥度（在表面20mm深度内，含水率不高于6%）和表面平整度；

3）基层的阴阳角应做成斜面或圆角；

4）表面必须洁净，宜用砂轮或钢丝刷打磨，用软毛刷、压缩空气或吸尘器等清理，使形成均匀、粗糙的表面。

（3）施工环境及注意事项

防腐蚀工程有三怕：怕水、怕脏、怕太阳晒，必须做好挡雨、防潮、防蒸汽、防晒、防尘、防污染等措施。施工后注意保护好已完成的工程。

6.5.3 玻璃钢防腐蚀材料

玻璃钢是以玻璃纤维及其制品为增强材料，以合成树脂为基体，添加相应的固化刘和促进剂而制得的一类复合材料。建筑工程上常用的玻璃钢是采用冷固型树脂胶料，以干粘法粘贴玻璃布而成型的。常用树脂有环氧树脂及环氧复合树脂、酚醛树脂、呋喃树脂、不饱和聚酯树脂等多种。

玻璃钢与水泥制品、钢材、木材粘结牢固，可成为一个整体，其特点是耐腐蚀、电绝缘性好、不易变形，比砖板衬里材料体轻。其缺点是刚性不足、变形大、易起泡脱层、耐温性差、不耐高温。常用玻璃钢的种类及应用温度见表6-7。

表6-7　玻璃钢的种类的应用温度

品种	使用温度/℃	品种	使用温度/℃
环氧玻璃钢	80～100	改性呋喃玻璃钢	80～110
环氧煤焦油玻璃钢	60～80	呋喃沥青玻璃钢	60～80
酚醛玻璃钢	100～120	普通聚酯玻璃钢	50～60
呋喃玻璃钢	110～130	改性聚酯玻璃钢	100

玻璃钢制品耐热耐老化性能差，因为合成树脂长期在光或热作用下，容易分解老化，使玻璃钢粉化起层。

在建筑工程中，玻璃钢主要用于各类非金属贮槽的衬里及地面和贮槽的隔离层，也可以用于结构构件和建筑配件的重点保护面层。

在建筑防腐材料中，还有铸石、陶瓷（另见第7章建筑耐磨材料）等多种材料。

第 7 章　建筑耐磨材料

耐磨材料是新材料领域的核心，对高新技术的发展起着重要的推动和支撑作用，在全球新材料研究领域中，耐磨材料的研究约占 85%，是二十一世纪信息、生物、能源、环保、空间等高技术领域的关键材料，成为世界各国新材料领域研究发展的重点，也是世界各国高技术发展中战略竞争的热点。

7.1　材料的磨损及分类

7.1.1　材料的耐磨性及其实质

7.1.1.1　材料的耐磨性

材料表面抵抗磨损的能力称为材料的耐磨性。磨损是由摩擦引起的，在日常生活和国民经济的各个领域中是普遍存在的，像冶金矿山、建材工业、电力工业、机械工业、农业机械、国防工业以及航空航天等等，处处存在摩擦，处处都有磨损。公路路面、广场地面、车间地面、楼房的楼梯踏步和室内地面等经常会受到来自车轮、机械设备、人力等滑动、滚动、冲击磨损的作用，这种破坏称为磨耗；水库的溢流面、堤坝的迎水面、公路路面等经常会受到高速流动流体（气体和液体）的真空作用，这种由于真空作用造成材料表面剥离的破坏称为气蚀。

关于磨损的定义有多种说法：英国的机械工程师协会所下的定义为“由于机械作用而造成的物体表面材料的逐渐消耗”；前苏联的克拉盖尔斯基所下的定义为“由于摩擦结合力的反复扰动而造成的材料破坏”；美国材料试验学会（ASTM）标准关于磨损的定义是“由于物体的表面与相接触的物质间的相对运动造成物体表面的损伤，还常有材料的逐渐损失”；德国试行标准 DN 0320 中定义为“从技术意义上来说，磨损应理解为工作物体表面由于机械原因导致小颗粒松脱而出现的一种不利变化”。我们国家的定义为“磨损是物件由于其表面相对运动，而承载表面上不断出现材料损失的过程”。

7.1.1.2　材料磨损的实质

材料磨损是两个以上的物体磨损表面在法向力的作用下，相对运动及有关介质、温度环境的作用使其发生形状、尺寸、组织和性能变化的过程。磨损是造成机械零件失效的主要原因之一，对机械零件的寿命、可靠性有极大的影响。磨损是摩擦的结果，长期以来，人们对摩擦的研究较多，对摩擦的理解和理论研究也较透彻，而对磨损的理解和研究还远远不够。磨损虽然是普遍存在的现象，但其种类繁多，相互之间的关系十分复杂。

从磨损的特征与结果分析，任何一种磨损都发生在物体的工作表面上，不仅物体表面宏观发生变化，而且物体微观组织结构及其性能也会发生变化，同时会产生一定数量的磨损产物，像机床的导轨、各种齿轮、拖拉机履带板、球磨机的磨球与衬板等等，在运动中都产生磨损，造成材料损耗，浪费能源，导致机械零件失效，甚至造成重大事故和经济损失。

从物理与化学观点分析，磨损是发生在两物体相对运动的表面，而且是在很薄的一层工作表面上，在磨损过程中一个重要的特征是机械能转变为热能，加热与冷却都以非常快的速度进行，物体表面具有相当大的活性和相当高的自由能，材料表面与亚表面的组织与性能同内部是不一样的。对固体金属来说，当温度低时，原子活动较弱，低温变形后，表面的原子数将不会有多大变化；而在高的温度下，表面原子的活动能力增强，因此，材料的结构可能会出现某种程度的重新调整与改变，结果使金属性质和能量发生变化。材料表面原子会与环境（介质）发生相互作用，产生物理吸附、化学吸附或化学反应，使材料表面可能产生加工硬化层或者形成表面结构，将会影响材料的磨损过程。可以说磨损是一个动态过程。

从原子与作用力分析，相互接触的两物体表面，其中一物体表面的原子可能与另一物体表面的原子极靠近，甚至进入斥力场，在相对运动时，两表面原子就会产生能量损耗。在相对运动中有些原子将进入斥力场，另一些原子将离开斥力场，其变化大小，取决于接触程度，而其变化的数量多少取决于统计学的概率。当两物体充分接近时，原子可以从一个物体表面上被对面的另一个物体表面俘获去。这就是磨损的实质。

7.1.2 磨损的分类

磨损是一个广泛的领域，可以说每一种磨损都有几种性质不同、互不相关的机理存在，因此在分类上也常出现混乱现象。尽管如此，人们还是根据不同条件进行了不同的分类。常见的分类方法有以下几种：

（1）按表面接触性质分

金属-金属磨损、金属-磨料磨损和金属-液体磨损。

（2）按磨损机理

可分为以下七类：

1）粘着磨损。粘着磨损又分为严重磨损和轻微磨损。

2）磨料磨损。磨料磨损又按相对运动分为自由磨料磨损和固定磨料磨损；按相对硬度分为硬磨料磨损和软磨料磨损；按力的作用特点分为划伤式磨损、碾压式磨损和凿削式磨损。

3）磨蚀磨损。

4）接触疲劳磨损。

5）冲蚀磨损。

6）微动磨损。

7）冲击磨损。

（3）按环境与介质分

可分为干磨损、湿磨损和液体磨损。

在这些类型的磨损中，磨料磨损存在最为普遍，约占各种磨损的50%；粘着磨损次之，约占15%；腐蚀磨损居第3位，约占8%；微动磨损约占8%。磨损也可以按磨损破坏程度，即磨损速率分类，磨损速率在 $10^{-4} \sim 10^{-5} mm^3/(N \cdot min)$ 以上为严重磨损；磨损速率在 $10^{-7} \sim 10^{-8} mm^3/(N \cdot min)$ 以下为轻微磨损。

7.1.3 材料磨损量的表示方法

对材料磨损量的量度，必须要有一个数量的概念。磨损量应包括：线磨损量、体积磨损量、质量磨损量以及通常用的磨损速率、耐磨性、相对耐磨性和相对磨损等等。

（1）线磨损量

在一定条件下，材料磨损前后摩擦物体表面法线方向尺寸的变化量，称为线磨损量。材料的线磨损量可用式（7-1）表示：

$$\Delta L = \frac{\sum_{i=1}^{n} L_{i0} - \sum_{i=1}^{n} L_{i1}}{n} \tag{7-1}$$

式中 ΔL——材料的线磨损量，m；

L_{i0}——材料磨损前摩擦表面法线方向第 i 次测量长度，m；

L_{i1}——材料磨损后摩擦表面法线方向第 i 次测量长度，m；

n——重复测量长度次数。

（2）体积磨损量

在一定条件下，材料磨损前后的体积变化量，称为体积磨损量。通常体积磨损量用式（7-2）表示：

$$\Delta V = \frac{\sum_{i=1}^{n} V_{i0} - \sum_{i=1}^{n} V_{i1}}{n} \tag{7-2}$$

式中 ΔV——材料的体积磨损量，m^3；

V_{i0}——磨损前第 i 次测量的材料体积，m^3；

V_{i1}——磨损后第 i 次测量的材料体积，m^3；

n——重复测量材料体积的次数。

（3）质量磨损量

在一定条件下，材料磨损前后的整体质量的变化量称为质量磨损量，即指材料的质量损失，用式（7-3）表示：

$$\Delta m = \frac{\sum_{i=1}^{n} m_{i0} - \sum_{i=1}^{n} m_{i1}}{n} \tag{7-3}$$

试中 Δm——材料的质量磨损量，kg；

m_{i0}——磨损前第 i 次测量的材料质量，kg；

m_{i1}——磨损后第 i 次测量的材料质量，kg；

n——重复测量材料质量的次数。

（4）磨损率

在一定条件下，在给定的磨损过程中，材料单位摩擦距离上的质量磨损量称为磨损率，用式（7-4）表示：

$$I = \frac{M}{L} \tag{7-4}$$

式中　I——材料磨损率，又称为磨损强度，kg/m；

M——总质量磨损量，kg；

L——总摩擦距离，m。

（5）磨损速度

受磨损材料在单位时间内的总质量磨损量，称为磨损速度，用式（7-5）表示：

$$V = \frac{M}{T} \tag{7-5}$$

式中　V——材料磨损速度，kg/h；

M——总质量磨损量，kg；

T——磨损时间，h。

（6）耐磨性

在实际磨损过程中，应用较多的是耐磨性和相对耐磨性。

1）耐磨性是表示在某磨损过程中材料抵抗磨损的能力，它是材料磨损率的倒数，其物理意义是耐磨性数值大，说明材料抵抗磨损的能力强；反之，耐磨性数值小，则材料抵抗磨损的能力弱。所以耐磨性是表示材料抵抗磨损能力大小的数值。

2）相对耐磨性是指在相同磨损条件下，标准试样的质量磨损量和试验试样质量磨损量的比值，用式（7-6）表示：

$$\varepsilon = \frac{\varepsilon_s}{\varepsilon_t} \tag{7-6}$$

式中　ε——相对耐磨性；

ε_s——标准试样的质量磨损量，kg；

ε_t——试验试样的质量磨损量，kg。

（7）磨损系数

是指材料在单位荷载作用下、单位距离上所磨损的体积，用式（7-7）表示：

$$K' = \frac{V}{P \cdot L} \tag{7-7}$$

式中　K'——磨损系数，mm^2/N；

V——材料磨损的体积，mm^3；

L——试验试样磨损长度，mm；

P——试验中施加的荷载，N。

7.2　材料的磨损机理

磨损按不同机理和条件，主要分为粘着磨损、磨料磨损、接触疲劳磨损和腐蚀磨损四大基本类型，如图 7-1 所示。

如图 7-1（a）所示为粘着磨损，主要特征是磨损表面有细的划痕，严重时有材料转移现象，磨损产物多为片状或小颗粒，一般发生在蜗轮与蜗杆、凸轮-挺杆以及缸套与活塞环之间的磨损。

如图 7-1（b）所示为磨料磨损，主要特征是磨损表面有明显的划痕或犁沟，磨损物为条状或切屑状，常见于斗齿、球磨机用研磨体与衬板等。

如图 7-1（c）所示为接触疲劳磨损，主要特征为磨损表面有裂纹、小伤等，磨损产物为块状或饼状，通常在滚动轴承、齿轮的表面发生较多。

如图 7-1（d）所示为腐蚀磨损，它的主要特征是磨损表面有化学反应膜或小麻点，但麻点比较光滑，磨损物为薄的碎片或粉末，典型工件如汽缸与活塞、船舶外壳、水力发电的水轮机叶片等。

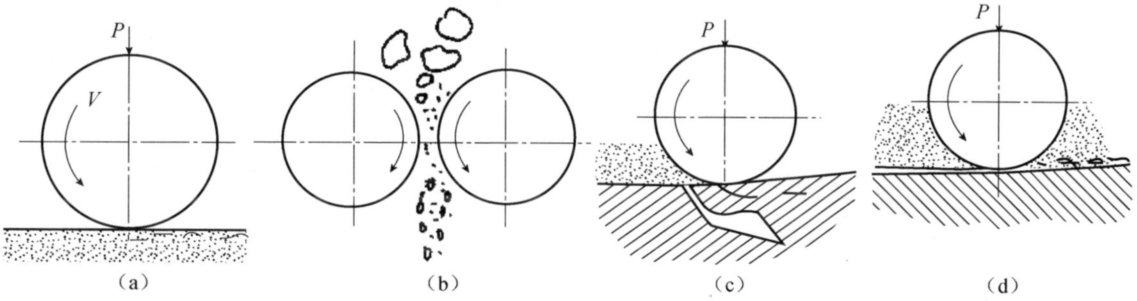

图 7-1　材料主要磨损示意图

（a）粘着磨损；（b）磨料磨损；（c）接触疲劳磨损；（d）腐蚀磨损

7.2.1　粘着磨损机理

粘着磨损也称咬合（胶合）磨损或摩擦磨损。粘着磨损是在法向加载下，两物体接触表面相对滑动时产生的磨损。磨损产物通常是小颗粒状，从一物体表面粘附到另一个物体表面上，然后在继续的摩擦过程中，表面层发生断裂，有时还发生反粘附，即被粘附到另一个表面上的材料又回到原来的表面上，这种粘附反粘附往往使材料以自由磨屑状脱落下来。粘着磨损产物可以在任意的循环中形成，粘着以后的断裂分离，并不一定在最初的接触表面产生。

7.2.2　磨料磨损机理

7.2.2.1　磨料磨损的概念及分类

（1）磨损的基本概念

磨料磨损是指硬的磨（颗）粒或硬的凸出物在与摩擦表面相互接触运动的过程中，使表面材料发生损耗的一种现象或过程。硬颗粒或凸出物一般为非金属材料，如石英砂、矿石等，也可能是金属，像流入齿轮间的金属屑等。磨料磨损几乎没有一种是单一的磨损机理引起的，经常是多种磨损机制综合作用的结果，而且随着磨损条件的变化，可能从一种机制转化为另一种机制。磨料磨损也称为磨粒磨损。其实磨料与磨粒是两个概念。磨料是指参加磨损行为的所有介质，如空气、水、油、酸、碱、盐和各种磨粒，即硬颗粒或硬凸出物等。而磨粒则指参加磨损行为的是具有一定几何形状的硬质颗粒或硬的凸出物，如非金属的砂石、金属的微屑和金属化合物以及非金属化合物颗粒。从而可以看出，磨料磨损应计入磨料的物理化学作用及机械作用的综合结果，而磨粒磨损只计入颗粒机械作用。所以磨料磨损是包括磨粒在内的与外界介质有关的磨损，磨粒只是磨料的一个组元。磨粒磨损是磨粒本身性质而与外界无关的机械作用结果。

磨料磨损时，作用在质点上的力分为垂直分力和水平分力，前者使硬质点压入材料表面，而后者使硬质点与表面之间产生相对位移。硬质点与材料相互作用的结果，使被磨损表面产生犁皱或切屑，形成磨损或在表面留下沟槽。

（2）磨料磨损的分类

磨料磨损是一种常见的磨损形式，也是最重要的磨损类型，一般将磨料磨损分为三类：

1）低应力擦伤式磨料磨损　当磨料与材料表面之间的作用力小于磨料本身压溃强度产生的力时，磨损结果是在材料表面只发生微小的划痕（擦伤），既不致使磨料破碎又能使材料不断流失的磨损方式，如图7-2所示。宏观可见磨损表面比较光亮，高倍观察可见微细的磨沟或微坑一类磨伤。典型零件如农机具的磨损，洗煤设备的磨损，运输过程的溜槽、料仓、漏斗、料车等的磨损。

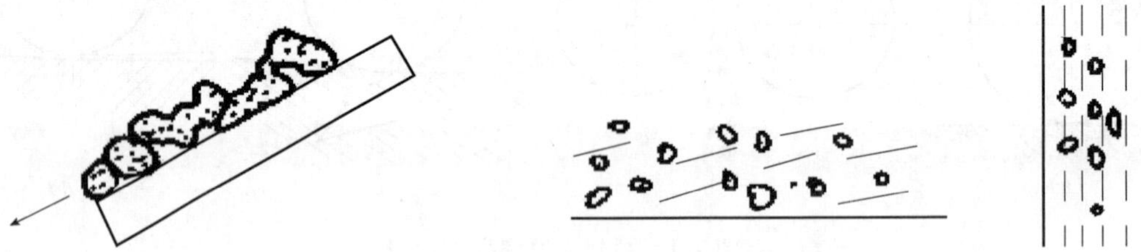

（a）　（b）　（c）

图7-2　低应力磨料磨损示意图

（a）固体滑动；（b）气体带磨粒；（c）液流混磨粒

2）高应力磨料磨损，也称碎式磨料磨损，如图7-3所示。当磨料与材料之间接触压应力大于磨料的压溃强度时，一般情况下，金属材料表面被拉伤，韧性材料产生塑性变形或疲劳，脆性材料则发生碎裂或剥落。该类磨损的磨粒在压碎之前，几乎没有滚动和切削的可能，它对被磨表面的主要作用是由接触处的集中压应力造成的。对于塑性材料而言，磨料使材料表面发生塑性变形，许许多多"压头"对材料表面作用的结果，使之发生不定向流动，最后由疲劳而破坏。对于脆硬材料，几乎不发生塑性流动，磨损主要是脆性破裂的结果。典型零件是球磨机的磨球与衬板以及辊式破碎机中的辊轮等。

（a）　（b）

图7-3　高应力磨料磨损示意图

（a）球磨和棒磨；（b）辊式破碎

3）凿削式磨料磨损，如图7-4所示。凿削式磨损的产生主要是由于磨料中的磨粒包含大块磨粒，而且具有尖锐棱角，对材料表面施加高应力并伴随冲击作用，使材料表面撕裂出很大的颗粒或碎块，使被磨材料表面形成较深的犁沟或深坑，经常在运输或破碎大块磨料时发生。典型实例如颚式破碎机的齿板、辗辊等。

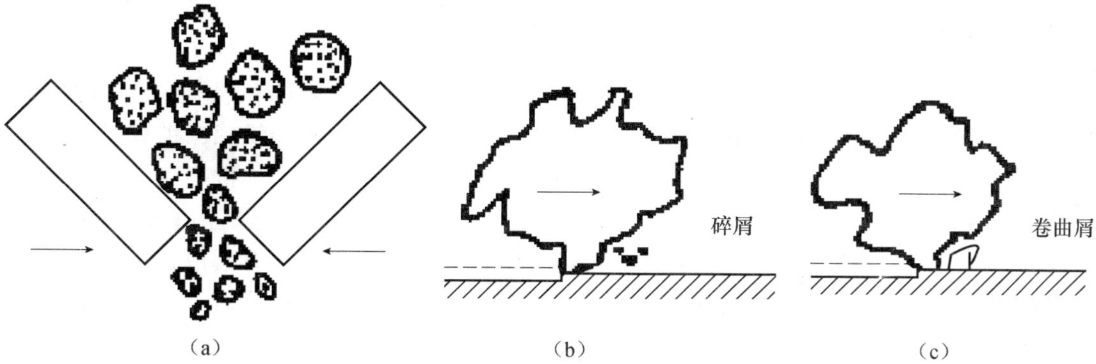

图 7-4　凿削式磨料磨损示意图

(a) 硬质颗粒处于被磨损材料两个表面之间；(b)、(c) 硬质颗粒直接作用于被磨损材料表面

7.2.2.1　磨料磨损机理

磨料磨损机理是指材料的磨屑是如何从表面脱落下来的。有以下几种理论：

(1) 微观切削磨损机理

磨粒在材料表面的作用力分为法向力和切向力两个分力。法向力使磨粒压入表面；切向力将磨粒向前推进，当磨粒形状与运动方向适当时，磨粒如同刀具一样，在表面进行切削而形成切屑。但这种切削的宽度和深度都很小，因此切屑也很小，所以称为微观切削。在显微镜下观察，这些微观切屑仍具有机床上切屑的那些特点，即一面较光滑，另一面则有滑动的台阶，有些还发生卷曲的现象。

(2) 多次塑变磨损机理

在磨料磨损中，当磨粒滑过被磨材料表面时，除了切削以外，大部分磨粒把材料推向两边或前缘，这些材料的塑性变形很大，但却没能脱离母体，在沟底及沟槽附近的材料也有较大的变形。犁沟内可能有一部分材料被切削而形成切屑，一部分未被切削而在塑变后被推向两侧和前缘。若在犁沟的全部沟槽中的体积都被推向两侧和前缘而不产生切屑，则称为犁皱。犁沟或犁皱内堆积在两侧和前缘的材料以及沟槽中的材料，在受到随后的磨粒作用时，可能把已堆积的材料压平，也可能使已变形的沟底材料受到再一次的犁皱变形，如此反复塑变，导致材料产生加工硬化或其他强化作用最终剥落而成为磨屑。

(3) 疲劳磨损机理

疲劳磨损机理在一般磨料磨损中起主导作用。疲劳是由重复应力循环作用引起的一种特殊破坏形式，这种应力循环的应力幅度不超过材料的弹性极限。疲劳磨损是因表面层微观组织受到周期荷载作用而产生的。其特征是材料在强化过程发展的同时，过程的速度主要取决于周围的介质及其对强化的作用。

标准疲劳过程常有发展的潜伏期，在此期间内表面不出现任何破坏层，材料外部发生硬化而不会发生亚微观破坏。当进一步发展时，在合金表层出现硬化的滑移塑变层和裂纹。

(4) 微观断裂磨损机理

磨损时由于磨粒压入被磨材料表面而具有静水压的应力状态，所以大多数材料都会发生塑性变形。但是有些材料尤其是脆性材料，可能是断裂机理占主要地位。当断裂发生时，压痕周围的材料都要被磨损剥落，因此磨损要比塑性材料大。

7.2.3 腐蚀磨损机理

腐蚀磨损是一种极为复杂又是常见的磨损形式，它是材料受腐蚀和磨损综合作用的磨损过程，对环境、湿度、介质、滑动速度、荷载大小及润滑条件等极为敏感，稍有变化就可能使腐蚀磨损发生很多变化。当腐蚀成为主要原因时，通常都有几种磨损机理存在，各种机理之间还存在着复杂的相互作用，像金属与金属之间的磨损，开始可能是粘着磨损和腐蚀磨损，但因磨损产物又都具有磨粒的特性，因而会出现磨料磨损或者还有其他磨损机理。因此在腐蚀磨损过程中，既不能忽视腐蚀的作用，也不能忽视磨损的作用，甚至还要考虑到其他磨损存在的综合作用，可能相互作用的结果，会使磨损量产生较大的变化。腐蚀磨损可分为化学腐蚀磨损和电化学腐蚀磨损。化学腐蚀磨损又可分为氧化磨损和特殊介质腐蚀磨损。腐蚀磨损的产生过程是两物体表面产生摩擦时，工作环境中的介质如液体或气体将与材料表面起化学反应或电化学反应，在表面上形成腐蚀产物，这些产物往往粘附不牢，在摩擦过程中剥落下来，其后新的表面又继续与介质发生反应。这种腐蚀和磨损的反复过程称作腐蚀磨损。这种磨损通常是轻微的磨损，但在高温和潮湿的环境中，它可以变为严重磨损。在腐蚀磨损中工作条件不同，作用程度亦不同，化学反应与机械作用可以是交替进行的并且互相起促进作用。

7.2.4 疲劳磨损机理

疲劳磨损是一种最普遍的磨损形式，主要发生在承受周期性的接触荷载或交变应力的机器零件表面上，如滚动轴承、车轴、齿轮、钢轨、轧辊等，这种形式的磨损也被称作接触疲劳磨损。因为都是在循环荷载作用下产生表面失效的形式，其过程同样包括裂纹的产生、扩展以致最后裂断。典型特征是点蚀与剥落。

疲劳磨损的定义是：当两个接触体相对滚动或滑动时，在接触区形成的循环应力超过材料的疲劳强度的情况下，在表面层将引发裂纹并逐步扩展，最后使裂纹上的材料断裂剥落下来的磨损过程。疲劳磨损与整体疲劳具有不同的特点。其一，裂纹源与裂纹扩展不同，疲劳磨损裂纹除来源于表面外，也产生在表面内，裂纹扩展的方向是平行于表面，或与表面成一定角度，一般为10°～30°，且只限于在表面层内扩展；而整体疲劳一般都是表面裂纹朝着与外加应力成45°角的方向扩展，在超过2、3个晶粒后即转为与应力垂直的方向；其二，疲劳寿命不同，疲劳磨损的零件寿命波动很大，没有极限；而整体疲劳有一个极限值，即疲劳应力小于材料的应力极限时，则疲劳寿命可以认为是无限的。因为疲劳应力可以达到很高的数值，所以疲劳磨损寿命要比整体疲劳低得多；其三，疲劳磨损除循环应力作用外还经受复杂的摩擦过程，可能引起表面层一系列物理化学变化以及各种机械与物理性能变化等，所以比整体疲劳处于更复杂、更恶劣的工作条件中，因此，在应力的计算方面更是复杂和困难。

7.2.5 冲蚀磨损机理

冲蚀磨损亦称侵蚀磨损，它是指流体或固体以松散的小颗粒按一定的速度和角度对材料表面进行冲击所造成的磨损。根据携带原粒的介质不同，冲蚀磨损又分为气固冲蚀磨损、流体冲蚀磨损、液滴冲蚀磨损和气蚀磨损等。冲蚀磨损的松散颗粒一般小于100μm，冲击速度在550m/s内，超过这个范围出现的破坏通常称作外来物损伤，不在冲蚀磨损讨论内容之列。造成冲蚀磨损的粒子一般都比被冲击的材料硬度高，但流动速度很高时，软粒子甚至水滴也能造成冲蚀。冲蚀磨损已经成为许多工业部门中材料破坏的原因之一。广义上说大自然的风雨对建筑物造成的损害及地形地貌随时间的演变都含有冲蚀作用。因此，这种现象在工程中都称作冲蚀磨损，而在自然界则称作水土流失。因为冲蚀磨损涉及领域宽广、行业繁多，在实际工程中还存在着习惯性叫法，很难统一。可见，最引人注意的是那些造成严重破坏并与生产实际有密切联系的冲蚀现象，如，空气中的尘埃和砂粒如果浸入到直升机发动机内，可降低其寿命90%；火力发电厂煤粉锅炉燃烧的尾气对换热器管路的冲蚀而造成的破坏大致占管路破坏的1/3，其最低寿命只有16000h。属于高温高速气流对材料冲蚀的还有火箭喷管喉衬，用粉煤作燃料的燃气涡轮发动机等。上面涉及的是气流携带固体粒子冲击固体表面易产生冲蚀的例子，也称作喷砂型冲蚀。而由液体介质携带固体粒子冲击材料表面造成破坏的冲蚀，也称作泥浆冲蚀。像水轮机叶片在多泥沙河流中受到的冲蚀，建筑行业、石油钻探、煤矿开采、冶金矿山选矿场中使用的泥浆泵和杂质泵的过流部件也受到严重冲蚀。高速飞行器穿过雨区时，在暴风雨中飞行的飞机，会受到雨滴的冲蚀，则称作雨滴冲蚀。蒸汽轮机叶片在高温过热蒸汽中运行时，会受到水滴冲蚀。

水力机械的冲蚀是因为低压流动液体中，溶解的气体或蒸发的气泡形成和破灭时造成的，即称作汽蚀性冲蚀。如船用螺旋桨、水泵叶轮、输送液体的管线阀门等等。

可见，冲蚀是由多相流动介质冲击材料表面造成的一类磨损。根据介质可把冲蚀磨损分为两大类，即气流喷砂型冲蚀及液流或水滴型冲蚀。液流中携带的第二相可以是固体的粒子、液滴或气泡。它们中有的是直接冲击材料表面，有的则在表面上溃灭，从而对材料表面施加机械力。

我国在规划统一技术词汇时对侵蚀磨损、流体侵蚀及气蚀侵蚀，作如下定义；

侵蚀磨损，即冲蚀：含有硬颗粒的流体相对于固体运动，使固体表面产生的磨损。硬颗粒的流体几乎平行于固体表面相对运动而产生的侵蚀称作磨料侵蚀。硬颗粒的流体几乎垂直于表面相对运动而产生的侵蚀，称作冲击侵蚀。

流体侵蚀，即雨蚀：由于流体、气体或含有液滴的气流作用而产生的磨损。流体侵蚀通常不包括气蚀。化学作用会加剧流体侵蚀。

气蚀侵蚀，即气蚀：固体相对于气蚀状态的液体运动而产生的表面破坏。气蚀是液体的连续性遇到破坏，在液体内形成真空、空穴，这时形成的真空被液体中的气体或蒸气填充形成气泡。气泡体积变化很大，小到零点几立方毫米，大到几立方厘米。气泡随着液体流动，进入超过临界压力的区域，气泡收缩并破灭。因其收缩速度极快，对固体表面产生液压冲击和高温，长期作用使固体表面形成破坏区。

7.2.6 微动磨损机理

在机械设备中，常常由于机械振动引起一些紧密配合的零件接触表面之间产生振幅很小的相对振动，由此而产生的磨损称作微动磨损。在微动磨损过程中，表面之间有不同程度的化学反应造成腐蚀，可称作微动腐蚀磨损。直接与微动磨损相联系的疲劳损坏，称作微动疲劳磨损。

7.2.6.1　微动磨损机理

相互接触的两物体表面上，由于接触压力的作用使微凸体产生塑性变形和粘着，在小振幅的振动作用下，粘着点可能被剪切并脱落，剪切表面被氧化。当两表面紧密配合时，脱落的磨屑不易排出，而起着磨粒的作用，会加速微动磨损过程。

微动磨损可用振动次数与试样质量损失的关系曲线来表示。多数试验都表明，振动振幅的大小对微动磨损起决定性的作用，其上限大约为0.2mm。有些学者采用各种手段验证低碳钢的磨屑和磨痕后，认为在2~400μm的振幅范围内，磨损的过程是相同的，即开始由表面塑性流导致金属间联结点形成，随后这种联结点破碎，产生松散的磨屑，摩擦系数明显下降，他们认为这种现象是由于界面之间有磨屑的存在，它不仅使金属界面直接接触，而且一部分磨屑起到了类似滚珠或粘滞的作用，因而即使在较激烈的磨损条件下，也能保持轻微的磨损。在这方面也存在不同的看法，其一认为磨屑起着磨粒的作用；其二认为磨粒起着滚珠和滚柱的作用，两者对磨损量来说是相反的作用。

微动磨损常见的物理模型是根据微动循环数与材料质量损失之间的关系提出来的，如图7-5所示。

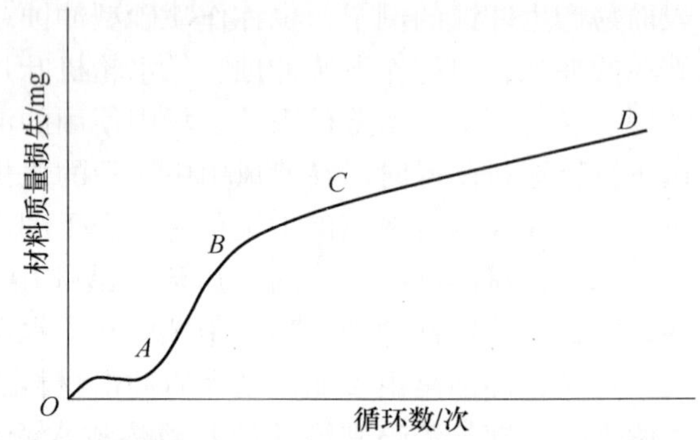

图7-5　材料质量损失与循环数的关系

微动磨损随着循环数的变化可分为四个阶段：

1）粘着磨损阶段。由于粗糙微凸体的粘着作用，金属从一个表面迁移到另一表面上去，这就是如图7-5所示的*OA*阶段。

2）磨料磨损阶段。当磨损分离出来的碎屑变成粉末时，这个被加工硬化了的磨损碎屑将腐蚀金属的表面，即形成一个过渡层区*AB*。

3）加工硬化阶段。由于被磨损表面加工硬化，过了*B*点以后，磨料磨损的速度下降，这一阶段为*BC*。

4）稳定磨损阶段。此时产生磨损碎屑的速率基本保持不变，即*CD*阶段。

7.2.6.2　材料磨损特征

根据材料磨损质量损失与循环数的微动磨损物理模型提出在磨损发展过程中的特征如下：

1）由荷载引起粗糙微凸体的粘着作用。在接触表面滑动时，就产生磨损碎屑，并沉积在相邻近的凹谷内。

2）由粘着作用而发生断裂并形成松散磨粒转变成磨料磨损，被加工硬化了的磨粒，磨蚀周围的金属，使磨损区横向扩展，形成小平台。

3）经过大量磨蚀后，被磨损下的过多磨损颗粒已不能容纳在原来范围内而溢向低洼区。

4）由于磨损使表面加工硬化后的接触呈弹性状态，最大应力出现在接触区中心处，形成曲线形状，这是一种微观点蚀，它逐渐向邻近发展，继续振动时，这些微观点蚀将聚合成更大更深的磨蚀。

7.3 建筑耐磨材料

7.3.1 耐磨混凝土

以抵抗砂石、车辆、机械、水流等外界因素冲磨能力来衡量其质量的混凝土称作耐磨混凝土。

7.3.1.1 钢屑耐磨混凝土

（1）组成材料

1）胶凝材料　耐磨混凝土中常用的胶凝材料是硅酸盐水泥。水泥矿物成分及其含量对耐磨混凝土的耐磨性能有直接关系。在四种矿物成分中，C_3S 的耐磨性最好；C_4AF 和 C_3A 的耐磨性其次；C_2S 的耐磨性最差。因此，在配制耐磨混凝土时，所选用的水泥中最好是 C_3S 含量较多的硅酸盐水泥。

2）粗集料　粗集料本身的耐磨性对混凝土的耐磨性起着非常重要的作用。因此应选用质地致密、坚硬、耐磨性好的粗集料。常用的粗集料有煅烧矾土、金刚砂、颗粒状的金属和石英石，一般粒径不宜超过 15mm。

煅烧矾土实际上就是铝酸盐水泥熟料。

3）细集料　耐磨混凝土中常用的细集料是石英砂，其质量要求见表 7-1。

表 7-1　耐磨混凝土细集料的质量要求

项目名称	SiO_2 /%	云母 /%	硬度 (HB)	吸水率 /%	空隙率 /%	堆积密度 /(kg/m³)	视密度 /(g/cm³)	粒径 /mm
质量要求	≥95	≤3	5～7	≤1.0	≤40	≥1600	≥2.65	≥0.15

除石英砂外，用铁钢砂做耐磨混凝土的细集料，也有很好的耐磨效果。

4）掺和料

①废金属屑　耐磨混凝土中常用的掺和料为废金属屑，粒径为 0.15～5mm，使用前必须用 10% 的 NaOH 溶液煮沸脱脂，除去油污，然后用清水洗净、晾干。

②纤维　在混凝土中掺入适量的聚合物纤维和钢纤维均可以显著提高混凝土的耐磨性。

（2）配合比及用途

水泥:钢屑:砂:石子为 1:(2.1～2.3):(1.2～1.5):(3.3～3.8)，水泥的强度等级为 42.5，当水泥用量为 300～350kg/m³ 时，混凝土的强度等级可达到 C20～C30，其耐磨性是普通混凝土的 2～4 倍，适用于各种耐磨地面工程。

7.3.1.2 纤维耐磨混凝土

纤维混凝土是在普通水泥混凝土中加入适量的纤维制成的一种新型混凝土。水泥石、砂浆与混凝土的主要缺点是：抗拉强度低、极限延伸率小、性脆，加入抗拉强度高、极限延伸率大、抗碱性好的纤维，可以克服这些缺点。所用纤维按其材料性质可分为：①金属纤维。如钢纤维、不锈钢纤维；②无机纤维。主要有天然矿物纤维（温石棉、青石棉、铁石棉等）和人造矿物纤维（抗碱玻璃纤维及抗碱矿棉等碳纤维）；③有机纤维。主要有合成纤维（聚乙烯、聚丙烯、聚乙烯醇、尼龙、芳族聚酰亚胺等）和植物纤维（西沙尔麻、龙舌兰等）。

配制纤维混凝土主要使用具有一定长径比（即纤维的长度与直径的比值）的短纤维。但有时也使用长纤维（如玻璃纤维无捻粗纱、聚丙烯纤化薄膜）或纤维制品（如玻璃纤维网格布、玻璃纤维毡）。纤维在混凝土中的主要作用是限制在外力作用下水泥基料中裂缝的扩展。在受荷（拉、弯）初期，水泥基料与纤维共同承受外力，而前者是外力的主要承受者；当基料发生开裂后，横跨裂缝的纤维成为外力的主要承受者。若纤维的体积掺量大于某一临界值，整个复合材料可继续承受较高的荷载并产生较大的变形，直到纤维被拉断或纤维从基料中被拔出，最终混凝土破坏。与普通混凝土相比，纤维混凝土具有较高的抗拉与抗弯极限强度，尤以韧性提高的幅度为大。同时纤维混凝土的耐磨性也远远高于普通混凝土的耐磨性。

1）钢纤维混凝土　所用钢纤维有截面呈圆形或矩形的长直纤维和多种异形钢纤维。纤维的长径比一般为50～100，纤维的体积掺量一般为1%～2%。制备钢纤维混凝土可将钢纤维与混凝土混合后，再经振捣、离心、挤出法等成型，也可采用喷射法成型。当配料合适并掺有适宜的高效减水剂时，则可制成泵送钢纤维混凝土。用普通混凝土的制造方法制成的钢纤维混凝土与素混凝土相比，其抗拉极限强度可提高30%～50%，抗弯极限强度可提高50%～150%，韧性可提高10～50倍，耐磨性可提高2～5倍。钢纤维混凝土主要用于桥面、路面、飞机跑道的面层、巷道与隧道的衬砌、岩坡稳定、水工建筑以及抗震、抗爆等工程。

2）聚丙烯纤维混凝土　是将聚丙烯单丝、膜裂纤维或纤化薄膜加入到水泥混凝土中制得的新型混凝土。膜裂纤维切短至40～50mm与混凝土混合，纤维的体积掺量一般不超过0.5%。此种纤维混凝土的抗冲击性好，主要用于水库泄洪区及加固河岸等。

7.3.1.3　铁钢砂抗冲耐磨混凝土

以抵抗挟砂石水流冲磨的能力来衡量其质量的混凝土称作抗冲耐磨混凝土。普通混凝土以抗压强度来划分强度等级，因为混凝土受力破坏时，多发生在水泥石及其与集料粘结界面等薄弱环节。一旦薄弱环节破坏，整个混凝土便破坏。而受挟砂石水流冲磨破坏的混凝土，其组成材料中耐冲磨性能较差的部分首先被冲磨掉。若集料中含有软弱颗粒或集料的耐冲磨性能较砂浆低时，则集料先被冲磨成凹坑；若集料比砂浆耐冲磨性能好，则挟砂石水流先把砂浆冲磨掉而粗集料逐渐凸出（凸出的集料便承受挟砂石水流的主要冲磨作用，对水泥石起到一定的保护作用）。即耐冲磨性能较好的集料，磨损量较小，便凸出来；耐冲磨性能较差的集料，磨损量较大，便凹进去。因此，混凝土的耐冲磨性能主要取决于其组成材料的耐冲磨性能及其在混凝土中的含量。

挟砂石水流对泄水建筑物混凝土的冲磨破坏作用是非常复杂的。它对混凝土的破坏作用随着所挟砂石颗粒大小的不同而有较大的区别。细颗粒随水流的脉动作用得到充分混合，与水流一起流动，称作悬移质；粗颗粒在水流作用下，以滚动、跳跃、滑动等方式运动，称作推移质。悬移质对泄水建筑物混凝土表面主要起摩擦切削作用，以微切削破坏为主；推移质对泄水建筑物混凝土表面以产生冲砸磨损破坏为主。通过近年来挟砂石水流对混凝土冲磨进行的理论研究，把砂石对材料的冲磨作用视作可分解为垂直冲击作用和水平微切削作用两部分组成的复合磨损。

铁钢砂耐磨混凝土是以铁钢砂为集料的新型耐磨材料，具有较高的力学强度及抗冲磨强度，施工工艺简单，同时还具有干缩变形小、长期稳定性好等特点，被广泛应用于工程的抗冲磨及抗冲击部位。

铁钢砂耐磨混凝土所用的原材料为：42.5R 普通硅酸盐水泥、人工碎石（粒径 20 ~ 40mm）和铁矿石（粒径 5 ~ 20mm）、粒径小于 0.5mm 的细铁钢砂；其他材料有硅粉和外加剂。

铁钢砂混凝土的配比和性能见表 7-2。

表 7-2　铁钢砂混凝土的配合比、物理力学性能及抗冲磨性

细集料种类	水灰比	胶凝材料用量/kg	坍落度/mm	抗压强度/MPa		抗拉强度/MPa		抗冲磨性/[h/(kg/m)^2]
				7d	28d	7d	28d	
铁钢砂	0.45	422	60	46.3	54.1	3.5	4.4	1.08
	0.40	485	65	51.4	58.2	4.0	4.7	1.26
	0.35	552	52	55.8	64.5	4.4	5.0	1.36
人工砂	0.45	316	54	41.8	48.4	2.9	3.6	0.78
	0.40	360	65	46.6	54.6	3.4	3.9	0.85
	0.35	417	60	50.6	59.2	3.6	4.1	0.93

由表 7-2 可以明显得出下列结论：

1）铁钢砂混凝土的强度随水灰比的减小而增高，且早期强度发展较快，7d/28d 发展系数为 85% 以上。

2）铁钢砂混凝土的抗冲耐磨强度较高，且随其抗压强度增加而增强。随着水灰比的减小，水泥石本身的强度增加，水泥石-集料界面的粘结强度增强，使混凝土内部结构更加致密。此时，在高速挟砂水流作用下，水泥石本身抗冲磨性能较高，磨损缓慢，加之铁钢砂集料与水泥石之间的界面的粘结强度增大而不易脱落，其自身的高抗磨性能对水泥石又会起到一定的保护作用，从而表现出铁钢砂混凝土的高抗冲耐磨性能随水灰比减小而增强的规律。

3）在同样水灰比情况下，铁钢砂混凝土抗压及抗拉强度较人工砂混凝土高。因为在高强度混凝土中，集料品质的优劣对混凝土强度影响很大，铁钢砂比人工砂坚固致密，对混凝土强度有更大的增强作用。

4）在同样水灰比情况下，铁钢砂混凝土抗冲耐磨强度优于硅粉混凝土。

7.3.2　耐磨石材

石材是古老的建筑材料，具有强度高、耐磨性好、装饰性好、耐久性好、来源广泛等特点。由于现代开采与加工技术的进步，石材在现代建筑中，特别是在地面、广场、道路等工程中得到了广泛的应用。

7.3.2.1　*岩石的基本知识*

（1）造岩矿物

组成岩石的矿物称作造岩矿物。大多数岩石是由多种造岩矿物组成的。建筑工程中常用岩石的主要造岩矿物有石英、长石、角闪石、辉石、橄榄石、方解石、白云石、黄铁矿和云母等。

(2) 岩石的形成、分类与性质

岩石按地质形成条件分为火成岩、沉积岩和变质岩。

1) 火成岩　火成岩是由地壳内部熔融岩浆上升冷却而成的岩石，又称岩浆岩，包括深成岩、浅成岩和喷出岩。深成岩和浅成岩统称侵入岩，为全晶质结构（岩石全部由结晶的矿物颗粒组成)，且没有解理。侵入岩的体积密度高、抗压强度高、吸水率低、抗冻性好。火成岩中的深成岩是建筑耐磨石材的主要原料。喷出岩在岩浆冲破覆盖岩层时，因冷却迅速，大部分结晶不完全，多呈隐晶质（矿物晶粒细小，肉眼不能识别）或玻璃质，常呈多孔构造，不能用做耐磨材料。

2) 沉积岩　是地表的各种岩石在地质、外力作用下经风化、搬运、沉积成岩作用（压固、胶结、重结晶等)，在地表或地表不太深处形成的岩石，又称水成岩。

3) 变质岩　岩石由于岩浆等的活动（主要为高温、高湿、压力等)，发生再结晶。其矿物成分、结构、构造以至化学组成都发生改变而形成的岩石。可分为正变质岩和副变质岩两种。

沉积岩和变质岩除密度较高的大理岩外，一般不用做耐磨材料。

7.3.2.2　常用耐磨石材

(1) 花岗岩

花岗岩属于深成火成岩，是火成岩中分布最广的岩石，其主要矿物组成为长石、石英和少量云母等。为全晶质，有细粒、中粒、粗粒、斑状等多种构造，属块状构造，但以细粒构造性质为好。通常有灰、白、黄、粉红、红、纯黑等多种颜色，具有很好的装饰性。

花岗岩的体积密度为2500~2800kg/m^3，抗压强度为120~300MPa，孔隙率低，吸水率为0.1%~0.7%，莫氏硬度为6~7，耐磨性好、抗风化性及耐久性好、耐酸性好，但不耐火。使用年限为数十年至数百年，高质量的可达千年以上。

花岗岩主要用于基础、挡土墙、勒脚、踏步、地面、外墙饰面、雕塑等，属高档装饰材料。破碎后可用于配制混凝土。此外花岗岩还可用于耐酸工程。

(2) 大理岩

大理岩属副变质岩，由石灰岩或白云岩变质而成，主要矿物组成为方解石、白云石。具有等粒、不等粒、斑状结构，属块状构造。常呈白、浅红、浅绿、黑、灰等颜色（斑纹)。抛光后具有优良的装饰性。白色大理石又称汉白玉。

大理岩的体积密度为2500~2800kg/m^3，抗压强度为100~300MPa，莫氏硬度为3~4，易于雕琢磨光。城市空气中的二氧化硫遇水后对大理岩中的方解石有腐蚀作用，生成易溶的石膏，从而使表面变得粗糙多孔，并失去光泽。但大理岩吸水率小、杂质少、晶粒细小、纹理细密、质地坚硬，特别是白云岩或白云质石灰岩变质而成的某些大理岩也可用于室外，如汉白玉、艾叶青等。

大理岩主要用于室内的装饰，如墙面、柱面及磨损较小的地面、踏步等。

7.3.3　铸石

铸石是以天然岩石或工业废渣为主要原料，经破碎、配料、熔化、浇注成型、结晶、退火等工艺制得的具有优异耐磨耐腐性能的硅酸盐结晶材料。

铸石的主要性能是：耐磨性好，比锰钢高 5～10 倍，比碳素钢高数十倍；其莫氏硬度 7～8，仅次于金刚石和刚玉。铸石的抗腐蚀性能也很强，除氢氟酸和热磷酸外，能抵抗任何酸碱的腐蚀（耐酸性大于 96%，耐碱性大于 98%）。但其韧性、抗冲击性较差，切削加工困难。

生产铸石原料的化学成分主要是 SiO_2、Al_2O_3、CaO、MgO、FeO、Fe_2O_3、Na_2O 和 K_2O。其中 SiO_2、Al_2O_3、CaO 和 FeO 在矿物相组成上起决定作用。铸石的生产是通过原料熔化、熔浆结晶、铸件退火，使多矿物相的原料转变成单一“铸辉石”矿物相，同时具有合适的粒度（0.01～0.1mm）。在一定的工艺条件下，当获得合适的粒度时，相应地也完成了矿物相的转变。

铸石制品主要有铸石管、铸石复合管、铸石板和铸石料，已被广泛应用在电力、煤炭、矿山、冶金、化工、建筑等工业部门的严重磨损、腐蚀部位，如刮板输送机底衬、溜槽里衬、风机壳内衬、磨机进出料装置等部位，可延长部件或设备的使用寿命。在建筑上可用作仓库地坪、公共建筑的过道、楼梯踏步、厂房的耐酸地坪和墙裙，以及水工工程的大坝贴面和排砂孔衬里等。由于铸石制品的韧性较差，硬度较高，难以切削加工，一般按一定形状和尺寸加工成制品。其固定方式采用砌筑和镶嵌的方法。

7.3.4 耐磨陶瓷

7.3.4.1 陶瓷的基本知识

陶瓷是陶器和瓷器的总称。是以黏土、氧化铝、高岭土等为主要原料以及各种天然矿物经过粉碎混炼、成型和煅烧制得的产品。由最粗糙的土器到最精细的精陶和瓷器都属于它的范围。陶瓷材料的硬度比金属高，抗压强度高，耐磨损，耐腐蚀，抗氧化，耐高温，熔点比金属高。但是其塑性变形能力极低，受力大时易发生脆性断裂。陶瓷的生产工艺流程如图 7-6 所示。

图 7-6 陶瓷的生产过程

按照陶瓷质地和烧结程度可将陶瓷坯体分为陶质、炻质和瓷质三种。

陶质坯体烧结程度低，属于多孔坯体。其制品断面粗糙、无光，不透明，敲之声细哑，孔隙率较大，吸水率为 10%～20%，抗冻性差，强度较低，但制品烧成收缩小，尺寸准确，其表面一般都施釉。

陶器分粗陶和精陶两种。建筑上所用的砖瓦、陶管及某些日用盆、缸器均属粗陶制品；而精陶常用于建筑精陶（如釉面砖）、美术精陶及日用精陶等。

瓷质坯体烧结程度充分，结构致密。其制品孔隙率较小，吸水率小于 1%，有一定的半透明性，通常表面都施釉层。常用于生产锦砖、茶具及美术陈列品。

炻质坯体烧结程度介于陶质和瓷质坯体之间。炻器与陶器的区别在于陶质坯体是多孔的，而炻质坯体的气孔率却很低，且坯体致密，其吸水率为 1%～10%；炻器与瓷器的区别主要是炻质坯体多数都带有颜色且无半透明性。

炻器按其坯体的细密性、均匀性及粗糙程度分为粗炻器和细炻器两大类。建筑装饰上用的墙砖均属于粗炻器；而细炻器常用于生产墙地砖、锦砖及陈列品等。

7.3.4.2　陶瓷墙地砖

墙地砖是指用于建筑墙面、柱面、地面等处的陶质或炻质板状陶瓷制品。陶瓷墙地砖有彩釉（简称彩釉砖）和无釉两种。其中彩色釉墙地砖按其正面形状可分为正方形、长方形和异形产品，其表面有光滑、粗糙或凹凸花纹之分，有光泽与无光泽质感之分。其背面为了便于和基层粘贴牢固也制有背纹。墙地砖的厚度为 8 ~ 12mm，长宽范围为 60 ~ 1200mm。常用的规格有 100mm × 100mm、150mm × 150mm、300mm × 150mm、300mm × 450mm、300mm × 600mm、800mm × 800mm、800mm × 1200mm、1200mm × 1200mm 等。其产品质量应分别满足GB/T 4100—2006《陶瓷砖》的规定。

墙地砖的特点是色彩鲜艳、表面平整（其中用于地面的主要有红、黄、蓝、绿色，且表面光泽差，多无釉，有的带凹凸花纹），可拼成各种图案，有的还可仿天然石材的色泽和质感。墙面砖吸水率不大于 10%（寒冷地区用于室外的面砖，其吸水率应小于 3%），冻融循环次数不少于 20 次，抗弯强度不低于 24.5MPa，耐磨耐蚀，防火防水，易清洗，不脱色，耐急冷急热。但也有造价偏高、工效低、自重大等不足之处。

墙地砖主要用于装饰等级要求较高的建筑内外墙，柱面及室内、外通道，走廊，门厅，展厅，浴室，厕所，厨房及人员出入频繁的站台，商场等民用及公共场所的地面，也可用于工作台面及耐腐蚀工程的衬面等。

7.3.5　耐磨塑料

耐磨塑料是以合成树脂为原料，掺入各种填料和助剂，经一定工艺制作而成的预制块状、卷材或现场喷涂或现场铺装整体状的地面材料。它具有弹性好、脚感舒适、耐磨耐污等特点，表面可做成绚丽多彩的图案，也可做成仿各种木材、天然石材、陶瓷地砖等花纹图案，同时，塑料地板的施工及维修都比其他地板材料方便。

7.3.5.1　PVC 塑料地板

（1）卷材地板（地板革）

PVC 卷材塑料地板是以聚氯乙烯为基材，加入多种添加剂和助剂，经压延和压花（印花、发泡）得到的软质卷材，俗称地板革。具有柔软、脚感好、有一定弹性、铺设方便快捷、装饰性好、易清洗、耐磨性较好等优点，但不能与烟头等燃烧物接触。可用做家庭或人流量不大的办公室地面装饰。

（2）塑料地板块

由二层或多层材料复合而成。面层一般为透明的聚氯乙烯塑料，基层为无纺布、玻璃纤维布等，中层为印花的不透明聚氯乙烯塑料。

PVC 地板和其他地板相比有很多优点：

1）绿色环保　生产 PVC 地板的主要原料是聚氯乙烯，聚氯乙烯是环保无毒的可再生资源，它早已大量使用在人们的日常生活中，比如餐具、医用的输液管、袋等，其环保性是无需担忧的。其中石塑地板（片材）主要成分是天然石粉，经国家权威部门检测不含任何放射性元素，更是绿色环保的新型地面装饰材料。任何合格的 PVC 地板都需要经过 ISO 9000 国际质量体系认证以及 ISO 14001 国际绿色环保认证。

2）超轻超薄　PVC 地板只有 1.6～9mm 厚度，每平方米质量仅 2～7kg，不足普通地面材料的 10%。在高层建筑中对于减轻楼体承重和节约空间，有着无可比拟的优势。同时在旧楼改造中有着特殊的优势。

3）超强耐磨　PVC 地板表面有一层特殊的经高科技加工的透明耐磨层，其耐磨转数可达 300000 转。在传统的地面材料中较为耐磨的强化木地板耐磨转数仅有 13000 转，好的强化地板也仅有 20000 转。表面特殊处理的超强耐磨层充分保证了地面材料的优异的耐磨性能，PVC 地板表面的耐磨层根据厚度的不同在正常情况下可使用 5～10 年。耐磨层的厚度及质量直接决定了 PVC 地板的使用时间，标准测试结果显示 0.55mm 厚的耐磨层地面可以在正常情况下使用 5 年以上，0.7mm 厚的耐磨层地面足以使用 10 年以上，所以更是超强耐磨的。因为具有超强的耐磨性，所以在人员流量较大的医院、学校、办公楼、商场、超市、交通工具等场所，PVC 地板越来越受到欢迎。

4）高弹性和抗冲击　PVC 地板质地较软，弹性很好，其脚感舒适，被称作“地材软黄金”，同时 PVC 地板具有很强的抗冲击性，对于重物冲击破坏有很强的弹性恢复，不会造成损坏。优异的 PVC 地板能最大限度地降低地面对人体的伤害，并可以分散对足部的冲击。最新研究数据表明，在人员流量较大的空间铺装了优异的 PVC 地板后，其人员摔倒及受伤的比率较其他地板减少了近 70%。

5）防滑　PVC 地板表层的耐磨层有特殊的防滑性，而且与普通的地面材料相比，PVC 地板在粘水的情况下脚感更涩，更不容易滑倒，即越遇水越涩。因此，在公共安全要求较高的公共场所，如机场、医院、幼儿园、学校等，PVC 地板是首选的地面装饰材料，近年来在国内已经非常普及。

6）防火阻燃　质量合格的 PVC 地板防火指标可达 B 级。PVC 地板本身不会燃烧并且能阻止燃烧。

7）防水防潮　PVC 地板主要成分是乙烯基树脂，和水无亲和力，所以自然不怕水，只要不是长期被水浸泡就不会受损，并且不会因为湿度高而发生霉变。

8）吸音防噪　PVC 地板有普通地面材料无法相比的吸音效果，其吸音可达 20dB，是需要安静环境的场合（如医院病房、学校图书馆、报告厅、影剧院等）首选的地板材料。

9）抗菌性能　PVC 地板表面经过特殊的抗菌处理，一些性能优异的 PVC 地板表面还特殊增加了抗菌剂，对绝大多数细菌都有较强的杀灭能力和抑制细菌繁殖的能力。

10）施工方便、花色多样、保暖隔凉。

需要注意的是，硬质的 PVC 地板比较脆，容易折断。无论是卷材还是块材其耐刻划的能力都比较差，怕利器划伤，这使得 PVC 地板的使用范围受到一定限制。

PVC 地板主要应用于学校、幼儿园、各类实验室、电子加工厂等地面，也可用于各类专卖店、家居地面的装饰。

7.3.5.2　环氧树脂地面涂料

环氧树脂地面涂料是由特种环氧树脂添加适当溶剂、固化剂、填料、表面活性剂和高级颜料等原料按一定的比例配合，经适当加工工艺制得的、能在常温条件下形成致密三维交联涂层的耐磨地面材料。具有良好的耐磨性能、良好的抗碾压性能、优异的防渗透性能和防腐蚀性能。一般有 0.5mm 的薄涂型、2～5mm 的厚涂型和自流平型。主要用于电器、电子、机械、食品、医药、化工、烟草、饮料、纺织、服装、家具、塑料、文体用品等制造工厂的车间水泥地面。

第8章 建筑光学材料

光学材料包括传统光学材料和光功能材料。传统的光学材料主要是指光介质材料，以折射、反射和透射的方式，改变光线的方向、强度和位相，使光线按照预定的要求传输；或者以吸收或透过一定波长范围光线的方式而改变光线的光谱成分。光功能材料是指在诸如力、热、声、电、磁、光等外场作用下，光学性质发生改变，用于探测、功能转换等方面的材料。光功能材料按其功能可分为：激光材料、红外材料、发光材料、光色材料、光纤材料、光存储材料和非线性材料等等。

近代光学的发展，使光功能材料得到了快速发展，这种材料在外场（力、声、热、电、磁和光）的作用下，光学性质会发生变化，因此可作为探测和能量转换的材料，成为光学材料中的一个新领域。随着一些新技术、新材料的发展，光学功能材料在建筑工程中得到了越来越广泛的应用。作为一种主要的建筑光学材料，玻璃大量应用于建筑物的采光、装修装饰工程中，在一些有特殊要求（比如防火、防盗、防紫外线）的建筑物中，以及在一些旧建筑物的改造和更新工程中都发挥了越来越重要的作用。

8.1 光的基本知识

光是一种重要的自然现象，我们之所以能够看到客观世界中斑驳陆离、瞬息万变的景象是因为眼睛接收物体发射、反射或散射的光的缘故。据统计，人类感官收到外部世界的总信息量中，至少有90%以上是通过眼睛的，所以说我们生活在一个光的世界里。

8.1.1 光与光学

由于光与人类生活和社会实践的密切联系，光学也和天文学、几何学、力学一样，是一门最早发展起来的学科。然而，在很长一个历史时期里，人类的光学知识仅限于对一些现象和简单规律的描述，对光的本性的认真探讨，应该说是从17世纪开始的，当时有两个学说并立：一个是以牛顿为代表的一些人提出了微粒理论，另一个是惠更斯提出了波动理论。后来光的电磁理论以大量无可辩驳的事实赢得了普遍的公认。光是个十分复杂的客体，对于它的本性问题．只能用它所表现的性质和规律来回答：光的一些方面的行为像经典的“波动”，另一些方面的行为却像经典的“粒子”。这就是所谓“光的波粒二象性”。任何经典的概念都不能完全概括光的本性。

8.1.2 光源与光谱

任何发光的物体都可叫做光源。太阳、蜡烛的火焰、钨丝白炽灯、日光灯、水银灯，都是我们日常生活中熟悉的光源。光源不仅用来照明，在实验室中为了各种科学研究课题的需要，人们常使用形式多样的特殊光源，如各种电弧和气体辉光放电管等。1960年发明的激光器，则是一种与所有过去的光源性质不同的崭新光源。光既然是一种电磁辐射，就要有某种能量的补给来维持其发射，按能量补给的方式不同，光的发射大致可分为以下两大类。

8.1.2.1　热辐射

不断给物体加热来维持一定的温度，物体就会持续地发射光，包括红外线、紫外线等不可见的光。在一定温度下处于热平衡状态下物体的辐射，叫做热辐射或温度辐射。太阳、白炽灯中光的辐射属于此类。

8.1.2.2　光的非热发射

各种气体放电管（如日光灯、水银灯）管内的发光过程是靠电场来补给能量的，这过程叫做电致发光。某些物质在放射线、X 射线、紫外线、可见光或电子束的照射或轰击下，可以发出光来，这一种过程叫做荧光。日光灯管、示波管或电视显像管中的荧光物质的发光属于此类。有的物质在上述各种射线的辐照之后，可以在一段时间内持续发光，这种过程叫做磷光，夜光表上的磷光物质的发光属于此类。由于化学反应而发光的过程，叫做化学发光，腐物中的磷在空气中缓慢氧化发出的光（如有时在坟地上出现的“鬼火”）属于这一类。生物体（如萤火虫）的发光叫做生物发光，它是特殊类型的化学发光过程。应当指出，能量形式可以相互转化，上述光的各种发射过程不能截然分开，同一光源中光的发射过程也往往不是单一的，在各种波长 λ 的电磁波中，能为人类的眼睛所感受的，只是 $\lambda = (400 \sim 760)$ nm 的狭小范围。这波段内的电磁波叫做可见光。在可见光范围内不同波长的光引起不同的颜色感觉。大致说来，波长与颜色的对应关系见表 8-1。

表 8-1　波长与颜色对应关系

波长/nm	760 ~ 630	630 ~ 600	600 ~ 570	570 ~ 500	500 ~ 450	450 ~ 430	430 ~ 400
颜色	红	橙	黄	绿	青	蓝	紫

由于颜色是随波长连续变化的，上述各种颜色的分界线带有人为约定的性质。

在电磁波谱中与可见光波段衔接的，短波一侧是紫外线［（400 ~ 5）nm 左右］，长波一侧是红外线（760nm ~ 十分之几 mm）。红外的波段很宽，为了方便，人们还常把它进一步分为近红外、中红外和远红外几段。习惯上红外线的波长用微米（μm）作单位，波长为 2.5 ~ 0.75μm 的为近红外区，波长为2.5 ~ 25μm的为中红外区，波长为 25 ~ 1000μm 为远红外区。我们经常谈到的“光”，是广义地把可见光以外波段的电磁辐射（特别是红外线和紫外线）包括在内。任何波长的电磁波在真空中的传播速度都是相同的，通常用 c 表示，其数值为：$c = 299792458\text{m/s} \approx 3 \times 10^8\text{m/s}$。

8.2　材料的光学性质

光是一种电磁波，可见光是频率范围为 $4.0 \times 10^{14} \sim 7.5 \times 10^{14}$Hz 的电磁波。可见光作用在物体上，宏观上出现反射、折射和透射等现象，微观上则引起组成材料的原子发生电子极化和（或）电子能态的变化。

8.2.1　光和固体的相互作用

当光从一种介质进入另一种介质时（例如从空气中进入固体中），一部分透过介质，一部分被吸收，还有一部分在两个介质的界面上被反射。光的折射和反射如图 8-1 所示。

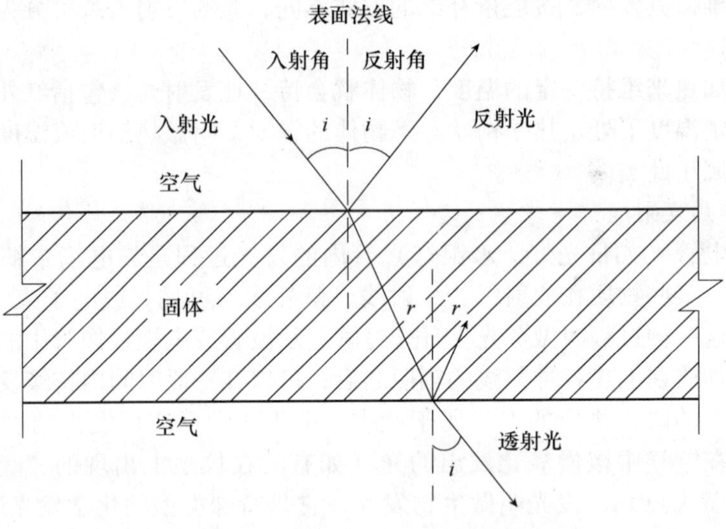

图 8-1　光和物体相互作用的光路图

光强度单位为 W/cm^2，表示单位时间内通过单位面积（与光线传播方向垂直）上的能量。设入射到固体表面的光束强度为 I_0，透射、吸收和反射光的强度分别为 I_T、I_A、I_R、则

$$I_0 = I_T + I_A + I_R \tag{8-1}$$

上式的另一种表达形式为：

$$T + A + R = 1 \tag{8-2}$$

式中 T 为透射率（I_T/I_0），A 为吸收率（I_A/I_0），R 为反射率（I_R/I_0）。

8.2.2　金属的光学性质

金属对可见光是不透明的，这是由金属的电子能带结构决定的。在金属的电子能带结构中，费米能级以上存在许多空能级，当金属受到光线照射时，比较容易吸收入射光线的光子能量，将价带中的电子激发到费米能级以上的空能级中去。实际上，只要金属箔的厚度为 0.1μm 就可能吸收全部光能。所以只有厚度小于 0.1μm 的金属箔才可能透光。而且由于能级以上有许多空能级，因而各种不同频率的可见光，即具有各种不同能量（ΔE）的光子都能被吸收。事实上，金属对所有的低频电磁波（从无线电波到紫外光）都是不透明的，对高频电磁波 X 射线和 γ 射线才是透明的。大部分被金属材料吸收的光又会从表面上以同样波长的光被反射出来表现为反射光。大多数金属的反射率为 0.9～0.95，还有一小部分能量以热的形式损耗掉。

肉眼看到的金属颜色是由反射光的波长决定的。在白光照射下表现为银色的金属（如银和铝），表面反射出来的光是由各种波长的可见光组成的混合光。其他颜色的金属（如铜为橘红色，金为黄色）表面反射出来的光中，以某种波长的可见光为主要成分。

8.2.3　非金属材料的光学性质

非金属材料对可见光可能透明，也可能不透明。所以除反射和吸收以外，还应考虑折射和透射。

光线进入透明材料内部时，因电子极化消耗部分能量致使光速减慢，光线在界面处拐弯，这种现象叫折射。材料的折射率 n 定义为光线在真空中和材料中的传播速度的比值；折射率不仅与材料有关，还与光的波长有关。

由于光速在介质中的减慢是电子极化引起的，因而原子或离子的大小对光速的影响很大。一般地说，原子或离子愈大，电子极化程度愈高，光速愈慢，折射率愈高。例如，普通钠钙玻璃的折射率约为1.5，在玻璃中加入钡离子和铅离子后，折射率就提高，含90% PbO的铅玻璃的折射率可高达2.1。

晶体结构为立方晶型的陶瓷材料和无定形玻璃的折射率是各向同性的；晶体结构为非立方晶型的材料折射率各向异性；离子密度最大的方向上折射率最高。几种玻璃和高聚物的折射率见表8-2。

表8-2　各种材料的折射率

材料		平均折射率	材料		平均折射率
玻璃	氧化硅玻璃	1.458	高聚物	聚乙烯	1.35
	钠钙玻璃	1.51		聚四氟乙烯	1.51
	硼硅酸玻璃	1.47		聚苯乙烯	1.60
	重火石玻璃	1.65		聚甲基丙烯酸甲酯	1.49

当光线从一种介质进入另一种折射率不同的介质时，即使两种介质都是透明的，也总会有一部分光线在两种介质的界面上反射。当光线垂直界面时，反射率 R 与两种介质折射率之间的关系如下：

$$R = \left(\frac{n_2 - n_1}{n_2 + n_1}\right)^2 \tag{8-3}$$

式中，n_1 和 n_2 分别为两种介质的折射率。在非垂直入射情况下，反射率与入射角有关；当光线从真空或空气中垂直入射到固体上时，则因为真空（或空气）折射率为1，式（8-3）变为：

$$R = \left(\frac{n_s - 1}{n_s + 1}\right)^2 \tag{8-4}$$

式中：n_s 是固体材料的折射率。由式（8-4）可知，固体材料的折射率愈高，反射率也愈高。同时，由于固体材料的折射率与入射光的波长有关，因此反射率也与波长有关。

非金属材料对可见光可能是透明的，也可能是不透明的。如果是透明的，往往带有某种颜色，一般情况下，非金属材料对光的吸收有以下3种机理：

（1）电子极化。但只有当光的频率与电子极化松弛时间的倒数处于同一数量级时，由此引起的吸收才变得比较重要；

（2）电子受激越过禁带而吸收光；

（3）电子受激进入位于禁带中的杂质或缺陷能级上而吸收光。

理论推导表明，对于禁带宽度小于1.8eV的半导体材料，所有的可见光都可以通过激发价带电子向导带的转移而被吸收，因而是不透明的；对于禁带宽度介于1.8eV和3.1eV之间的非金属材料，只有部分可见光被吸收，这类材料常常是带色透明的。

每一种非金属材料对特定波长以下的电磁波不透明，具体波长取决于禁带能量 E_g。例如，金刚石的 $E_g=5.6$eV，因而对波长小于0.22μm的电磁波是不透明的。

有些透明材料之所以带颜色，是因为它选择性地吸收特定波长范围的光波。所带的颜色取决于透射光中的光波分布。任何选择性吸收都是由于电子受激造成的，当电子从激发态回到低能态时，又会重新发射出光波。重新发射的光的波长不一定与吸收光的波长相同。因此，透射光波的波长分布是非吸收光波和重新发射光波的混合光波。透明材料的颜色就是由混合光波的颜色决定的。

无机玻璃上色的方法就是在玻璃处于熔融状态时加入过渡元素或稀土元素的离子。典型的离子－颜色对有：Cu^{2+}－蓝绿，Co^{2+}－蓝紫，Cr^{3+}－红色，Mn^{2+}－黄色，Mn^{3+}－紫色。

有许多本来是透明的电介质材料可以被制成半透明的或不透明的。其原理是设法使光线在材料内部发生多次发散和折射（漫散射），致使透射光线变得十分弥散。当散射作用非常强以致几乎没有光线透过时，材料看起来就不透明了。

8.3 发光材料

8.3.1 发光现象

有些材料在吸收能量之后能发出一种可见的冷光，这种现象叫发光，它是一种物体把吸收的能量不经过热的阶段而直接转换为特征辐射的现象。发光现象广泛存在于各种材料中，在半导体、绝缘体、有机物和生物中都有不同形式的发光。发光材料的种类也很多，可以提供作为新型和有特殊性能的光源，可以用于显示、显像、探测辐射场及其他技术手段。发光的光子是固体中的电子从受激高能态返回较低能态时发射出来的。当发出的光子能量在 1.8eV～3.1eV 之间，便是可见光。材料发光所需能量可以从较高能量的电磁辐射（如紫外光）得到，也可以从高能电子或热能、机械能和化学能中得到。

根据材料从吸收能量到发光之间延迟时间的长短，可以把冷光分为荧光和磷光两类。延迟时间 $<10^{-8}$s 者称作荧光，延迟时间 $>10^{-8}$s 者称作磷光。能发出荧光的材料有某些硫化物、氧化物、钨酸盐和一些有机物质。纯物质一般不发光，必须加进适量的杂质后才能诱导出发光现象。

发光现象具有重要的实际应用。荧光灯就是一个在内表面涂有特制钨酸盐的玻璃罩，由水银辉光放电产生的紫外光激发涂层发出荧光。在电视屏幕上看到的图像也是利用这种发光现象，荧光屏内表面有一层涂层，当显像管内的电子束迅速扫过荧光屏时，涂层发光形成图像。X 射线和 γ 射线检测仪也正是利用某些含磷物质在眼睛看不到的 X 射线和 γ 射线的激发下能发光的原理。此外，在一些建筑物外表面的装修装饰中也用此发光原理使建筑物呈现五彩斑斓的美丽景象，给人带来视觉上的享受。

发光材料指吸收光照，然后转化为光的材料。发光材料可根据发光的颜色分为绿光材料、红光材料、红外光材料、高亮光材料。

8.3.2 发光原理

高能电子轰击发光体时产生高能电子及空穴，它们经过碰撞，又产生能量较低的电子及空穴。这个过程一直继续下去，直到电子的能量降到和发光体的禁带相匹配时为止，这些低能量的电子及空穴激发发光中心。光照时，材料中的“缺陷”成为发光中心，激发导带电子，主能级电子向低能级跃迁，放出光子产生光。

8.3.3 发光的特征

颜色发光材料的发光颜色彼此不同，都有它们各自的特征。已有发光材料的种类很多，它们发光的颜色也足可覆盖整个可见光的范围。材料的发光光谱（发射光谱）可分为下列三种类型：宽带，半宽度为100nm，如 $CaWO_4$；窄带，半宽度为50nm，如 $Sr_5(PO_4)_3Cl$；Eu^{3+}线谱，半宽度为0.1nm，如 $GdVO_4$，Eu^{3+}。

一种材料的发光光谱属于哪一类，既与基质有关，又与杂质有关。随着基质的改变，发光的颜色也可改变。

由于发光强度是随激发强度而变的，通常用发光效率来表征材料的发光本领，发光效率也同激光强度有关。在激光出现前，电子束的能量较高，强度也较高，所以一般不发光或发光很弱的材料，在阴极射线激发下能发出可觉察的光或较强的光。激光出现后，因激光的强度$\geqslant 10^7 W/cm^2$，在它激发下除了容易引起发光外，还容易出现非线性效应，包括双光子或多光子效应，易引起转换，如将红外光转换为可见光。发光效率有3种表示方法：量子效率、能量效率及光度效率。量子效率是指发光的量子数与激发源输入的量子数的比值；能量效率是指发光的能量与激发源输入的能量的比值；光度效率是指发光的光度与激发源输入的能量的比值。

8.3.4 发光类型

8.3.4.1 阴极射线发光

阴极射线发光是在真空中从阴极发出的电子经加速后轰击荧光屏所发出的光。所以，发光区域只局限于电子所轰击的区域附近。又由于电子的能量在几千电子伏以上，所以除发光以外，还产生X射线。X射线对人体有害，因而在显示屏的玻璃中常添加一些重金属（如Pb），以吸收在电子轰击荧光屏时所产生的X射线。

在连续激发的条件下，改变加速电压时，发光亮度相应变化。但是，在高速电子的轰击下，发光屏的温度将上升，而当温度上升到一定值后发光亮度将下降，这种现象称作温度猝灭。它和发光中心的结构密切相关。

在晶体中发光中心的电子态和它周围离子的数目、价态、方位及距离都有关系。但是由于晶格的振动，周围离子的方位及距离都在变化。随着晶格的振动，发光中心的电子态也将发生相应的变化。

使用阴极射线发光材料时，除了考虑它的亮度及影响亮度的几种因素外，还必须考虑另外两个重要的特性，即发光颜色及衰减。

对于必须保证特定颜色的彩色电子束管来说，则要牺牲一定的亮度。因为在能合成这特定颜色的三基色中，第三种颜色要和其他两种颜色匹配，如果它亮度不足，其他两种颜色的发光亮度就要压低使用。在显示合成色时，如果它们的饱和特性和老化特性不同，也容易出现颜色漂移。在飞点扫描管中要求发光余晖特别短，雷达屏中则要求发光余晖特别长，这时可用的发光体的种类就很有限。

在雷达管中常用的双层屏在电子束轰击下，第一层发出短余晖的蓝光，它再激发长余晖的第二层材料，发射黄光。

8.3.4.2 场致发光

在外电场作用下，半导体材料出现发光现象，称作场致发光。场致发光材料是禁带宽度比较大的半导体。在这些半导体内场致发光的微观过程主要是碰撞激发或离化杂质中心，它在与金属电极相接的界面上将形成一个势垒，电子从金属电极一侧隧穿到半导体的几率明显增大。当电压提高时，几率进一步增大。电子进入半导体后随即被半导体内的电场加速，动能增加，在沿电场方向的整个自由程内，能量愈积愈高，当它与发光中心或基质的某个原子发生碰撞，它就会将一部分能量交给中心或基质的电子，使它们被激发或被离化。前者由于电子没有离开中心，当它从激发态跃迁到基态时，就发射出光来。后者，由于电子离开了中心进入导带而为整个晶格所有，电子与离化中心复合时，就发出光来。在使用场致发光材料时，最主要的依据是发光亮度随电压的变化规律。

8.3.4.3 X 射线激发发光

X 射线发光材料在发光材料中使用较早，而且应用量很大。发光材料在 X 射线照射下可以发生康普顿效应，也可以吸收 X 射线，它们都产生高速的光电子。光电子经过非弹性碰撞，产生第二代、第三代电子。当这些电子的能量接近发光跃迁所需的能量时，即可激发发光中心，或者离化发光中心，随后发出光来。一个 X 射线的光子可以引起很多个发光光子。

X 射线发光屏是利用发光材料使 X 光转换为可见光，并显示成像的屏幕。目前已研制出一系列 X 射线发光材料，这些材料的发光或起源于原子团，或起源于掺杂离子的能级间的电子跃迁。

最早应用于 X 射线探测的钨酸钙现在仍然被广泛地应用。这主要由于它有几个优点：吸收效率高，发光光谱和胶片灵敏波段相适应，物理化学性质稳定，而且在制备中对原料纯度的要求不是很高。

硫化物的发光效率较高，像 ZnS、CdS 这样的材料，通用性较强。它既可用于透视屏又可用于增感屏，还可用于像增强器。碘化铯的发光效率和硫化物相同，都比较高，但它们对 X 射线的吸收效率却比硫化物高，在 X 射线激发下，总的效率较高，是很好的材料，常用在像加强器中。

稀土材料的发光光谱和钨酸钙的相近，在医用 X 射线（30keV ~ 100keV）的激发下，它的发光效率比钨酸钙还高。

8.3.4.4 发光二极管

发光二极管是半导体二极管的一种，可以把电能转化成光能，常简写为 LED。发光二极管与普通二极管一样，也具有单向导电性。当给发光二极管加上正向电压后，从 P 区注入 N 区的空穴和由 N 区注入 P 区的电子，在 P-N 结附近数微米内分别与 N 区的电子和 P 区的空穴复合，产生自发辐射的荧光。不同的半导体材料中电子和空穴所处的能量状态不同。当电子和空穴复合时释放出的能量高低不同，释放出的能量越高，则发出的光的波长越短。常用的是发红光、绿光或黄光的二极管。

发光二极管的核心部分是由 P 型半导体和 N 型半导体组成的晶片，在 P 型半导体和 N 型半导体之间有一个过渡层，称作 P-N 结。在某些半导体材料的 P-N 结中，注入的少数载流子与多数载流子复合时会把多余的能量以光的形式释放出来，从而把电能直接转换为光能。如对 P-N 结施加反向电压，少数载流子难以注入，故不发光。这种利用注入式电致发光原理制作的二极管叫发光二极管，通称 LED。当它处于正向工作状态时（即两端加上正向电压），电流从 LED 阳极流向阴极时，半导体晶体就发出从紫外到红外不同颜色的光线。

8.4 建筑光学玻璃

光学玻璃是指通过折射、反射、透过传递光线以及通过吸收改变光的强度或光谱分布的无机非晶态光学介质材料。光学玻璃在透镜、棱镜、窗口、反射镜、滤光镜等上的应用已有数百年历史。包括很多医用光学仪器的光学工业，已在发达的资本主义国家建立起来。光学工业的基础是无色和有色光学玻璃制造业。

在现代建筑中，玻璃是重要的、不可缺少的建筑材料。目前，建筑玻璃已从窗用采光材料发展为具有控光、保温隔热、隔音以及装饰等多功能的建筑材料。

8.4.1 玻璃的制造与分类

8.4.1.1 玻璃的原料及组成

玻璃是一种透明的无定型硅酸盐固体物质，为均质的各向同性材料，熔制玻璃的原材料主要有石英砂、纯碱、长石、石灰石等。石英砂是构成玻璃的主体材料，纯碱主要起助熔剂的作用，石灰石使玻璃具有良好的抗水性，起稳定剂作用。建筑玻璃的主要成分为 SiO_2（含量72%左右）、Na_2O（含量 15% 左右）和 CaO（含量 9% 左右），另外还含有少量的 $A1_2O_3$、MgO 等。

制造玻璃的原料主要有以下三类氧化物：

1）酸性氧化物　主要有 SiO_2、B_2O_3 等，在煅烧中能单独熔融成为玻璃的主体，决定玻璃的主要性质。

2）碱性氧化物　主要有 Na_2O、K_2O 等，在煅烧中能与碱性氧化物形成易熔的复盐，起助熔剂的作用。

3）增强氧化物　主要有 CaO、MgO、BaO、ZnO、PbO 等，不同程度地影响玻璃的性能。

上述氧化物在玻璃中起着十分重要的作用。此外，玻璃的制造，特别是特种玻璃的制造，辅助原料是必不可少的。

8.4.1.2 玻璃的制造工艺

玻璃的制造主要包括熔化、成型、退火三道工序，熔化是配合料在玻璃熔窑中加热至1500～1600℃，焙熔成为黏稠状的玻璃液，然后通过垂直引上法、平拉法或浮法等工艺成型。

（1）垂直引上法

垂直引上法是将玻璃液垂直向上拉引制造平板玻璃的生产工艺过程。垂直引上法可分为有槽垂直引上法、无槽垂直引上法和对辊法三种。

1）有槽垂直引上法　有槽垂直引上法是把中间开有纺锤形缝隙的槽子砖压入玻璃液中，从缝隙中涌出的玻璃液呈带状被向上引拉制成一连续的玻璃平板，再通过引上室经冷却变硬而成玻璃平板。有槽垂直引上法的优点是比较容易制得厚度均匀的平板玻璃。其缺点是容易产生波筋。

2）无槽垂直引上法　无槽垂直引上法又称匹兹堡法。它与有槽引上法不同之处是以浸没在玻璃溶液中的耐火“引砖”代替原槽子砖。引砖一般设置在玻璃熔液表面下 70～150mm 处，其作用是使冷却器能集中冷却在引砖之上流向板根（即玻璃原板的起始线）的玻璃液层使之迅速达到玻璃件的成型温度。采用无槽垂直引上法的优点是比较简单，玻璃质量比有槽引上法有较大改进。其缺点是玻璃厚薄不易控制。

3）对辊法　对辊法是1970 年日本旭硝子公司开发的一种引上方法。该方法是用一对外侧可旋转的细长圆筒状耐火材料代替槽子砖，流动液从间隙中涌出，采用与有槽法相同的方式引上。由于对辊旋转，不会出现失透现象而产生波筋，能连续运转 2～3 个月，在一定程度上改善了有槽法的缺点。

（2）平拉法

平拉法是通过水平拉制手段生产平板玻璃的方法。平拉法工艺的原料制备和熔化与垂直引上法基本相同，只是成型和退火工艺不一样。该方法从前引上室玻璃液的自由表面垂直拉引，形成玻璃带，再经转向辊使玻璃带由垂直方向转为水平方向并送入退火炉进行退火。平拉法与垂直引上法相比，其优点是玻璃质量好，生产周期短，拉制速度快，生产效率高。其主要缺点是玻璃表面易产生麻点。

（3）浮法

浮法玻璃的生产工艺过程是：熔融的玻璃液从池窑中连续地流进被保护气体保护的熔融金属锡槽中，由于两者密度的差异，玻璃液飘浮在锡液表面上，受到重力和表面张力的双重作用，玻璃液在锡槽表面上铺展摊平，成为表面平整、厚度均匀的玻璃液带，在外力的牵拉作用下向锡槽的尾部运动，在运动过程中经过来自炉顶上方的火焰抛光、拉薄、冷却、硬化后引上过渡辊台，辊子转动把玻璃送进退火窑，经过降温、退火、切裁，形成平板玻璃制品。

浮法玻璃厚度均匀性好，没有波筋，经过锡面的光滑作用和火焰抛光作用，玻璃平滑整齐，平行度好，具有极高的光学性能，可以取代磨光玻璃。除了可以作为高级建筑玻璃外，还可以在飞机玻璃、汽车玻璃、舰船玻璃等技术领域中广泛应用。

浮法工艺是现代最先进的玻璃生产工艺，它具有产量高、质量好、品种多、规模大、容易操作、劳动率高和经济效益好等优点，所以各国致力于发展浮法技术。浮法生产已成为当今世界衡量一个国家生产平板玻璃技术水平高低的重要标志。

8.4.1.3　玻璃的分类

玻璃的品种繁多，分类的方法也有多样，通常按其化学组成和用途进行分类。

（1）按玻璃化学组成分类

1）钠玻璃　钠玻璃又名钠钙玻璃，它主要由 SiO_2、Na_2O、CaO 组成，其软化点较低，易于熔制；由于含杂质多，制品多带绿色。与其他品种的玻璃相比，钠玻璃的力学性质、热性质、光学性质和化学稳定性等均较差。多用以制造普通建筑玻璃和日用玻璃制品，故又称普通玻璃，在建筑工程中应用十分普遍。

2）钾玻璃　钾玻璃是以 K_2O 替代钠玻璃中部分 Na_2O 并提高玻璃中 SiO_2 的含量而制成。它硬而有光泽，故又称硬玻璃，其他性质也较钠玻璃好。钾玻璃多用于制造化学仪器以及高级玻璃制品。

3）铝镁玻璃　铝镁玻璃是以部分 MgO 和 $A1_2O_3$ 代替钠玻璃中的部分金属氧化物及 SiO_2

制成的。它的力学性质、光学性质和化学稳定性都有所改善，用来制造高级建筑玻璃。

4）铅玻璃　铅玻璃又名铅钾玻璃或晶质玻璃，系由 PbO、K_2O 和少量的 SiO_2 组成。它光泽透明，质软而易加工，对光的折射和反射性能强，化学稳定性强。铅玻璃密度高，又称为重玻璃，常用以制造光学仪器、高级器皿和装饰品等。

5）硼硅玻璃　硼硅玻璃又称为耐热玻璃，是由 B_2O_3、SiO_2 以及少量 MgO 组成，它有较好的光泽和透明度，较强的力学性能、耐热性、绝缘性和化学稳定性，常用以制造高级化学仪器和绝缘材料。

6）石英玻璃　石英玻璃由纯 SiO_2 制成，具有极强的力学性质、热性质、优良的光学性质和化学稳定性，并能透过紫外线。可用以制造耐高温仪器、杀菌灯等特殊用途的仪器和设备。

（2）按玻璃的用途分类

1）平板玻璃　主要利用其透光性和透视特性，常用作建筑物的门窗、橱窗等装饰。这一类玻璃制品包括：

①透明窗玻璃　指普通平板玻璃，大量用作建筑采光；

②不透视玻璃　采用压花、磨砂等方法制成的透光不透视的玻璃；

③装饰平板玻璃　采用蚀花、压花、着色等手段制成的具有装饰性的玻璃；

④安全玻璃　将玻璃进行淬火，或在玻璃中夹丝、夹层而制成的玻璃；

⑤镜面玻璃　将玻璃磨光后背面镀银而制成的玻璃；

⑥特殊性能平板玻璃　能透过紫外线、红外线，吸收 X 射线和吸收热量以及反射热量的玻璃。

2）建筑艺术玻璃　建筑艺术玻璃是指用玻璃制成的具有建筑艺术性的屏风、花饰、扶栏、雕塑以及马赛克等制品。

3）玻璃建筑构件　玻璃建筑构件主要有空心玻璃件、波形瓦、平板瓦、门、壁板以及玻璃纤维增强塑料制品等。

4）玻璃质绝热、隔音材料　玻璃质绝热、隔音材料主要有泡沫玻璃、玻璃锦毡、玻璃纤维等。

以上玻璃种类中，以普通平板玻璃最为重要，这不仅因其用量大，而且其他玻璃多数是在普通平板玻璃的基础上进行加工处理而成的。

8.4.2　玻璃的特性

8.4.2.1　玻璃的基本性质

玻璃是由原料的熔融物经过急冷而形成的无定型结构的固体，其物理性质和力学性质是各向同性的。

（1）透光

光线入射到玻璃上，表现为透射、反射和吸收的性质。透射是指光线能透过玻璃的性质，用透射率或透射系数表示，即光线透过玻璃后的光通量与光线透过玻璃前的光通量之比。透光率高低是玻璃的重要性能，清洁的玻璃透光率达 85% ~90%。玻璃对光线的吸收能力随着化学组成和颜色而异，无色玻璃可透过各种颜色的光线，但吸收红外线和紫外线。各种着色玻璃透过同色光线而吸收其他颜色光线。石英玻璃和磷、硼玻璃能透过紫外线；

锑、钾玻璃能透过红外线；铅、铋玻璃对X射线和γ射线有较强的吸收能力。

（2）脆

玻璃的弱点是在施加负载时，玻璃不发生任何可以觉察的曲性变化，这使得玻璃在受到冲击力时，其受碰撞处不发生凹陷。因此，冲击力是在一个很小的面积上分布而产生高应力，故易破碎。

（3）热稳定性差

玻璃抵抗温度变化而不破坏的性能称作热稳定性。热稳定性的大小，用试样在保持不破坏条件下所能经受的最大温度差来表示。玻璃在其急冷急热时易破裂，玻璃对急热的稳定性比对急冷的稳定性要稍强。

（4）化学稳定性好

玻璃具有较高的化学稳定性，抗酸和盐侵蚀能力强，在通常情况下对水、酸、碱以及化学试剂或气体具有较强的抵抗能力，能抵抗氢氟酸以外的各种酸类的侵蚀。能水解形成薄膜或难溶物的硅酸盐玻璃、铝酸盐和硼酸盐玻璃，化学稳定性最好，磷酸盐类玻璃不能形成薄膜，化学稳定性最差。此外，硅酸盐玻璃经退火处理，可使玻璃表面含碱量降低，化学稳定性大大提高。

（5）密度较高

普通玻璃的密度约为2450～2650kg/m^3，玻璃的密度随成分、温度、压力和热处理的变化而变化。不同成分的玻璃，密度差别很大，石英玻璃的密度最低，为2.2g/cm^3，而含大量氧化铅的重火石玻璃密度可达6.5g/cm^3。随着温度的升高，玻璃密度下降，例如一般工业玻璃，当温度从室温升高至1300℃时，密度下降6%～12%。

（6）导热性较差

材料传导热量的能力称作导热性。材料的导热性用导热系数表示。玻璃的导热性较差，导热性与化学组成和温度有关，但主要取决于密度。

8.4.2.2　建筑玻璃的缺陷

在玻璃的实际生产中，理想、均一的玻璃体是极少的。玻璃体内存在的各种夹杂物，破坏玻璃体的均匀性，称作玻璃体的缺陷。缺陷的存在不仅使玻璃质量大大降低，影响建筑物的装饰效果，甚至会严重影响玻璃的进一步成型和加工，造成大量残废品和次品。因此不同用途的玻璃对均质性有不同的要求。

按状态的不同，玻璃体的缺陷夹杂物可以分成点状缺陷和断面缺陷两大类。点状缺陷是指气泡、夹杂物、斑点等缺陷的总称；断面缺陷是玻璃板断面凸出或凹进的部分，包括爆边、边部凸凹、缺角、斜边等缺陷。

（1）气泡

玻璃中的气泡是在制品成型过程中产生的，大小为零点几毫米到几毫米，有球形的、椭圆形的及线状的。根据气泡产生原因的不同，可分为一次气泡、二次气泡、耐火材料和金属铁引起的气泡及外界空气泡等。气泡的存在主要影响玻璃的外观质量、透明度和机械强度。

（2）固体夹杂物

固体夹杂物（又称结石）是玻璃体内最危险的缺陷，它不仅破坏了玻璃制品的外观和光学均一性，还因产生局部应力使制品的机械强度和热稳定性大大降低，降低了制品的使用性能。

（3）条纹和节瘤（玻璃态夹杂物）

玻璃主体内存在的异类玻璃夹杂物称作玻璃态夹杂物（条纹和节瘤），它属于一种比较普遍的玻璃不均匀性方面的缺陷，在化学组成和物理性质上与玻璃主体不同。条纹和节瘤根据其产生的原因不同，可分为熔制不均匀、碹玻璃滴、耐火材料侵蚀和结石熔化等四种。另外还有一种是工作池中玻璃液温差大，或局部冷却所引起，这种条纹的特征是粗大。对于一般玻璃制品，在不影响使用性能的情况下，允许存在一定程度的不均匀性条纹和节瘤。

8.4.2.3 建筑玻璃的存放与运输

玻璃应完好无碎裂，边角齐整，板面平直、光洁，颜色均匀无杂色（普通平板玻璃允许带绿、淡蓝色），没有破坏性夹杂物，质量符合标准的规定。玻璃是易碎品，故通常用木箱或集装箱包装，且箱内应放置弹性衬垫物防止玻璃的振动破碎。仓库管理员收到玻璃后，应首先检查包装木箱是否坚固完好，箱内衬垫物有无雨淋受潮等情况。可由每箱或若干箱各取2~3片进行抽验，如箱已破损，应开箱逐片检查，如衬垫物料已受潮，应将玻璃擦干另换干燥衬垫物料并填紧塞实。

玻璃应按品种、规格、等级分别储存于通风、干燥的仓库内。不应露天存放以免受潮发霉，也不能与潮湿物料或石灰、水泥、酸、碱、盐、酒精、油脂等物品放在一起。玻璃淋雨后应立即擦干，否则受日光直接曝晒，易引起水渍痕迹。

玻璃在储存中应定期检查，如发现发霉、破损情况，应及时调整。如玻璃已受潮发霉，可通过抛光去除。发霉的玻璃，有时会粘在一起，可置于温水中即可分开，再擦拭存放。

玻璃在运输过程中必须将其直立靠紧，箱头朝向运行方向，谨防摇晃、碰撞或震动，箱顶加盖不透雨的塑料或布，以防雨淋受潮，箱体上应有防震防潮等标志，装卸时必须轻取轻放，不能随意溜滑，防止震动和倒塌。短距离运输时，应把木箱立放，用抬扛抬运。

8.4.3 平板玻璃

平板玻璃是建筑玻璃中用量最大的一类，包括普通平板玻璃、磨光玻璃、毛玻璃、彩色玻璃、压花玻璃等。

8.4.3.1 平板玻璃

平板玻璃也称单光玻璃、净片玻璃，简称为玻璃，属钠玻璃类，是未经加工的平板玻璃。平板玻璃中大量使用的是厚度为3mm的窗玻璃，主要装配于门窗，起透光（透光率85%~90%）、挡风雨、保温、隔音等作用，具有一定的机械强度，但性脆，紫外线通过率低。

平板玻璃按颜色属性分为无色透明平板玻璃和本体着色平板玻璃，按外观质量分为合格品、一等品和优等品。

平板玻璃的公称厚度有2mm、3mm、4mm、5mm、6mm、8mm、10mm、12mm、15mm、19mm、22mm、25mm。

（1）平板玻璃的质量标准

平板玻璃的质量指标必须符合国家标准GB 11614—2009《平板玻璃》的规定。

1）尺寸及尺寸允许偏差　平板玻璃对角线差应不大于其平均长度的0.2%，尺寸偏差及厚度偏差分别见表8-3和表8-4。

表 8-3　平板玻璃的厚度允许偏差（GB 11614—2009）

公称厚度/mm	尺寸偏差/mm	
	尺寸≤3000	尺寸＞3000
2～6	±2	±3
8～10	+2，－3	+3，－4
12～15	±3	±4
19～25	±5	±5

表 8-4　平板玻璃的尺寸允许偏差（GB 11614—2009）

公称厚度/mm	厚度偏差/mm	厚薄偏差/mm
2～6	±0.2	0.2
8～12	±0.3	0.3
15	±0.5	0.5
19	±0.7	0.7
22～25	±1.0	1.0

2）外观质量　平板玻璃外观质量要求见表 8-5。

表 8-5　平板玻璃外观质量要求（GB 11614—2009）

缺陷种类		质量要求			
		一等品		优等品	
点状缺陷		尺寸（L）/mm	允许个数限度	尺寸（L）/mm	允许个数限度
		$0.3 \leq L \leq 0.5$	$2 \times S$	$0.3 \leq L \leq 0.5$	$1 \times S$
		$0.5 < L \leq 1.0$	$0.5 \times S$	$0.5 < L \leq 1.0$	$0.2 \times S$
		$1.0 < L \leq 1.5$	$0.2 \times S$	$L > 1.0$	0
		$L > 1.5$	0		
点状缺陷密集度		尺寸≥0.3mm 的点状缺陷最小间距不小于 300mm；直径 100mm 圆内尺寸≥0.2mm 的点状缺陷不超过 3 个		尺寸≥0.3mm 的点状缺陷最小间距不小于 300mm；直径 100mm 圆内尺寸≥0.1mm 的点状缺陷不超过 3 个	
线　道		不允许			
裂　纹		不允许			
划　伤		允许范围	允许条数	允许范围	允许条数
		宽≤0.2mm，长≤40mm	$2 \times S$	宽≤0.1mm，长≤30mm	$2 \times S$
光学变形	公称厚度/mm	无色透明平板玻璃	本体着色平板玻璃	无色透明平板玻璃	本体着色平板玻璃
	2	≥50°	≥45°	≥50°	≥50°
	3	≥55°	≥50°	≥55°	≥50°
	4～12	≥60°	≥55°	≥60°	≥55°
	≥15	≥55°	≥50°	≥55°	≥50°
断面缺陷		公称厚度不超过 8mm 时，不超过玻璃的厚度；8mm 以上时，不超过 8mm			

注：S 是玻璃板面积数值，单位是 m^2。

3）平板玻璃弯曲度应不超过0.2%。

4）无色透明平板玻璃的可见光透射比要求见表8-6。本体着色平板玻璃的透射比偏差见表8-7。

表8-6　无色透明平板玻璃的可见光透射比最小值（GB 11614—2009）

公称厚度/mm	2	3	4	5	6	8	10	12	15	19	22	25
可见光透射比最小值/%	89	88	87	86	85	83	81	79	76	72	69	67

表8-7　本体着色平板玻璃的透射比偏差（GB 11614—2009）

种　　类	偏差/%
可见光（380nm～780nm）透射比	2.0
太阳光（300nm～2500nm）直接透射比	3.0
太阳能（300nm～2500nm）总透射比	4.0

（2）平板玻璃的用途

1）主要用于普通建筑的门窗玻璃。

2）经喷砂、雕磨、腐蚀等方法处理后，可作成屏风、黑板、隔断墙等。

3）可做某些深加工玻璃产品的原品。

8.4.3.2　磨光玻璃

磨光玻璃又称镜面玻璃，是用普通平板玻璃经过机械磨光、抛光而成的透明玻璃。磨光玻璃具有表面平整光滑、有光泽、物象透过不变形、透光率高等特点。磨光玻璃主要用于大型高级建筑的门窗采光、橱窗或制镜。经机械研磨和抛光的玻璃，性能虽好，但价格贵，不经济。作为一般建筑及汽车工业用的磨光玻璃用量已逐渐减少。

8.4.3.3　毛玻璃

毛玻璃是指经研磨、喷砂或氢氟酸熔蚀等加工，使表面（单面或双面）成为均匀粗糙的平板玻璃。用硅砂、金刚砂、石榴石等作研磨材料，加水研磨制成的，称作磨砂玻璃；用压缩空气将细砂喷射到玻璃表面而制成的，称作喷砂玻璃；用酸溶蚀的称作酸蚀玻璃。

由于毛玻璃表面粗糙，使透过光线产生漫射，造成透光不透视，使室内光线不炫目、不刺眼。一般用于建筑物的卫生间、浴室、办公室等的门窗及隔断，也可用作黑板及灯罩等。

8.4.3.4　彩色玻璃

（1）彩色玻璃的制造方法与分类

彩色玻璃又称有色玻璃，分透明的和不透明的两种。透明的彩色玻璃是在玻璃原料中加入一定量的金属氧化物，按平板玻璃的生产工艺进行加工生产而成；不透明的彩色玻璃是用4～6mm厚的平板玻璃按照要求的尺寸切割成型，然后经过清洗、喷釉、烘烤、退火而制成。彩色玻璃的颜色有红、黄、蓝、黑、绿、乳白等十余种。

彩色玻璃的主要品种有彩色玻璃砖、玻璃贴面砖、彩色乳浊饰面玻璃和本体着色浮法玻璃等。

1）彩色玻璃砖　彩色玻璃砖是国际上近十年来才出现的一种新型建筑装饰材料。它是乳白色玻璃浓缩着色后采用压制或压延方法成型，再经过晶化处理的一种彩色玻璃砖。尤其是经过表面喷涂处理后，具有坚固、美观、防火、防腐、耐磨和色彩丰富等特点。该产品具有如下性能：

尺寸偏差：< ±0.25mm；

热稳定性：20～110℃，一次不裂；

抗冻性：-5～+20℃，10次不裂；

软化点：660～670℃。

2）玻璃贴面砖　玻璃贴面砖也是近年来推出的新型装饰材料。它是以玻璃作为主要基材，经上色和粘贴处理而成。它的组成是玻璃片、玻璃屑、釉。主要组合形式为：在要求尺寸的玻璃块的一面用一定浓度釉液喷涂，再在喷涂液表面均匀地撒上一层玻璃碎屑产生毛面，经过高温（500～550℃）处理，使三者牢固地结合在一起。

玻璃贴面砖的颜色及其深浅是由喷涂的釉液的种类和浓度所确定的，从而可以生产出各种规格和颜色的产品，以适合特种建筑装饰的要求。

玻璃贴面砖光滑、平整、反射性良好，并且具有抗冻、防水、耐酸、耐碱和防腐性能。施工时，撒有玻璃碎屑的毛面与水泥粘贴，结合牢固，便于施工，且表面易于清洗。

3）彩色乳浊饰面玻璃　乳浊饰面玻璃包括彩色乳浊饰面玻璃、微晶玻璃与矿渣微晶玻璃砖板等。乳浊玻璃可以着上各种颜色，在工艺上能够制成基本色调和纹理差别极大的大理石状材料。用玻璃可以制造小型饰面砖和尺寸达几平方米的饰面板，饰面工程能够用工业化方法施工。

彩色乳浊平板玻璃称作斑纹玻璃，正面光滑，背面有沟纹且增厚，有各种各样的颜色，饰面砖的尺寸为（50mm×100mm）～（200mm×300mm）各种规格，饰面板尺寸可达1000mm×3000mm，砖和板的厚度为6～7mm。此外，用弧垂法由斑纹玻璃板可制成角形、凹形、异形构件、墙角板及其他建筑配件，其抗弯强度为38～53MPa，抗压强度为70～100MPa。

用乳浊饰面玻璃制成的砖和板或护墙板是很好的装饰材料，容易清洗，在湿气和化学侵蚀介质的作用下，不受腐蚀，耐酸、耐碱、不吸水等，具有高度的装饰性能，多用于建筑物的外墙装饰，也可供医院手术室和其他医疗房间装饰使用。

4）本体着色浮法玻璃　直接在浮法平板玻璃原片本体上进行着色处理而生产的彩色玻璃，打破了以往平板玻璃原片一律无色透明的格局。彩色浮法平板玻璃本身是一种理想的建筑装饰材料，一般不需另行深加工就可直接用于建筑装饰工程。

（2）彩色玻璃的应用

彩色玻璃可拼成各种图案花纹，并有耐蚀、抗冲刷、易清洗等特点，主要用于建筑物的内外墙、门窗装饰及对光线有特殊采光要求的部位。

8.4.3.5　压花玻璃

（1）压花玻璃的制造方法与分类

压花玻璃又称花纹玻璃或滚花玻璃，是将熔融的玻璃液在冷却过程中，通过带图案的花纹辊轴连续对辊压延而成。可一面压花，也可两面压花。压花玻璃有一般压花玻璃、真空镀膜压花玻璃、彩色压花玻璃等。

真空镀膜压花玻璃给人以一种素雅、美观、清新的感觉，花纹的立体感强，并且有一定的反光性能，是一种良好的室内装饰材料。

彩色压花玻璃是采用有机金属化合物和无机金属化合物进行热喷涂而成。彩色膜的色泽、坚固性、稳定性较其他方法优越。这种玻璃具有良好的热反射能力，而且花纹图案的立体性比一般压花玻璃和彩色玻璃更强，给人们一种富丽堂皇、华贵和艺术的感觉。配置灯光后，装饰效果更佳。

（2）压花玻璃的技术要求（JC/T 511—2002）

压花玻璃按外观质量分为一等品和合格品；外观质量包括图案、气泡、杂物、线条、皱纹、压痕、划伤、裂纹和断面缺陷的严重程度；按厚度分为3mm、4mm、5mm、6mm和8mm；其长度和宽度的尺寸允许偏差除8mm的压花玻璃为±3mm外，其余4种玻璃均为±2mm；其对角线偏差应小于两对角线平均长度的0.2%。

（3）压花玻璃的应用

压花玻璃兼具使用功能和装饰功能，适用于要求采光但需隐秘的建筑物门窗，有装饰效果的半透明室内隔断及分隔，还可作卫生间、游泳池等处的装饰和分隔材料。

8.4.4 特殊功能的建筑玻璃

8.4.4.1 安全玻璃

普通平板玻璃的最大弱点是质脆、易碎，破碎后具有尖锐的棱角，易伤人。为保障人身安全，可以通过增强处理，或者与其他材料复合制成安全玻璃。安全玻璃具有力学性能好、抗冲击、抗热震性强，破碎时无尖利棱角且不会飞溅伤人等优点。特殊的安全玻璃还能抵御枪弹的射击，防止盗贼入室，防止火灾蔓延等功能。常用的安全玻璃有：钢化玻璃、夹丝玻璃、夹层玻璃、防火玻璃、防盗玻璃等。

（1）钢化玻璃

普通平板玻璃质脆的原因，除因脆性材料本身固有的特点外，还由于在冷却过程中，内部产生了不均匀的内应力所致。为减小玻璃的脆性，提高玻璃的强度，通常采用物理钢化（淬火）和化学钢化的方法而使玻璃中形成缓解外力作用的均匀预应力。

物理钢化玻璃采用淬火增强。将玻璃均匀加热到软化温度（650～700℃）以上，用高压空气冷却介质使其骤冷，从而获得高强度钢化玻璃。在冷却过程中，玻璃表面迅速冷却固化，当内部逐渐冷却并伴有体积收缩时，外表必然阻止内部的收缩使玻璃表面产生了压应力而内部为拉应力，如图8-2（a）所示。当平板玻璃受弯曲荷载时，玻璃的一个表层受拉应力，一个表层受压应力，如图8-2（b）所示。玻璃的抗拉强度较低，它所受的拉应力超过极限抗拉强度时就破裂。而钢化玻璃受弯曲作用时，荷载产生的应力与钢化玻璃残余内应力叠加，如图8-2（c）所示，玻璃板表面将处于较小的拉应力和较大的压应力状态，玻璃抗压强度较高，故钢化玻璃可承受更大荷载而不破坏，即使碎成无数小块，这些小块无尖棱角、不易伤人。

1）钢化玻璃的分类及主要技术要求　根据国家标准GB 15763.2—2009《建筑用安全玻璃 第2部分：钢化玻璃》的规定，钢化玻璃按形状分为平面钢化玻璃和曲面钢化玻璃。平面钢化玻璃的厚度有4mm、5mm、6mm、8mm、10mm、12mm、15mm和19mm，曲面钢化玻璃的厚度有 5mm、6mm 和 8mm。

钢化玻璃的安全性能要求有抗冲击性、碎片状态和霰弹袋冲击性能；一般性能要求有表面应力和耐热冲击性能。

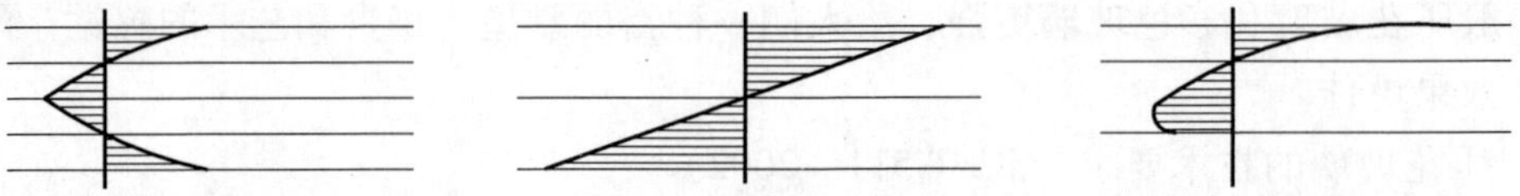

（a）钢化玻璃　（b）荷重下平板玻璃　（c）荷重下钢化玻璃

图 8-2　钢化玻璃应力分布图

抗冲击性是取 6 块 610mm × 610mm 的试样，用直径为 63.5mm（1040g）的钢球从 1200mm 的高处向试样表面中心自由落下，6 块试样中破碎数不超过 1 块为合格，多于或等于 3 块为不合格。

碎片状态是取 4 块玻璃试样进行试验，每块 3mm 厚的玻璃试样在任何 50mm × 50mm 区域内的最少碎片数为 30 片，每块 4mm ~ 20mm 厚的玻璃试样在任何 50mm × 50mm 区域内的最少碎片数为 40 片。

霰弹袋冲击是取 4 块玻璃试样进行试验，弹袋高度为 1200mm 时，试样不破坏；或者玻璃破碎时，每块试样的最大 10 块碎片质量的总和不得超过相当于试样 $65cm^2$ 面积的质量，且保留在框内的任何无贯穿裂纹的碎片长度不能超过 120mm。

钢化玻璃的表面应力应不小于 90MPa。

耐热冲击性能是将 300mm × 300mm 的钢化玻璃试样置于 200℃ ±2℃ 的烘箱中，保温 4h 以上，取出后立即将试样垂直浸入 0℃ 的冰水混合物中，5min 后观察玻璃是否破坏。

2）钢化玻璃的特性与应用　钢化玻璃的机械强度高，热稳定性好，耐热冲击，最大安全温度为 288℃，能承受 204℃的温差变化，故可用来制造炉门上的观测窗、辐射式气体加热器和弧光灯等，除此之外，钢化玻璃主要用于有安全要求的建筑，如中小学校舍的门窗、高层建筑门窗、宾馆饭店、商店门厅、门窗、展品橱窗、商品柜台等，同时还用来制造夹层玻璃、防盗玻璃、防火玻璃等。

钢化玻璃在使用过程中必须注意不可切割、不可钻孔、不可磨削，用户必须按现成尺寸规格选用或按具体设计尺寸规格向生产商订购。

（2）夹丝玻璃

夹丝玻璃一般采用压延成型工艺，在玻璃液进入压延辊的同时，将经过预热处理的金属丝网嵌于玻璃板内部制成。钢丝网在夹丝玻璃中起增强作用，使其抗折强度和耐温度剧变性都比普通玻璃高，破碎时即使有许多裂缝，但碎片仍附着在金属丝网上，不致四处飞溅而伤人，因此安全性很高，夹丝玻璃可用于公共建筑的阳台、走廊、防火门、楼梯间、电梯井、厂房天窗、各种采光屋顶等。

根据建材行业标准 JC 433—1991（1996）《夹丝玻璃》的规定，我国生产的夹丝玻璃产品分为夹丝压花玻璃和夹丝压光玻璃两类；产品尺寸一般不小于 600mm × 400mm，不大于 2000mm × 1200mm；按厚度分为：6mm、7mm、10mm 三种；产品按等级分为：优等品、一等品和合格品，各等级的具体要求详见表 8-8。

表 8-8　夹丝玻璃的外观质量要求［JC 433—1991（1996）］

项目	说明	指　　标		
		优等品	一等品	合格品
气泡	直径 3～6mm 的圆泡，每平方米面积内允许个数	5	数量不限，但不允许密集	
	长泡，每平方米面积内允许个数	长 6～8mm 2	长 6～10mm 10	长 6～10mm 10 长 10～20mm 4
花纹变形	花纹变形程度	不允许有明显的花纹变形		不规定
异物	破坏性的	不允许		
	直径 0.5～2mm 非破坏性的，每平方米面积内允许个数	3	5	10
裂纹		目测不能识别		不影响使用
磨伤		轻微	不影响使用	
金属丝	金属丝夹入玻璃内状态	应完全夹入玻璃内，不得露出表面		
	脱焊	不允许	距边部 30mm 内不限	距边部 100mm 内不限
	断线	不允许		
	接头	不允许	目测看不见	

（3）夹层玻璃

1）夹层玻璃的制造方法与分类　夹层玻璃是在两片或多片平板玻璃或曲面玻璃之间嵌夹透明塑料薄片，经加热、加压粘合而成的平面或曲面的复合玻璃制品。生产夹层玻璃的原片可采用普通平板玻璃、钢化玻璃、浮法玻璃或热反射玻璃等。夹层玻璃的层数有 3、5、7 层，最多可达 9 层。

2）夹层玻璃的特性及应用　夹层玻璃的抗冲击性能比普通平板玻璃高几倍。玻璃破碎时不裂成分离的碎块，只有辐射的裂纹和少量的碎玻璃屑，且碎片粘在薄衬片上，不易伤人，属于安全玻璃。夹层玻璃的透光率高，如（2+2）mm 厚的玻璃其透光率约为 82%，夹层玻璃还具有耐久、耐热、耐湿、耐寒等性能。夹层玻璃主要用作汽车和飞机的挡风玻璃、防弹玻璃以及有特殊安全要求的建筑门窗、隔墙、工业厂房的天窗和某些水下工程等。

（4）防盗玻璃

防盗玻璃是指透明而强度高，用简单工具无法在一定时间内将它破坏，能有效地防止偷盗或破坏事件发生的玻璃。

防盗玻璃通常是用多层高强玻璃和有机透明材料与胶合层材料复合制成，为了赋予报警的性能，胶合层还可以夹入金属丝网，埋设可见光、红外、温度、压力等传感器和报警装置，一旦窃贼作案，触动玻璃中的报警装置，甚至触发与之相串联的致伤武器或致晕气体等，便可以及时擒拿盗贼，保护财物不致失盗。防盗玻璃主要用于银行金库、武器仓库、文物仓库及展览橱窗、贵重商品柜台等。

8.4.4.2 功能玻璃

功能玻璃是指具有采光、调制光线、调节热量的进入或散失、防止噪声、增加装饰效果、改善居住环境、节约空调能源及降低建筑物自重等多种功能的玻璃制品，其主要品种包括吸热玻璃、低辐射玻璃、电热玻璃、光致变色玻璃、电磁屏蔽玻璃等。

（1）吸热玻璃

1）吸热玻璃的制备　吸热玻璃是指既能吸收大量红外线辐射能又能保持良好可见光透过率的平板玻璃。其生产方法是在普通钠钙硅酸盐玻璃中加入有着色作用的氧化物，如氧化铁、氧化镍、氧化钴以及硒等，使玻璃带色并具有较高的吸热性能。也可在玻璃表面喷涂具有强烈吸热性的有色氧化物薄膜而制成，如氧化锡、氧化钴、氧化锑薄膜等。

吸热玻璃的颜色有蓝色、灰色、茶色、天蓝色、蓝灰色、金黄色、古铜色、蓝绿色、青铜色等。

2）吸热玻璃的特点

①吸收太阳的辐射热。吸热玻璃的厚度和色调不同，对太阳的辐射热吸收程度也不同。根据地区光照条件可以选择不同品种的吸热玻璃以达到节能的目的；

②吸收太阳光中的可见光能。具有良好的防眩作用，使刺眼的太阳光变得柔和舒适；

③吸收太阳光中的紫外线。减轻紫外线对人体和室内物品的损害；

④吸热玻璃的透明度比普通平板玻璃略低，能清晰地观察室外景物；

⑤吸热玻璃绚丽多彩，能增加建筑物的美观，且色泽稳定，经久不变。

（2）低辐射玻璃

低辐射玻璃是一种对太阳能和可见光具有高透光率，能阻止紫外线透过和远红外线辐射，即热辐射率很低，保温性能良好的涂层玻璃。其膜层最少由三层组成：最内层为绝缘性金属氧化物膜，中间层是导电金属层，表层是绝缘性金属氧化物层，最高可达十几层膜层。

低辐射玻璃最突出的性能是保温性，可以保持90%的室内热量，可大幅度节约采暖费用，尤其适用于寒冷地区建筑物的门窗。此外，因其常有美丽淡雅的色泽，能使建筑物与环境保持和谐，具有极佳的装饰效果。低辐射玻璃主要用于寒冷地区需要透射大量阳光的建筑。用这种玻璃制成的中空玻璃有极佳的采光取暖及保温效果。

（3）电热玻璃

电热玻璃有导电丝电热玻璃及导电膜电热玻璃两种。导电丝电热玻璃是在夹层中间夹以极细的电热丝，经热压而成；导电膜电热玻璃是由喷有导电膜溶液的薄玻璃与未喷导电膜的玻璃经热压而成。

电热玻璃通电加热时，玻璃表面最高温度可达60℃，玻璃表面不会凝结冰霜。

电热玻璃在建筑上多用于陈列窗、橱窗、严寒地区的建筑门窗、瞭望塔窗、工业建筑的特殊门窗、挡风玻璃等。

8.4.5 建筑玻璃的光学装饰及设计

建筑玻璃的装饰是其主要功能之一，建筑玻璃材料具有平滑光亮的质感和其他装饰材料所没有的光学装饰效果。它在建筑装饰中特有的魅力丰富了广大建筑师及装饰设计师的设计手法。

8.4.5.1 建筑玻璃的光学装饰效果

玻璃作为一种现代建筑装饰材料，无论是用于建筑造型还是室内外装饰，都具有区别于陶瓷、石材、塑料及其他装饰材料的独特光学效果。建筑玻璃的光学装饰效果具有以下独特的优点：

1）透明　这是玻璃的基本特性。普通玻璃、浮法玻璃、水晶玻璃等透明度良好。除了满足采光功能外，还具有一种感觉通透的装饰效果，既分隔了空间，又延续了空间，形成内外部空间的相互流通。例如，建筑装饰常用的玻璃通廊和玻璃天棚形成了明快敞亮的室内空间，既扩大了空间感，又增加了空间层次。

2）透光不透视　除了透明玻璃外，在建筑室内外装饰设计中还常常用透光不透视的玻璃来表现一种朦胧的装饰效果，如磨砂玻璃、压花玻璃等等。它的不透明而透光的特性，阻断视线而又不阻挡光线，使室内光线柔和、恬静，创造一种朦胧的美的环境。有时在一些娱乐场所采用这些玻璃，加上彩灯照耀、明暗变化，更显得扑朔迷离，渲染了一种神秘的、变化莫测的气氛。

3）反射　反射是当代功能玻璃的基本装饰特征之一。采用镀膜玻璃的玻璃幕墙建筑，人们可以从幕墙上欣赏到蓝天白云的影像。在反射下建筑表面变化为纯透明性的表面“消失”，似乎“无物存在”。有时反射带来的绚光更给人一种多姿多彩的感觉。但同时造成的光污染也应引起足够的重视。

4）多彩　各种各样的透光玻璃、反射玻璃或彩釉玻璃在室内外装饰方面，通过各种艺术形式形成绚丽多姿的装饰效果，如哥特式教堂中五光十色的彩色玻璃长窗，巴黎圣母院彩色玻璃窗，使人产生一种圣洁、神秘的感受。现代化大都市各种色泽的反射玻璃、镀膜玻璃组成的玻璃幕墙大厦，在阳光照射下，金黄色的、墨绿色的、纯黑色的、古铜色的，高低错落、五光十色，形成了绚丽多彩的玻璃建筑群。

5）光亮　在建筑物室内外墙面装饰中，材料质地表现对建筑风格有很大影响，是建筑造型及空间视觉环境的一个重要组成部分，对建筑视觉形象和人的感情有强烈的影响。

在建筑物的装饰中，一方面玻璃以其极丰富的光学装饰效果使得建筑师可利用玻璃任意分割空间，但同时却能让光、色、景物透射，形成既隔绝又联系的封闭与开放的统一，达到既隔声防风又可传递信息的建筑艺术与工程技术的结合，尤其是采用了灯光、构造等工艺方法，使玻璃的光、色、图案和质感，得到了淋漓尽致的发挥，使玻璃装饰后的建筑物达到了尽善尽美的境界。另一方面，建筑师常通过玻璃或玻璃与其他材料的巧妙组合来表现现代派的建筑艺术风格。如贝聿铭设计的罗浮宫广场的玻璃盒子结构以及波士顿汉考克保险大楼的反射玻璃幕墙都是在古典主义气氛浓重的环境中，具有现代主义的玻璃艺术作品。

玻璃建筑装饰光学效果非常突出，它为建筑及其装饰带来的“朦胧美”、“洁净美”、“光亮美”以及光影色彩的变化等等，为建筑的大千世界增添了许多现代韵味。

8.4.5.2 玻璃装饰的设计手法

（1）造型设计

玻璃幕墙建筑的造型设计多种多样，常见的有立方体、角锥体、圆柱体、棱柱体等多种造型及其组合。设计中其尺寸大小、色泽等应当考虑所处位置及周围环境。

（2）空间设计

建筑空间是人们凭借着一定的物质材料，从自然空间中围隔出来的，一经围隔，空间就改变了性质——由原来的自然空间变为人造空间，人们围隔的空间主要服务于双重目的：一是满足一定的使用功能要求；一是满足一定的审美要求。即这种围隔符合美的法则——具有统一和谐而又富有变化的形式或艺术表现力。

玻璃的运用在空间的设计中十分重要，它可以将固定空间、封闭空间转化为开敞空间或可变空间，可以增加空间的层次感，形成借景和对景，还可以形成多向流动空间。在别墅设计中，也常常把面对景区的窗子处理成整片的落地大玻璃窗，视野开阔，空间感觉开敞明快，形成了与周围空间的融合。

在旅馆设计中也常常采用以上的设计手法，利用玻璃幕墙将窗外的景色导入室内，与室内景点互相呼应，形成多层次空间。

使用玻璃隔断进行自由灵活的空间分隔是建筑空间设计中常用的手法。如有的住宅透过一层层的玻璃隔断，不仅可以看到庭院内的景物，还可以看到另一内部空间乃至更远的自然景色，增加空间的层次感，结人以无限深远的感觉。同一个大空间采用玻璃隔断还可以造成空间的似分非分、似隔非隔的效果。

玻璃隔断在形成多向流动空间方面的作用也不小，博览会展厅设计亦可采用，其空间组织用纵横交错的玻璃、大理石墙把空间分隔成几部分，各部分空间互相贯通，隔而不断，形成典型的多向流动空间。

（3）应用设计

玻璃作为墙体和室内装饰材料，应用部位十分广泛，设计手法千变万化。常用的设计手法有：

1）玻璃屋面　很多建筑采用玻璃屋面，直接对室外进行大面积采光，且明亮、开敞、节约能源。有的通廊采用玻璃顶，遮蔽风雪，同时形成活跃的气氛。

2）玻璃幕墙　现代建筑中，玻璃幕墙十分流行，但要注意色彩的选择和框架的划分，以创造较好的艺术效果。

3）玻璃顶棚　顶棚常用彩色印花玻璃，里面灯光照耀别有情趣。玻璃空心砖用于顶棚中，色彩变幻，已不失为当代装饰的一大发明。

4）玻璃墙面　内墙面用镜面玻璃及茶色镜面玻璃，或华贵富丽，或深沉高雅。可以隐约反映周围的影像，常为装饰设计师所采用。

此外各种形式的玻璃门、窗，镶嵌着镜面玻璃的柱子和壁柱，有色玻璃做的阳台或楼梯栏板，用于观景的玻璃电梯窗等，在建筑室内外装饰中屡见不鲜。

8.4.5.3　玻璃幕墙装饰

玻璃幕墙是近代科学技术发展的产物，是高层建筑时代的显著特征。早在100多年前，幕墙已在建筑中采用，近40年来，随着先进材料及加工工艺的迅速发展，各种类型的玻璃研制成功，种种性能优越的密封胶的发明，以及隔音防火材料的出现，幕墙的各项物理性能得到了大大的改进，从而使幕墙被广泛应用于各种建筑物的外墙及室内的部分隔墙。

玻璃幕墙是以轻质金属边框和功能玻璃预制成模块的建筑外墙单元，镶嵌或是挂在框架结构外，作为围墙和装饰墙体，由于它大片连续、不承受荷载、质轻如幕，所以称之为玻璃幕墙。国内常见的玻璃幕墙多以铝合金型材为边框，所用的功能玻璃有热反射玻璃、吸热玻璃、双层中空玻璃、夹层玻璃、夹丝玻璃及钢化玻璃等。这些玻璃各有特色，前三种为节能玻璃，后三种为安全玻璃。选用时，应根据各幕墙的要求选择合适的玻璃品种。

玻璃幕墙作为现代建筑一种重要的立面装饰形式，具有自重轻、可控光、保温隔热、隔声以及装饰性好等优点，是集建筑功能、建筑美学、建筑结构和节能于一体的外墙体装饰。玻璃幕墙中大量应用热反射玻璃，将建筑物周围的景物、蓝天、白云等自然现象反映到建筑物表面，使建筑物的外表情景交融、层层交错、变幻莫测，近看景物丰富，远则熠熠生辉，光彩照人。

（1）玻璃幕墙种类及结构形式

玻璃幕墙建筑分为两种：一种是局部玻璃幕墙，这种玻璃幕墙占有一面外墙的部分或大部分，与实墙面、墙垛相连接或与横向窗相连接，构成建筑立面的一个或几个局部，其特点是重点突出，施工相对容易，工程造价也较低；另一种是全部玻璃幕墙，这种玻璃幕墙是一面或几面外墙甚至全部外墙都是玻璃幕墙组成，完全没有实墙面或其他横向窗相连接，建筑显得明净透彻，晶莹美观。

玻璃幕墙的结构形式根据结构构造组成不同，有以下几种：

1）型钢框架结构体系　这种结构体系是以型钢作玻璃幕墙的骨架，将玻璃板固定在骨架上，这种玻璃幕墙结构其价格较其他金属框架便宜，而且可以充分利用钢结构强度高的特点，便于固定框架的锚固点，间距调整增大，更适用于较为开敞的空间。当然也可以采用小规格型钢做成网络尺寸较小的框架结构。型钢的规格尺寸按计算确定。

应用这类框架应注意的问题是型钢骨架直接外露将影响幕墙的装饰性，可采用外包不锈钢或钛合金等措施弥补这一缺陷。

2）铝合金明框结构体系　该种结构类型目前在玻璃幕墙中运用最多。这种结构体系是以特殊断面的铝合金型材作幕墙的框架，玻璃板镶嵌在框架的凹槽内，框架型材兼有龙骨及固定玻璃板的双重作用，结构可靠、合理，施工安装简单。铝合金型材的规格尺寸，可根据使用部位和抗风压能力通过计算来确定。

3）铝合金隐框结构体系　框架结构不露在幕墙饰面外面，使外墙的外表面显得更加简洁。根据框架结构暴露的程度，又可分为全隐框结构体系、横隐竖不隐结构体系、竖隐横不隐结构体系；这类结构的关键技术是玻璃板与框架的连接，目前主要是通过结构胶将玻璃粘贴在框架结构表面或专用的副框表面（副框再通过专用连接件与骨架连接）。选择这类结构，当采用玻璃作为板面时，在选材、施工工艺等方面应该慎重，应严把质量关，否则，会留下严重隐患。此外，这类幕墙一般造价高，因而设计时应该综合考虑使用要求、装饰效果、材料供应和造价等因素。

4）无框架结构体系　这类幕墙结构主要用于饰面板尺寸大、刚度高的幕墙，目前主要应用于无框玻璃幕墙。面板本身既是饰面构件，又是承重构件。因为没有框架，整个幕墙必须采用尺寸很大的大片玻璃，这样就使得幕墙的通透感更强，视线更加开阔，而且立面也更加简洁，这类玻璃幕墙又有底部支撑结构和悬挂式结构两种。当玻璃高度很高时，必须采用悬挂式结构，否则，玻璃在自重作用下会弯曲变形，影响装饰效果。悬挂式结构是以专门的吊具将大片玻璃悬吊起来，玻璃的另一侧再在侧向予以支撑约束。应该注意的是，这类幕墙的玻璃强度及刚度应经仔细复核，必要时需配置加筋肋。

(2) 玻璃幕墙装饰设计原则

玻璃幕墙作为高层建筑立面装饰的重要手段，已成为现代建筑的重要组成部分。其光影兼备、玲珑剔透的虚墙面，轻巧的几何造型，变幻无穷的色彩，丰富多样的墙面形象，给人以一种全新的感觉。

玻璃幕墙装饰设计要特别注重审美要求，即玻璃幕墙的艺术效果。为了达到这一效果，装饰设计应从以下几个方面予以考虑。

1) 光和影的效果　玻璃幕墙，特别是采用镀膜玻璃的幕墙，能反射外界光线。所以装饰设计中特别要考虑所建造幕墙的光和影的效果。主要表现为：玻璃幕墙反射天空的色彩，因此幕墙的反射光线随季节而不断改变幕墙的自身颜色；幕墙反射周围自然景物和其他建筑物的影子，借周围景色而丰富了自身，所以幕墙的效果与周围景色密不可分。

幕墙的设计应仔细研究分析以上两个因素。对有利于建筑物自身形象的反射应充分利用；对杂乱无章的外景，应尽力避免映照在幕墙上，也就是布置幕墙时，不仅要考虑建筑物本身，也要考虑到建筑物周围的环境。对于有可能产生杂乱无章景物的部位，就不一定使用玻璃幕墙，而改为铝板、石板等实墙面。特别是建筑物的下部，往往采用实墙面，而不将玻璃幕墙做到地面。玻璃幕墙除了对建筑物本身的艺术效果产生正面的作用外，装饰设计还应考虑它可能对周围环境产生的负面影响，即光污染问题。

2) 玻璃幕墙的色彩　玻璃的类型和色彩是影响建筑艺术效果的至关重要因素，装饰设计时应该重点考虑。在选择时应考虑建筑物的性质和用途、建筑物周围的环境、业主的要求和投资额等。

选择色彩和玻璃的类型要由建筑物的使用性能和用途决定。目前，办公建筑多采用较明朗的色调，如蓝灰色的、银灰色镀膜玻璃；银行、金融机构多为金黄色反射玻璃；商业旅馆建筑则有较大范围的选择性，常常多种色彩配合使用，一些较深颜色、较鲜艳颜色也经常使用，如宝石蓝、翡翠绿等。

3) 玻璃幕墙的造型功能　利用玻璃轻质、透明、反光和容易适应任意几何形状的特点，可以按建筑师的要求，构建形状特异、非常规的建筑造型，实现预定的建筑效果。此外，玻璃幕墙在建筑设计中还需考虑幕墙的墙面设计。

4) 幕墙结构设计的一般原则：

①幕墙主要构件应悬挂在主体结构上，斜墙和玻璃屋顶可悬挂或支承在主体结构上，幕墙应按围护结构设计，不承受主体结构的荷载和地震作用；

②幕墙及其连接件应有足够的承载力、刚度和相对于主体结构的位移能力，避免在荷载、地震和温度作用下产生破坏或过大的变形和妨碍作用；

③非抗震设计的幕墙，在风力作用下其玻璃不应破碎，且连接件应有足够的位移能力，使幕墙不破损、不脱落；

④抗震设计的幕墙，在常遇地震作用下，玻璃不应破损；在设防烈度地震作用下，经修理后幕墙仍可使用；在罕见地震作用下，幕墙骨架不应脱落；

⑤幕墙构件设计时，应考虑在重力荷载、风荷载、地震作用、温度作用和主体结构位移影响下的安全性。

5) 结构设计计算：

①材料选用　要根据铝合金玻璃幕墙的高度、分格大小和不同地区的最大风荷载、地震

系数及冬夏季日照最大温差等因素决定材料的选用。必须要掌握钢材、硅酮结构胶、玻璃等材料的允许应力、允许剪应力、允许承压应力、弹性模量、线膨胀系数和允许挠度。以上指标以生产厂家的产品说明为准。

②幕墙强度和挠度设计计算　要验算两种极限状态效应，即正常功能极限状态和安全使用极限状念。正常功能设计应达到以下要求：幕墙不发生功能障碍，气密性、水密性不发生异常。安全设计应达到以下要求：幕墙和玻璃间的胶缝不损坏，构件荷载后无残余变形。

③玻璃框架设计计算　带框式玻璃幕墙要考虑温度对铝材的影响，根据幕墙高宽尺寸考虑留有余量。铝材的长度变化一般用 $\Delta l = \alpha l \Delta T$ 表示。由公式看出，铝材越长，冬夏季温差越大，则铝材长度变化越大。为了保证铝合金玻璃框架的牢固度，在幕墙铝型材中间加套筒型材，以保证伸缩缝因温度变化而自由变化，从而保证框架的完整性。隐框式玻璃幕墙用弹性薄板理论公式计算，计算出的最大应力和位移应不大于玻璃允许正应力和允许挠度值。还应进行玻璃翼宽度的计算，玻璃热应力验算。最后还要进行结构胶强度验算。

④杆件设计计算　包括铝合金框格体系竖杆简化为受弯构件而进行的强度和挠度验算，对压弯构件进行平面内、外的稳定验算和连接验算等。

⑤胶缝设计计算　要进行以下几个方面的胶缝设计计算：

风荷载效应胶缝宽度设计计算；

自重效应胶缝宽度设计计算；

温差效应胶缝宽度设计计算；

预期变位量胶缝宽度设计计算；

地震作用效应胶缝宽度设计计算。

上述胶缝宽度计算后，取其中最大值作为设计胶缝宽度。一般胶缝最小宽度为 6mm、当计算胶缝小于 6mm 时，按 6mm 采用。还要考虑幕墙的强度、抗冲击性能、抗震性能等。

6）玻璃幕墙的基本性能要求　玻璃幕墙作为一个新型的围隔或分隔结构，必须满足相应的功能要求，玻璃幕墙基本功能等级选定应严格按照 GB/T 21086—2007《建筑幕墙》中的规定执行，并在构造设计时，满足使用要求。

GB/T 21086—2007 对玻璃幕墙的基本性能要求如下：

①抗风压性能　抗风压性能是指玻璃幕墙可开启部分为关闭状态时，在风压作用下，幕墙变形不超过允许值且不发生结构损坏（如裂缝、面板破损、局部屈服、粘结失效等）及五金件松动、开启困难等功能障碍的能力。按照抗风压数值，幕墙抗风压性能划分为 1、2、3、4、5、6、7、8 和 9 九个等级，级别愈高，抗风压性愈好。通过控制幕墙构件的允许挠度值可保证幕墙的抗风压性能满足要求。根据所用龙骨材料和幕墙抗风压性能的分级不同，挠度允许值一般在龙骨跨度的 1/180 ~ 1/250 范围内，不宜过大或过小，否则不仅会增加或降低造价，还会影响幕墙的安全性能。

②气密性能　气密性能是指幕墙可开启部分为关闭状态时，可开启部分以及幕墙整体阻止空气渗透的能力。根据 1m 长缝隙在 1h 内的空气渗透量（m^3）将建筑幕墙开启部分的气密性能分为 1、2、3、4 四个等级。据 1m^2 面积在 1h 内的空气渗透量（m^3）将建筑幕墙整体气密性能分为 1、2、3、4 四个等级。等级越高，空气渗透量越愈少，气密性愈好。

③水密性能　水密性能是指幕墙可开启部分为关闭状态时，在风雨同时作用下，阻止雨水渗漏的能力。根据幕墙所承受压力差的大小，通过试验测得的相关数值，将水密性分为

1、2、3、4和5五个等级，级别愈高，水密性愈好。有水密性要求的建筑幕墙在现场淋水试验中，不应发生渗漏现象。

④空气隔声性能　空气隔声性能是指通过空气传到幕墙外的噪声，经幕墙反射、吸收和其他路径转化后的减少量，也称为幕墙的有效隔声性。空气隔声性能按计权隔声量的数值范围分为1、2、3、4和5五级，级别愈高，隔声效果愈好。1级隔声量在25～29dB，5级隔声量不小于45dB。幕墙的隔声效果主要考虑隔除室外噪声，满足室内声环境的需要。

⑤采光功能　建筑幕墙的采光性能按透光折减系数分为1、2、3、4和5五级，级别愈高，透光折减系数愈大。有采光要求的幕墙，其透光折减系数不应低于0.45。有辨色要求的幕墙，其颜色透视指数不宜低于Ra80。

⑥抗震性能要求　幕墙的构造应具有抗震能力，并满足主体结构的抗震要求。

⑦建筑防火设计要求　幕墙设计必须具有一定的防火性能，以满足防火规范的要求。《高层民用建筑设计防火规范》（GB 50045—1995）对玻璃幕墙作了以下专门规定：

窗间墙、窗槛墙的填充材料应采用非燃烧材料。

无窗间墙和窗槛的玻璃幕墙，应在每层楼板沿设置不低于800mm高的实体裙墙，或在玻璃幕墙内侧，每层设自动喷水保护，且喷头间距不应大于2m。

玻璃幕墙与每层楼板、隔墙处的缝隙，必须用不燃烧材料严密填实。

除上述性能外，玻璃幕墙还必须保证耐撞击性能、平面内变形性能、承重力性能等满足规范要求。在玻璃幕墙的性能中，抗风压性、气密性和水密性是最主要的性能，玻璃幕墙的一般性能检验主要是针对以上三项进行的。

7）幕墙保养与维修的要求　幕墙表面会受到大气的污染，应定期对幕墙进行清洗，因此，设计时必须预先考虑在屋顶设置擦窗机。此外，需定期检查与维修，例如螺栓是否松动，玻璃是否破损松动，密封胶和密封条是否脱落、损坏等。

8.4.6 玻璃在旧建筑改造和更新中的应用

伴随着建筑工业技术的长足进步，建筑呈现出日益丰富的形象，日新月异的建筑材料展现着不同的风采。玻璃作为一种有着独特个性的现代建筑材料，从屋顶到地面、从门窗到墙体、从家具到装饰，几乎无处不在。由于建筑师的巧妙构思，玻璃处处表现出它特有的风采，丰富着现代人的生活空间。同样，在旧建筑改造和更新这个建筑设计领域，玻璃也扮演着极其重要的角色。

从材料的应用角度出发，在旧建筑改造中，出于对建筑遗产史料原真性和可读性的要求，其修补部分或与旧肌体直接相连的新肌体，应尽可能采用与之不同的材料，这也是《威尼斯宪章》所强调的。另外，还需考虑的一点是修建或加建的可逆性，以免妨碍日后进一步的保护修复措施。水泥、混凝土等强粘结性材料由于其不可逆性和自身的物理缺陷，再加上造成的封闭的建筑形象与砖石建筑厚重感互相重叠，不利于突出旧肌体的美学特征等特点，因而在旧建筑的修复加固中不宜大量使用。与水泥、混凝土相比，玻璃则是较为广泛使用的理想的修建材料。首先，它们与砖石等材料可以明显区分，易于识别；其次，玻璃在与旧肌体连接时一般使用螺栓等方式，对旧肌体的破坏、依赖程度小，还有易于拆卸、施工工期短、破坏小、结构承载力强等优点。另外，玻璃所造成的轻盈、通透的建筑形式能与旧肌体形成良好对比、反射、融合，反映当代的材料、技术等建筑特征。正是由于玻璃特殊的光学性质以及鲜明的时代性，它在旧建筑改造及更新设计中，获得了广泛的应用。

在旧建筑改造和更新中，玻璃是被运用得最为广泛的材料之一。根据玻璃的不同特性，玻璃的使用策略可以分为：形态策略、空间策略、表皮策略和技术策略。

8.4.6.1 形态策略

形态策略就是通过玻璃界面的形态构成实现建筑更新的方式。在这里，玻璃表现为显形形态，通过完形、象征、隐喻、对比等手法，实现与原有建筑形态上的融合，同时旧建筑也借助于玻璃鲜明的时代性实现了由历史向现代的转化。重塑可以分为同构和异构：

（1）同构

重点考虑新旧建筑的形式连贯性，通常表现为对旧建筑符号的再利用。异质同构得以实现，同现代社会材料与技术的飞速革新密不可分。建筑师可以大胆地采用现代材料，构成古代的形制，给人以异曲同工之感。德国国会大厦的改建，就采用了这种方式实现建筑的形式更新。穹形的骨架体系把透明玻璃界面的形式勾勒出来，通过与历史式样的相似，实现了与原有建筑的融合，表达了对建筑文脉的呼应。在形态上，玻璃成了建筑的视觉中心，历史建筑因此而获得了鲜明的时代特征。此外，玻璃不仅实现了建筑的形态更新，也实现了建筑的功能更新。在里昂歌剧院改扩建工程（1986 年 ~ 1993 年）中，建筑师在老歌剧院上部用钢和玻璃塑造了一个巨大的 6 层高拱形屋顶，这个拱顶有着强烈的古典美学意味，但材料却是与古典砖石材料大相径庭的玻璃，这也是其构思能在设计竞赛中战胜众多竞争者、获得业主青睐的一个重要因素。

（2）异构

在目前的更新潮流中，异质异构手法表现得比较突出，它凸显了新旧建筑之间的时空差异性，强调一种张力十足的冲突的美。现代合成材料与非线性空间的结合，充满了超时代的未来感，与稳重而历史感十足的旧建筑一起，处于一种动态平衡之中。在巴黎的 Publicis 药店改造中，设计师在原来由玻璃和钢组成的平整秩序的立面外又包了一层曲面异形玻璃组成的表皮，与旧建筑形成了鲜明的对比。

8.4.6.2 空间策略

（1）室外空间室内化

透明玻璃具有室外空间室内化的空间特性。在旧建筑改造和更新设计中对于建筑空间的扩展不能对原有建筑风格产生过大的影响，以免损害历史性。利用玻璃透明的庇护功能，连接历史建筑或覆盖原有建筑的庭院，在对原有建筑影响较小的情况下达到对建筑空间的扩展。大英博物馆中央庭院的改造就是应用透明玻璃界面对旧建筑进行完善的一个例子。庭院原本是个花园，但自建成后一直被大量的书架占据，对其改造的目的是为博物馆创造一个公共空间的核心，以解决博物馆所面临的交通组织问题。透明的屋顶不仅实现了这一目标，还为公众提供了一个大型的室内交往空间，使庭院成为一个引人瞩目的场所。

（2）置入联系，交通空间

由于玻璃界面建构的空间具有交融性和复合性的特点，因而在建筑空间更新中，可用于整合联系建筑的不同部分。一方面，可以起到融合的作用，使建筑的各个部分达到和谐统一；另一方面还可以通过开放性的空间调节建筑的空间秩序，在新老建筑之间起到过渡和衔接作用。在德国纽伦堡文件中心的改造中，设计师在原有的矩形建筑中置入一个由坡道、楼梯、走廊组成的斜向线性透明玻璃体空间，将新建的展览空间与原会议中心连接在了一起。

（3）重新划分室内空间

建筑师还常常通过透明程度不同的玻璃界面来强化或弱化空间界面，改变空间形态，增加空间的层次感，取得不同的效果。就纽约 SOHO 建筑师工作室的改建而言，这是一座通过成功地运用材料组合，将一座仓库建筑改建成建筑工作室的杰出案例。该设计要求在这个旧有空间内提供30个标准工作台位，以及图书室、贮藏和会议空间。建筑师通过对墙体的巧妙插入与材料的正确把握，创造了一个生动的、人性化的工作环境，提供了从个体工作到群体合作的不同工作体验。厚重的分隔墙限定工作空间和阅览与技术空间，合伙人办公室用轻质的磨砂玻璃围合，两者对比成为新建空间的表现主题。

8.4.6.3　表皮策略

（1）反射

利用玻璃的反射性，在新建筑上形成老建筑的影像，取得视觉上的联系与协调。法国里尔美术馆的扩建把一部分小型展馆以玻璃盒子的形式放置在老馆的后方，其长度刚好与老馆的宽度一致。利用玻璃的反射特性，与老馆产生交相辉映的效果。在靠近老馆的一边设置了长长的走廊，一方面为参观者提供了一个观察老馆的空间；另一方面利用廊道的阴影形成深色的墙面，以利于玻璃的反射。当阳光照射在玻璃面上时，老馆的立面以及周围的景致都清晰地映衬在其上面，而其他部分则仿佛与天空融为一体，再辅以廊道内壁的红色和金黄色，整个立面引人入胜。

（2）消隐

消隐就是利用玻璃的透射性，虚化建筑物原有形貌，求得与周围环境相适应。

1）玻璃墙　圣堂位于法国勃艮地区阿瓦隆附近的某三角形小地盘，现在被改造成一个幽雅简洁的避暑小宅。这个住宅位于一座毁于二次大战的桥梁遗址上，从圣堂内可欣赏河流和勃艮地区的风景。设计采用了层压玻璃板，支撑约 2000kg 的屋顶结构，试图表现一种“漂浮于虚空之上”的奇幻意境。评审团的专家认为，这是保护历史遗存的一个范例；新与旧的定义如此明确；我们甚至可称作极简主义历史保护。新与旧互相烘托，相得益彰。

2）玻璃天花　在北京故宫博物院午门展厅的设计中，考虑到午门展厅的特殊性，一方面它建在皇宫的南大门正楼内，另一方面它又是世界文化珍品的展示场所。因此，新建展厅在保护文物古建的前提下，其建筑形象还要尽可能地避免与文物古建和展品产生冲突，出现喧宾夺主的效果。为最大限度地体现午门正楼的原有风貌和传统文化氛围，采用透明玻璃作为展厅的天花，弱化了空间围合界面，使参观者在观赏展品的同时，充分领略午门正楼精湛的建筑装饰工艺和浓郁的中国传统文化氛围。

3）颜色　随着建筑技术的发展，有色玻璃在旧建筑改造中也有所应用，玻璃的颜色往往具有某种象征意义。柏林政府区的警察局兼消防站位于施普雷河附近的内城废墟上，并靠近一处原铁路货场。此建筑是在一座 9 世纪独立建筑的基础上扩建而成，扩建部分的下部空间用于停放机动车辆，而其表面则悬挂有一层板状玻璃构件，这种反光玻璃表面包含有两种浓郁的振奋人心的绿色调，与原有建筑沉闷的、厚重的砖结构形成强烈的对比。代表消防站的红色以及象征警察局的绿色还同时成了原有砖结构与周围树木之间的联系纽带。

8.4.6.4　技术策略

（1）玻璃结构

玻璃因其易碎的特性很少用于受力构件，但随着玻璃制造技术的不断改进，尤其是玻璃再加工技术的进步，玻璃的机械强度和物理特性得到了有效的改善。自从夹层玻璃的出现使得建筑中的承重角色可以由玻璃构件来担当之后，如何将玻璃建筑中的金属连接件减至最少以获得最大的透明，就成了建筑师和工程师不断努力的方向。而完全使用玻璃建造的建筑——不带一点金属一直是他们孜孜以求的梦想。规模较大的全玻璃建筑建造于 1994 年，是 Design Antenna 事务所与 Macfarlance 合作设计的英国金斯温弗德（Kingswinford）的一个玻璃博物馆的扩建门厅。这个玻璃盒子的平面尺寸为 5.7m × 11m。在这座建筑中，屋顶和墙完全都是透明的，柱子和梁是由 3 层的夹层玻璃制成的，这样，如果其中的一片玻璃板破碎了，构件的承载力也还可以得到保证。除了玻璃的榫卯连接构造外，玻璃板之间的封边也放弃了传统的铝框，采用了极窄的玻璃条。

（2）智能化

瑞士的 SUVA 保险公司大楼是由一座建于 1950 年代的办公大楼翻新而成，原先计划推倒旧楼而建一座更大的办公大楼，建筑师们却请求业主保留旧楼并在它的侧面扩建一座新楼。在原办公楼的外面，他们设计了一种新的智能化表皮——由电机引擎控制的新机械化玻璃百叶，可以适应变化的天气状况自动开合，有一些也可以由手工操作，以控制音响效果和绝缘效果。

通过对玻璃这一常见的建筑材料在旧建筑改造和更新设计中的表现形态和运用策略的研究，使我们更加深入地了解了玻璃的形态构成和空间组构本质。在此基础上，我们明确了建筑创作可能的选择范围，从而可以更加理性地发挥创作中建筑师的主观能动性，更加充分发挥想象力与创造力，创造充分反映所处时代特征的新建筑。

第 9 章　建筑声学材料

在我们身边存在着各种各样的声音，比如鸟鸣声，海浪声，机器的轰鸣声等等，对于那些优美动听的声音，我们要加以利用，使其变得更美；对于那些刺耳繁杂、给人身心带来不利影响的噪声，我们则要加以消除或控制。在图书馆、电影院、会议厅、礼堂、厂房等建筑中，同样需要考虑声音的作用效果，由此而发展起来一门新学科——建筑声学。我们应了解声学的基本知识，掌握建筑物的声学特征以及材料的吸声、隔声等性能，明确其原理，在建筑物的设计施工和装修装饰中加以利用或控制，以期达到最好的声学效果，给人带来高品质的美的享受。

9.1　声学的基本知识

9.1.1　声音的产生与传播

声音来源于振动的物体，辐射声音的振动物体称作“声源”。

声源发声后要经过一定的介质才能向外传播，声波是依靠介质质点的振动而向外传播声能的，介质的质点只是振动而不移动，所以声音是一种波动。介质质点的振动传播到人耳时引起耳鼓膜的振动，通过听觉机构的“翻译”，发出信号，刺激听觉神经而产生声音的感觉。

声波在传播过程中，如果空气质点的振动方向与波传播的方向平行，称作纵波。如果介质质点的振动方向与波传播的方向垂直，则称作横波。

9.1.1.1　频率、波长与声速

声源完成一次振动所经历的时间称作周期，记为 T，单位是秒（s）。1s 内振动的次数称作频率，记为 f，单位是赫兹（Hz），或用次/s，它是周期的倒数，即：

$$f = 1/T \tag{9-1}$$

声波在传播途径上，两相邻同相位质点之间的距离称作波长，记为 λ，单位是米（m）。声波在弹性介质中的传播速度称作声速，记为 c，单位是 m/s。声速不是质点振动的速度，而是振动状态传播的速度，其大小与振动的特性无关，而与介质的弹性、密度以及温度有关。声速、波长、频率和周期有如下的关系：

$$c = \frac{\lambda}{T} = \lambda f \tag{9-2}$$

在一定的介质中，声速是确定的，因此频率愈高，波长就愈短。通常室温空气中的声速为 340m/s（15℃），100 ~ 4000Hz 的波长范围大约在 3.4 ~ 0.085m 之间。

人耳能听到的声波频率范围在 20 ~ 20000Hz 之间，低于 20Hz 的声波称作次声，高于 20000Hz 的声波称作超声。次声与超声不能使人产生声音的感觉。

9.1.1.2　频带

在对声音进行测量时，规定将声音的频率范围划分成若干个区段，称作频带，每个频带有一个下界频率 f_1 和上界频率 f_2，称 $\Delta f = f_1 - f_2$ 为频带宽度，简称带宽。f_1 和 f_2 的几何平均称作波频带的中心频率 f_0，即：$f_0 = \sqrt{f_1 f_2}$。

9.1.1.3　吸声系数

某一材料的吸声系数定义为：当声波遇到该材料时，被材料吸收的声能与入射声能之比值。即：

$$\alpha = \frac{E_\alpha}{E_0} \tag{9-3}$$

式中，α 为吸声系数，E_α 为材料吸收的声能；E_0 为入射声能。

有些文献将吸声系数定义为：

$$\alpha = \frac{E_0 - E_\gamma}{E_0} \tag{9-4}$$

式中，E_γ 为材料反射的声能，E_0 为入射声能。本文作者认为这种定义不够准确，它不能真实地反映材料的吸声能力。例如打开的窗口可以透过所有的声能，按照上述公式计算出其吸声系数为 1，由此推断敞开的窗口具有很强的吸声能力显然不合理。

9.1.2　声音的计量

声波是一种波，因此可以根据波的各种物理参数来描述声音的大小或强弱。一般常利用的物理量有声压、声强和声功率，以及声压级、声强级和声功率级，这些物理量是反映声音大小的客观量。同时，由于最初乃至当今对声音的研究主要考虑其对人耳的影响，所以在对声音的计量方面也充分考虑了人耳对声音的感受状况。人耳对声音的感受程度并不与其物理量的变化成比例关系，例如，人耳对不同频率的声音的灵敏度是不一样的，当声压、声强或声功率增加一倍时，人耳的感受并非声音的响亮程度提高一倍，即便按照人耳对声音的感知程度定义的声压级、声功率级和声强级，也不能非常准确地反映出计量变化与感知变化之间的关系。因此，人们还引用响度及响度级来评价声音大小，它们是反映声音大小的主观量。同时，为了反映人耳对瞬时和一段时间内的噪声及噪声在这段时间内大小分布等情况的评价，实际中常用带有 A、B、C、D 四种计权网络的声级来测量噪声，其噪声测试值的单位分别记为 dB(A)、dB(B)、dB(C)、dB(D)，其中 dB(A) 为常见的对瞬时噪声的计量单位，dB 为声压级的单位，将在下一节内容中介绍。

9.1.2.1　声压与声压级

声波是由于空气的振动形成疏密波而传播的。当空气中没有声波时，空气中的压强即为大气压；当声波传播时，某处的空气时疏时密地变化，使压强在原来的大气压附近上下变化，相当于在原来大气压强上叠加一个变化的压强，这个叠加上去的压强称作声压，用符号 p 表示，单位是帕（Pa），$1\text{Pa} = 1\text{N/m}^2$。

如果叠加上去的声压较大，即表示空气分子被压缩较大，因而声波对耳膜的压力也大，听到的声音就响。而只有当发声体的振幅较大时，空气压缩才较大。所以，声压与发声体振动的振幅有关，而与其波长无关。

声压只有大小，没有方向。同时，声压作用的力不是恒定的，而是随着时间疏密不断变化的。所以通常用一段时间内的有效声压来表示。当声压变化为周期性时，则取其在该段时间内的压力的均方根值表示，称作有效声压。一般如未说明，声压均指有效声压。

对于正常人耳，当频率为1000Hz、声压为2×10^{-5}Pa时，即可听到声音。这个刚刚能引起人耳听觉的声压称作声音的可听低限；当频率为1000Hz、声压为20Pa时，会产生震耳欲聋的声音，超过这一数值将使耳朵感到疼痛，这个数值称为声音的可听高限。人们通常说话的声压为0.02~0.03Pa左右，是大气压的千万分之二三。

从上述可知，人耳的听觉从微风吹动树叶之类的最轻声，到震耳欲聋的火箭大炮声，声压变化范围从2×10^{-5}Pa到20Pa，相差达100万倍。所以如果用声压来表示声音的强弱，数字冗长，极不方便。因此采用一种按对数方式分等级的办法来计量声音大小，即声压级，单位是分贝（dB）。

声压级的数学表达式为：

$$L_P = 20\lg\frac{P}{P_0} \tag{9-5}$$

式中 L_P——声压级，dB；

P——声压，Pa或N/m^2；

P_0——参考基准声压，为2×10^{-5}Pa。

国际上统一规定把人刚能听到的声压级定为0dB，也就是把声压2×10^{-5}Pa作为参考基准声压P_0，于是从人耳听闻低限的2×10^{-5}Pa到感觉疼痛的20Pa这样一个声压相差百万倍的变化范围，用声压级表示时，就变为从0dB到120dB的变化范围，这样既方便计量，同时也符合人耳听觉分辨能力的灵敏度要求。各种声学测量仪器都有分贝刻度，从仪器中可以直接读出声压级。

从式（9-5）可知，声压级每变化1dB，就相当于声压变化12%；声压级每变化6dB，就相当于声压变化1倍，声压级每变化20dB或40dB，就相当于声压变化10倍或100倍。

9.1.2.2 *声功率与声功率级*

声源辐射声波时对外做功。声功率是指声源单位时间内向外辐射的声能，记为W，单位为瓦（W）或微瓦（μW，10^{-6}W）。声功率有时是指在某个有限频率范围所辐射的声功率（通常称为频带声功率），此时需注明所指的频率范围。

声功率不应与声源的其他功率相混淆。例如扩声系统中的放大器的电功率通常是几百瓦以至上千瓦，但扬声器的效率很低，它辐射的声功率可能只有零点几瓦。电功率是声源的输出功率。

声功率与声压的区别在于一个是能量，一个是压力。声功率的范围很广，如轻声耳语的声功率只有0.001μW（1×10^{-9}W），而喷气式飞机的声功率则大于10000W，两者相差数十亿倍。与声压一样，为表达方便，声功率也用级来表示，即声功率级L_W，单位也是分贝（dB），它的数学表达式为：

$$L_W = 10\lg\frac{W}{W_0} \tag{9-6}$$

式中 L_W——声功率级，dB；

W——声功率，W；

W_0——参考基准声功率，为10^{-12}W。

9.1.2.3　声强与声强级

声强是指在垂直于声波传播方向上，通过单位面积的声能的多少，通常用符号 I 来表示，单位是（W/m²）。在自由声场中，点声强与声功率的关系为：

$$I = \frac{W}{4r^2\pi} \tag{9-7}$$

同样，声强用级来表示，称作声强级，用符号 L_p 来表示，单位也是（dB），其数学表达式为：

$$L_P = 10\lg\frac{I}{I_0} \tag{9-8}$$

式中　L_P——声强级，dB；

I——声强，W/m^2；

I_0——基准声强，为 $10^{-12}W/m^2$。

9.1.3　室外声波的传播特性

声波在一种媒质中遇到另一种媒质时，会在两媒质的外界面上发生反射，将一部分声波反射到原来的媒质中，这部分声波称作反射波，而另一部分声波透射到第二媒质中，称作透射声波；频率相同或相近的声波叠加所形成的声场各点振动幅值有最强和最弱或某点时而加强时而减弱的现象，称作声波的干涉；由两列频率和振幅都相同，传播方向相反的平面声波相干涉而形成的空间分布，有固定的波节（总振幅为零处）与波腹（总振幅为原来波幅两倍处）的周期被，称作驻波，它是声波相干的特例；声波在前进途中遇到障碍时会发生衍射（也称作绕射）。声音在大气中将随着距离的增加而衰减。

9.1.4　声源的指向性

声源在自由声场中辐射声音时，声音强度分布情况的一个重要特性为指向性。

当声源的尺度比波长小得多时，可以看做是无方向性的“点声源”，在距离声源中心等距离处的声压级相等。当声源的尺度与波长相比差不多或更大时，它就不是点声源，可以看成由许多点声源组成，叠加后各方向的辐射就不一样，因而具有指向性，在距声源中心等距离的不同方向的空间位置处的声压级不相等。如果在距离声源较远的位置或空间研究声环境，可以将其看做是点声源，但对高频声就不能视为点声源，而具有较明显的指向性。

9.2　建筑声学

9.2.1　建筑声学的发展

9.2.1.1　国外建筑声学的发展

国外历史记载第一次提到建筑声学是在公元前 1 世纪罗马建筑师维特威（Vitruvius）。在他的著作《建筑十书》（De Architectura Libri Decem）一书中，记述了古希腊露天剧场中的音乐调节方法，如利用共鸣缸和反射面以增加演出的音量等。之后 16、17 世纪，意大利建造了大型剧场，如奥林匹克剧院，可容纳 3000 个观众席，这时期剧院的设计，借助于剧院内表面装饰所起的作用，使剧院的声能的分布比较均匀，所以听众听到的音质没有显著的缺陷。17 世纪阿科切尔（A. Kircher）的著作《声响》（Phonurgia）一书为最早介绍室内声学现象的科学著作，成为建筑声学发展史上的一个重要贡献。到了19 世纪初，德国人 E. F. 弗里德利克察拉迪（E. F. Freidrich Chlaudi）在他的著作《声学》中，致力于解释混响现象。

19 世纪 50 年代，赫姆霍兹（Helmholtz）、贝尔（WeberBell）、韦伯（Weber）等人对声学做出重大贡献。瑞利爵士（Lord Rayleigh）发表了他的经典著作《声的理论》（The Theory of Sound）。20 世纪，美国哈佛大学 W. C. 赛宾（W. C. Sabine）教授首先从事室内声学设计的研究工作，并提出声音吸收系数及方程式，于是厅堂声学从原来推测的领域中解放出来，成为工程科学中的一门系统分支学科。此后，随着建筑声学和实践的研究发展，加上声学测量仪表的使用，建筑声学在国外迅速发展起来。

9.2.1.2 国内建筑声学的发展

我国近代建筑声学始于1929 年叶企荪和施汝威两教授对清华大学弯顶大礼堂音质的研究，而在国际声学界早期最有影响的开创性工作之一则为马大猷教授于 1938 年在美国对矩形房间简正振动方式的研究。除此以外，旧中国处于战乱时期，建筑声学几乎是一片空白。新中国成立后，于20 世纪 50 年代初，在中科院马大猷教授等的积极参与下，国家制定了声学（包括建筑声学在内）远景规划，随后马大猷等对建筑声学开展了多方位的基础建设：建立实验基地，培养专业人才，开设研究课题和招收研究生，进行了与工程实践相结合的建筑声学实验工作，组织和参与国内、外建筑声学学术活动，引入有关文献资料，翻译出版建筑声学书刊，使建筑声学这一边缘学科得以迅速发展。特别是 1958 年人民大会堂内万人大礼堂声学设计的成功，为厅堂音质设计起到巨大的推动和促进作用。至 20 世纪 60 年代中期，国内已有相当一部分大专院校、科研和设计部门建立声学实验室，配备了相当规模的人员从事研究和设计工作，不断在噪声控制和厅堂音质方面取得成果。从 20 世纪 80 年代初至今的 30 余年时间里，国民经济的发展，改革开放的不断深入，人们物质和精神文化生活水准的提高，为建筑声学的持续发展提供了巨大的空间和无限生机，在 20 世纪 50 ~60 年代奠定的基础上，不断进取，获得了丰硕的成果。2008 年成功举办奥运会，建筑声学也取得了长足的发展。

9.2.2 厅堂设计的声学要求

剧场、演讲厅、音乐厅、歌剧院及电影院等厅堂设计的声学要求已成为当前建筑实践中的一个复杂问题。厅堂除了有各种不同的功能、技术、艺术和经济要求外，主要目的是要容纳一定数量的观众。现代化的标准常常要求一个厅堂能适用各种用途（多功能厅堂），同时，它的内部空间则要求易于变化，以适应临时的需要（多形式厅堂）。任何厅堂的听觉条件在很大程度上受着建筑设计的影响，其中包括厅堂的形状、大小、体积、边界面布置、座位排列、观众容量、表面处理以及装修材料等。实际上，在厅堂的每一细部，或多或少对厅堂的声学特性都有一定的影响。一个具有良好听觉条件的厅堂应达到以下要求：

（1）厅堂的各个部位，特别是较远的座位，应有足够的响度

在中型或大型的厅堂中，由于声波传递引起声能的损失，听众、软座椅、地毯等的吸音率较大，因而影响厅堂的响度。为了减少声能损失和提供足够的响度，可从厅堂的体型设计着手，使听众尽可能靠近声源，以减少传播距离；使声源位置较高，让观众都能听到直达声

（即声波不经过反射直接传到听众），或使观众厅的地面有适当的坡度，因为声波以掠射方式掠过听众时很容易被吸收。除此之外还可正确地设置声反射板，除了能增强声能外，还能创造空间效果的环境气氛。

（2）厅堂内的声能应均匀地分布（声扩散）

假如厅堂各个部位的声压相同，而且室内声波是无规则地向各个方向传播，这种声场可以说是均匀的，换句话说，可说是室内达到声扩散。适当的声扩散，可以促进声音的均匀分布，加强音乐和语言本身的音色，以及避免不良的音质缺陷。

（3）厅堂内应具有最佳的混响特性

混响（交混回响）是在室内发出稳定的声音后，声压逐渐增大，在大多数房间内，经一秒钟后便达到稳态值。

（4）厅堂内各区域应排除或尽可能减少干扰听觉或演出的噪声和振动

厅堂内部不应出现回音、长延迟反射声、颤抖回声、声聚焦、声失真、声影和室内共振等缺陷。

在厅堂的各种音质缺陷中，回音最严重。回音是表示明显地、重复地听到原来的声音。当听众能把从任何表面具有足够强度和延迟时间反射回来的声音，与从声源来的直达声辨别开来时，便会产生回音。封闭空间的声音反射在混凝土、砖、石块或玻璃等刚性平面上，几乎能把所有的入射声都反射出去。声波的入射与反射都在同一个平面上，声波的入射角等于声波的反射角（反射定律），这种反射现象与熟知的光反射十分相似。

当声波入射至柔性材料、纤维材料和人体时，大部分声波会被吸收，换言之，人体和这些材料是声的吸收体。声吸收是把声能转变为其他形式的能量，即声能通过某种材料或撞击一个表面，最后化为热能。当声波遇到角落、柱子、墙壁和梁等障碍物时就会绕射或散射。而声衍射就是指声波在障碍物周围发生的绕射和散射。厅堂内相对的反射面不要平行，是避免严重颤动回音的一种方法。此外，建筑物内应避免采用大型、连续的凹状表面，如果要采用，则应装置吸收率很大的吸音材料。

声失真现象指厅堂内由于边界表面在不同频率情况下，产生不均匀或过多的吸收，因而改变了音质。如果厅堂内装设的吸声构造，在音频范围内有均衡吸音特性，则可避免声失真。

在中型和大型的厅堂中，于适当位置上装设大型的声音反射板，可以明显改善听觉条件。

在德国、瑞典、美国等西方国家，大型的公共建筑中对室内声学的应用较多，国内在这方面的考虑还较少，在许多大型厅堂场馆中，因为没有进行声学处理，使人感觉非常嘈杂，即便两人相距很近，也很难听清对方讲话，而国际比赛用的场馆则较好，由此可以看出声学研究的重要性。

9.2.3 噪声的研究与控制

环境保护是基本国策之一，噪声与振动控制作为环保的主要内容之一，从立法、管理、监测直到治理，应该有一套完善的制度。近 30 年来，我国噪声控制技术发展迅速，国家投入较多，技术队伍已基本形成，常规噪声问题均可解决。

过大的噪声不仅污染环境，而且在噪声极大的厂房车间内还会危害工人的健康。目前，噪声危害已为各级政府、主管领导所认识。接触噪声者要维护自己的权益，必须用法律保护自己。五项标准规范为：《声环境质量标准》（GB 3096—2008），《工业企业厂界噪声排放标准》（GB 12348—2008），《工业企业设计卫生标准》（GBZ 1—2010），《工业企业职工听力保护规范》（卫生监发［1999］第620号）和《住宅设计规范》（GB 50096—2011）。五项标准概括了对工业噪声、环境噪声、交通噪声、社会生活噪声和住宅内部噪声等的具体要求。有数据表明，要达到这些标准需要做大量工作，需要大的投入。

9.2.3.1 环境噪声治理向生态化转移

建设生态型城市，生态型小区非常热门。上海市颁布了生态型住宅小区建设管理办法及技术实施细则，要求以可持续发展为目标，以生态学为基础，以人和自然的和谐为核心，以现代技术为手段，减少对环境的冲击。

生态型小区对噪声的要求非常具体，例如居民住宅窗外1.0m处昼间噪声应低于55dB(A)，夜间应低于45dB(A)；住宅室内噪声：卧室和书房昼间≤45dB(A)，夜间≤35dB(A)；分户墙空气声计权隔声量为45～50dB(A)；楼板空气声计权隔声量为45～50dB(A)；卫生设备、排水管、换气、排烟以及管道等造成的居室噪声≤45dB(A)。

环境噪声治理落实到保护人，保护人的工作、生活、学习、休息环境。目前写字楼的中央空调热泵机组、冷却塔、水泵、冷冻机、风机、电梯、变电所等噪声和振动问题十分突出，需采取多种措施加以治理。居民住宅楼、酒店式公寓、宾馆、饭店、度假村、高级别墅等更要控制噪声影响。以往每户居民住宅自己安装分体式空调或窗式空调，影响景观和浪费能源，空调器和室外机组噪声和振动既影响自己，又影响别人。目前上海已出现居民住宅采用中央集中空调，只要接根管子和控制开关就可以了，但中央空调的冷冻机、水泵、冷却塔、锅炉、风机或热泵机组的噪声治理必须搞好，否则很难达到生态型小区的要求。

9.2.3.2 建筑声学和噪声控制技术齐头并进

随着物质和精神文化生活水平的提高，人们追求舒适、安静、文明、典雅的环境，除了建造大剧院、电影院、体育馆、游泳馆、保龄球馆、展览馆、博物馆、图书馆等大型公共建筑之外，一般商务楼都要建造各种多功能厅、会议室、接待室等，有的还建造演播厅、录音录像厅等。比较讲究的居民住宅搞家庭影院。这些场所要达到好的音响效果和比较低的背景噪声，必须专门进行建筑声学设计，采取一些控制噪声的措施。

9.2.4 建筑声学的研究目的

建筑声学研究的主要目的有两个：一是给各种听音场所或露天场地提供产生、传播和收听所需要的声音（语言声或声乐）的最佳条件，这种建筑声学的研究领域称作室内声学或空间声学；二是排除或减少噪声和振动干扰，称作噪声控制。建筑声学的主要研究对象是声源、传声通道和听者之间的关系，研究的主要手段则是通过结构的合理设计以及对声学材料的适当应用，从而控制声音的传播，最终达到改善声音接受者的听闻感受的目的。

材料或结构对声音的作用可以分为吸声的、隔声（反射）的和透声的，所有材料都同时具有三种作用，只是作用程度不同。人们把吸声作用较强的材料或结构称作吸声材料；把隔声作用较强的材料称作隔声材料；可使声波高效穿过的所谓透声材料由于没有实际应用意义，一般较少提及。在建筑中，将前两类材料称作建筑声学材料。它们可以是专门为改善听闻效果所采用的材料，如吸声石棉等；也可以是建筑结构的一部分，如混凝土墙具有很好的隔声性能。在室内采用的大多数建筑声学材料同时兼具有装饰功能，如带孔吸声天花板、大理石声反射墙等。一般吸声性能好的材料其隔声性能就差，而隔声效率高的材料其吸声效率则很低。

9.2.5 声学建筑——混响时间的控制

随着人们生活品质的提高，建筑功能的专业性越来越强，以听闻作为重要功能的声学建筑，也越来越多地出现在我们的周围，如影剧院、音乐厅、会议室、多功能厅、少年宫、文化宫、博物馆、体育馆、文化广场、电视演播厅和录音室等。作为一个厅堂建筑，音质的好坏是非常重要的，听众是否听得清、听得好，或者能否取得良好的录音效果，不仅取决于声源条件（如演讲者、演唱者的技巧好坏，或者电声系统质量如何），而且取决于室内声学设计，而室内声学设计的关键和难点是混响时间的设计和控制。对那些喜欢欣赏音乐的人，对正在建设、装修各类专业厅堂的建设者，了解一些声学知识，改变人们脑中的一些似是而非的观念，在建筑的设计、装饰中，避免走弯路，是很有必要的。

9.2.5.1 混响时间

所谓混响，是指声源停止发声后，在声场中还存在着来自各个界面的迟到的反射声形成的声音的“残留”现象。这种残留现象的长短以混响时间来表示。在室内声场达到稳态后，声源突然停止发声，室内声压级将按线性规律衰减。衰减 60dB 所经历的时间叫混响时间。所以混响是由反射引起的。建筑厅堂有许多声学属性，主要体现在听众（也包括演讲者或演唱者、演奏者）的主观评价，以及与主观评价相关的物理指标。响度、丰满度、色度感、空间感、清晰度等属于听众的主观评价指标；而与主观评价相对应的客观指标有声压级、混响时间、反射声时间、空间序列分布等，在这诸多的评价指标中，混响时间是评价音质优劣的重要指标，也是唯一可以用科学仪器加以测量的厅堂声学参数，是进行声学装修的精华所在。

厅堂内的反射声（或混响声）组成了厅堂内声音的重要部分，它约占到人耳实际所听声音的80%的信息量，因而极大地影响到人耳对声音的感受。如图 9-1 所示，是由大量实验得到的混响时间和语言清晰度的关系。混响时间短语言清晰度高，混响时间长则语言清晰度低。当混响时间在 0.3s 左右时，清晰度达到最高。此外混响时间还和音乐的丰满度、活泼度、温暖感等有关，较长的混响时间有较长的混响感，较高的丰满度；混响时间太短，则声音干瘪。所以说混响时间是评价音质优劣的重要的可用数值衡量的指标。

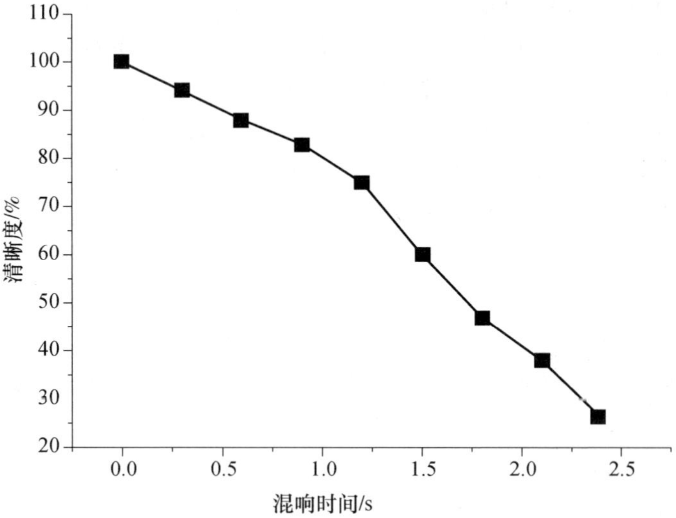

图 9-1 混响时间与清晰度的关系

混响时间的设计，一般是在大厅的形状基本确定、容积和表面积能够计算时开始进行。它的具体内容可以分为两方面：一是根据使用要求，确定最佳混响时间；二是通过混响时间的计算，确定室内装修材料的选择与布置。依据使用要求设定厅堂的最佳混响时间，混响时间的计算应在厅堂改建完成或改建计划已确定，内部墙体及天花板已定，已知具体的房间容积情况下进行。运用这些数据求出具体的混响时间并与已设定的最佳混响时间相比较，视其差距如何，若两个混响时间基本相等，则设计方案可行；若两个混响时间差距过大，则应重新调整设计方案。一般常温下，室内混响时间的计算公式是 Eyring 公式：

$$RT_{60} = \frac{0.161V}{-S\ln(1-\overline{\alpha})+4mV} \tag{9-9}$$

式中 RT_{60}——衰减 60dB 所经历的时间，s；

V——房间的容积，m^3；

S——室内各部分表面积的总和，m^2；

α——平均吸声系数；

m——空气吸收系数，m^{-1}。

在许多声学建筑的施工中，尤其是近年来发展较快的歌舞厅和卡拉 OK 厅、单位礼堂、体育场等，都没有能很好地对混响时间进行控制。许多施工单位由于不懂建筑声学，不能和谐地处理各种声音的关系，再加上不合理的装饰所引起的各频段混响时间不协调，严重地影响了室内原声和扩声系统的音质。

9.2.5.2 施工中对于混响时间的控制

对于大容积的厅堂，只有较长的混响时间，声音的丰满度才较高。如在近现代的剧场和音乐厅设计中，在顶棚和墙面上经常安装一些专门设计制作的几何扩散构件，使声能比较均匀地增长和衰减以提高混响时间，改善室内音质效果。在欧洲一些古老的剧院或音乐厅中，设计精美的壁柱、雕刻、多层包厢、凸凹变化的藻井顶及大型的花式吊灯等，这些饰物都相当于几何尺寸不同的扩散体，对声音有良好的扩散作用。

对于容积较小的厅堂，一般不考虑反射面的设计。容积比较小的房间，依据公式，混响时间较短，一般在 0.3 ~0.5s 之间，应让观众以听直达声为主，一般不考虑反射面的设计。对有扩声系统的房间，为了避免引起啸叫，在房间的后墙一般要做吸声处理以阻断向传声器的反射声，并在其他二平行墙面之间稍做吸声处理。

对多功能厅设置可调吸声装置，以调节不同使用需求的混响时间。多功能厅是观演建筑发展的方向，由于不同的使用目的对音质的要求不同，多功能厅应能灵活地改变声学条件。通常采用的办法是利用可变吸声材料和结构或通过改变观众厅的容积来调节混响时间。例如建于 1976 年的日本高知县文化馆剧场，设有五条锥状扩散体，其中三条可以自由升降，升降体上部为吸声体，下部为反射面，以此来调节混响时间。

各类建筑不同，音质要求也不同，设计中要解决的问题也不同，要根据以上所阐述的原则和方法，结合实际，灵活处理。另外，建筑中还有许多的附属房间，如门厅、休息厅、走廊等，它们对创造整个建筑的声环境也起重要作用。如寂静的门厅、走廊会使人感到观众厅的音质更加丰满，而混响很长的门厅、走廊，不仅会使整个建筑给人以嘈杂的印象，而且会影响人们对观众厅音质丰满度的感受。因此，应一并把整个建筑物作为一个整体来进行混响控制的考虑。

9.3 建筑吸声材料和吸声结构

在建筑声学材料中，吸声材料（结构）的应用最为广泛，也较为复杂。对建筑的各种声学要求通常都是通过对吸声材料的合理应用来实现的。同时，因为吸声材料（结构）的种类较多，不同种类材料的吸声性能、材料其他性能等相差较大，从而使对吸声材料的研究显得非常重要。

9.3.1 吸声材料和吸声结构的分类

吸声不但与材料有关，而且与结构有关，同一种材料在不同构造中的吸声性能可能会有很大区别，所以研究吸声材料离不开其结构。吸声材料的吸声特性一般是材料本身所固有的，而吸声结构的吸声性能则随着结构的变化而变化。有些吸声结构是由很多小的吸声单元组成的，这些吸声单元称作吸声器元件，如空腔共振吸声结构，这一类吸声结构的吸声性能主要与吸声器元件的尺寸及其分布有关；有些吸声结构则依靠接声面的宏观形状或所处声场位置等来产生高效吸声。吸声材料和吸声结构的种类很多，对其分类的方法也较多。

根据外观和构造特征可以分为多孔材料、板状材料、穿孔板、吸声天花板、膜状材料及柔性材料；

按照材料的性质，可以分为无机材料、有机材料、多孔材料和纤维材料；

按照材料的吸声机理可以分为多孔性吸声材料、共振吸声结构、其他吸声结构。

对吸声材料（结构）的不同分类有利于根据不同的生产或使用要求进行材料选择。不同吸声材料（结构）的吸声机理各有特点，研究这些特点对研究吸声材料很有帮助。

9.3.2 多孔性吸声材料

9.3.2.1 多孔性吸声材料的分类

多孔性吸声材料大体上可以分为纤维、泡沫和颗粒等三大类：

（1）纤维类材料

纤维类材料包括超细玻璃棉、离心玻璃棉毡、树脂胶合的玻璃棉毡、岩棉、矿渣棉、化纤棉、织品毛毡等。其中超细玻璃棉（纤维直径一般为 0.1 ~ 4μm）应用较为广泛，其优点是质轻（密度一般为 15 ~ 25kg/m^3）、耐热、抗冻、防蛀、耐腐蚀、不燃、隔热等。经硅油处理过的超细玻璃棉，还具有防水等特点。近年来，用离心法工艺加入粘结剂制成离心玻璃棉毡或板，不仅具有超细玻璃棉的优点，还具有外形美观、富有弹性、密度均匀、成型性好、导热系数和吸湿率低等独特优点，可用作吸声隔热装饰材料。

（2）泡沫类材料

泡沫类材料包括氨基甲酸酯、脲醛泡沫塑料、聚氨酯泡沫塑料、海绵乳胶、泡沫橡胶等。材料的特点是质轻、防潮、富有弹性、易于安装、导热系数小。缺点是塑料类材料易老化、耐火性能差，不宜用于明火以及酸碱等腐蚀性气体场合。

（3）颗粒类材料

这类材料有膨胀珍珠岩、泡沫水泥、泡沫玻璃等，它们既可制成砌块，也可制成板状。当砌体有足够的强度时，砌成墙体后不仅可以吸声，而且又是建筑的一部分，它具有使用寿命长，防腐蚀、防火、耐高温，不需要装饰面层材料，施工方便等优点。适用于某些特殊场合，也适合用于大型阻性消声器的消声片。

9.3.2.2　多孔性吸声材料的吸声机理

多孔吸声材料就是材料本身有很多孔，其构造特征是从材料表面到内部有相互连通的微孔。当声波射入到多孔材料的表面时激起微孔内部的空气振动，空气与固体筋络间产生相对运动，由于空气的黏滞性在微孔内产生相应的黏滞阻力，使振动空气的动能不断转化为热能，使得声能逐渐衰减；另外在空气绝热压缩时，空气与孔壁之间不断发生热交换，也会使声能转化为热能，从而被衰减，达到吸声目的。

9.3.2.3　影响吸声特性的因素

从上述的吸声机理可以看出，多孔吸声材料必须具备以下条件：

1）材料内部应有大量的微孔或间隙，而且孔隙应尽量细小且分布均匀；

2）材料内部的微孔必须是向外敞开的，也就是说这些微孔必须通到材料的表面，使得声波能够从材料表面容易进到材料的内部；

3）材料内部的微孔必须是相互连通的，而不是封闭的。

多孔材料的吸声特性是由多方面因素决定的，主要包括：

1）材料的厚度　多孔材料一般对中高频吸声性能较好，对低频吸声效果较差。增大厚度可以提高材料对低频的吸声能力，对高频影响不大。理论上，当材料厚度等于入射声波波长的1/4时，在相应该波长的频率下具有最大的吸声性能。但实际应用不可能如此，因为常温下空气中100～4000Hz的声音波长范围在3.4m～8.5cm之间，当然不会制作如此厚的吸声材料去适应尤其是中低频的波长。理论认为，吸声材料的厚度与第一共振频率（或与反共振频率）成反比关系，这一关系在研究与设计吸声材料的厚度方面起着很大作用，特别是在研究提高低频吸声效果时提醒人们不要只是盲目地增加厚度。

2）空气流阻　空气流阻反映了空气通过多孔材料阻力的大小，其定义为：当稳定气流通过多孔材料时，材料两面的静压差与气流线速度之比，单位是瑞利（raly）。单位厚度材料的流阻称作“比流阻”。当材料厚度不大时，比流阻越大，则空气穿透量越小，吸声性能越低；但比流阻太小，声能因摩擦力、黏滞力而损耗的效率就低，吸声性能也会下降。

3）结构因子　结构因子是由多孔材料结构特性所决定的、反映材料内部微观结构的一个无量纲物理量，它与材料的内外部形状、孔隙率以及材料自身特性有关。多孔材料内部的固体部分，在空间组成骨架，称作筋络，它使材料具有一定的形状。在筋络间存在大量的孔隙，声波进入后，大部分在筋络间的孔隙内传播，小部分沿筋络传播，从而形成两种不同的声波衰减机理。一种是声波在孔隙内传播时引起孔隙间空气的振动，由空气的黏滞阻力使声能不断转化为热能而衰减；一种是空气绝热压缩时温度升高（反之绝热膨胀时温度降低），空气与筋络间由于热传导作用而不断发生热交换，使声能转化为热能。

4）体积密度　在实际工程中，测定材料的流阻、孔隙率通常比较困难，常常通过调整体积密度加以粗略控制。同一种多孔材料体积密度越高，孔隙率越小，比流阻越大；厚度不变，增加体积密度，可以使中低频吸声系数提高，不过比增加厚度的效果差。在同样用料情况下，若厚度不限，多孔材料以松散为宜。体积密度过高，材料密实，会引起流阻增大，减少空气穿透量，造成吸声系数下降。但同样体积密度，增加厚度，并不改变比流阻，所以吸声系数一般总是增大，只是当厚度增大到一定值时，吸声性能的改善已经不显著。

值得注意的是，增加体积密度来提高低频吸收能力时，要防止高频吸收性能的损失，应尽可能在高频吸声能力损失不大的前提下，使第一共振频率处于理想的低频段内。高频段的吸声系数取决于吸声材料材质的特征阻抗，只要有效控制特征阻抗不发生变化，一般不会引起高频吸声系数的变化。

5）孔隙率　吸声性能较好的材料其孔隙率一般在70%～90%之间，不同的多孔材料可能会有很大区别，其最根本的要求是孔隙分布应均匀，孔隙之间相互连通，多孔颗粒内部的孔隙也应该是开放、连通的。孔隙率与流阻、结构因子、体积密度等因素有直接关系。孔隙率越大，体积密度就越低；如果孔隙率不均匀，会使结构因子不规则，所形成的流阻因波动而不能总处在最佳值范围内，进而影响吸声效果。

6）材料吸水对吸声性能的影响　多孔材料一般都具有很强的吸湿、吸水性，当材料吸水后，其中的孔隙就会减少。材料含湿首先使高频吸声系数降低，然后随着含湿量的增加，受影响的频率范围向中低频进一步扩大，并且对低频的影响程度高于高频，在多孔材料饱水情况下，其吸声性能会大幅度下降。

7）护面层的影响　多孔材料一般很疏松，整体性很差，直接用于建筑表面既不易固定，又不美观，因此往往需要在材料面层覆盖一层护面层。由于护面层本身具有一定的声质量与声阻作用，对材料的吸声频率影响很大。几种常用的护面层如下：

①网罩　常用的网罩有塑料窗纱、塑料网、金属丝网、钢板网等。网罩的穿孔率较高，薄而轻，其声质量和声阻都很小，可以忽略其影响。

②纤维织物　玻璃纤维布是应用最广泛的护面织物，其他还有尼龙布、棉麻织物、化纤织物以及金属纤维布等。与网罩相比，纤维布织物较细密，常用来包扎玻璃纤维等疏散的吸声材料。但玻璃丝布抗折强度很差，在折缝处长期使用易于破裂。此外，玻璃纤维布之类的织物本身没有骨架，装饰效果较差，常用于景观要求不高的场合，是一种廉价的护面材料。

③塑料薄膜　当吸声材料用于潮湿的环境中时，常用塑料薄膜作为护面层。它与纤维织物相比，薄膜不透气，主要依靠其自身的振动来传递声波。在低频段，薄膜对材料本身吸声性能的影响可以忽略，然而在高频，则会使背后材料的吸声系数下降。为此，可以在薄膜上开些小洞，减少这种影响。

④穿孔扳　以金属薄板、硬质纤维板、胶合板、石膏板、塑料板等材料加工的穿孔板应用最为广泛。穿孔的形式以圆孔较多，也有槽缝和其他形状。穿孔板的穿孔程度常以板的穿孔面积与板未被穿孔时面积之比（称为穿孔率）来衡量。当板的穿孔率不太高时，穿孔板孔内空气的质量起主要作用，它与吸声层空间形成了共振吸声结构；当穿孔率较高时，例如超过20%，空气的相对质量很小，对吸声层的吸声性能无明显影响。

对多孔材料进行防水或为美观而进行表面粉饰的时候，要防止涂料将孔隙封闭或使用硬质膜的涂料。

表面防水或粉饰层一般要求为不透气的封闭成膜物质，薄膜对吸声系数的影响除了与薄膜材质因素有关外，对吸声系数影响最大的是薄膜厚度。较小的厚度不降低吸声系数；适当的厚度则由于薄膜吸声结构的吸声作用可以提高吸声系数；较大的厚度因为堵塞多孔结构的通道，阻碍声波进入吸声材料后被吸收，从而减弱空腔共振吸声作用，所以最终导致吸声系数降低乃至严重降低。

9.3.3 强吸声结构

在消音室等特殊场合，需要房间界面对于在相当低的频率以上的声波都具有极高的吸声系数，这时必须使用强吸声结构。

吸声尖劈是最常用的强吸声结构，它对于在相当低的频率以上的声波都具有极高的吸声系数，可高达0.99以上。

吸声系数要达到0.99以上在中高频容易实现，而在低频比较困难，达到此要求的最低频率称作“截止低频”，并以此表示尖劈的吸声性能。

吸声尖劈的截止频率与多孔材料的品种、尖劈形状尺寸和尖劈后有无空腔及空腔尺寸有关。一般可用$0.2c/L$来估算，其中c为声速，L为尖劈的尖部长度。按照这个估算方法，L越长，截止频率越低，即材料高效吸声的频率范围越宽。但实际中一般不允许过长以及太尖的尖劈，所以常采用截去部分（10%～20%）尖劈的做法，使吸声尖劈不会占据太大的空间并有利于安全。

一些著名的消声室内吸声尖劈的截止频率的实例见表9-1。

表9-1 吸声尖劈

消声室	尖劈材料	结构尺寸	截止频率（Hz）
南京大学（1964年）	酚醛玻纤板（体积密度$90kg/m^3$）	尖劈长1m，空腔15cm，总长115cm，底部40cm×40cm	65～70
哈佛大学（1947年）	甲醛玻纤板（体积密度$40kg/m^3$）	总长144cm，底部20cm×20cm	70
美国国家标准局（1972年）	玻纤板（尖部体积密度$48kg/m^3$，基部体积密度$17.6kg/m^3$）	尖劈长167.6cm，空腔10.2cm，总长177.8cm，底部61cm×61cm	50
丹麦技术大学（1968年）	矿渣棉板（体积密度$20kg/m^3$）	尖劈长145cm，空腔5cm，总长150cm，底部30cm×30cm	60
日本通用技术研究所（1959年）	玻纤板（尖部体积密度$30kg/m^3$，基部体积密度$60kg/m^3$）	尖劈长80cm，空腔15cm，总长95cm，底部20cm×20cm	100
德国哥丁根大学（1953年）	玻纤板（体积密度$50kg/m^3$）	尖劈长90cm，空腔12cm，总长102cm，底部13cm×13cm	80
前苏联物理技术和无线电研究所（1961年）	玻纤板（体积密度$150kg/m^3$）	尖劈长1m，空腔10cm，总长110cm，底部40cm×40cm	80

强吸声结构中，除了吸声尖劈以外，对于平界面的多孔材料，只要厚度足够大也可做到在宽频带中有强吸收。这时，若从外表面到材料内部其体积密度从低逐渐增高，则可以获得类似尖劈的吸声性能。而对于吸声尖劈，如果填充尖壁的多孔材料的体积密度能从外向里逐步增高，则可以在同样的截止频率下减小尖劈的长度。

9.3.4 薄板共振吸声结构

9.3.4.1 *薄板共振吸声结构的吸声原理*

薄板共振吸声结构是薄板在声波的作用下，产生振动，振动时板内部和板在龙骨间出现摩擦损耗，由机械振动最后转变为热能而起到吸声的作用。由于低频声波接近薄板的固有振动频率，比高频声波容易激发薄板的共振，因此其主要吸声频带在低频。薄板的吸声共振频率主要在63～300Hz，可用下式求得：

$$f_0 = 600\sqrt{\frac{1}{mL}} \tag{9-10}$$

式中 f_0——薄板的共振频率，Hz；

m——薄板单位面积质量，kg/m^2；

L——薄板离刚性面的距离，即空腔深度，cm。

在声学装修工程中使用最广泛的薄板吸声结构是3～10mm厚的各种胶合板，大量应用于影院、会议厅、报告厅等声学建筑内的木隔墙。既对低频有较强的吸声效果，且能有效控制室内低频混响，装修效果也较美观，其缺点是耐火性能差，在一些防火要求高的场合使用受到一定限制。近年来在防火涂料、防火设施的研制方面取得了较大的进展，因此胶合板共振吸声结构应用范围将会有所扩展。

9.3.4.2 共振吸声结构（材料）的种类

共振吸声材料（或结构）根据共振的不同形式可分为薄板共振和腔体共振两种，在实际工程中均有广泛的应用。

（1）薄板共振吸收

非柔性、非多孔、非多绒的平板材料能够通过它们的弯曲振动将声波转化成热能。如玻璃板、薄木板或塑料板等，在声波的撞击下作往返振动，由于板的阻尼作用，会把振动的能量转化成热能。这种振动往往发生在板的共振频率上，一般是低频，如200Hz。

（2）单个共振器

单个共振器的结构形式是一个密闭的内部为硬表面的容器，通过一个开口与外面的大气相通，一般称为亥姆霍菲共振器。其吸声原理是：当声波通过孔颈进入容器时，由于孔颈的摩擦阻力使声波衰减。当入射声波的频率接近共振器的固有振动频率时，孔颈的空气柱产生了强烈振动，在振动过程中，由于克服摩擦阻力而消耗声能。因此其吸声性能的特点是对频率有较强的选择性，只在一个特有的频率附近有较强的吸声作用，而在其他频率范围吸声作用很小，这个频率叫做共振器的共振频率f_0，由下式求得：

$$f_0 = \frac{c}{2\pi}\sqrt{\frac{\pi r^2}{V(t+0.8d)}} \tag{9-11}$$

式中 c——声速，一般取34000cm/s；

πr^2——颈口面积，cm^2（其中r为圆孔半径，单位为cm）；

V——空腔体积，cm^3；

t——颈的厚度（即板厚），cm；

d——圆孔直径，cm。

（3）穿孔板组合共振吸声结构

穿孔板共振吸声结构是单个亥姆霍菲共振器的并联组合，它的吸声特性取决于板厚、孔径、板的穿孔率、板后的空腔厚度以及空腔内填充的材料等因素。

穿孔板组合共振吸声结构的吸声特性与单个吸声共振器相似，在共振频率附近有一个吸声峰值。为了增加吸声频带宽度和吸声系数，可以在穿孔板的后面空腔内填充多孔吸声材料，但在空腔内多孔性吸声材料的位置对吸声结构的吸声性能有很大的影响。

在声学装修工程中穿孔板共振吸声构造是经常使用的，以前多使用胶合板或硬质纤维板，现场穿孔或开缝，施工难度高，进度慢且质量不易保证。近年来普遍采用金属（钢、铝）冲孔（开缝）板，工厂化加工，施工简便，装修效果好。也有更多的如石膏穿孔装饰吸声板、石棉穿孔装饰吸声板、珍珠岩穿孔装饰吸声板、钙塑泡沫穿孔装饰吸声板、硬纤维穿孔装饰吸声板等，备有各种穿孔花纹，不同孔径、不同孔距、不同穿孔率的吸声板，种类繁多，具有可选择性。

9.3.5 新型吸声材料介绍

常规的吸声材料是纤维性吸声材料，如超细玻璃棉、离心玻璃棉、矿棉、岩棉、膨胀珍珠岩、硅酸铝、石棉等。近年来，国内外新开发并应用的吸声材料和结构不少，主要有以下几种。

9.3.5.1 微穿孔板吸声材料和吸声结构

微穿孔吸声结构是用板厚和孔径均在1mm以下，穿孔率为1% ~3%的金属薄板（或其他材料）与背后的空气层组成，一般由工厂生产成盒形产品。微穿孔板吸声结构的吸声系数和吸声频带宽度都高于一般穿孔板，工程上常采用两层不同穿孔率的微穿孔板和两个不同深度的空气层来拓展吸声频带的宽度。马大猷教授是微穿孔板吸声结构的发明人和奠基人，近年来又有新的研究成果，其论文《微穿孔板吸声体的准确理论和设计》、《微穿孔板吸声体随机入射吸声性能》等发表在《声学学报》上。研究结果表明，直径为0.2 ~0.5mm的微孔吸声频带更宽，吸声系数更高。

根据马教授的理论，国内外开发了一系列微穿孔板吸声结构，例如金属微穿孔板、透明微穿孔板、微孔布、微孔纸等等，越来越广泛地应用于游泳馆、体育馆等建筑中，并且在洁净厂房、食品行业、医药行业、电子、电讯行业等领域内用微穿孔板制作消声器、消声管道、隔声吸声屏障等等。

9.3.5.2 铝材吸声材料

一种是铝纤维吸声材料：上海中华第一楼54层以上为五星级大酒店，内走廊墙上最早应用了日本NDC加鲁姆铝纤维吸声材料。现在上海港韵公司提供和经销这种铝纤维吸声材料，铝纤维直径<0.1mm，制成1.0 ~1.6mm厚毡状软板，两面再复压铝板网，构成一种新型环保型吸声材料，降噪系数NRC可达0.6 ~0.85。

另一种是发泡铝吸声材料：上海浦东众汇公司生产的发泡铝吸声材料，呈板状，厚度为4mm ~20mm，平均吸声系数为0.4 ~0.5，可做吸声吊顶、吸声墙面和消声器的吸声元件。

9.3.5.3 吸声无纺布和穿孔板复合吸声结构

上海关德邦、浦菲尔、亨特、崇佑、皓晟、海亦等公司采用德国进口的松德泰斯吸声无纺布粘贴于金属小孔板或木质或塑料小孔板后面就构成了复合吸声结构，不再装填玻璃纤维等吸声材料。若板后面留有50mm厚空腔，则平均吸声系数可达到0.60左右，已在常德卷烟厂大厂房以及上海造币厂、北京造币厂等工程上应用，轻巧简便，装饰效果好，吸声性能不错。

9.3.5.4 泡沫玻璃吸声材料

温州奇峰、杭州万强等公司生产的泡沫玻璃吸声材料呈板状，防火、防潮、防水、体积密度低、易加工，吸声系数在0.60以上，特别适用于游泳馆、地下建筑等场所的吸声降噪。

9.3.5.5 阻燃聚氨酯吸声泡沫

这种材料已开发应用多年，近年来用它制成无骨架吸声尖劈，用于消声室内，吸声尖劈长度可做到800～1000mm，吸声系数>0.99。

总之，建筑厅堂内要想获得好的声学效果，就必须进行声学装修处理，选择符合混响时间要求的吸声材料和共振吸声结构是十分必要的。如何按设计要求正确地选择吸声材料，是声学装修的关键步骤，其次是按声学设计的要求，精心施工，才能取得预期效果。总体而言，多孔性吸声材料以吸收中、高频的声能为主，共振吸声结构（材料）以吸收低频声能为主。多孔性吸声材料的吸声效果与吸声材料的流阻、孔隙率、厚度有直接的关系；孔隙率一般宜控制在70%～90%，当吸声材料较薄时，增加材料厚度，对材料的低频吸声性能将有较大提高。共振吸声材料（或结构）的吸声效果主要与穿孔板厚度、孔径、板的穿孔率和填充材料有关，填充材料的配置位置也有一定影响，一般以将填充材料紧贴穿孔板安装效果最佳。微穿孔双层共振吸声结构可以调整两层不同穿孔率的板的位置，造成两个不同深度的空腔，借以拓展吸声频带的宽度，使其吸声频带较宽，可适应不同声学控制场合，但因其造价较高，而受到一定应用限制。声学设计可根据混响时间、吸声、反射声的要求，正确选择运用吸声材料（或结构），按声学设计进行精心装修，一定会降低噪声，改善声扩散，消除音质缺陷，取得预期效果。

9.4 隔声材料与隔声构造

隔声材料与吸声材料不同，吸声材料一般为轻质、疏松、多孔性材料，而隔声材料则多为沉重、密实性材料。通常隔声性能好的材料其吸声性能就差，同样吸声性能好的材料其隔声性能较弱。但是，如果将两者结合起来应用，则可以使吸声性能与隔声性能都得到提高。比如实际中常采用在隔声较好的硬质基板上铺设高效吸声材料的做法制作隔声墙，不但使声音被阻挡、反射回去，而且使声音能量大幅度降低，从而取得极好的隔声效果。

声音如果只通过空气的振动而传播，称为空气声，如说话、唱歌、拉小提琴、吹喇叭等都产生空气声；如果某种声源不仅通过空气辐射其声能，而且同时引起建筑结构某一部分发生振动时，称为撞击声或固体声。例如大提琴、脚步声以及电动机、风扇等产生的噪声为典型的固体声。对于空气声的隔声应选用不易振动的单位面积质量大的材料，因此必须选用密实、沉重的（如黏土砖、混凝土等）材料。对固体声最有效的隔声措施是结构处理，即在构件之间加设弹性衬垫如软木、矿棉毡等，以隔断声波的传递。

9.4.1 空气声隔绝

9.4.1.1 单层墙隔声频率特性的一般规律

单层均匀密实墙的隔声性能与入射声波的频率有关，其频率特性取决于墙本身的单位面积质量、刚度、材料的内阻尼以及墙的边界条件等因素。严格地从理论上研究单层匀质密实墙的隔声是相当复杂和困难的，这里只作简单的定性介绍。

频率从低端开始，板的隔声受劲度控制，隔声量随频率的增高而降低；随着频率的增高，质量效应增强，在某些频率，劲度和质量效应相抵消而产生共振现象，此时的频率称为共振基频，这时板振动幅度很大，隔声量出现极小值，大小主要取决于构件的阻尼，称为

"阻尼控制"；当频率继续增高，则质量起重要作用，这时隔声量随着频率的增高而增加；而在吻合临界频率处，隔声量有一个较大的降低，形成一个隔声量低谷，通常称作"吻合谷"。在一般建筑构件中，共振基频很低，常在5～20Hz左右，因而在主要声频率范围内，隔声受质量控制，这时劲度和阻尼的影响较小，可以忽略，从而把墙看成是无刚度、无阻尼的柔顺质量。

（1）质量定律

如果把墙看成是无刚度、无阻尼的柔顺质量，且忽略墙的边界条件，假定墙为无限大，声波垂直入射，可从理论上得到墙的隔声量 R_0 的近似计算公式：

$$R_0 = 20\lg m + 20\lg f - 43 \qquad (9\text{-}12)$$

式中 R_0——隔声量，dB；

m——墙体的单位面积质量，kg/m^2；

f——入射声的频率，Hz。

如果声波是无规律入射，则墙的隔声量大致比正入射时的隔声量低5dB。

隔声量的近似公式说明单位面积质量越大，隔声效果越好，单位面积质量每增加一倍，隔声量增加6dB，这一规律通常称为"质量定律"。同时还可以看出，入射声频率每增高一倍，隔声量也增加6dB。当 m 或 f 增加一倍时，实际测量结果通常达不到增加6dB。一般前者为4～5dB，后者为3～5dB。

（2）吻合效应

实际上的单层匀质密实墙都是有一定刚度的弹性板，在被声波激发后，会产生受迫弯曲振动。如果声波以入射角 θ（$0<\theta\leqslant\pi/2$）斜射到板上，板在声波激发作用下受迫弯曲波的传播速度等于板固有的自由弯曲波传播速度，则称为发生了"吻合"，这时，板就会跟随入射声波弯曲，使入射声能大量透射到板的另一侧去。

当 $\theta=\pi/2$ 时，声波掠过入射板面，可以得到发生吻合效应的最低频率——"吻合临界频率 f_0"。在 $f_0<f$ 时，某个入射声频率 f 总与某个入射角 θ（$0<\theta\leqslant\pi/2$）对应，产生吻合效应。但在正入射时，$\theta=0$，板面上各点的振动状态相同（同相位），并不发生弯曲振动，只有与声波传播方向一致的纵振动。

入射声波如果是扩散入射，在 $f=f_0$ 时，板的隔声量下降很多，隔声频率曲线在 f_0 附近形成低谷，称为"吻合谷"。谷的深度与材料的内损耗因素有关，内损耗因素越小（如钢、铝等材料）吻合谷越深。对钢板、铝板可以涂刷阻尼材料（如沥青）来增加阻尼损耗，使吻合谷变浅，吻合谷如果落在重要频率范围（100～2500Hz）之内，将使墙的隔声性能大大降低，应该设法避免。墙体越薄、越轻或越柔，则 f_0 越高；反之则越低。

9.4.1.2 双层墙的空气声隔绝

从质量定律可知，材料不变时单层墙的单位面积质量增加一倍，即厚度增加一倍，隔声量只增加6dB，实际上还不到6dB。显然，靠增加墙的厚度来提高隔声量是不经济的；增加结构的自重，也是不合理的。如果把单层一分为二，做成双层墙，之间留有空气间层，则墙的总质量没改变，而隔声量却比单层墙有了提高。也就是说，两层等厚双层墙虽然比单层墙用料多了一倍，但隔声量的增加要超过6dB。

双层墙可以提高隔声能力的重要原因是空气间层的作用。空气间层可以看做是与两层墙板相连的"弹簧"。声波入射到第一层墙板时，使墙板发生振动，此振动通过空气间层传至第二层墙板，再由第二层墙板向另一室辐射声能。由于空气间层的弹性变形具有减振作用，传递给第二层墙体的振动大为减弱，从而提高了墙体的总隔声量。双层墙的隔声量可以用单位面积质量等于双层墙两侧墙体单位面积质量之和的单层墙的隔声量加上一个空气间层附加隔声量来表示。空气间层附加隔声量与空气间层的厚度有关。大量实验表明，附加隔声量随着空气间层厚度的增加而增加，但当厚度增加到 10cm 左右以后，隔声量基本就不再增加了。实际上这两层墙之间常有刚性连接，它们能较多地传递声音能量，使附加隔声量降低，这些连接称为“声桥”。如果“声桥”过多，将使空气间层完全失去作用。

双层墙的每一层墙都会产生吻合现象，如果两侧墙是相同的，则两者的吻合临界频率是相同的，在吻合处，双层墙的隔声量会下降，出现吻合谷。如果两层墙的厚度不一样，或材料不同，则两者的吻合临界频率不一样，可使两者的吻合谷错开。这样，在双层墙的隔声曲线上不至于出现太深的低谷。

9.4.1.3 轻型墙的空气声隔绝

高层建筑和框架式建筑大量采用轻型结构和成型板材，根据质量定律，它们的隔声性能较差，应该通过一定的构造来提高其隔声效果，主要措施有：

1）采用夹层结构，若能在夹层中填充吸声性能好的轻质吸声材料则效果更佳；

2）按照不同板材所形成的固有的吻合临界频率 f_0 进行合理的组合使用，以避免吻合临界频率落在重要声频区（100～2500Hz）的范围内，例如 25mm 厚纸面石膏板的吻合临界频率 f_0 为 1250Hz，如分成两层 12mm 厚的板叠合起来，f_0 约为 2600Hz；

3）轻型板材常常是固定在刚性龙骨架上的，其“声桥”作用明显；如果在板材和龙骨之间垫上弹性垫层，则隔声量会有较大提高。

简单地说，提高轻型墙隔声量的措施就是多层复合、双墙分立、薄板叠合、弹性连接、加填吸声材料、增加结构阻尼等。

9.4.1.4 门窗隔声

一般门窗结构轻薄，而且存在较多缝隙，因此门窗的隔声能力往往比墙体低得多，形成隔声的“薄弱环节”。如果要提高门窗的隔声，一方面可以采用比较厚重的材料或采用多层结构制作门窗，另一方面，要密封缝隙，减少缝隙透声。

双道门内由于其间的空气层而得到较大的附加隔声量，形成“门斗”，在门斗内的空间表面做吸声处理，产生更高的隔声效果，称作“门闸”。采用双层或多层玻璃不但能大幅度提高保温效果，而且对于提高隔声效果也很有利。同样，如果各层玻璃厚度不一样或能在层间设置吸声材料，则隔声效果更佳。

9.4.2 固体声（撞击声）隔绝

撞击声是建筑空间围蔽结构（通常是楼板）在外侧被直接撞击而激发的，楼板因受撞击而振动，并通过房屋结构的刚性连接而传播，最后振动结构向接收空间辐射声能形成空气声传给接受者。因此，隔绝撞击声的措施主要有三条：一是使振动源撞击楼板引起的振动减弱，这可以通过振动源治理和采取隔振措施来达到，也可以在楼板上面铺设弹性面层来达到；二是阻隔振动在楼层结构中的传播，这通常可在楼板面层和承重结构之间设置弹性垫层来达到，这种做法通常称为“浮筑楼面”；三是阻隔振动结构向接受空间辐射的空气声，这通常在楼板下做隔声吊顶来解决。具体措施有：

1）在楼板表面铺设弹性面层。常用的材料是地毯、橡胶板、地漆布、塑料及木质地板等。这通常对中高频的撞击声有较大的改善，对低频要差一些；但如果材料的厚度大且柔性好，则对低频撞击声的改善也较好。

2）浮筑楼面是在楼板面层和结构层之间设置弹性垫层，它可以减弱面层传向结构层的振动。浮筑楼面的四周和墙交接处不能做刚性连接，而应以弹性材料填充。整体式浮筑楼面层要有足够的强度和必要的分格缝，以防止面层裂开。

3）在楼板下做隔声吊顶可以减弱楼板向接收空间辐射的空气声。吊顶必须是封闭的，其隔声可以按质量定律估算。隔声效果同样是单位面积质量越大越好，吊顶内铺设吸声材料较好，楼板与吊顶之间采用弹性连接比采用刚性连接好。

9.5 岩棉在建筑声学中的应用

轻质微孔材料岩棉作为一种新型建筑材料，其保温性能已经家喻户晓，但它更是一种性能优良的吸声材料。随着人们对环境的重视，这种吸声性能优良的微孔材料的应用将越来越受到重视。岩棉作为吸声材料可以制作成各种各样的形式结构。笔者曾经对岩棉的吸声性能作过大量的研究，并且在许多工程中进行了应用，效果令人十分满意。现在，人类与环境已经成为全世界密切关注的课题。改善各类建筑的声学环境是建筑师的主要任务之一，也是人类生存的迫切要求。利用吸声材料或结构控制厅堂混响时间，从而改善建筑物的音质，并且使噪声得到有效控制是声学处理的重要手段。

9.5.1 岩棉空间吸声体结构及特性

以岩棉为吸声材料，轻钢龙骨为框材，穿孔薄铝板或穿孔薄钢板为饰面材料而制成的吸声结构被声学界称为吸声体。吸声体一般安装于建筑物室内的上空，与四壁和屋顶都有一定距离，吸声效率高，因而称其为空间吸声体。由于吸声体可以做成各种结构形状（平型、竖立型、筒型、复合型、船型及立体组合型），各种颜色（吸声体的颜色取决于饰面材料的颜色，饰面材料可以镀彩锌、喷彩塑或者涂各种颜色的涂料），各种档次（可以采用穿孔薄铝板、穿孔薄钢板、穿孔薄不锈钢板、穿孔纸面石膏板等），因此，它不仅可以改善建筑物的声学环境，同时还可以产生理想的装饰效果，美化室内外环境。岩棉吸声体依照其结构不同，所产生的吸声量也有所不同。

吸声体安装在建筑物内的形式不同，其吸声系数也有所不同。空间吸声体可以全方位吸声降噪，因此其吸声系数可以达到2.0，吸声效果非常好。

9.5.2 岩棉在建筑物中的隔声应用

高体积密度的岩棉可以作为隔声结构中的隔声材料，广泛应用于隔声室、隔声间、混响间、演播室、控制室等。东方红炼油厂的空压机房和锅炉房采用了岩棉作为隔声材料的墙体隔声结构，使得新建的控制室的噪声值低于54dB（A），操作人员工作环境非常安静舒适。岩棉也可作为墙体及地板复合结构中的隔声材料，其轻质、隔声综合性能优于普通空腔墙体或地板。

岩棉不仅可以作为室内吸声、隔声材料，还可以用于需要进行噪声控制的高速公路、桥梁等的吸声结构中，对噪声震动进行控制，达到降低噪声的目的。

综上所述，岩棉在建筑声学领域中的应用前景十分广阔，对于噪声治理、保护环境同时美化建筑物的装饰环境有着非常重要的意义。

9.5.3 岩棉吸声体的应用

在北京筹办1990年亚运会前期，北新建材集团通过加装岩棉吸声体完成了许多体育馆、练习馆等场馆的音质改善工程，例如：地坛体育馆练习馆和海淀体育馆比赛大厅等。另外，北新建材集团还成功地完成了多家工厂、车间的噪声治理工程，如：发电机房、冷却塔、锅炉房、空压机房、啤酒厂灌装大厅等，取得了满意的效果。

（1）地坛体育馆练习馆吸声体工程

1990年1月地坛体育馆练习馆没有加空间吸声体前混响时间过长，特别是中低频率混响时间长达7～8s，影响使用。1990年5月加岩棉空间吸声体后，混响时间降低至2～3s，低频降低更为显著，经清华大学测试，完全满足使用要求。

由于岩棉吸声体可以制作成各种形式结构，与灯光和钢结构协调搭配，使大厅顶部浑然一体，既改善了建筑物的声学性能，又美化了室内环境。海淀体育馆比赛大厅的顶部通过加装吸声体，不但改善了大厅的声学环境，而且使大厅顶部钢屋架的冰冷感觉被彻底淡化，并配合灯光造型，产生了非常出色的装饰效果，充分体现了岩棉空间吸声体的声学效果和装饰效果。

（2）发电机房噪声治理

空间吸声体用于高噪声的厂房、生产车间，吸声降噪效果十分明显。河北省涿州市石油物探局所在地区属于Ⅰ类（指城市五类环境噪声等级）地区，附近有居民及办公机关，由于发电机房噪声严重超标，使得周围的居民居住及办公环境受到严重干扰。1989年5月经采用岩棉空间吸声体、岩棉隔声屏、岩棉消声道等结构，使得噪声明显降低。治理后，经涿州市环保局检测，噪声降低最大幅度为22dB（A），效果非常理想。这一成果解决了该局与周围居民的长期纠纷，并改善了空压机房的劳动操作环境，有利于人们的身体健康，

（3）解决宾馆饭店冷却塔噪声扰民问题

1990年8月龙都宾馆冷却塔噪声超标问题得到了解决，吸声结构采用的是岩棉隔声屏、岩棉消声器等结构。该地区为Ⅰ类居民区，治理前居民区的环境噪声超标，治理后从感觉上根本无法分辨冷却塔是否运转，治理效果令人非常满意。

（4）改善空压机房、锅炉房的环境

1990年9月，北京东方红炼油厂采用岩棉吸声体、高容重岩棉隔声门等结构，并且采用岩棉穿孔石膏板复合吸声墙新建了控制室，对空压机房、锅炉房的劳动环境进行了治理，治理后，效果非常明显。

（5）改善啤酒厂灌装大厅的环境

1989年，北京啤酒厂在新建灌装大厅的设计阶段就考虑了厂房建筑物的声学效果，设计师采用了空间吸声体来控制灌装大厅的生产噪声，并且综合考虑了吸声、采光和装饰效果，设计方案非常出色。吸声体的施工与室内装修同步进行，建筑物完工后，吸声体工程同时完工，充分体现了设计师的吸声、采光和装饰综合效果的意图，使整个建筑物与吸声体非常协调一致，浑然一体，效果非常理想。

9.6 建筑声学材料（结构）的设计与选用

根据建筑使用功能的不同，对声学材料（结构）的要求也不相同。其中，像剧场、演讲厅、歌剧院、电影院等这些对声学要求较高的大型建筑，不仅要考虑声学材料及其微观结构对声音的影响，而且要考虑建筑宏观结构及布局对建筑内各接收点音质、音量等的影响，所以，在建筑设计时就必须按照室内声学的原理进行考虑。对大多数室内环境来说，声学材料（结构）不但要具备吸声、隔声或声反射的功能，一般还要兼具内装修的功能。同时，要考虑到吸声材料（结构）的耐久性、成本以及与建筑结构的相容性等。因此，对声学材料（结构）的选用要根据具体情况来决定。

如果主要目的是要在整个音频范围内获得均匀的混响时间，则选择的内装修吸声材料应能在整个音频范围内产生均匀（不需要很高）的吸声特性。如果采用中频和高频吸声构造（穿孔板共振器或窄缝共振器）的效果较好，可以安装适当数量低频薄板吸声构造来平衡过量的中频和高频吸收。如果需要消除或避免有害的反射声（如回声、延迟时间很长的反射声），必须用高吸声的材料来处理有害的反射面。

9.6.1 室内声学材料的选用原则

在选择吸声的内装修材料或构造时，除以上所述，通常还应考虑下列各方面因素：

1）音频范围内有代表性频率的吸声系数值；

2）耐久性（抗撞击性、机械损失和耐磨损失）；

3）维护、清扫、重新装饰对吸声效果的影响和维护费用；

4）施工条件（安装吸声材料时的温度、湿度，以及底面的准备程度）；

5）房间各部件（门、窗、灯具、格栅、散热器等）与吸声内装修的完整性；

6）厚度和自重；

7）要求有适当的隔声能力（在做悬挂吊顶和外围结构的情况下）。

9.6.2 声屏障的声学设计原则

在声屏障设计中应注意的事项：

1）用于室内声屏障的一侧或两侧贴衬吸声材料可明显改善降噪效果。若仅在一侧贴衬吸声材料，吸声面应朝向声源；

2）用于室外的声屏障，例如交通干线两侧，则在面朝道路侧均需贴衬吸声材料，若仅在道路一侧设置屏障，则附加吸声材料的作用甚微，一般可以省略；

3）声屏障的隔声设计要适当，因实用声屏障高度均有一定限制，故插入损失值不会太大，工程设计中只要使屏障结构的隔声量比要求的插入损失值大致高 10dB 已足够；

4）声屏障应该有足够的高度，以利于增大声程差。差值越大，则插入损失也越明显；

5）声屏障的宽度在室内至少取其高度的 1.5 ~ 2 倍，最好是 4 ~ 5 倍；而在室外，则最好是 10 倍以上；

6）声屏障的设置应尽量靠近声源。活动式隔声屏与地面间的尺寸应减小到最小尺寸。

9.6.3 消声器设置的基本要求

1）好的消声性能　在正常工作状况下，在较宽频带范围内有足够的消声量，尤其对突出的频带噪声必须保证其消声量；

2）良好的空气动力性能　对气流的压力损失要小，压力和功率损失要限制在实际允许范围内，基本上不改变设备的动力性能；

3）结构上要求空间位置合理，构造尽量简单、便于装拆　所用材料和结构要坚固耐用，满足各种使用环境下声学性能的长期稳定。

9.6.4 隔振器的声学设置原则

根据使用环境选择合适的橡胶作隔振器。

在橡胶与金属的粘结面，避免有应力集中的结构，并以圆角代替锐角；在实际应用中，橡胶隔振器的最大应力发生在橡胶与金属间的粘结面上，因此在校核强度时，除了橡胶本身的允许应力外，还需考虑橡胶与金属间的粘结强度，取两者中的较小值作为设计依据。

在设计或选用橡胶隔振器时，要考虑到尽可能避免使橡胶长期在受拉状态下工作，橡胶的变形应控制在许可的百分比范围内。

对于圆筒形或剪切形隔振器，为了消除橡胶的收缩应力，提高其耐久性，在制造时必须给予适当的预压力。当采用这种措施时，半径方向或压缩方向的刚度将增大19%左右，而轴线方向或剪切方向则将减小，因此刚度的准确数值，要按产品实测值为准。

隔振器的主要性能参数是刚度和阻尼。根据加载力变化速度的不同，分为静刚度K_0、动刚度K_d和冲击刚度K_{sh}三种。对于金属弹簧隔振器来说，这三种是基本相同的，而橡胶隔振器的三种刚度是不一样的，三者之间有如下关系：

$$K_d = (1.3 \sim 2.2) K_{sh} \tag{9-13}$$

$$K_{sh} = (1.5 \sim 2.0) K_0 \tag{9-14}$$

需要注意的是，温度对隔振器的刚度影响很大。温度降低，刚度增强；温度升高，刚度则减弱。

9.6.5 隔振罩的设计和选用原则

隔声罩的制作中，应选用轻质复合结构，如外壁用薄的金属板或非金属硬板，内侧涂刷阻尼层，并贴敷高效吸声材料层。

隔声罩内壁面与机器设备之间应留出一定空间，通常应留出设备所占空间的1/3以上。各内壁面与设备之间的空间距离不得小于100mm。

吸声材料层各频率的平均吸声系数至少为0.5，还需兼顾防火、防腐、防潮以及防化学性气体侵蚀。

避免声源与罩壁之间的刚性连接，罩壁与地面结合缝应防止漏声。若地坪有较强振动，罩底周边需垫衬弹性条板，或在声源与地面间采用隔振措施。

体积较大的设备或需经常维修的，可将罩壁制作成组装式单元，但需特别注意结合处的密封措施。某些机器设备，必须要有通风散热装置时，需附加通风消声装置，消声量应与罩的隔声效果相当。

参考文献

[1] 张松榆，刘祥顺．建筑材料质量检测与评定［M］．武汉：武汉理工大学出版社，2007.

[2] 葛勇．土木工程材料学［M］．北京：中国建材工业出版社，2010.

[3] 杨学稳．化学建材［M］．重庆：重庆大学出版社，2006.

[4] 徐瑛等．建筑材料化学［M］．北京：化学工业出版社，2005.

[5] 蒋庆华等．环境与建筑功能材料［M］．北京：化学工业出版社，2007.

[6] 吴明．防水工程材料［M］．北京：中国建筑工业出版社，2010.

[7] 王德明．矿井火灾学［M］．北京：中国矿业大学出版社，2008.

[8] 刘义祥，赵敏．防火材料与防火设施［M］．北京：化学工业出版社，2007.

[9] 姜继圣，杨慧玲．建筑功能材料及应用技术［M］．北京：中国建筑工业出版社，1998.

[10] 马保国，刘军．建筑功能材料［M］．武汉：武汉理工大学出版社，2004.

[11] 张雄．建筑功能材料［M］．北京：中国建筑工业出版社，2000.

[12] 霍然，胡源，李元洲．建筑火灾安全工程导论［M］．合肥：中国科学技术大学出版社，2009.

[13] 刘义祥，赵敏．防火材料与防火设施［M］．北京：化学工业出版社，2007.

[14] 沈春林，苏立荣．建筑防水材料［M］．北京：中国建材工业出版社，2000.

[15] 伍作鹏，李书田．建筑材料火灾特性与防火保护［M］．北京：中国建材工业出版社，1999.

[16] 吴波．火灾后钢筋混凝土的力学性能［M］．北京：科学出版社，2003.

[17] 建筑部信息中心．绿色节能建筑材料选用手册［M］．北京：中国建筑工业出版社，2008.

[18] 王国建，王凤芳．建筑防火材料［M］．北京：中国石化出版社，2006.

[19] 杨大智．智能材料与智能系统［M］．天津：天津大学出版社，2000.

[20] 胡金莲．形状记忆纺织材料［M］．北京：中国纺织出版社，2006.

[21] 李青山．功能与智能高分子材料［M］．北京：国防工业出版社，2006.

[22] 廖延彪，黎敏，张敏．光纤传感技术与应用［M］．北京：清华大学出版社，2009.

[23] 黎敏，廖延彪．光纤传感器及其应用技术［M］．武汉：武汉大学出版社，2008.

[24] 李晓刚．材料腐蚀与防护［M］．南京：中南大学出版社，2009.

[25] ［美］詹姆斯·考恩 著，李晋奎，燕翔等译．建筑声学设计指南［M］．北京：中国建筑工业出版社，2004.

[26] 杨世伟，常铁军．材料腐蚀与防护［M］．哈尔滨：哈尔滨工业大学出版社，2003.

[27] 梁浩成．现代腐蚀科学与防护技术［M］．上海：华东理工大学出版社，2007.

[28] 何业东，齐慧滨．材料腐蚀与防护概论［M］．北京：机械工业出版社，2005.

[29] 何奖爱，王玉玮．材料磨损与耐磨材料［M］．沈阳：东北大学出版社，2001.

[30] 刘家浚．材料磨损原理及其耐磨性［M］．北京：清华大学出版社，1993.

[31] 王蕾，张静洁．耐磨材料及其应用［M］．武汉：湖北科学技术出版社，2004.

[32] 朱颖心．建筑环境学［M］．北京：中国建筑工业出版社，2009.

[33] 石度芳，李承芳．现代光学导论［M］．武汉：湖北科学技术出版社，2002.

[34] 倪星元，姚兰芳，沈军，周斌．纳米材料制备技术［M］．北京：化学工业出版社，2008.

[35] 施利毅．纳米材料［M］．上海：华东理工大学出版社，2007.

[36] 马眷荣．建筑材料辞典［M］．北京：化学工业出版社，2002.

[37] 黄开金．纳米材料的制备方法及应用［M］．北京：冶金工业出版社，2009.

[38] 方克明．微米-纳米材料微观结构表征［M］．北京：冶金工业出版社，2009.

[39] 曹茂盛. 纳米材料科学 [M]. 哈尔滨：哈尔滨工程大学出版社，2002.
[40] [美] 克莱邦德（Klanbunde，K. J.）. 纳米材料化学 [M]. 北京：化学工业出版社，2004
[41] 李敏，钱春香，孙伟. 高强混凝土火灾后性能变化规律研究 [J]. 工业建筑，2002（10）.
[42] 张进嘉，陈大昆. 住宅的优化设计 [J]. 住宅科技，2001（2）.
[43] 张秀欣等. 声学建筑声音动听的关键——混响时间的控制 [J]. 商场现代化，2005（3）.
[44] 丁苏华. 建筑密封材料老化机理探讨 [J]. 化学建材，2004（2）.
[45] 邵荃等. 水喷淋保护下防火玻璃作为防火分隔物的试验研究 [J]. 消防科学与技术，2006（3）.
[46] 王晴等. 采用 Cs^+ 交换法对单层防火玻璃力学性能的研究 [J]. 沈阳建筑大学学报，2008（4）.
[47] 咸才军等. 纳米材料在水性超薄膨胀型钢结构防火涂料中的应用 [J]. 材料工程，2006（8）.
[48] 张长水等. 薄型防火玻璃透明夹层凝胶体的研究 [J]. 新型建筑材料，2007（9）.
[49] 王志辉等. 防火玻璃产品现状及应用 [J]. 河南建材，2009（2）.
[50] 赵庆凯. 钢结构的防火研究 [J]. 包钢科技，2006. 10.
[51] 施丽彦. 钢结构防火 [J]. 重庆大学学报，2002（24）2.
[52] 罗军. 浅谈钢结构的防火保护措施，2006 年中国消防协会防火材料技术论文集.
[53] 吴勇，王红霞. 铁钢砂耐冲磨混凝土研究 [J]. 水电建设，2003（4）.
[54] 葛红花等. 普及金属腐蚀与防护知识重要性的研究 [J]. 上海电力学院学报，2007（3）.
[55] 闫小虎，杨华全等. 水利水电枢纽抗冲耐磨混凝土的配合比设计 [J]. 混凝土，2011（10）.
[56] 徐强. 玻璃在旧建筑改造和更新中的应用 [J]. 世界建筑，2006（5）.
[57] 李湘洲. 纳米材料在建材中的应用 [J]. 中国建材，2005（3）.
[58] 姚忠伟. 智能混凝土的研究及其发展 [J]. 新型建筑材料，2005（2）.
[59] 杨晶. 智能混凝土研究进展 [J]. 科技信息，2009（10）.
[60] 程显强. 智能混凝土的研究现状及发展趋势 [J]. 低温建筑技术，2009（5）.
[61] 罗素荣，刘承超. 自修复智能混凝土简支梁试验研究 [J]. 福州大学学报，2005（3）.
[62] 刘承超等. 自修复智能混凝土中内置玻璃短管对混凝土力学性能的影响 [J]. 福州大学学报，2005（21）.
[63] GB 326—2007 石油沥青纸胎油毡
[65] GB 3096—2008 声环境质量标准
[66] GB 8624—2006 建筑材料及制品燃烧性能分级
[67] GB 11614—2009 平板玻璃
[68] GB/T 4100—2006 陶瓷砖
[69] GB 12348—2008 工业企业厂界噪声排放标准
[70] GB 12955—2008 防火门
[71] GB/T 13477. 13—2002 建筑密封材料试验方法　第 13 部分：冷拉-热压后粘结性的测定
[72] GB 14102—2005 防火卷帘
[73] GB 15763. 1—2009 建筑用安全玻璃 第 1 部分：防火玻璃
[74] GB 15763. 2—2005 建筑用安全玻璃 第 2 部分：钢化玻璃
[75] GB 15763. 3—2009 建筑用安全玻璃 第 3 部分：夹层玻璃
[76] GB 16776—2005 建筑用硅酮结构密封胶
[77] GB 16809—2008 防火窗
[78] GB 18173. 2—2000 高分子防水材料 第 2 部分：止水带
[79] GB 18173. 3—2002 高分子防水材料 第 3 部分：遇水膨胀橡胶
[80] GB 20285—2006 材料产烟毒性危险分级
[81] GB 50016—2011 建设设计防火规范

[82] GB 50045—1995 高层民用建筑设计防火规范
[83] GB 50096—2011 住宅设计规范
[84] GB 50108—2008 地下工程防水技术规范
[85] GB 50207—2002 屋面工程技术规范
[86] GB/T 2406.1—2008 用氧指数法测定燃烧行为 第1部分：导则
[87] GB/T 5137.2—2002 汽车安全玻璃试验方法 第2部分 光学性能试验
[88] GB/T 7019—1997 纤维水泥制品试验方法
[89] GB/T 7106—2008 建筑外门窗气密、水密、抗风压性能分级及检测方法
[90] GB/T 7633—2008 门和卷帘的耐火试验方法
[91] GB/T 8626—2007 建筑材料可燃性试验方法
[92] GB/T 9775—2008 纸面石膏板
[93] GB/T 9978.1—2008 建筑构件耐火试验方法 第1部分：通用要求
[94] GB/T 11976—2002 建筑外窗采光性能分级及检测方法
[95] GB/T 14402—2007 建筑材料及制品的燃烧性能、燃烧热值的测定
[96] GB/T 14682—2006 建筑密封材料术语
[97] GB/T 14683—2003 硅酮建筑密封胶
[98] GB/T 15227—2007 建筑幕墙气密、水密、抗风压性能检测方法
[99] GB/T 20284—2006 建筑材料或制品的单体燃烧试验
[100] GB/T 21086—2007 建筑幕墙
[101] GB/T 23451—2009 建筑用轻质隔墙条板
[102] GB/T 24312—2009 水泥刨花板
[103] GB/T 24498—2009 建筑门窗、幕布墙用密封胶条
[104] GB/T 26528—2011 防水用弹性（SBS）改性沥青
[105] GB/T 50314—2006 智能建筑设计标准
[106] GBZ 1—2010 工业企业设计卫生标准
[107] JGJ 102—2003 玻璃幕墙工程技术规范
[108] JGJ 113—2003 建筑玻璃应用规程
[109] JG/T 187—2006 建筑门窗用密封条
[110] JC 433—1991 夹丝玻璃
[111] JC/T 207—1996 建筑防水沥青嵌缝油膏
[112] JC/T 482—2003 聚氨酯密封胶
[113] JC/T 483—2006 聚硫密封胶
[114] JC/T 484—2006 丙烯酸酯密封胶
[115] JC/T 485—2001 建筑窗用密封胶
[116] JC/T 486—2001 中空玻璃用弹性密封胶
[117] JC/T 511—2002 压花玻璃
[118] JC/T 564.1—2008 无石棉硅酸钙板
[119] JC/T 568—2007 氯氧镁水泥板块
[120] JC/T 881—2001 混凝土建筑接缝用密封胶
[121] JC/T 882—2001 幕墙玻璃接缝用密封胶
[122] JC/T 883—2001 石材用建筑密封胶

[123] JC/T 884—2001 彩色涂层钢板用建筑密封胶
[124] JC/T 885—2001 建筑用防霉密封胶
[125] GA 97—1995 防火玻璃非承重隔墙通用技术条件
[126] ISO 国际标准化组织国际标准　ISO 9001：2008　质量管理体系要求.
[127] 中华人民共和国卫生部　工业企业职工听力保护规范. 1999. 12. 24.
[128]《人民铁道》报. 开启铁路隧道机械化配套施工新模式. 2010. 1. 4.
[129] 阻燃剂的研究及发展概况. http://info.china.alibaba.com/news/detail/v5003220-d1000204700.html. 2007. 6. 12.
[130] 住建部：中国城镇人均住房面积达 31.6m^2. 来源：中国经济网（北京）. http://news.163.com/11/1025/17/7H7R6H4Q00014JB5.html. 2011. 10. 25.
[131] 海水一年腐蚀掉 1.2 万亿元. http://new.eastday.com/m/20111111/ula6198869.html.